调水工程关键技术与水资源管理

——中国水利学会调水专业委员会第二届青年论坛论文集

李　琼　任　燕　主编

黄河水利出版社

·郑州·

内 容 提 要

中国水利学会调水专业委员会第二届青年论坛于 2019 年 7 月 16~19 日在西宁召开。本次论坛围绕“调水工程关键技术与水安全”主题，开展气候变化与流域水循环、水源区(江河源区)降雨、径流挖潜、输配水与调度关键技术、受水区水资源配置与水资源可持续利用、水文-生态-环境和水信息理论与技术的多学科及多角度的探讨和交流，提升新技术在调水工程中的应用水平，促进跨流域工程科技进步。同时进一步实施人才托举工程，为青年科技工作者搭建学习和交流平台，以期为经济、社会、环境科学发展过程中的水支撑研究提供科学依据和智力支持。

本书围绕调水工程关键技术与水资源管理，综合了一系列最新的成果和认识，可供调水行业从业者参考，也可供水文学、水资源管理领域的科技工作者使用。

图书在版编目(CIP)数据

调水工程关键技术与水资源管理：中国水利学会调水专业委员会第二届青年论坛论文集/李琼，任燕主编. —郑州：黄河水利出版社，2020. 12

ISBN 978-7-5509-2852-7

Ⅰ. ①调… Ⅱ. ①李…②任… Ⅲ. ①调水工程-中国-文集 ②水资源管理-中国-文集 Ⅳ. ①TV68-53 ②TV213. 4-53

中国版本图书馆 CIP 数据核字(2020)第 234346 号

组稿编辑：王路平　电话：0371-66022212　E-mail：hhslwlp@163. com

田丽萍　66025553　912810592@qq. com

出 版 社：黄河水利出版社　网址：www. yrcp. com

地址：河南省郑州市顺河路黄委会综合楼 14 层　邮政编码：450003

发行单位：黄河水利出版社

发行部电话：0371-66026940、66020550、66028024、66022620(传真)

E-mail：hhslcbs@126. com

承印单位：河南新华印刷集团有限公司

开本：787 mm×1 092 mm　1/16

印张：20

字数：460 千字

版次：2020 年 12 月第 1 版　印次：2020 年 12 月第 1 次印刷

定价：120. 00 元

中国水利学会调水专业委员会
第二届青年论坛

主办单位

青海大学三江源生态与高原农牧业国家重点实验室
中国水利学会调水专业委员会
清华大学水沙科学与水利水电工程国家重点实验室
青海大学水利电力学院

协办单位

北京美科华仪科技有限公司
青海海清新能源科技有限公司
青海中水数易信息科技有限责任公司

学术委员会

主席：

王　浩（中国水利水电科学研究院/中国工程院院士）
王光谦（青海大学、清华大学/中国科学院院士）
胡春宏（中国水利水电科学研究院/中国工程院院士）
倪晋仁（北京大学/中国科学院院士）
康绍忠（中国农业大学/中国工程院院士）
夏　军（武汉大学/中国科学院院士）
张金良（黄河勘测规划设计研究院有限公司/教高）
朱程清（中国水利学会调水专业委员会主任、水利部南水北调规划设计管理局局长）

委员：（按姓氏音序排序）

陈　骥（香港大学土木工程系/教授）

张　弛(大连理工大学土木水利学院/教授)

张　翔(武汉大学/教授)

张建新(水利部水文局/教高)

张生福(青海省水利厅/总工)

张新华(四川大学水利水电学院/教授)

赵　勇(中国水利水电科学研究院水资源所/研究员)

钟德钰(青海大学、清华大学河流与生态研究所/教授)

钟平安(河海大学水文水资源学院/教授)

周建中(华中科技大学/教授)

左其亭(郑州大学水科学研究中心/教授)

组织委员会

主　席:

尹宏伟(中国水利学会调水专业委员会副主任、水利部南水北调规划设计管理局副局长)

李丽荣(青海大学党委副书记、常务副校长/教授)

王忠静(清华大学水沙科学与水利水电工程国家重点实验室副主任/教授)

解宏伟(青海大学水电学院院长/教授)

魏加华(青海大学水电学院常务副院长/教授)

雷晓辉(中国水利水电科学研究院/教授)

委　员:(按姓氏音序排序)

包安明(中国科学院新疆生态与地理研究所)

高晓东(西北农林科技大学/教授)

黄国如(华南理工大学土木工程系/教授)

李　鹏(西安理工大学/教授)

李芳芳(中国农业大学资源环境学院/副教授)

李福生(黄河勘测规划设计研究院有限公司/教授)

李铁键(清华大学水利水电工程系/教授)

刘　攀(武汉大学/教授)

莫淑红(西安理工大学/教授)

前　言

党的十八大以来,以习近平总书记为核心的党中央高度重视生态文明建设工作,将生态文明建设纳入中国特色社会主义“五位一体”总体布局和“四个全面”战略布局。习近平总书记站在建设美丽中国、实现中华民族伟大复兴中国梦的战略高度,亲自推动,身体力行,通过实践深刻回答了为什么建设生态文明、建设什么样的生态文明、怎样建设生态文明的重大理论和实践问题,提出了一系列新思想、新理念、新战略,形成了习近平新时代生态文明思想,成为全党全国推进生态文明建设、建设美丽中国的根本遵循。人多水少,水资源时空分布不均,是我国的基本国情和水情。兴建必要的引调水工程,是优化水资源配置战略格局、建设水生态文明、实现江河湖库水系连通、缓解资源性缺水问题、提高水安全保障能力的重要举措。中华人民共和国成立以来,我国陆续兴建了东深供水、引滦入津、引黄济青、引黄入晋、辽宁大伙房水库输水工程、南水北调等 130 余项引调水工程,不仅为当地经济社会发展提供了重要水资源保障,还为生态文明建设提供了有力支撑,也为推进水生态文明建设进行了有益的探索,积累了宝贵的经验。

国务院提出在 2020 年前开工建设的 172 项节水供水重大工程中,有 24 项是引调水工程,这些都说明调水工程意义重大,调水工作者使命光荣。在新的形势下,水利行业工作者全面贯彻习近平总书记“节水优先、空间均衡、系统治理、两手发力”的治水思路,严格遵循“确有必要、生态安全、可以持续”的原则,深入落实“水利工程补短板,水利行业强监管”总基调,切实做好引调水工程前期、建设和运行管理各阶段工作。大力推进以调水工程为骨干的河湖水系连通工程建设,综合采取调水引流、清淤疏浚、生态修复等措施,构建引排顺畅、蓄泄得当、丰枯调剂、多源互补、调控自如的河湖库渠水网体系,着力提高水资源配置和调控能力,为全面建成小康社会、把我国建设成富强文明和谐美丽的国家做出应有的贡献。

青年科技工作者要勇于创新,在开拓创新中成长成才。习近平总书记指出,青年兴则国家兴,青年强则国家强。青年最富有朝气,最富有梦想,是未来的领导者和建设者,是行业发展的生力军。中华民族伟大复兴的中国梦终将在一代代青年的接力奋斗中变为现实。技术发展的源动力在于创新,而创新又寄希望于青年。青年时期蕴藏着巨大的创新热情,是创新的黄金时代,也是青年最宝贵的创新品格。因此,青年科技工作者们应以振兴中华为己任,发奋学习,刻苦钻研,积极进取,勇于创新,顺应时代潮流,勇于迎接社会发展带来的机遇与挑战。

在几代水利工作者的努力下,我国的调水工程建设取得了可喜的成就和进步,但还有一些问题,如维护调水工程良性运行的管理体制、水价政策、投融资机制和生态补偿机制等的创新,工程施工和保障工程安全的关键技术研究等,仍有待广大水利工作者们去研究探索。青年科技工作者们更要密切关注事关水利事业改革发展和调水长远发展的重大问题,围绕解决这些重大问题刻苦攻关,在创新中不断锻炼,增长才干。

青年科技工作者要坚持求真务实,大力弘扬科学精神。“忠诚、干净、担当、科学、求实、创新”是新时代水利精神,其中的科学精神最基本的实质就是求真务实,不断创新。弘扬科学精神,就是要解放思想、实事求是,勇于面对工作中发现的新情况和新问题,通过认真研究和反复实践,不断创新,不断前进。一个真正有所作为、有所贡献的科技工作者,不仅需要有扎实的技术功底,更需要有科学的精神和态度。许多老一辈水利工作者们不仅为我国的水利工程建设做出了巨大贡献,而且其崇高的科学道德和求真务实的严谨学风也赢得了广泛的社会赞誉,青年水利科技工作者要以他们为榜样,发扬“忠诚、干净、担当、科学、求实、创新”的新时代水利精神,不仅在学术上发奋图强、开拓创新、有所作为,而且要注重科学道德建设,弘扬科学精神,自觉抵制各种功利主义的诱惑,有效促进创新成果的不断涌现,担负起历史赋予的光荣职责与义务。

编　者

2020 年 8 月

目　录

青海省引黄济宁工程关键技术问题研究

张金良

（黄河勘测规划设计研究院有限公司　郑州　450003）

摘要:青海省引黄济宁工程是国家西部开发战略的重大水资源配置工程,从黄河干流龙羊峡水库取水,以隧洞穿越拉脊山向湟水河谷西宁海东等东部城市群及湟水南岸供水,对支持国家兰西城市群建设及西部生态战略意义重大。工程涉及调水规模、工程方案、深埋长隧洞工程地质、设计及施工等关键技术问题。

关键词:引黄济宁　深埋长隧洞　引水工程　供水工程

青海地处青藏高原腹地,被誉为"三江源""中华水塔",是国家重要生态安全屏障。青海是国家级战略资源接续和储备基地,是稳藏固疆、经略西部的国家战略安全要地,也是河湟文化发祥地。西宁和海东地区是全省政治、经济、交通、文化中心地区,随着国家西部开发战略的深入推进,《兰西城市群发展规划》落地实施,西宁、海东地区将形成城市群集约高效开发、大区域整体有效保护的大格局,以西宁为中心的城市群将承载全省70%以上的人口,2040年地区经济总量将近万亿元,区域用水需求将快速增长,现有水资源配置体系及供水保障能力不能支撑发展要求,2030年、2040年缺水量将分别达4.88亿m^3、7.06亿m^3。引黄济宁工程从黄河干流龙羊峡水库向西宁海东东部城市群调水,连通黄河与湟水两大水系,对构筑青海东部水资源配置骨架网络、破解制约区域经济社会发展和生态建设的水资源瓶颈具有重大意义。工程建成后将形成200 km生态经济带长廊,对支持国家兰西城市群建设及西部生态战略实施具有重要作用。引黄济宁工程涉及调水规模,工程方案,深埋长隧洞工程地质、设计及施工等关键技术问题。

1　用水需求及调水规模

1.1　现状水资源开发利用情况

湟水干流河谷包括湟源、湟中、西宁、大通、平安、互助、乐都、民和等县(市)。目前形成了以当地众多中小型引蓄水工程为主体工程,以引大济湟工程为骨干工程(在建),以地下水开采为重要水源的水资源配置格局。现状有大型水库1座、中型水库3座、小型水库92座,其他中小型引提水、机井及塘坝3.28万座(处)。

2016年总供水量9.24亿m^3,其中地表水6.51亿m^3,占70.4%;地下水2.66亿m^3,占28.8 %;其他水源供水0.07亿m^3。总用水量9.25亿m^3,其中农业灌溉用水量占60%以上。区域水资源问题突出表现为水资源缺乏、局部地下水超采,供水保障能力差;国民

作者简介:张金良(1963—),男,河南新安人,博士研究生,教授级高级工程师,主要从事黄河流域重大水工程与水沙调控等研究工作。

经济用水挤占生态环境用水现象较为普遍,区域用水矛盾日益突出;引大济湟受新形势生态环境保护影响可调水量受限等。

1.2　用水需求

1.2.1　区域发展定位

随着国务院批复的“兰西城市群”规划的实施,大西宁经济圈(海南—西宁—海东)迎来了加快发展的战略机遇。西宁市将规划建设“一芯两屏三廊道”城市新型生态格局,以西宁为中心的城市群将承载全省70%以上的人口,预测2040年地区经济总量将近万亿元,区域用水需求将快速增长。按照“山水林田湖草”生命共同体的理念,在充分节水的前提下,考虑空间均衡,解决水资源瓶颈,支撑经济发展,筑牢生态屏障十分重要。

1.2.2　河道外需水预测

根据兰西城市群等相关规划,预测2040年项目区人口将发展到近400万人,基准年(2016年)至2040年GDP年均增速为7.7%,GDP总量将达到9 239万亿元。根据“山水林田湖草”优化布局分析(如图1所示),结合2030年与2040年社会经济发展指标预测及节水分析,预测2030年、2040年河道外需水量分别为17.25亿m^3、20.69亿m^3。

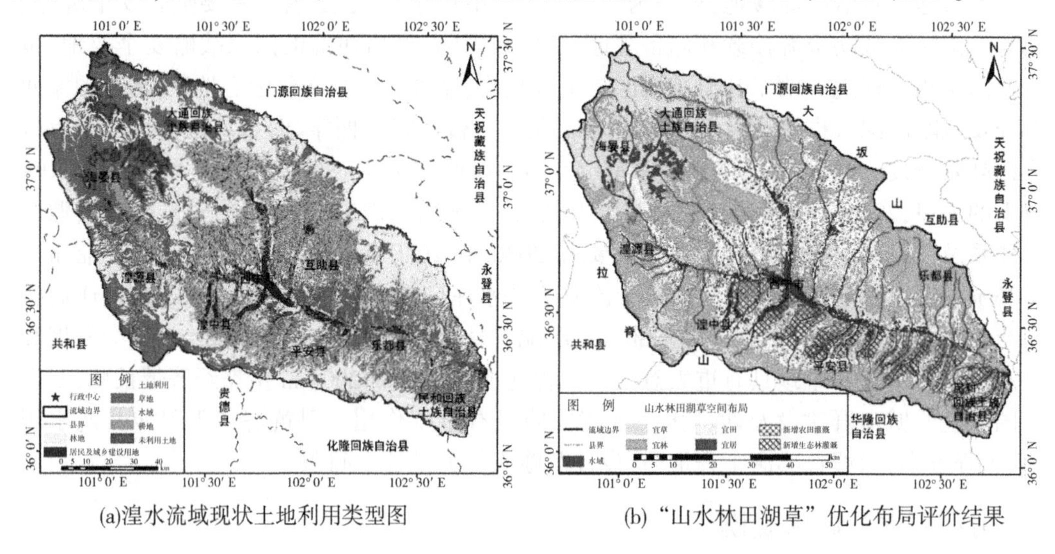

(a)湟水流域现状土地利用类型图　　(b)“山水林田湖草”优化布局评价结果

图1　湟水流域“山水林田湖草”优化布局分析

1.2.3　河道内生态需水预测

采用基于分布式水文-水动力-栖息地模型与传统Tennant模型两种方法研究河道内生态需水,湟水干流民和断面河道内生态需水量为8.6亿m^3;南岸与北岸支沟河道内生态需水量分别为1.15亿m^3和2.20亿m^3,目前被挤占生态水量分别为0.60亿m^3与0.25亿m^3。

1.3　调水规模

根据分析,基准年、2030年、2040年当地可供水量分别为8.18亿m^3、10.19亿m^3、10.06亿m^3。对于在建的引大济湟工程,根据相关文件批复,2030年可供水量为2.56亿m^3;2040年,在满足大通河适宜生态需水条件下,引大济湟可调水量为4.52亿m^3。

水资源供需平衡分析结果表明，基准年缺水 1.32 亿 m^3，2030 年缺水 4.88 亿 m^3，2040 年缺水 7.06 亿 m^3，主要分布在城市群、湟水南北岸新增灌区。从供水区用水需求合理性、工程规模经济性、环境影响因素等方面综合分析，推荐引黄济宁工程调水规模 7.9 亿 m^3，其中 2030 年调水规模 5.11 亿 m^3。

按照高水高用、优水优用的原则对湟水河谷进行水资源配置，黑泉水库和引大济湟调水优先解决湟水北岸地区扶贫灌溉、城镇生活和工业发展、生态环境等用水，引黄济宁工程解决西宁海东城市群发展、湟水南岸地区扶贫灌溉和生态环境等用水等。青海省东部地区将形成以引黄济宁工程、引大济湟工程为主体，以其他水源为重要支持，覆盖全局、互联互通、优化高效、保障可靠的水资源配置骨架网络，如图 2 所示。

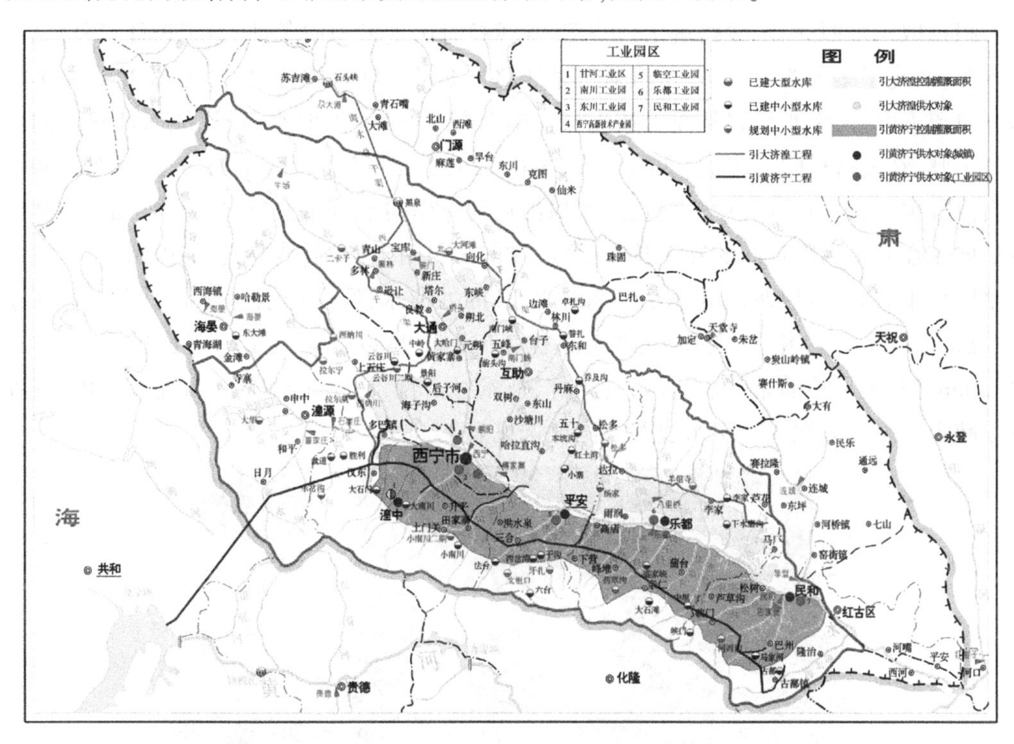

图 2 水资源配置格局示意图

2 工程方案研究

2.1 取水水源选择

青海省境内黄河水量相对丰沛，河道平均比降约 1.56‰，规划建设大中型电站共计 25 座。结合供水对象位置及高程分布，分析引黄济宁工程可能调水的水源为龙羊峡库区、拉西瓦库区和李家峡库区。对各水库水位、引水条件及受水区位置、高程进行分析，考虑尽量扩大自流灌溉供水范围、减少提水扬程，选择龙羊峡水库、拉西瓦水库作为可能取水水源。

2.2　引水线路方案

2.2.1　引水线路进出口

分析水源水库库区地形地质条件、淤积情况、对周边乡(镇)及水库大坝影响等,提出龙羊峡取水口选在大坝上游5.0 km处,底板高程2 530 m;拉西瓦取水口选在大坝上游2.5 km处,底板高程2 435 m。为满足引水线路及主要供水对象自流引水,同时考虑隧洞断面布置的经济性,引水隧洞出口高程范围宜为2 460~2 500 m。分析受水区周边水系沟道场地布置条件及引供水线路布置经济性,确定出口位于教场河前窑村,出口高程2 490 m。

2.2.2　引水线路方案比选

根据取水水源、引水线路进出口位置、穿越拉脊山地形地质条件、施工条件、环境制约因素等,研究了多条线路方案,重点对三条线路方案进行深入比选论证(见图3)。龙羊峡水库自流方案一,引水线路从龙羊峡大坝左岸上游5.0 km处取水,自流经深埋长隧洞穿拉脊山脉,在前窑村附近出洞,线路总长74.04 km,工程设计流量38.78 m^3/s。龙羊峡水库自流方案二,进出口同方案一,自进水口沿黄河左岸向下游布置,在多隆沟出洞,穿多隆沟后向东在甘家沟附近向北穿越拉脊山脉,在前窑村附近出洞,线路总长89.6 km。拉西瓦水库提水方案,从拉西瓦电站左岸上游2.5 km处取水,经有压引水隧洞引水至黄河左岸罗汉堂沟内,在洞出口设泵站提水至高程2 522 m,后以隧洞至出口前窑村,线路总长71.2 km。从地形地质条件、工程布置条件、技术经济性、施工工期等方面进行分析,推荐龙羊峡水库自流方案一。引水线路方案比选见表1。

图3　引水线路方案布置示意图

2.3　供水线路方案

为减小调水不均匀性对引水隧洞规模的影响,同时提高东部城市群供水安全保障,开展调蓄水库分析。考虑现状供水任务、距引水隧洞出口距离、提水扬程,以及具有一定的调蓄库容、现状水库加高影响等因素,现状大石门水库加高、新建条子沟水库可作为调蓄水库,调蓄库容分别为1 203万m^3、847万m^3。

表 1 引水线路方案比选

条件	方案一	方案二	方案三
地形地质条件	Ⅱ~Ⅲ类围岩所占比例55%,穿越区域断层6条	Ⅱ~Ⅲ类围岩所占比例28%,穿越区域断层7条	Ⅱ~Ⅲ类围岩所占比例17%,穿越区域或分支断裂20条
工程布置条件	优点:隧洞线路短; 缺点:施工支洞长且坡度陡,存在大坡度运输等问题	优点:支洞布置条件、施工运输和排水问题都有所改善; 缺点:线路长,沿线穿越地层条件较差	优点:线路长度最短,总体施工难度减小; 缺点:年提水电费约1.10亿元,后期运行管理难度较大
技术经济条件	内部收益率8.81%	内部收益率8.12%	内部收益率8.81%
施工工期条件	108个月	132个月	132个月

供水区高程分布为1 788~2 640 m,其中城市群为2 440~1 788 m,南岸灌区为2 640~2 000 m。本着高水高用、充分利用自流的原则,结合调蓄水库位置,考虑运行管理、工程布置、提水量、提水扬程、提水方式及有无调蓄水库等因素,研究提出6个两线供水方案(低线自流引水、高线集中提水)及2个一线供水方案(干线以下自流引水、干线以上分散提水)共8个供水工程方案,见表2。通过分析,两线类方案中方案6较优、一线类方案中方案8较优。两方案工程效益指标相同,沿线地质条件差别不大,环境影响方面均无大的制约因素。主要区别在于干线以上供水对象供水方式不同,方案6为集中提水后,沿供水高线自流供水;方案8通过沿干线建设19座抽水泵站分散向供水对象供水;方案8运行管理复杂但投资较优;综合分析推荐方案8。

表 2 供水线路方案

方案概述		供水方案	灌溉面积(万亩)		水量(亿 m^3)		线路长度(km)	投资(亿元)
			自流	提水	自流	提水		
两线供水方案	城市群灌溉两线独立供水方案	方案1:东部城市群与南岸灌区两线单独供水(条子沟水库+大石门水库)		95	5.28	2.62	1 270	367.3
		方案2:两线单独供水(无调蓄水库)					1 271	351.7
	两线混合供水2 460控制方案	方案3:两线供水、南岸灌区局部集中提水(条子沟水库+大石门水库)	58	37	7.06	0.84	1 638	370.9
		方案4:两线供水(条子沟水库)					1 640	368.9
	两线混合供水2 490控制方案	方案5:两线供水、南岸灌区局部集中提水(大石门)	63	32	7.18	0.72	1 654	358.1
		方案6:两线供水(无调蓄水库)					1 656	354.4

注:1亩=1/15 hm^2,后同。

续表 2

方案概述	供水方案	灌溉面积（万亩）		水量（亿 m^3）		线路长度（km）	投资（亿元）
		自流	提水	自流	提水		
一线供水方案	方案 7:一线供水 2 460 m 控制方案、南岸灌区局部分散提水（条子沟水库）	58	37	7.06	0.84	1 610.9	349.7
	方案 8:一线供水 2 490 m 控制方案、南岸灌区局部分散提水（无调蓄水库）	63	32	7.18	0.72	1 624.3	332.1

2.4　工程总体布局

引黄济宁工程由引水工程和供水工程组成。引水工程自龙羊峡水库大坝上游左岸约 5.0 km 处引水，经 74.04 km 全线有压隧洞穿越拉脊山自流输水至湟水右岸教场河，设计引水流量 38.78 m^3/s，出口布设消能电站。供水工程由长 135.43 km 的无压自流供水工程干线、6 条城市群供水支线（压力管道）、34 条自流灌溉支渠（管）、19 座提水泵站及压力管线组成，见图 4。

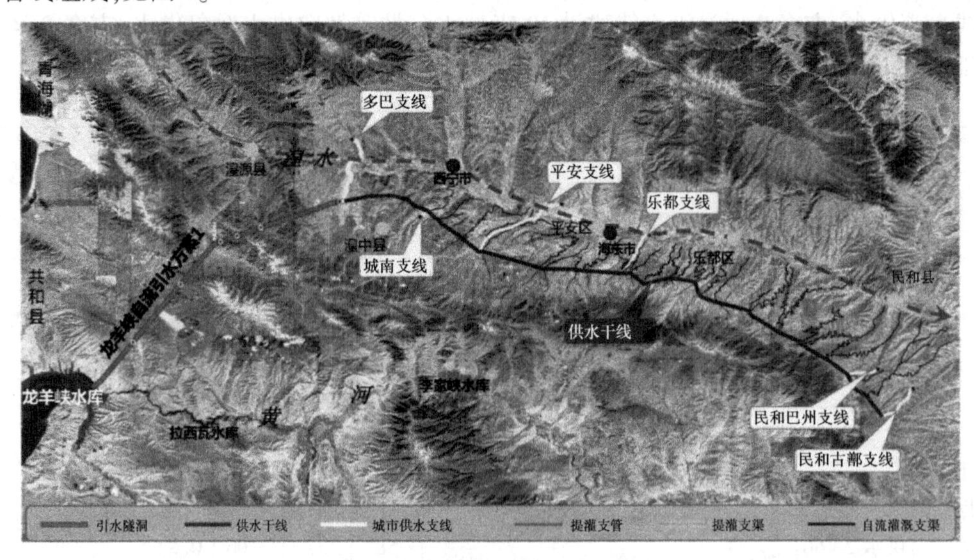

图 4　引黄济宁工程总体布局

3　深埋长隧洞关键工程地质问题

引黄济宁工程引水线路穿越青海南山、日月山、拉脊山等山脉，最大埋深 1 415 m，埋深大于 600 m 洞段长约 55 km。引水隧洞具有洞线长、海拔高、埋深大、内外水头高、地质条件复杂等特点，给地质勘探、设计、施工等带来了一系列复杂的技术问题。

3.1 基本地质条件评价

隧洞穿越不同规模的断层17条,其中规模较大的区域活动断裂有4条,工程区孔隙水、裂隙水、岩溶水均有分布,水文地质条件较复杂。引水隧洞围岩中,Ⅱ类围岩洞段约占9.1%,Ⅲ类围岩洞段约占45.3%,Ⅳ类围岩洞段约占29.8%,Ⅴ类围岩洞段约占15.8%,围岩总体以Ⅲ~Ⅳ类围岩为主。

3.2 主要工程地质问题及处理措施

受构造活动影响,引水工程区内地形地貌形态多样、岩性种类多、地下水活动较强烈,沿线地质条件复杂,地质问题主要有穿越活断层抗震抗断、突涌水、高地温、软岩大变形、高地应力岩爆等。

(1)隧洞沿线穿越4条区域活动性大断裂为青海南山北缘断裂(F2)、倒淌河—循化断裂(F3)、拉脊山南缘断裂带(F5)、拉脊山北缘断裂带(F6),隧洞段宜采取抗震抗剪断工程措施,可采用"铰接设计"和"超挖设计"相结合的方法。

(2)引水隧洞可能产生突涌水的洞段初步判断主要在几大区域断裂带内;另碳酸盐岩裂隙岩溶水在拉脊山段呈条带状分布,岩体富水性较强,透水性中等。针对可能的突涌水洞段应采取超前地质预报,预注浆堵水并加强抽排措施。

(3)埋深大于800 m的花岗岩洞段地温可能大于40 ℃,可采取超前地质预报、封堵高温水、通风降温、制冷设备降温及进行冬季施工等措施。

(4)引水隧洞中部的白垩系砂岩、泥岩洞段和后部的古近系砂砾岩、泥岩段存在发生软岩大变形的可能性。应在开挖后尽快施加初期支护结构,地应力较大洞段可采用厚钢筋混凝土衬砌与系统锚杆有效控制围岩变形。

(5)隧洞沿线白云岩、花岗岩硬质岩段埋深较大,局部地应力较高,初步分析存在发生轻微—中等岩爆的可能;可采取应力释放孔、应力解除爆破、高压注水和局部切槽等工程措施。

4 深埋长隧洞工程设计

4.1 高外水压力

引水隧洞长74.04 km,采用有压输水方式,正常运用时沿线静内水水头77~123.8 m,最高动内水水头155.2 m。通过构建三维数值模型对沿线围岩条件及主要洞段渗流场进行分析,提出"以堵为主,限量排放"的防排水设计思路。即对隧洞围岩进行防渗固结灌浆,形成一定厚度的阻水环形帷幕圈,以承担主要外水荷载;在防渗固结灌浆范围内打短排水孔,以降低衬砌的外水压力。根据沿线围岩条件及埋深,防渗固结灌浆圈厚5~10 m不等,排水孔入岩深度1~3 m。主要洞段渗流分析结果显示,采用上述防排水设计方案,外水压力折减系数为0.1~0.35,可有效降低作用于衬砌结构上的外水压力(见图5),可保证衬砌结构安全可靠。

4.2 软岩变形及破碎带围岩稳定

引水隧洞沿线岩性种类多、地质构造复杂,软岩及断层破碎带均会发生收敛变形。针对不同洞段埋深、施工方法、地质参数等对围岩收敛变形进行计算分析,初估收敛变形范围,建立适应不同条件洞段工程特性的变形控制标准。构建三维数值模型(见图6),通过

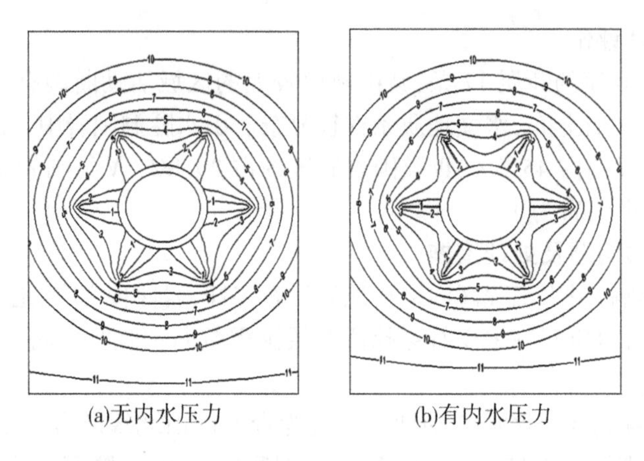

图 5　衬砌周边外水压力等值线(外水头 1 130 m)　(单位:MPa)

模拟开挖、支护过程,获取不同地质条件下围岩变形过程(见图 7、图 8),评估围岩的稳定及支护措施的效果,提出不同施工洞段的措施方案。

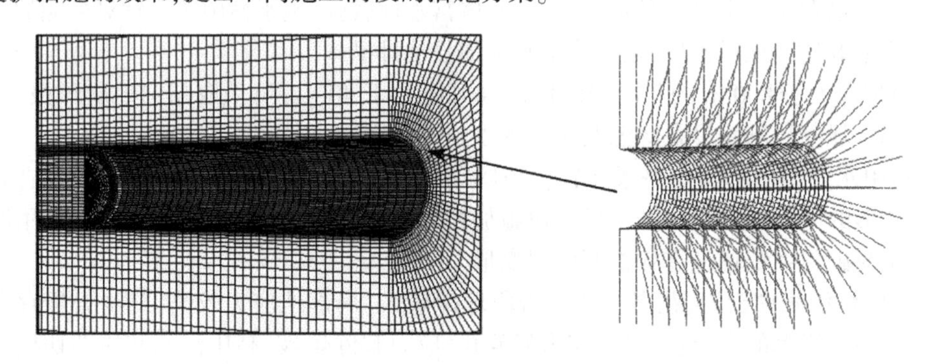

图 6　计算模型示意图

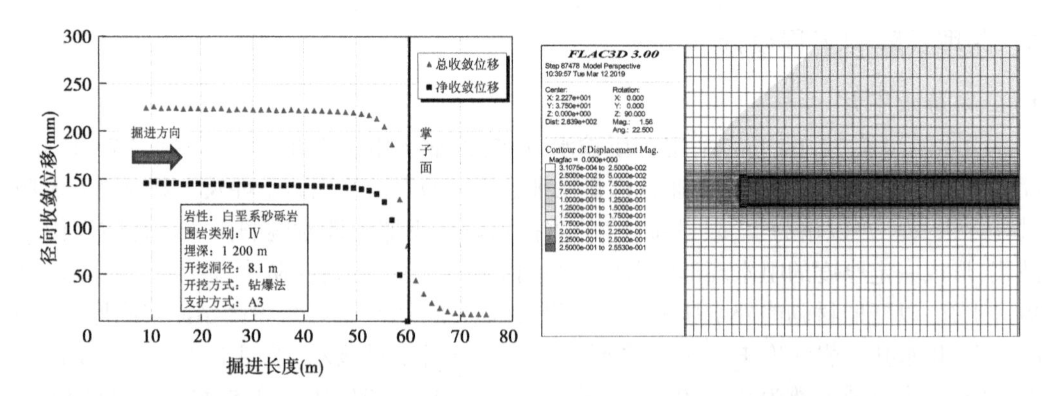

图 7　钻爆法施工Ⅳ类围岩收敛变形过程及变形云图(白垩系砂砾岩)

位于软岩及断层破碎带中的深埋长隧洞,在高地应力作用下,围岩及支护的变形问题表现为:①隧洞开挖卸荷过程中,发生时效大变形,大幅降低岩体自身凝聚力和增加围岩松动深度,进而导致垮塌;②对初期支护产生较大压力变形,导致初期支护破坏;③采用掘进机施工时可能导致卡机甚至设备损毁;④变形具有长期性,隧洞衬砌结构存在长期安全

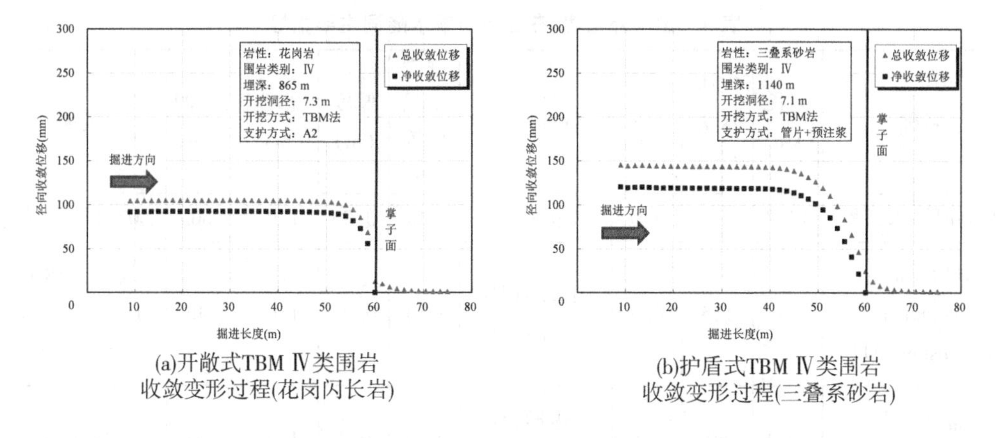

(a)开敞式TBM Ⅳ类围岩收敛变形过程(花岗闪长岩)

(b)护盾式TBM Ⅳ类围岩收敛变形过程(三叠系砂岩)

图 8　开敞式 TBM Ⅳ类围岩及护盾式 TBM Ⅳ类围岩收敛变形过程

问题。对于围岩大变形问题，目前主要处理措施根据不同施工方法见表 3。

表 3　不同施工方法采用应对措施

类别	钻爆法施工	开敞式 TBM	护盾式 TBM
围岩条件尚可洞段	加强围岩喷锚支护，加大开挖断面预留一定变形量	转换 TBM 扩挖模式，为围岩收敛变形预留空间；加强围岩喷锚支护等	转换 TBM 扩挖模式，为围岩收敛变形预留空间；及时进行围岩固结灌浆及锚固措施等
围岩条件较差、大埋深软岩洞段等，围岩压力大，变形量偏大	采用长锚杆控制松动圈，通过加密型钢拱架及封闭底拱增加支护刚度；适时进行补强支护或实施二次衬砌，增加支护及衬砌刚度	采取上述措施仍卡机时，需对围岩采取超前预注浆加固围岩和堵水，提高岩体自稳能力	采取上述措施仍卡机时，需对围岩采取超前预注浆加固围岩和堵水，提高岩体自稳能力
断层破碎带等易发生卡机事故洞段		必要时布设旁导洞采用钻爆法施工，TBM 滑行通过	必要时布设旁导洞采用钻爆法施工，TBM 滑行通过

4.3　压力洞单层管片衬砌结构形式

4.3.1　有压隧洞单层管片衬砌国内外应用情况

国内护盾式 TBM 施工的有压输水隧洞一般采用双层衬砌形式。国外已有压力输水隧洞采用单层管片衬砌的成功案例，如老挝 Theun Hinboun Expansion 项目(设计静内水压力水头 90 m，水击压力水头为 25 m)、希腊调水二期工程(最大内水压力水头 70 m)等均已建成通水，且运行良好，表明在较高内水压力作用下的输水隧洞中采用单层管片衬砌是完全可行的。国内外已建、在建有压输水隧洞主要指标见表 4。

表4 国内外已建、在建有压输水隧洞主要指标

名称	洞长(km)	内压水头(m)	内径(m)	管片形式	混凝土强度等级	厚度(m)	宽度(m)	开挖洞径(m)	说明
掌鸠河供水工程	13.8	14	3.0	六边形管片	C45	0.25	1.0	3.665	2007年3月建成
老挝 Theun Hinboun Expansion 项目	—	115	6.9	四边形管片每环6块	C50	0.28	1.6	7.46	截至2018年12月,已安全运行8年
希腊调水二期工程	29.4	60	3.5	六边形管片每环4块	C50	0.2	1.5	4.04	1995年建成
莱索托高原调水工程(Mohale 连通洞)	32.0	70	4.2	无螺栓无止水的六边形管片每环4块	C40	0.25	1.4	4.88	2004年3月建成
埃塞俄比亚 gibe Ⅱ电站引水洞	—	70	6.3	六边形管片		0.25	1.6	6.98	2009年6月建成
兰州水源地工程	31.57	75	4.6	四边形管片每环6块	C50、C60	0.30	1.5	5.46	在建,主洞已经贯通

4.3.2 有压单层管片衬砌设计理念

管片接缝为衬砌结构中刚度相对较低、应力集中部位,管片衬砌结构力学分析表明,当内水压力大于衬砌外部压力时,管片接缝将张开,处于透水状态、内水外渗。内水外渗后,作用于衬砌上的内、外水压力差将减小,衬砌环向拉力随之降低,管片接缝张开量亦随之减小,并渐趋稳定。鉴于此,本工程高内水压力为结构设计控制荷载时,管片衬砌设计采用透水衬砌的设计理论,同时设计采取以下措施保证管片衬砌结构安全:

(1)对单层管片衬砌洞段采取豆砾石回填灌浆、围岩固结灌浆、豆砾石层与围岩之间全断面接触灌浆等措施以确保围岩与衬砌联合受力,提高隧洞围岩的整体性和抗变形能力,增强围岩抗渗能力,并且在施工过程中严格控制灌浆质量。

(2)在隧洞初期充水和检修排水时采用分级加压(或减压)方式进行,控制管片内外水位差不要过大,使渗流率、围岩渗流场平稳过渡,避免突然变化。

4.3.3 有压单层管片衬砌受力性态研究

采用三维有限元计算分析管片衬砌在极端内水压力荷载(内水头155 m,无外水)作用下的变形情况。计算结果(见表5)显示,管片接缝处变形量最大(见图9),其张开量为1.14~2.82 mm;豆砾石填筑密实将有效降低管片接缝张开量及管片应力;与无螺栓连接情况相比,考虑螺栓连接,管片接缝张开量略有降低,但将导致螺栓孔周边拉应力的显著增加。

表 5 仅内水压力作用下管片衬砌结构变形分析成果

计算方案		围岩类别	径向位移极值(mm)	切向位移极值(mm)	接缝张开量(mm)
不考虑螺栓连接作用	回填密实	Ⅲ	1.37	0.65	1.31
		Ⅳ	2.57	1.27	2.54
	顶拱处回填不密实	Ⅲ	1.55	0.77	1.54
		Ⅳ	2.74	1.39	2.78
	顶拱及接缝处回填不密实	Ⅲ	1.56	0.78	1.55
		Ⅳ	2.78	1.41	2.82
考虑螺栓连接作用	回填密实	Ⅲ	1.27	0.57	1.14
		Ⅳ	2.21	1.03	2.06
	顶拱处回填不密实	Ⅲ	1.41	0.66	1.32
		Ⅳ	2.31	1.1	2.19
	顶拱及接缝处回填不密实	Ⅲ	1.42	0.67	1.33
		Ⅳ	2.33	1.11	2.22

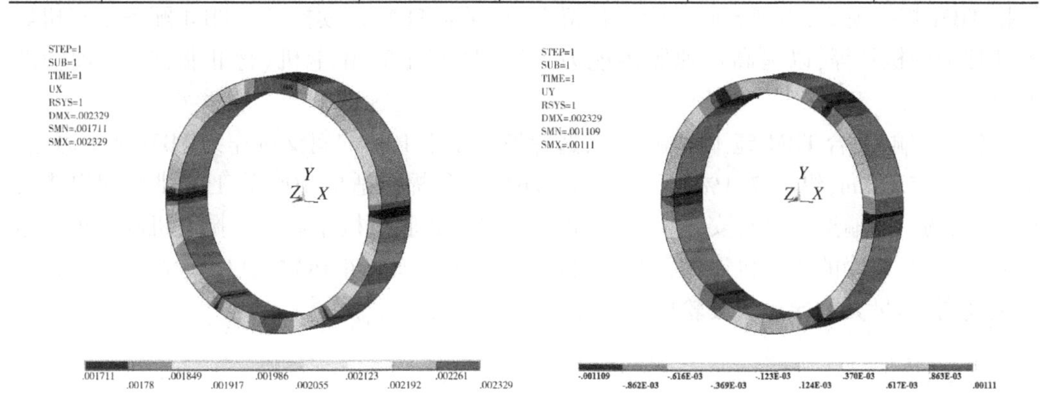

图 9 管片径向、环向变形云图(考虑螺栓且回填密实,Ⅳ类;单位:m)

5 深埋长隧洞施工方案

深埋长隧洞工程施工是控制工程工期和投资的关键内容,“高寒、生态环境脆弱、超长大深埋,布置施工辅助通道位置有限、穿越地层软硬岩兼有且复杂多变”的施工环境条件给工程施工带来了极大的难度和技术复杂性,主要技术难点为施工方案规划、TBM 设备选型、超长大坡度斜支洞高效运输等。

5.1 隧洞总体施工方案

依据隧洞施工环境条件、钻爆法和掘进机施工特点、工程进度和投资等进行隧洞施工方案规划。引水隧洞采用掘进机和钻爆法联合施工方案。隧洞沿线共布置斜支洞 4 条,竖井8座作为施工通道。布置3台TBM,20个钻爆段。TBM施工洞段长34.205 km,占总长的46.20%钻爆法施工洞段长39.832 km,占总长的53.80%。综合不同洞段地质因素分析,对敞开式、护盾式TBM(双护盾、跨模式)进行了综合分析对比,从施工安全、保证工期和经济性考虑,TBM1采用开敞式掘进机,TBM2、TBM3采用双护盾掘进机。共规划20个钻爆施工作业面、3个TBM施工作业面。

5.2 主要施工风险及应对方案

主要施工风险为突涌水、大变形、岩爆及超长大坡度斜支洞运输等。

(1)综合措施:施工中全程采用超前地质预报;TBM施工段,对大的断裂构造带及富水段断层带,采用超前钻爆法预处理,合理规划TBM和钻爆施工段。共布置了3段超前预处理段,既保证了TBM高效施工,又消除围岩失稳和突涌水。

(2)突涌水:根据地质资料及超前地质预报对施工排水量评估,首先进行超前预注浆封堵,同时进行排水设备配置并做好超前注浆预案和备用排水设备。预计单点最大突涌水量为1 000 m^3/h。为降低施工风险和排水费用,施工排水遵循"堵排结合、限量排放"的原则。当涌水量超过120 $m^3/(h \cdot km)$时,停止掘进,采用超前预注浆和化学灌浆控制施工排水量,将涌水量降低至控制流量后再继续开挖。

(3)大变形:根据地质参数计算收敛变形范围,依据变形量对TBM设备进行防卡设计,如径向扩挖能力和围岩变形自动检测系统,通过对围岩变形量及变形速率检测,及时转换TBM扩挖模式,为围岩收敛变形预留空间,保证TBM连续掘进。TBM配备足够扭矩及处理辅助机具等,以提高快速脱困能力,必要时布置TBM卡机(停止掘进)处理辅助通道。

(4)运输:结合TBM施工运输特点,选择坡度小于10%的斜支洞作为TBM施工通道,支洞长1~5.8 km,纵坡7.1%~8.5%。对TBM设备提出适应10%施工的排水和出渣要求,支洞物料运输选择具有安全度高、运量大的导轨式胶轮机车运输。掘进机洞内出渣运输采用高效、连续的皮带机运输方案;进料系统选用有轨机车运输,其中支洞段选择具有安全度高、运量大的导轨式胶轮机车运输。

6 结 语

本文按照高水高用、优水优用、多水源联合的原则和山水林田湖草系统治理思路进行了区域需水预测及水资源平衡分析,分析了引黄济宁工程调水规模;通过对多条引水线路及供水线路综合比选提出了引黄济宁工程的总体布局。特别是针对引水隧洞可能遇到的高外水、大埋深软岩及破碎带洞段围岩稳定、主要地质问题及施工风险等,均提出了应对措施。随着我国水利、能源、交通运输的发展和西部大开发的需要,会遇到类似本工程气候环境、地形、地质条件下的深埋长隧洞工程。本工程研究成果,可为类似越岭隧洞工程规划设计施工提供参考和借鉴。

拉萨河梯级电站对水文情势的影响及归因分析

黄梦迪[1,2] 黄 草[1,2,3]

(1. 长沙理工大学 长沙 410114;
2. 水沙科学与水灾害防治湖南省重点实验室 长沙 410114;
3. 洞庭湖水环境治理与生态修复湖南省重点实验室 长沙 410114)

摘要:拉萨河干流梯级电站的修建与运行改变了河流的天然水文情势,给河流生态系统带来了不利影响。采用IHA-RVA法定量分析了常规调度和电力调度两种模式下旁多-直孔梯级电站运行对于不同站点水文情势的影响。电力调度模式下拉萨河干流旁多站、唐家站和拉萨站水文情势均发生了中度改变,综合改变度系数分别为0.48、0.55和0.50,比常规调度模式的综合改变度系数分别提高了0.36、0.39和0.36。采用多系列贡献率分割法,研究了天然径流、区间引水及电站运行等因素对水文情势年均径流改变度的贡献率。电力调度下,拉萨站三因素的贡献率分别为0.10、0.07、0.83;常规调度下,拉萨站三因素的贡献率分别为0.36、0.11、0.53。梯级电站运行是引起拉萨河干流水文情势改变的主要因素。

关键词:拉萨河 梯级电站 IHA-RVA 综合改变度 贡献率

1 研究背景

河流的水文情势对于河流物理化学条件、两岸植被分布以及流域内生物群落的分布范围和生活习性等具有重要意义,河川径流及其过程控制了河流生态系统主要的生境参数,如水流深度、速度及生境容量。在河流上建坝,阻断了天然河道,导致河道的流态发生变化,进而引发整条河流上下游和河口的水文特征发生改变。针对采用何种指标量化水利工程设施的使用对于河流水文情势的影响,国内外已有许多研究。20世纪末,Richter建立的IHA(Indicators of Hydrologic Alteration,IHA)指标体系及在此基础上提出的变化范围法RVA,为定量研究河流水文情势开创了新方法。该方法构建了5大类32个指标来定量分析河流的水文情势特征,在研究我国长江、黄河和淮河流域及相关支流的水库建设对于河流径流特征的影响方面已有应用。如陈昌春的研究显示无论是单库影响还是多库联合运行,大型水库的建设都使得修水流域各方面水文情势在中、低度范围内变化明显。陈伟东的研究显示,受水库运行影响,锦江下游主汛期径流减少,年内径流分配较之前均

基金项目:国家自然科学基金项目(51709019);湖南省水利科技项目(湘水科计〔2016〕194-9)。

作者简介:黄梦迪(1995—),女,河南邓州人,硕士研究生,主要从事水文水资源工作。

通信作者:黄草(1985—),男,湖南衡阳人,讲师,主要从事水资源管理与调度工作。

匀,平均断流时间增长。不同的水库调度方式对径流的影响程度不同,良好的调度模式可以减弱大坝的修建与运行对当地水文情势的影响程度。目前,国内外针对建坝对于径流特征的影响研究大多集中于现有水库或水库群调度运行对水文情势的影响和变化,对同一水库系统不同调度模式所造成的水文情势变化差异的研究较少。

河流水文情势的变化除受到当地水库运行的影响外,还与气候变化及人类生产生活用水等多方面因素有关。国内外围绕河流水文情势变化的归因和贡献度分析开展了众多研究,包括通过统计分析法、分项调查法、流域水文模型等分离气候变化和人类活动对于径流变化的贡献等。例如,肖鹏等通过建立线性回归模型量化分析长江干流水位,分析洞庭湖出口径流量对于城陵矶水位的影响程度,并指出三峡水库的运行改变了长江中下游干流水位进而影响城陵矶的水位特征。常用的水文情势贡献率回归分析适用于以单指标作为水文情势变化评价的情况,无法对多指标水文情势变化进行分析。针对这一问题,彭少明提出多系列贡献率分割法,结合 IHA 指标体系通过选定可代表多种径流变化影响因素的不同序列,反映不同影响因子对于河流水文情势影响的差异,并将该方法应用于黄河上游水文情势变化贡献度分析,结果显示水库运行是造成当地径流变化的主要因素。

为了定量评价梯级水库不同调度模式对河流水文情势的影响及程度,本文以拉萨河干流旁多-直孔梯级电站为例,研究了梯级电站常规调度和电力调度两种运行模式对拉萨河干流水文情势的影响,分析了梯级电站运行对水文情势变化的贡献率,为量化梯级电站不同调度方式对水文情势影响的差异提供技术方法,也为拉萨河梯级电站调度方式优化和开展生态调度提供技术支持。

2　研究区域、数据与方法

2.1　研究区域

拉萨河为雅鲁藏布江左岸支流,全长 568 km,流域面积 3.18 万 km^2,为雅鲁藏布江五大支流之一。截至 2015 年,拉萨河干流已建成旁多、直孔两座水电站(见表 1),两座水库总库容 14.46 亿 m^3,占拉萨河总径流的 15.89%。旁多水电站和直孔水电站分别是拉萨河干流中游河段水电梯级开发方案中的首级水库和末级水库。

表 1　拉萨河干流梯级电站特征参数

水电站名称	控制流域面积（km^2）	多年平均流量（m^3/s）	正常蓄水位（m）	汛限水位（m）	死水位（m）	总库容（亿 m^3）	装机容量（万 kW）	建设情况	调节性能
直孔	20 100	237	4 095	4 093.5	4 066	2.24	100	2007 年建成	日调节
旁多	16 370	189	3 888	3 885	3 878	12.22	160	2015 年建成	年调节

拉萨河干流现有旁多、唐加和拉萨 3 个水文站,均具有长系列的日径流实测资料,如图 1 和表 2 所示。

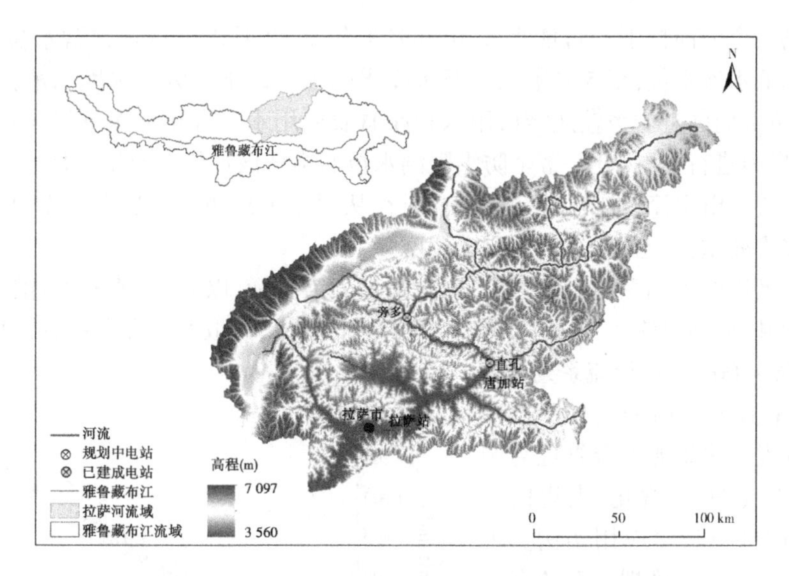

图 1　拉萨河干流已建水电站及水文站位置示意图

表 2　拉萨河干流水文站基本情况

水文站名称	位置	多年平均降水量(mm)	日径流系列
旁多	拉曲、达隆曲汇合口下游约 2 km	544.3	1976 年至今
唐加	唐加乡,原直孔水文站 1963 年下迁	531.6	1960 年至今
拉萨	拉萨市大桥上游 134 m	447.7	1955 年至今

2.2　径流模拟与验证

拉萨河干流旁多-直孔梯级电站均为新建,缺乏水库调度运行后的长系列径流资料。本文基于梯级电站常规调度和电力调度的规则,采用 ModSim-DSS 构建梯级电站调度模型,模拟生成梯级电站调度后的长系列日径流资料,作为水文情势分析的依据,如表 3 所示。

表 3　不同调度模式下拉萨河干流水文资料情况

调度模式	梯级水库	日径流系列		
		建设前	建设后	建设后(模拟生成)
常规调度	旁多-直孔	1976~2000 年	2015~2016 年	1976~2000 年
电力调度	旁多-直孔	1976~2000 年	2015~2016 年	1976~2000 年
模型验证期	旁多-直孔	—	2015~2016 年	2015~2016 年

常规调度按照各电站的设计调度规则进行模拟调度。旁多水库从每年 6 月初开始按保证出力发电,多余水量蓄存在水库中,蓄至汛限水位后,维持汛限水位不变至 9 月上旬,

在保证防洪安全的前提下尽可能多发电;9 月下旬至 12 月末维持正常蓄水位;从翌年 1 月初开始降低水库水位,至 5 月末消落至水库汛限水位以下。旁多水库除承担防洪发电任务外,还负责向邻近城乡输送城市用水和灌溉农业用水。直孔水库每年 6 月初开始蓄水,按保证出力进行发电调度,蓄至防洪限制水位后维持该水位至当年 9 月,9~12 月水库按照天然径流发电出流,维持正常蓄水位运行,从翌年 1 月初开始加大水库出流,至 5 月末消落至水库死水位。直孔水库无引水调度。

电力调度以旁多-直孔梯级电站总发电量最大为目标,以旁多-直孔水库群联合优化调度方案为基础,通过输入 1976~2000 年的天然日径流,模拟生成旁多-直孔联合优化调度后的 1976~2000 年日径流系列。

ModSim-DSS 是由美国科罗拉多州立大学开发的水资源综合管理与调度软件,具有开源、可视化、大规模等特征,在国内外有较多应用实例。为了验证拉萨河长系列模拟径流的有效性,采用 2015~2016 年的实测日径流进行验证。结果表明,模拟日径流值与实测日径流值存在良好的相关性,相关系数 R 为 0.975,纳什效率系数 *NES* 为 0.947,如图 2 所示。

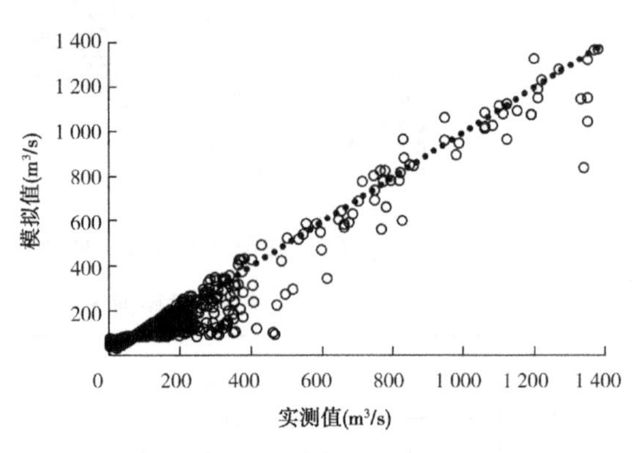

图 2 MODSIM 模拟日径流与实测日径流比较

2.3 研究方法

2.3.1 水文情势变化量化方法

水文情势变化研究方法有单指标法和多指标法,其中多指标法中以 IHA-RVA 应用最为广泛,得到了众多学者的认可,它是通过分析河流受扰动前后 32 个水文因子的数值变化来确定河流生态情势的改变(见表 4)。研究基于 1976~2000 年的实测天然日径流系列(梯级水库建设前),以及两种调度模式下 1976~2000 年模拟日径流系列,分析旁多-直孔梯级电站运行对拉萨河干流水文情势的影响。

表 4 IHA-RVA 指标集

IHA 指数组(指标数目)	水文指数特征指标	指标符号
月均流量(12)	各月多年平均流量	均值 F1~F12 变差系数 F33~F44
年极值流量(10)	最大 1 d、3 d、7 d、30 d、90 d 流量	均值 F13~F17 变差系数 F45~F49
	最小 1 d、3 d、7 d、30 d、90 d 流量	均值 F18~F22 变差系数 F50~F54
年极值流量出现时间(2)	年最大流量出现时间	均值 F23 变差系数 F55
	年最小流量出现时间	均值 F24 变差系数 F56
高低流量频率和持续时间(4)	高、低流量脉冲出现频率	均值 F25~F26 变差系数 F57~F58
	高、低流量脉冲历时	均值 F27~F28 变差系数 F59~F60
流量变化率及频率(4)	洪水涨落频率、历时	均值 F29~F32 变差系数 F61~F64

统计水库建设前后 32 项水文指标的均值和变差系数,共计 64 个特征参数,反映不同时间序列水文情势的特征,如下所示:

$$\bar{x} = \frac{1}{n}\sum_{i=1}^{n} x_i \tag{1}$$

$$C_v = \sqrt{\frac{1}{n}\sum_{i=1}^{n}(x_i - \bar{x})^2} \tag{2}$$

式中:$\bar{x}$ 为指标均值;C_v 为指标变差系数;x_i 为指标值;n 为某一指标值参与统计的总个数,对于月均流量和流量过程的频率,n 为时间序列的总年数,对于某一流量过程的流量、持续时间、平均上升速率和平均下降速率,n 为时间序列内出现该流量过程的总次数。

$$d_k = \frac{1 - \exp(-av_k)}{1 + \exp(-av_k)} \tag{3}$$

$$v_k = \frac{P_{kA} - P_{kB}}{P_{kB}} \tag{4}$$

式中:d_k 为第 k 个参数的改变度,是指受影响后河流水文情势特征参数 k 相对于受影响前的改变程度,$k=1\sim64$,$a=3$;P_{kA}、P_{kB} 分别为第 k 个参数干扰前和干扰后的值。当 $|d_k| < 0.33$ 时,参数 k 为轻度改变;$0.33 \leqslant |d_k| < 0.67$,参数 k 为中度改变;$|d_k| \geqslant 0.67$,参数 k 为重度改变。

以所有特征参数改变程度的平均值,表示受影响后河流水文情势的整体改变情况,即整体改变度 D_T:

$$D_T = \frac{1}{64}\sum_{k=1}^{64} |d_k| \tag{5}$$

同样,当 $|D_T| < 0.33$ 时,河流水文情势整体为轻度改变;当 $0.33 \leqslant |D_T| < 0.67$ 时,河流水文情势整体为中度改变;当 $|D_T| \geqslant 0.67$ 时,河流水文情势整体为重度改变。

2.3.2 水文情势变化成因分析方法

采用多系列贡献率分割法,每种影响因子对应一个水文序列和一种水文情势。通过对比不同系列相应的水文情势差异区分每个影响因子对水文情势的影响,即贡献度。

对水文情势变化的影响因子进行分析,如图 1 所示,拉萨河干流目前已建成旁多-直孔两级电站,旁多水库坝址上游需向邻近地区供水。按照水库调度规则进行模拟调度,水文站模拟日径流量计算公式如下:

$$W_i = W_{i-1} + (Q_{i-1} - Q_i + N_i) \times \Delta h - E_i - D_i \tag{6}$$

$$q_i = Q_i - \Delta E_i + \Delta N_i \tag{7}$$

式中:W_{i-1}、W_i 为第 i 个水库研究时段前、时段末蓄水量;Q_{i-1}、Q_i、E_i、N_i、D_i 分别为研究时段水库入流量、出流量、蒸发及渗漏损失量、水库区间入流量、坝址引水量;q_i 为第 i 个水文站模拟径流量;ΔE_i、ΔN_i 为第 i 个水库至水文站河道蒸发与渗漏损失量、区间入流量。

由于旁多、唐加水文站紧邻旁多、直孔电站,故在计算时不考虑旁多电站—旁多水文站、直孔电站—唐加水文站区间入流。假设水库运行未引起河道蒸发与渗漏损失明显变化。

由式(6)~式(7)可知,引起当地水文情势变化的主要因素为天然径流变化、区间引水退水和水库运行,故选用 4 个水文序列进行水文情势贡献率分割:①模拟出流系列(1976~2000 年),反映各因素对水文情势的改变程度;②天然日径流系列(1976~2000 年),反映气候变化贡献度;③还原引水系列(1976~2000 年),反映区间引水退水贡献度;④基准系列,水库运行及气候突变前(1956~1975 年)天然状态的径流系列。分割方法如下:

$$V_{i,1} = (F_{i,1} - F_{i,4})/F_{i,4} \tag{8}$$

$$V_{i,2} = (F_{i,2} - F_{i,4})/F_{i,4} \tag{9}$$

$$V_{i,3} = (F_{i,3} - F_{i,4})/F_{i,4} \tag{10}$$

$$C_n = \left| \frac{1}{n} \sum_{i=1}^{n} (V_{i,2}/V_{i,1}) \right| \tag{11}$$

$$C_w \left| \frac{1}{n} \sum_{i=1}^{n} (V_{i,3} - V_{i,2})/V_{i,1} \right| \tag{12}$$

$$C_r = 1 - C_n - C_w \tag{13}$$

式中:$F_{i,1}$、$F_{i,2}$、$F_{i,3}$、$F_{i,4}$ 分别为模拟系列、天然系列、还原引水系列和基准系列对应的第 i 年 IHA 指标值;$V_{i,1}$、$V_{i,2}$、$V_{i,3}$、$V_{i,4}$ 分别为模拟系列、天然系列、还原引水系列第 i 个 IHA 指标值相对于基准系列第 i 个 IHA 指标值的变化幅度;n 为 IHA 指标的数量;C_n、C_w、C_r 分别为天然径流变化、区间引水退水、水库运行对 IHA 指标值变化的贡献率。

为了避免 $V_{i,1}$ 过小引起影响因子在部分指标上的贡献率过大,当 $V_{i,1}$ 的绝对值不超过 10%时,认为该指标与基准系列基本相同,不统计影响因子对该指标的贡献率。

3 结果分析

3.1 梯级电站对水文情势的影响分析

3.1.1 常规调度

常规调度下拉萨河梯级电站对水文情势的影响分析结果如图 3 所示。

以唐加站为例,月径流均值改变度最大为 3 月和 10 月,3 月流量均值改变度为 0.97,属重度改变;10 月流量均值改变度为-0.39,属中度改变,其中改变度为负值表示月均流量减少。月均径流变差系数正负改变度最大为 4 月和 8 月,4 月流量变差系数改变度为 0.18,为轻度改变;8 月流量变差系数改变度为-0.43,为中度改变,其中变差系数改变度为负值表示月均流量年际差异降低。

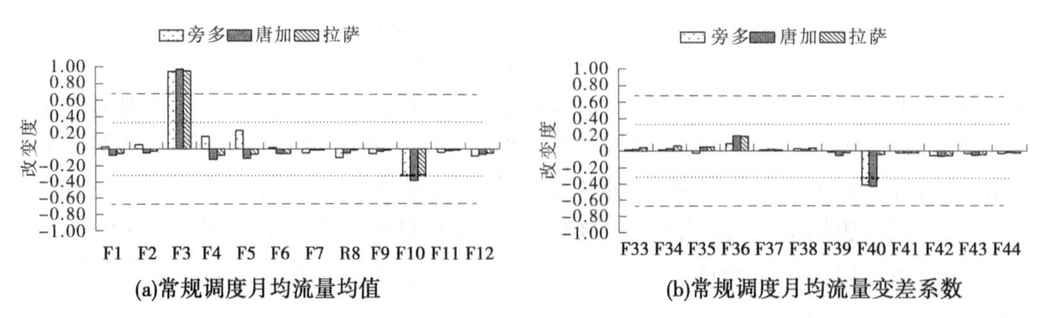

(a)常规调度月均流量均值　　(b)常规调度月均流量变差系数

图 3　常规调度下拉萨河梯级电站对水文情势的影响分析结果

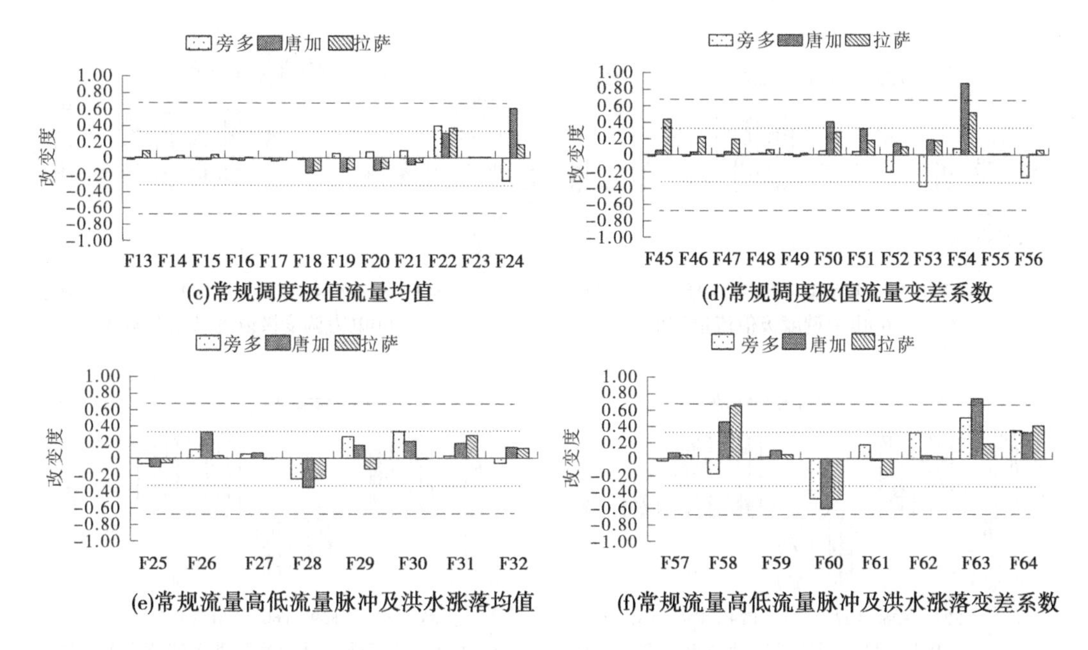

(c)常规调度极值流量均值

(d)常规调度极值流量变差系数

(e)常规流量高低流量脉冲及洪水涨落均值

(f)常规流量高低流量脉冲及洪水涨落变差系数

续图 3

梯级电站运行对年极值的影响主要表现在年最小流量增大,最大流量和最小流量年际差异增大。唐加站年最大 1 d 流量均值改变度为 0.01,最大 90 d 流量均值改变度为 -0.03;最小 1 d 均值改变度为-0.17,最小 90 d 均值改变度为 0.30,均属轻度改变。唐加站极值流量变化情况较拉萨站明显,拉萨站径流经区间入流调节后,极值流量改变程度反而较唐加站弱。

两级电站运行后,水库在汛期削峰,降低了高流量脉冲出现频率和峰值,蓄水期水库抬高库水位,减少了河流及两岸干旱事件的发生率。如唐加站高流量脉冲发生次数减少,历时延长 1 d,低流量脉冲发生次数增多,历时缩短 5 d,均为轻度改变。

3.1.2 电力调度

电力调度下拉萨河梯级电站对水文情势的影响分析结果如图 4 所示。

以唐加站为例, 3 月流量均值的改变度为 0.93,10 月流量均值的改变度为-0.23,改变幅度较常规调度小,但电力调度下,1 月、2 月和 4 月的月流量均值也发生了重度改变。

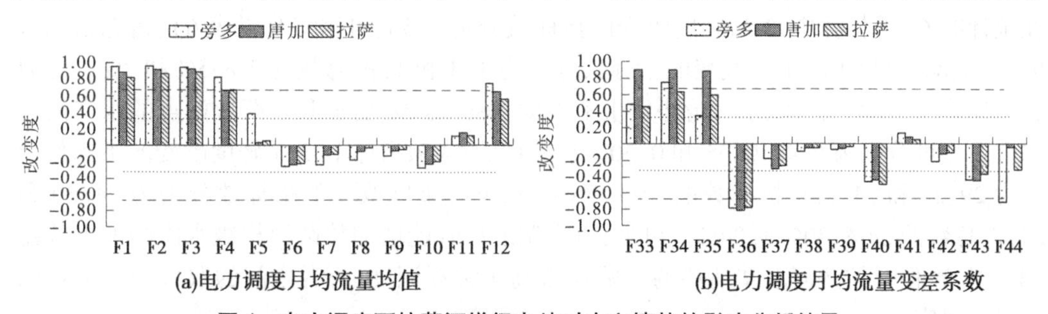

(a)电力调度月均流量均值

(b)电力调度月均流量变差系数

图 4 电力调度下拉萨河梯级电站对水文情势的影响分析结果

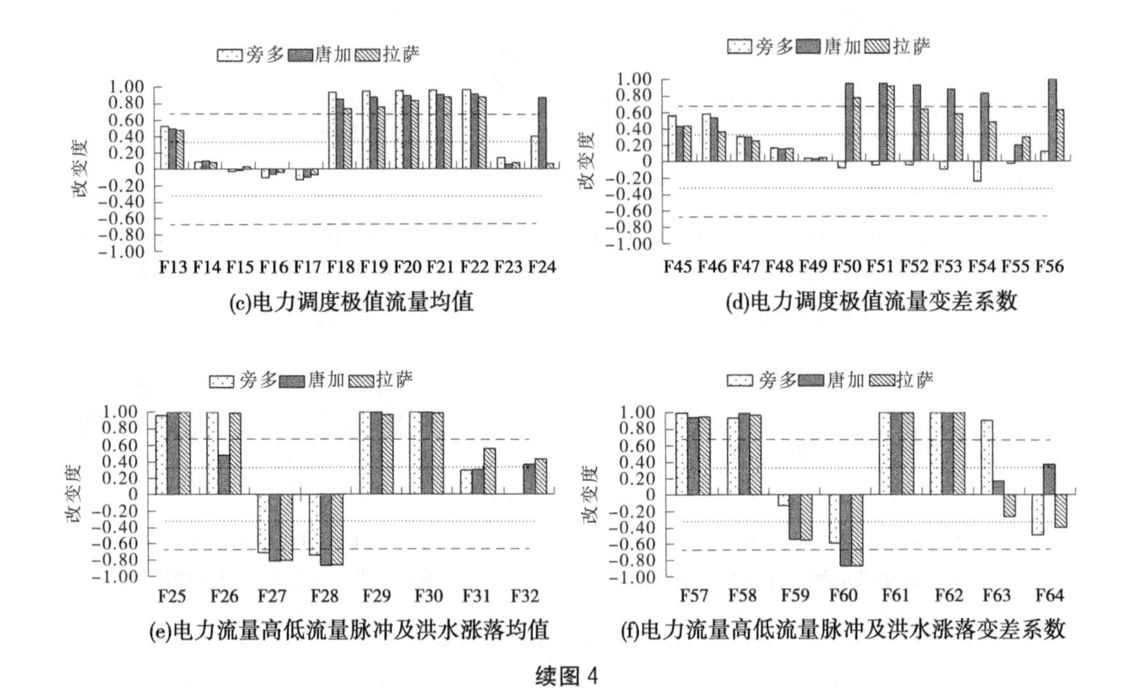

(c)电力调度极值流量均值　　(d)电力调度极值流量变差系数

(e)电力流量高低流量脉冲及洪水涨落均值　　(f)电力流量高低流量脉冲及洪水涨落变差系数

续图 4

综合来看,电力调度下月流量均值和月流量的变差系数的改变度明显高于常规调度。

电力调度下,最大 1 d 流量均值改变度为 0. 49,属中度改变。最大 90 d 流量均值改变度为-0. 10,属轻度改变。最小 1 d 均值改变度为 0. 86,最小 90 d 均值改变度为 0. 91,属重度改变。年最大流量出现时间多年平均值推迟 8 d,属轻度改变;年最小流量出现时间多年平均值推迟 57 d,属重度改变;电力调度的极值流量改变幅度同样高于常规调度。

电力调度下,唐加站高低流量脉冲发生次数增多,但高低流量脉冲的多年平均历时缩短了 20 d 左右;同时,涨落速率明显增大,涨落速率的改变度达到 1. 0,为重度改变。旁多站和拉萨站高低流量脉冲变化以及洪水涨落速率的变化规律与唐加站基本一致。

3. 1. 3　综合比较

综合来看,在旁多-直孔梯级常规调度模式下,拉萨河干流水文情势发生了轻度改变,旁多、唐加和拉萨 3 站点的水文情势综合改变度分别为 0. 13、0. 16 和 0. 14(见表 5)。在统计的 64 项指标中,3 站轻度改变的指标数分别为 56、54 和 57(见表 6),占总指标数的 88%、84%和 89%;重度改变的指标数分别为 1、3 和 1,占总数的 2%、5%和 2%。电力调度模式下,拉萨河干流水文情势发生了中度改变,旁多、唐加和拉萨 3 站点的水文情势综合改变度分别为 0. 48、0. 55 和 0. 50。在统计的 64 项指标中,3 站轻度改变的指标数分别为 29、24 和 24,占总指标数的 45%、38%和 38%;重度改变的指标数分别为 24、30 和 24,占总数的 24%、30%和 24%。可见,电力调度尽管能增加拉萨河梯级水库的发电效益(4. 49%),但对拉萨河水文情势的影响显著高于常规调度,两者之间的取舍需要慎重的考量与研究。

表5 梯级电站运行后不同站点水文情势改变度统计

综合改变度	旁多	唐加	拉萨
常规调度	0.13	0.16	0.14
电力调度	0.48	0.55	0.50

表6 各站点不同程度水文指标个数统计

IHA 指标		轻度	中度	重度
常规调度	旁多	56	7	1
	唐加	54	7	3
	拉萨	57	6	1
电力调度	旁多	29	11	24
	唐加	24	10	30
	拉萨	24	16	24

3.2 水文情势变化成因分析

采用贡献率分割法分析了不同影响因子对拉萨河干流水文情势变化的贡献率，结果见表7。电力调度下，旁多站各因素贡献率为天然径流12%、区间引水16%、水库运行72%，唐加站3因素的贡献率分别为16%、8%和74%，拉萨站3因素的贡献度分别为10%、7%和83%。常规调度下，旁多站各因素贡献率为天然径流42%、区间引水51%、水库运行7%，唐加站3因素的贡献率分别为32%、11%和57%，拉萨站3因素的贡献率分别为36%、7%和57%。由此可见，不管是常规调度还是电力调度，梯级水库运行都是导致拉萨河径流改变的主要因素；电力调度模式下，水库运行的占比高于常规调度。

表7 不同影响因子对拉萨河干流水文情势变化的贡献率

贡献率	电力调度			常规调度		
	天然径流	区间引水	水库运行	天然径流	区间引水	水库运行
旁多	0.12	0.16	0.72	0.42	0.51	0.07
唐加	0.16	0.08	0.74	0.32	0.11	0.57
拉萨	0.10	0.07	0.83	0.36	0.07	0.57

4 结论

拉萨河干流旁多-直孔梯级电站的建设与运行的确对当地水文环境造成了不利影响。常规调度下，拉萨河干流水文情势发生轻度改变，旁多、唐加和拉萨3站综合改变度分别为0.13、0.16和0.14。电力调度下，水文情势发生中度改变，旁多、唐加和拉萨3站综合改变度分别为0.48、0.55和0.50。即电力调度能产生更大的经济效益，但对河流水文情势的影响也更大，建议梯级水库开展以水文情势改变度为目标的生态调度，更好地协调经济效益与河流生态环境保护的矛盾。

采用多系列贡献率分割法，分析了天然径流、区间引水和水库运行对于当地年均径流改变的贡献率。结果显示，造成当地水文情势变化的主要原因是梯级电站的开发利用。如拉萨站常规调度下，水库运行对水文情势改变的贡献率为0.57；电力调度下，水库运行的贡献率为0.83。

本文定量分析了拉萨河干流两级电站不同调度模式对于拉萨河水文情势的改变程度及水文情势变化的贡献率，为研究不同调度模式下水库运行对水文情势的影响提供了技术方法，也为进一步研究改善流域生态问题的水库优化调度方案提供有益参考。

参考文献

[1] 吴阿娜，杨凯，车越，等. 河流健康状况的表征及其评价[J]. 水科学进展，2005，16(4)：602-608.

[2] 胡巍巍. 蚌埠闸及上游闸坝对淮河自然水文情势的影响[J]. 地理科学，2012，32(8)：1013-1019.

[3] 汪恕诚. 再谈人与自然和谐相处[J]. 中国水利，2004(3)：6-9.

[4] Richter B D，Baumgartner J V，Wigington R，et al. How much water does a river need? [J]. Freshwater Biology，1997，37(1)：231-249.

[5] Richter B D，Mathews R，Harrison D L，et al. Ecologically sustainable water management：Managing River Flows For Ecological Integrity[J]. Ecological Applications，2003，13(1)：206-224.

[6] 郭文献，李越，王鸿翔，等. 基于IHA-RVA法三峡水库下游河流生态水文情势评价[J]. 长江流域资源与环境，2018，27(9)：116-123.

[7] 彭少明，尚文绣，王煜，等. 黄河上游梯级水库运行的生态影响研究[J]. 水利学报，2018，49(10)：5-16.

[8] 周毅，崔同，郑鑫，等. 基于IHA的黄河源区水文情势及环境流变化[J]. 人民黄河，2017，39(7)：61-64.

[9] 陈伟东，包为民. 改进IHA法的应用研究[J]. 中国农村水利水电，2016(12)：79-83.

[10] 王加全，马细霞，李艳. 基于水文指标变化范围法的水库生态调度方案评价[J]. 水力发电学报，2013，32(1)：107-112.

[11] 陈昌春，王腊春，张余庆，等. 基于IHA/RVA法的修水流域上游大型水库影响下的枯水变异研究[J]. 水利水电技术，2014，45(8)：18-22.

[12] 陈伟东，包为民，张乾，等. 基于IHA分析锦江水库对下游径流的影响[J]. 三峡大学学报(自然科学版)，2015，37(3)：23-27.

[13] 卢金友，姚仕明. 水库群联合作用下长江中下游江湖关系响应机制[J]. 水利学报，2017，49(S)：1-11.

[14] 哈燕萍，白涛，瞿富强，等. 不同生态需水过程下水库多目标优化调度[J]. 水资源研究，2017(6)：112-124.

[15] 肖鹏. 洞庭湖流域水资源演变归因分析[D]. 北京：清华大学，2014.

[16] Fredericks J W，Labadie J W. Decision support system for conjunctive stream-aquifer management[J]. Journal of Water Resources Planning & Management，1998，124(2)：69-78.

[17] 肖长伟，何军，向飞. 拉萨河水库调度模式对河流生态的影响及生态调度对策研究[J]. 水利发展研究，2013，13(7)：14-19.

[18] 次仁卓玛. 拉萨河干流主城区段防洪体系建设与管理研究[D]. 北京：清华大学，2015.

[19] 王强，张继军. 旁多，直孔水库群联合优化调度方案研究[J]. 东北水利水电，2018，36(12)：1-3.

[20] 陈翔，赵建世，赵铜铁钢，等. 发电调度对径流情势及生态系统的影响分析——以小湾、糯扎渡水电

站为例[J]. 水力发电学报,2014,33(4):36-43.
[21] 张杰,蔡德所,曹艳霞,等. 评价漓江健康的 RIVPACS 预测模型研究[J]. 湖泊科学,2011,23(1):73-79.
[22] 陶雨薇,王远坤,王栋,等. 三峡水库坝下水温变化及其对鱼类产卵影响[J]. 水力发电学报,2018,37(10):50-57.
[23] 段唯鑫,郭生练,王俊. 长江上游大型水库群对宜昌站水文情势影响分析[J]. 长江流域资源与环境,2016,25(1):120-130.
[24] 刘贵花,朱婧瑄,熊梦雅,等. 基于变动范围法(RVA)的信江水文改变及生态流量研究[J]. 水文,2016,36(1):51-57.

南水北调工程信息系统国产密码应用技术研究

孙 琳

(北京市南水北调信息中心 北京 100042)

摘要:本文通过对南水北调工程信息系统国产密码应用技术的研究,查阅、研究国产密码应用技术,开展以南水北调工程信息系统为主体的研究,结合水利行业特点、南水北调工程的实际情况,提出国产密码的应用方向研究。
关键字:南水北调 信息系统 国产密码

1 南水北调工程信息系统存在的问题

南水北调工程是优化我国水资源时空配置的重大举措,是解决我国北方水资源严重短缺问题的特大型基础设施项目,北京是严重缺水的国际大都市,也是我国 40 个严重缺水城市之一。南水北调工程是解决北京市资源性缺水瓶颈,实现首都可持续发展的一项重要工程。

南水北调中线一期工程自全线通水以来,已经累计为北京地区输水超过 43 亿 m^3,超过 1 100 万人直接受益,居民饮水水质得到了明显改善,同时南来之水也抬升了北京地区水库的蓄水量。目前,密云水库蓄水已突破 25 亿 m^3,恢复了水库缺失多年的调节功能,增加了水资源战略储备,有利于库区生物多样性和区域水生态环境涵养。受益于南来之水,北京地区地下水在经多年过度开采而大幅下降后,出现了止降回升。事实表明,南水北调工程为首都北京的饮水安全和生态环境改善做出了巨大贡献,已成为关系首都民生的关键基础设施,而关键基础设施的安全必须得到重视和保护。

(1)信息安全是南水北调工程安全保护中的重要环节。随着信息化技术在工程中的

作者简介:孙琳(1981—),女,河北人,硕士研究生,主要从事水利信息化工作。

应用，在提升工程信息化水平的同时也带来了安全挑战。工程中建设的各个业务应用系统，包括调水系统、检测预警系统、工程运维系统、移动巡查系统等，都是工程正常运营的关键"命门"所在。而这些系统的运行是由其中的数据所驱动的。例如，在调水系统中，在南水北调的过程中，沿途各省如何分配水量，管道流量如何控制，阀门角度开到多少，不同季节和水文条件下的量化影响因素，水质的检测指标等，都是极其关键的数据，这些数据一旦被篡改，整个工程的正常运营将受到严重威胁；水质数据也是敏感数据，一旦泄露会造成潜在社会影响；在检测预警系统中，包含了水质检测数据、实时监控数据、排气阀井的三维模型和地理坐标、输水管道的精确经纬度等数据，这些数据一旦泄露会直接威胁到国家安全。因此，要保护南水北调工程的信息安全，关键是保护工程中的数据安全。

（2）信息安全已从以网络为中心的安全转为以数据为中心的安全。目前，在围绕南水北调工程信息安全的建设中，已经实施了控制专网、业务内网和业务外网的安全管控措施，这些措施主要由安全网闸、防火墙、IDS、防病毒、安全审计、上网行为管理、安全接入网关等组成，是围绕边界建设的安全防线，在一定程度上防范了来自外部网络的攻击，然而这些边界防护措施对于数据保护的作用却是有限的。在南水北调的业务场景中，数据主要包含存储态、传输态和使用态三种形式。存储态的数据主要以结构化的形式存储于各个业务系统相应的数据库中，或者以非结构化的形式存储于文件系统中，这就会面临数据库 DBA、系统管理员等后端运维人员的窃取威胁；数据在传输过程中会面临恶意人员的窃听和篡改威胁；使用态的数据已经到了具体的应用系统层面，并且是在跨边界流转，在业务范围内进行共享从而推动业务的运转，在共享的过程中会存在使用人员有意或者无意的数据泄露风险，这就带来了"共享"和"保密"的两难问题。此外，更为严峻的是，在流转过程中，数据都是明文形态。加强南水北调工程中的关键、重要、敏感数据的安全保护已经刻不容缓。

（3）密码技术是保护数据安全最经济有效的手段。密码可以实现数据的机密性、完整性、真实性和不可抵赖性。机密性可以保证数据保密不被泄露，即使泄露也是不可用的密文；完整性保证数据不被篡改；真实性保证数据来源的真实可靠；不可抵赖性保证了数据不可否认。按金雅拓统计，2013 年以来全球数据泄露仅 4%是密文数据（密文被泄露是安全的）。

（4）国家密集出台法律法规，重视和推动国产密码（简称"国密"）应用。在我国，密码的应用主要是指国密的应用。鉴于目前网络安全形势的严峻性，国家越来越重视网络空间安全，紧锣密鼓出台和制定了一系列围绕网络安全的法律法规，如《中华人民共和国网络安全法》《中华人民共和国密码法》等，同时国家也建立起密码安全性评测体系，进一步加强重要基础设施的安全性。其中，由全国人民代表大会立法并即将通过的《密码法》，明确指出在关键信息基础设施应当依规强制使用密码进行保护，违反规定的将负法律责任，严重者会被追究刑事责任。

2018 年 7 月 15 日，由中共中央办公厅和国务院办公厅联合下发了《金融和重要领域密码应用与创新发展工作规划（2018—2022 年）》，该规划从国家层面重视推广密码应用，并明确了数十个部委的任务，并且明确了由财政配套密码应用的专项资金，明确指出水利部要"完善三峡水利枢纽、南水北调工程等重要基础设施及防汛抗旱指挥、水资源管理等重要信息系统的密码支撑体系”。构建南水北调的密码支撑体系,应用国产密码技术加强数据安全保护,可以进一步增强现有工程系统中的信息安全。

基于国密技术的密码支撑体系与已有边界安全措施相结合,会使南水北调工程的信息安全防护能力得到进一步加强,显著改善南水北调信息基础设施的安全防护能力,实现机构安全、社会安全、国家安全。

2 国产密码应用技术研究

2.1 基于国密保护存储态数据安全

南水北调信息化系统的重要数据存储在数据库中,针对数据库中的结构化数据,可以采用数据库加密方式来进行保护,使应用在向数据库写入数据时对数据进行加密,以密文形式存储于数据库中,这样就可以防止后端的运维人员窃取数据,即使拿走了密文数据,也无法使用。鉴于目前工程中已有数据库的情况,在实施数据库加密时,需要注意方案的通用性和易用性,需支持现有系统的不同品牌和版本的数据库,需对已有的系统和数据库不改造或者微改造。

针对非结构化的数据,比如坐落在首都地下真实物理坐标的排气阀井、管网数据等,可以采用透明文件加密的方式来保护,在文件落盘时进行加密,在文件被读取时进行解密,同样可以起到防范后端运行维护人员窃取数据的作用。

2.2 基于国密保护传输态数据安全

在南水北调远程数据传输的业务场景中,可以在数据传输之前进行加密,以密文形式进行传输,在接收到数据之后再进行解密,这样可以防止数据在传输过程被窃听和篡改。

2.3 基于国密保护使用态数据安全

南水北调工程涉及大量业务人员使用应用系统,这也是使用数据的过程,利用国密技术对后端存储态数据进行加密后,需要建立细粒度的访问控制机制,并非所有访问密文的人员都可以获得明文,而这种细粒度的访问控制机制是目前已有业务应用系统所缺失的。可以在数据库加密的基础上,实现主体到应用系统的用户级、客体到数据库的字段级的访问控制策略,符合策略的进行解密或者脱敏,不符合策略的不解密,即形成了将加解密技术与访问控制相结合的防绕过的机制。

2.4 基于国密保护移动场景下的数据安全

将高性能国密软件 SDK 与移动 APP 集成,为 APP 提供国密能力,负责移动端 APP 的数据加解密,这样在移动端落地的敏感数据将以密文形式存储,保证数据安全;在企业私有云端保存生成数据加解密所用密钥的关键密钥因子,加解密的密钥由移动终端的唯一识别码与密钥因子共同生成,并且移动终端本地不保留密钥,每次实时生成,保证密钥的安全。

2.5 建立统一的密钥管理平台

在国密应用的过程中,对于密钥的保护是核心。数据的加解密均要使用密钥,密钥与明文数据可以说是等价的,在对敏感数据使用密码保护的同时,要保护好所使用的密钥。通过建立南水北调统一的密钥管理平台,对密钥进行全生命周期的管理,包括密钥的生成、存储、分发、交互、备份、恢复、更换、销毁、归档等,可以保证密钥的安全,同时保证了数据安全,统一密钥管理平台是构建密码支撑体系的重要组成部分。

3 结 语

软件重新定义服务器,就是云计算;软件重新定义 PC 电脑,就是移动化和物联网。数据时代也催生了大数据和人工智能产业,支撑数字化经济。但安全是这一切的前提,没有安全,再先进的信息社会将会变成黑暗中的废墟,而密码作为网络安全的核心技术,以最经济有效的手段来防护数据,保障个人隐私安全、企业安全、社会安全、国家安全。

参考文献

[1] 张伟宁. 国产密码算法在广东省国库综合前置系统中的应用[J]. 金融科技时代,2014(4):70-71.
[2] 国家密码管理局. GM/T 0003—2012,SM2 椭圆曲线公钥密码算法.
[3] 国家密码管理局. GM/T 0004—2012 SM3 密码杂凑算法.
[4] 国家密码管理局. GM/T 0002—2012 SM4 分组密码算法.
[5] 国家密码管理局. GM/T 0044—2016 SM9 标识密码算法.

微液滴声场沉降试验研究

柏文文[1] 魏加华[1,2] 时 洋[2]

(1. 青海大学 水利电力学院/三江源生态与高原农牧业国家重点实验室 西宁 810016;
2. 清华大学 水沙科学与水利水电工程国家重点实验室 北京 100084)

摘要:声凝并技术是消除大雾、减小大气细颗粒物的一种重要技术,而声场中微液滴粒径变化是声凝并的主要特征。本文通过设计室内模拟试验,研究了微液滴在声场作用下的沉降试验特征。试验设计 V10(表示小于该粒径的微液滴体积占总体积的 10%,V50 等含义类推)、V50、V90 和 VAD(体积平均直径) 4 种微液滴特征粒径,在不同声波频率和声压级作用下的试验结果表明:微液滴聚集室内的声场表现为驻波场,且存在明显的对称面和反射面,不同声波频率的对称面位置不同;特征粒径对声波频率具有明显的响应,随着声波频率的不同,粒径也呈现出波动变化趋势,且 V90 值较其他值波动大;正交试验和试验结果方差分析表明,声波频率对特征粒径影响的显著性水平均达到 0.01,说明声波频率是影响微液滴声场沉降特征粒径的关键因素。

关键词:微液滴 声场沉降 特征粒径 方差分析 显著性水平

大雾能显著降低天气能见度,严重影响交通安全,此外大雾天气也会造成巨大的经济损失;大气中空气动力学直径小于 2.5×10^{-6} m 的细颗粒(PM2.5),是造成大气污染和呼吸道疾病的主要颗粒。声凝并技术是除雾(章肖融,1963;侯双全,2002)、减小空气 PM2.5 含量的一种重要手段(宋文浩,2019;吴湾,2019;沈国清,2018;马德刚,2015;

作者简介:柏文文(1989—),男,甘肃天水人,硕士研究生,研究方向为水文学水资源。

Jianzhong Liu,2011),其主要机制就是声场中微液滴/细颗粒碰撞凝并。目前认为声场中的颗粒受到布朗扩散(Funck,1995)、重力沉积(Dong,2006),同向运动(Brandt,1936;Mednikov,1965;Temkin,1994;Song,1994; González ,2000)、流体力学作用(Danilov,1985;Hoffmann,1996-1997)、声致湍流(Chou,1981;Tiwary,1984;Boigne,1986;Malherbe,1988,陈厚涛,2009)等共同作用。微液滴声场沉降过程中,粒径变化是声场中的微液滴/小颗粒的主要特征。本文通过设计室内模拟试验,以不同声波频率为试验工况,测量云室底部微液滴特征粒径,分析微液滴声场沉降粒径特征及特征粒径对声波频率的响应,并进行显著性水平检验,确定影响微液滴声场沉降特征粒径的关键因素。

1 试验装置

整个试验装置分为微液滴生成系统、声波系统、云室、粒度测量装置和温湿度监测系统。各组成系统之间的相对位置如图 1 所示,各系统的特征如下:

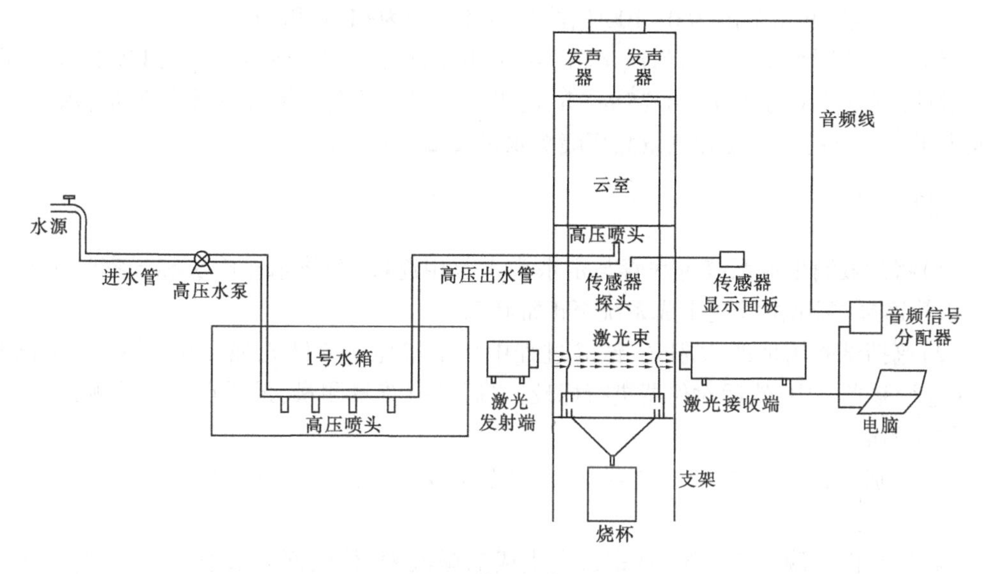

图 1 装置示意图

(1)微液滴生成系统:用于产生微液滴,模拟大气中的微液滴或者冰晶。微液滴生成系统由高压水泵、进水管、高压出水管及高压喷头组成。进水管接定水头水源,水流经水泵产生高压,而后撞击喷头,喷头孔径有 $1×10^{-4}$ m,可产生 $5×10^{-6}$~$1.5×10^{-5}$ m 的小液滴。由于喷头出口液滴初速度较大,为增加液滴在声场中的沉降时间,喷头安装在云室中部的轴心位置,竖直朝上,可以削减微液滴从喷头的出口速度。

(2)声波系统:用于产生低频强声源,使微液滴沉降过程始终处于高强度声场中。该系统由声波发声器、音频分配器、低频音源及播放器组成,音源为 30~300 Hz 的定频声源,音频文件格式为 MP3,音频播放器播放的声信号首先传入音频信号分配器,音频信号分配器将音源信号同时分配到 4 个声波发生器,产生低频高强度声波。

(3)云室:用于模拟微液滴声场沉降过程。外径 0.6 m,长 2 m,壁厚 $5×10^{-3}$ m 的有机玻璃管及锥形底板,玻璃管内壁喷涂超疏水材料,以保证大液滴不会附着在管壁。锥形底板由环形槽、锥面及出水口组成,环形槽间距为 0. 04 m,底部密封,有机玻璃管镶嵌在环形槽内,黏附在有机玻璃管壁的液滴滴落在环形槽里面,其余沉降液滴则由锥形面汇集,经由出水口流入云室,为了使锥形底板汇集的液滴粒径尽可能小,同时减少液滴在锥形板上的停留时间,在锥形底板上也喷涂超疏水涂料。距离云室底端 0. 30 m 处管壁侧面沿径向开直径为 0.1 m 的孔,用于激光粒度仪测量云室微液滴粒径。

(4)观测系统:由激光粒度仪和温湿度传感器组成。激光粒度仪主要用于测量云室中微液滴的粒径分布。粒度仪由激光发射端、激光接收端以及分析系统组成。粒度仪采用 Winner319 工业喷雾激光粒度仪,量程 $1\sim500\times10^{-6}$ m,最大测量距离为 10 m,激光发射端和接收端采用分离式。粒度仪分析系统能够实时显示测量液滴的粒径分布和特征粒径。粒度测量中心位置选择在距离水汽底部 0. 3 m 处,发射端激光沿轴向穿过云室到达激光接收端。温湿度传感器用于监测环境温湿度变化和云室温湿度变化。温湿度传感器采用 Cos-03 温湿度仪,能够实时显示温湿度值,测量记录间隔为 5 s,温度测量范围为 $-40\sim80$ ℃,湿度测量范围为 0~100%,测量精度分别为±1 ℃和±1%。

(5)水量监测系统:由流量计、水箱、烧杯、电子秤等组成。流量计采用 LWGY 系列涡轮流量计,测量范围为 0. 04~0. 25 m^3/h,用于测量微液滴生成系统进水管流量;水箱、烧杯及电子秤主要用于收集和测量高压喷头水量及凝结水质量。

2 试验步骤

(1)将微液滴生成系统进水管与定水头水源相连接,并将水箱喷头和云室喷头与高压出水管连接,调试微液滴生成系统至正常状态。

(2)遮挡试验场地的太阳光,试验过程中尽量避免试验区光强变化,连接激光粒度仪,先进行激光对中,然后对仪器进行标校,之后进行背景测量,最后点击能普测试,等待进行粒径测量。

(3)分别开启环境温湿度传感器和云室温湿度传感器,测量试验过程中环境温湿度和云室温湿度。

(4)启动微液滴生成系统,观察云室生成的微液滴,待底部有液态水流出时,观察云室的湿度值,为了消除初始云室大气水分的影响,刚开始的前 600 s 不计入试验时间,然后开始试验。

(5)采用烧杯收集云室凝结形成的液态水,收集时间为 1 200 s,收集开始时刻和结束时刻记录流量仪读数及高压水泵出口处的压力值,记录在试验记录表中。

(6)云室微液滴凝结 1 200 s 后,打开云室底部的径向孔的密封塞,测量云室底部的粒径分布,记录粒径的采集时间和数据量,保存粒径测量结果,然后关闭云室底部的径向孔的密封塞。

(7)开启声波装置,重复步骤(5)和步骤(6)。

(8)重复步骤(5)和步骤(6),更换声波频率重复(7),直至试验结束。

(9)整理试验数据,关闭试验装置,以待下次试验。

3 试验结果及分析

3.1 云室声压级特征

从云室顶部到底部沿竖向每间隔 0.2 m 选取一个测量断面,共有 11 个测量截面,首先测量 100 Hz 和 80 Hz 两个声波频率,每个截面测量 9 个点,即直径为 0.2 m 和直径为 0.4 m 的同心圆径向相互垂直的 8 个点及圆心点,共计有 9 个测量点,测量点平面位置如图 2(a)所示。声压级测量仪器采用声望声级计,测量模式为 1/3 倍频模式,测量和记录时间间隔为 1 s,测量前相将音头进行标校,标校声压级为 94 dB,标校完成以后,进行云室声压级测量,每个点测量时间均超过 60 s(含 60 s),取平均值(四舍五入保留个位)作为测量点声压级的代表值。

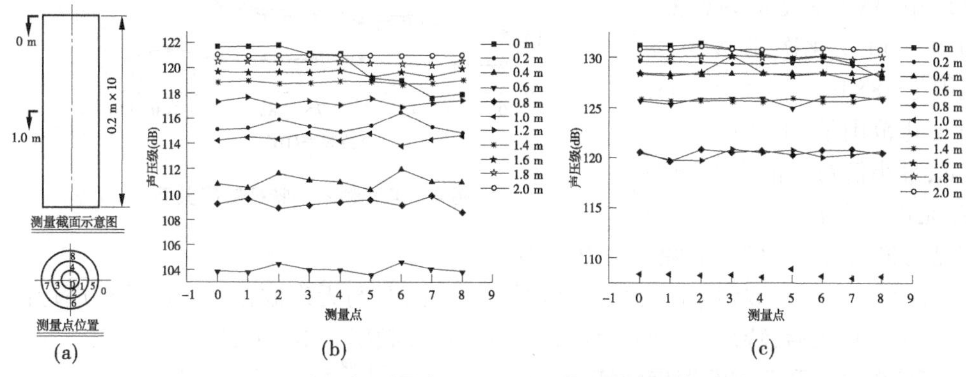

图 2 声压级测量点及不同测量截面的声压级分布

图 2 中,(a)为截面测量点位置;(b)为 100 Hz 声源不同、截面不同测量点声压级分布图,其中 0~2.0 m 序列表示测量截面距离云室顶端的距离为 0~2.0 m;(c)为 80 Hz 声源不同截面、不同测量点声压级分布图,序列含义和 100 Hz 相同。

分析主频率为 80 Hz 和 100 Hz 云室声压级发现,在同一截面 Z 声级最大波动值为 4 dB,最小值为 0,考虑到测量过程测量点定位不准等人为因素,可认为每一截面的声压级都是相等的,基于此结论,测量 40 Hz、50 Hz、60 Hz、70 Hz、90 Hz 主频率的声压级,测量截面和前次相同,测量点只选取中心点作为整个测量截面的声压级代表值,各频率声压级随测量截面的变化如图 3 所示。

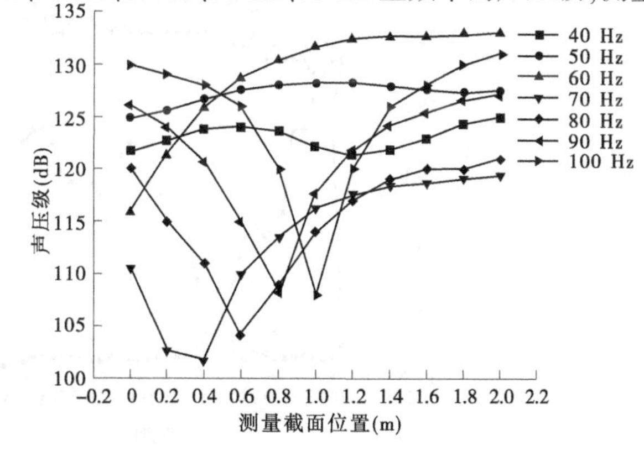

图 3 不同声波频率不同测量截面声压级分布

分析图 3 可以发现,70~100 Hz 的声压级存在明显的极值,声压级从云室顶端到底端呈现先减小后增大的变化规律,存在明显的对称面;40~60 Hz 声压级从云室顶端到云室底端呈现增大的变化规律,不存在对称面,且波动不大。根据声波频率和波长的关系,以声速 340 m/s 计算,声波波长变化范围为 8.5~3.4 m,云室高度为 2 m,基本包含 70~100 Hz 半波长,且由于锥形壁板对顶部声波的反射作用,声波在云室内部叠加,形成驻波,产生声压级极值,而 40~60 Hz 波长较大,云室高度小于半波长,虽然云室内部仍然是驻波,但是没有明显的极值。

3.2　声波频率与特征粒径关系

根据前述试验步骤,测量不同声波频率作用下的微液滴沉降特征粒径,试验结果见图 4。图 4 中特征粒径随声波频率增减总体呈现增大趋势,其中 V10 变化最小,V90 变化最为剧烈,VAD 和 V50 变化次之,V90 变化范围是 $18\times10^{-6}\sim55\times10^{-6}$ m,VAD 变化范围是 $11\times10^{-6}\sim29\times10^{-6}$ m,最小值对应的声波频率是 0(无声波干扰,表示自然凝结工况),最大值对应的声波频率为 100 Hz。

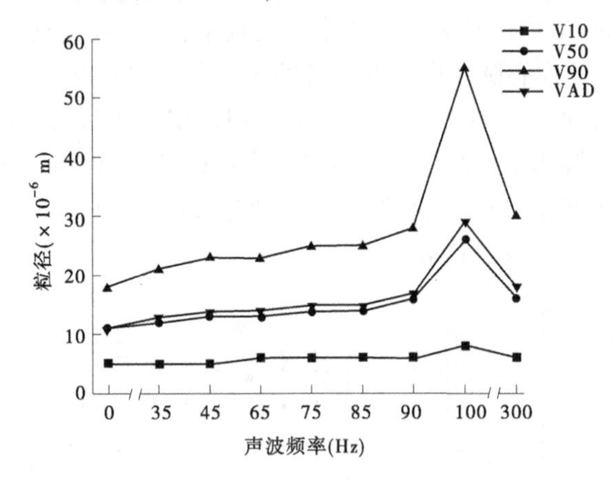

图 4　声波频率—特征粒径关系

特征粒径随着声波频率的变化出现规律性变化,且与无声波作用的试验组进行比较发现,声波作用以后,特征粒径明显变大,尤其是声波频率为 100 Hz 时。

3.3　环境温湿度及云室温湿度特征

试验过程中,记录云室温湿度和环境温湿度数据,如图 5 所示,云室温度最高温度是 19.8 ℃,最低温度 17.8 ℃,温度变化 2 ℃;云室最高相对湿度 99.9%,最低相对湿度 39.8%;环境最高温度 20.3 ℃,环境最低温度 19.7 ℃,温度变化 0.6 ℃;环境最高湿度

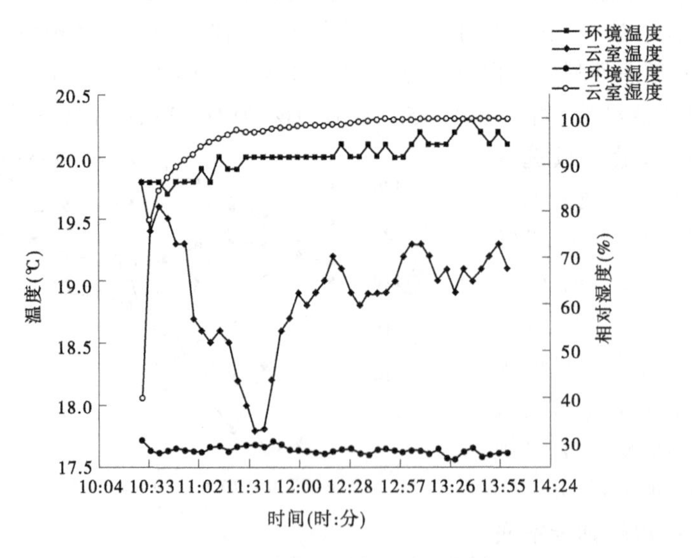

图 5　环境温湿度与云室温湿度

30.8%,环境最低湿度26.6%,相对湿度变化4.5%。与云室温度相比,环境温度变化幅度较小,最大变化幅度分别只有0.7 ℃和0.6 ℃。

试验过程中,云室温度变化最高只有2 ℃,而环境温度最高变化之后0.6 ℃,环境温度没有出现较大波动,可认为环境温度不变,而云室温度变化原因可能是云室内小液滴附着在温湿度传感器探头,足够大时就会滴落,造成云室温度测量值出现波动变化。

3.4 单因素变量正交试验

由于试验过程中,试验影响因素很难做到精确控制,因此设计声波频率单变量正交试验,对试验结果因素进行方差分析,检验声波频率对微液滴粒径影响的显著性水平。选取声波频率为0、45 Hz和100 Hz,构造单因素变量正交试验,特征变量选取V10、V50、V90和VAD,正交试验数据见表1,采用方差分析方法,正交试验数据分析见表2。

表1 正交试验数据

试验次数	0(表示无声波作用)				45 Hz				100 Hz			
	V10	V50	V90	VAD	V10	V50	V90	VAD	V10	V50	V90	VAD
1	5	11	18	11	6	16	29	17	8	25	53	28
2	5	12	20	12	8	22	43	24	8	25	54	29
3	5	13	23	13	7	25	56	29	8	28	65	33
水平平均值	5	12	20	12	7	21	43	23	8	26	57	30
水平偏差平方和	0	2	13	2	2	42	365	73	0	6	89	14

表2 方差分析

方差分析项目	V10	V50	V90	VAD
试验误差平方和	2.00	50.00	466.00	88.67
总体平均值	6.67	19.67	40.11	21.78
各水平平均值偏差平方和	14.00	302.00	2 082.89	496.89
F 值	21.00	18.12	13.41	16.81
$F_{\alpha=0.1}(2,6)$	3.46			
$F_{\alpha=0.01}(2,6)$	10.92			

分析正交试验方差分析结果表可以发现,特征粒径V10、V50、V90和VAD的 F 检验值分别为21.00、18.12、13.41和16.81,均大于 $F_{\alpha=0.01}=10.92$,则声波频率对特征粒径的显著性水平均达到0.01,表明声波频率不同是引起特征粒径变化的关键影响因素。

4 结 论

(1)云室中的声场是驻波场,随着声波频率的不同,声压级存在明显的极小值(70~100 Hz),且具有对称性,对称面就是声压级极小值所在截面。

(2)特征粒径对声波频率具有明显的响应,随着声波频率的不同,粒径也呈现出波动变化规律，且 V90 值较其他值波动大，由于云室温湿度和对应的环境温湿度变化不大，因此可认为粒径波动变化主要是声波频率变化引起的。

(3)正交试验和方差分析表明，声波频率对特征粒径的影响显著水平均达到 0.01，说明声波频率是影响微液滴声场沉降特征粒径的关键因素。

参考文献

[1] 章肖融，于昌明，魏荣爵. 声波对水雾消散作用的初步实验研究[J]. 南京大学学报(自然科学版)，1963(5):21-28.

[2] 侯双全，吴嘉，席葆树. 低频声波对水雾消散作用的实验研究[J]. 流体力学实验与测量，2002(4):52-56.

[3] 宋文浩，王松江，李国智. 外场作用强化细颗粒物团聚除尘技术研究现状与展望[J]. 环境工程，2019(5):150-154.

[4] 吴湾，王雪，朱廷钰. 细颗粒物凝并技术机理的研究进展[J]. 过程工程学报:2019(6):1057-1065.

[5] 沈国清，黄晓宇，何春龙，等. 不同粒径分布颗粒声波团聚联合喷雾实验研究[J]. 燃烧科学与技术，2018,24(6):513-517.

[6] 马德刚，林伟强，郑琪琪，等. 声凝并联合雾化预处理及其在过滤除尘中的应用[J]. 环境工程学报，2015,9(5):2353-2358.

[7] Jianzhong Liu, Jie Wang, Guangxue Zhang, et al. Frequency comparative study of coal-fired fly ash acoustic agglomeration[J]. Journal of Environmental Sciences, 2011, 23(11):1845-1851.

[8] Funcke G, Frohn A. Comparison of Brownian and acoustic coagulation process[C]//Proceedings of 3rd European Symposium, Separation of particles from gases, Nurnbergmesse, 1995:203-211.

[9] Dong S, Lipkens, B, Cameron T M M: The effects of orthokinetic collision, acoustic wake, and gravity on acoustic agglomeration of polydisperse aerosols[J]. J. Aerosol Sci. 2006, 37, 540-553.

[10] Brandt O, Hiedemann E. The aggregation of suspended particles in gases by sonic and supersonic waves[J]. Transactions of the Faraday Society, 1936, 42(190):1101-1110.

[11] Mednikov E P. Acoustic coagulation and precipitation of aerosols[M]. New York: Consultants Bureau, 1965.

[12] Temkin S. Gasdynamic agglomeration of aerosols Ⅰ. Acoustic waves[J]. Physics of Fluids, 1994, 6(7):2294-2303.

[13] Song L, Koopmann G H, Hoffmann T L. An improved theoretical model of acoustic agglomeration[J]. Journal of Vibration and Acoustics, 1994, 116(2):208-214.

[14] González I, Hoffmann T L, Gallego J A. Precise measurements of particle entrainment in a standing-wave acoustic field between 20 and 3500 Hz[J]. Journal of Aerosol Science, 2000, 31(12):1461-1468.

[15] Danilov S D. Average force on a small sphere in a travelling wave field in a viscous fluid[J]. Soviet Physics—Acoustics, 1985, 31(1): 26-28.

[16] Andrade E N. Da C. On the Groupings and general behaviour of solid particles under the influence of air vibrations in tubes[J]. Phil. trans. roy. soc, 1932, 230:413-445.

[17] Hoffmann T L, Koopmann G H. Visualization of acoustic particle interaction and agglomeration: heory and experiments[J]. The Journal of the Acoustical Society of America, 1996, 99(4): 2130-2141.

[18] Hoffmann T L, Koopmann G H. Visualization of acoustic particle interaction and agglomeration: Theory evaluation[J]. The Journal of the Acoustical Society of America, 1997, 101(6):3421-3429.

[19] Chou K H, Lee P S, Shaw D T. Aerosol agglomeration in high-intensity acoustic field[J]. Journal of Colloid and Interface Science, 1981, 83(2): 335-353.

[20] Tiwary R, Reethof G, Mcdaniel O H. Acoustically generated turbulence and its effect on acoustic agglomeration[J]. Journal of the Acoustical Society of America, 1984, 76(3): 841-849.

[21] Boigne M B, Boulaud D, Malherbe C, et al. Influence of acoustic turbulence on aerosols agglomeration and precipitation [C]// Proceedings-Second International Aerosol Conference, Pergamon Press, 1986: 1037-1040.

[22] Malherbe C, Boulaud D, Boutier A, et al. Turbulence induced by an acoustic field-Application to acoustic agglomeration[J]. Aerosol Science and Technology, 1988, 9(2): 93-103.

胶东调水工程受水区水资源配置与可持续利用措施探索分析

曹　倩　马吉刚

(山东省调水工程运行维护中心　济南　250010)

摘要:胶东调水工程是山东“T”字形调水大动脉的重要组成部分,是实现山东水资源优化配置,缓解胶东地区水资源供需矛盾,改善当地生态环境的重要水利基础设施。围绕“节水优先、空间均衡、系统治理、两手发力”的治水方针,深入分析胶东调水工程受水区水资源状况及开发利用现状,论证水资源供需平衡及开发利用存在的主要问题,进一步探索切实可行的水资源可持续利用措施方案,以促进区域水资源优化配置和用水结构的合理调整,在实现水资源高效利用和科学管理的同时,以水资源的可持续开发利用支撑当地经济社会的可持续发展,为实现流域水资源统一管理和水量的统一调度提供技术依据。

关键词:胶东调水工程　水资源配置探索分析　可持续利用

1　受水区水资源概况

青岛、烟台、威海、潍坊4市水资源主要有当地水资源和客水资源。当地水资源主要包括当地地表水资源和地下水资源,客水资源主要有黄河水、长江水。

1.1　当地水资源量

1.1.1　降水量

2016年全省平均年降水量658.3 mm,比上年575.7 mm偏多14.4%,比多年平均679.5 mm偏少3.1%,属平水年份。按行政分区,青岛、烟台、威海、潍坊4市中,威海市降水量比多年平均值偏少最多,偏少36.8%;青岛、烟台、潍坊3市分别比多年平均值偏少

作者简介:曹倩(1986—),女,山东济南人,主要从事工程管理、安全生产和质量监督、调度运行管理工作。

22.8%、21.5%、9.6%。4 市 2016 年年降水量与上年及多年平均对比情况见图 1-1，山东省 2016 年降水量等值线见图 1-2。

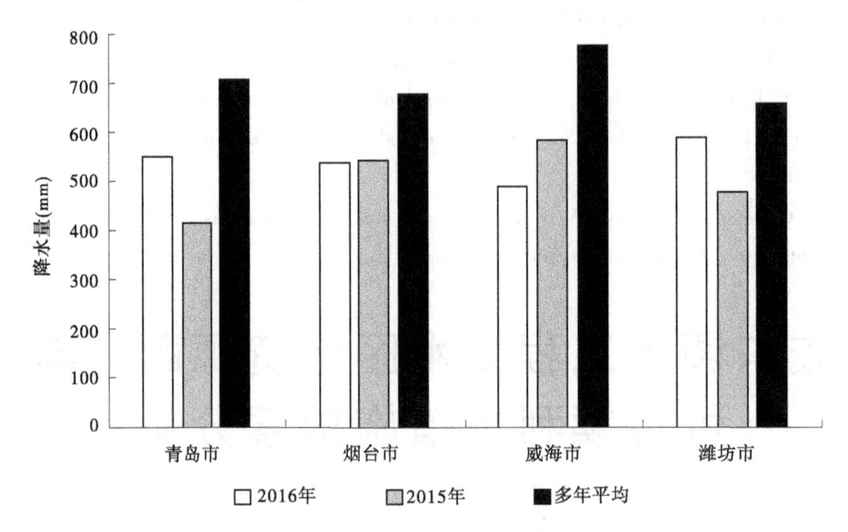

图 1　2016 年青岛、烟台、威海、潍坊 4 市年降水量与上年及多年平均对比情况

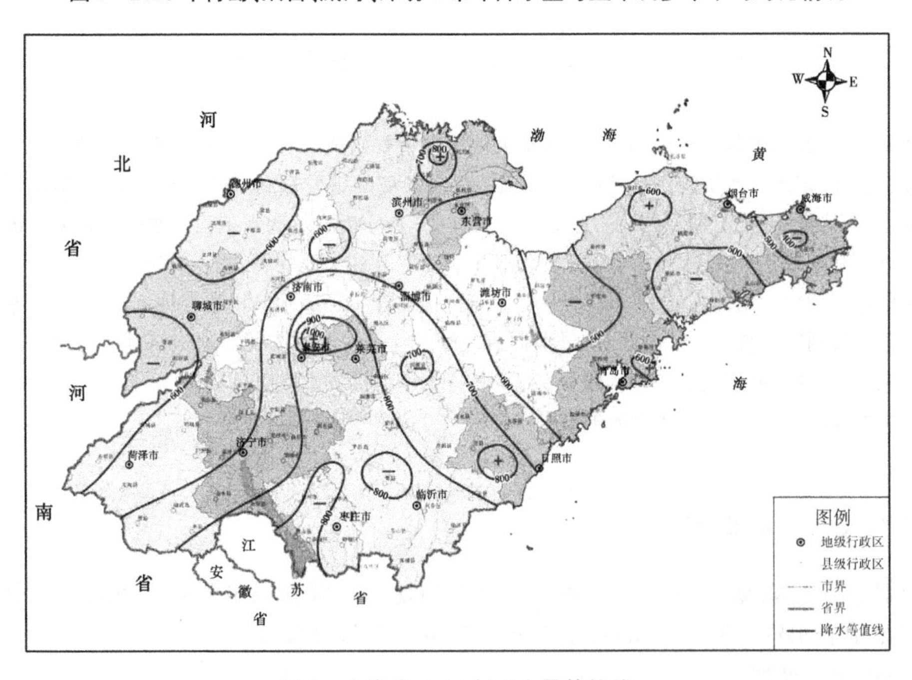

图 2　山东省 2016 年降水量等值线

1.1.2　当地水资源量

据《山东省水资源综合规划》《山东省水资综合利用规划(2016—2030)》等，青岛、烟台、威海、潍坊 4 市当地地表水资源量(多年平均年径流量)为 70.49 亿 m^3，地下水资源量为 42.03 亿 m^3，扣除二者之间重复计算量 20.64 亿 m^3，则水资源总量为 91.88 亿 m^3，详见表 1。

表1　青岛、烟台、威海、潍坊4市水资源量统计　（单位：亿 m^3）

行政区	地表水资源量	地下水资源量	地表水与地下水之间重复量	水资源总量
青岛市	14.67	9.36	4.78	19.25
烟台市	25.48	13.09	6.74	31.83
威海市	14.55	5.29	3.41	16.43
潍坊市	15.79	14.29	5.71	24.37
合计	70.49	42.03	20.64	91.88

1.2　客水资源量

根据《黄河可供水量分配方案》和《山东境内黄河及所属支流水量分配暨黄河取水许可总量控制指标细化方案》，南水北调西线工程生效以前，正常来水年份，黄河可供水量为370.00亿 m^3，其中山东省分配水量70.00亿 m^3，相应青岛、烟台、威海、潍坊4市的分配水量分别为2.33亿 m^3、1.37亿 m^3、0.52亿 m^3、3.07亿 m^3。其他年份按照同比例丰增枯减、多年调节水库蓄丰补枯的原则，确定可耗用的黄河地表水量。

根据《山东省实行最严格水资源管理制度考核办法》（鲁政办发〔2013〕14号）及控制指标分解说明，2020年，青岛、烟台、威海、潍坊4市的引江指标分别为1.30亿 m^3、0.965亿 m^3、0.50亿 m^3、1.00亿 m^3，见表2。

表2　青岛、烟台、威海、潍坊4市客水资源指标统计　（单位：亿 m^3）

行政区	引黄指标	引江指标	合计
青岛市	2.33	1.30	3.63
烟台市	1.37	0.965	2.335
威海市	0.52	0.50	1.02
潍坊市	3.07	1.00	4.07
合计	7.29	3.765	11.055

注：引江指标为分配到用水口门的净水量。

2　受水区水资源配置分析

2.1　供水量

据《山东省水资源公报》统计，2016年青岛、烟台、威海、潍坊4市不同水源工程总供水量为35.25亿 m^3，其中地表水供水量17.44亿 m^3，占总供水量的49.5%；地下水供水量15.78亿 m^3，占总供水量的44.8%；非常规水源供水量2.03亿 m^3，占总供水量的5.7%。

2.2　用水量与用水结构

据《山东省水资源公报》统计，2016年青岛、烟台、威海、潍坊4市各行业总用水量为35.26亿 m^3，其中生活用水量7.13亿 m^3（包括城镇居民生活用水量5.08亿 m^3、农村居民生活用水量2.05亿 m^3），占总用水量的20.22%；生产用水量26.91亿 m^3，占总用水量的76.34%；生态用水1.22亿 m^3，占总用水量的3.44%。生产用水中，农业用水17.22亿 m^3

(包括农田灌溉用水量 13.68 亿 m^3、林牧渔畜用水量 3.54 亿 m^3),占生产用水量的 64.0%,为第一用水大户;工业用水 7.37 亿 m^3,占生产用水量的 27.39%;城镇公共用水量 2.34 亿 m^3,占生产用水量的 8.61%。

2016 年青岛、烟台、威海、潍坊 4 市各行业用水量情况及 2012~2016 年用水量变化趋势分别见图 2-3 和图 2-4。

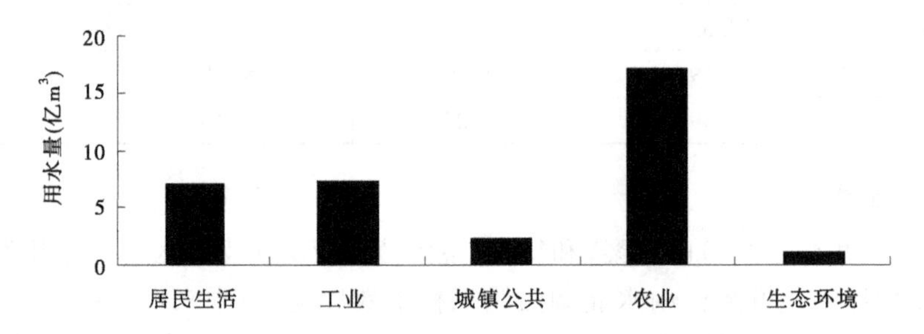

图 3　2016 年青岛、烟台、威海、潍坊 4 市各行业用水量

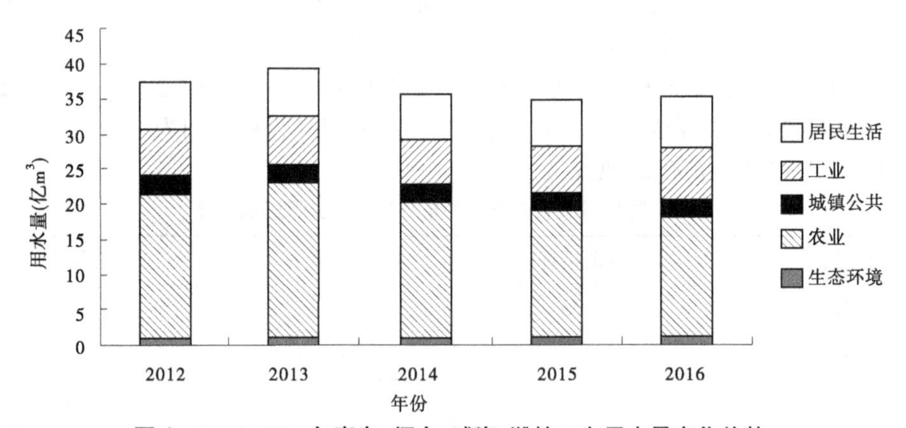

图 4　2012~2016 年青岛、烟台、威海、潍坊 4 市用水量变化趋势

2.3　耗水量

据《山东省水资源公报》统计,2016 年青岛、烟台、威海、潍坊 4 市各行业总耗水量 20.1 亿 m^3,其中居民生活耗水量 2.95 亿 m^3(包括城镇生活耗水 1.33 亿 m^3、农村生活耗水 1.62 亿 m^3),占总耗水量的 14.73%;农业耗水量 12.46 亿 m^3(包括农田灌溉耗水 9.88 亿 m^3、林牧渔畜耗水 2.58 亿 m^3),占总耗水量的 61.99%;工业耗水量 2.71 亿 m^3,占 1.48%;城镇公共耗水量 1.03 亿 m^3,占 5.12%;生态环境耗水量 0.96 亿 m^3,占 4.78%。

2.4　用水水平分析

2016 年青岛、烟台、威海、潍坊 4 市各行业用水指标见表 3。

由表 3 可知,2016 年青岛、烟台、威海、潍坊 4 市人均综合用水量、万元 GDP 用水量、耕地灌溉亩均用水量、万元工业增加值用水量均小于山东省用水指标,该地区工业用水水平较高;青岛、烟台、威海、潍坊 4 市居民生活用水水平低于山东省(青岛市城镇居民生活用水水平高于山东省平均用水水平)。

表 3 2016 年青岛、烟台、威海、潍坊 4 市各行业用水指标对照

行政区	人均综合用水量（m^3）	万元 GDP 用水量（m^3）	耕地灌溉亩均用水量（m^3）	万元工业增加值用水量（m^3）	人均生活用水量(L/d)		
					城镇公共	城镇居民	农村居民
青岛市	101.3	9.2	52	5.4	42.5	115.2	43.9
烟台市	123.8	12.2	111.1	4.2	32.7	69.3	44.1
威海市	153.2	13.1	150.7	5.6	73.4	89.9	39.2
潍坊市	134.5	22.8	84.1	11.4	44.6	81.6	42.2
山东省	216.2	32.5	172.7	11.8	41	90	58.7

3 受水区水资源供需平衡分析

3.1 现状水平年供需平衡分析

根据 2016 年青岛、烟台、威海、潍坊 4 市供水量、需水计算成果，对 2016 年进行水资源供需平衡分析，结果见表 4。

表 4 青岛、烟台、威海、潍坊 4 市 2016 年水平水资源供需平衡 （单位：亿 m^3）

行政区	需水量	供水量					余/缺水量	余/缺水率（%）
		地表水	地下水	非常规水源	外流域调水	合计		
青岛	12.28	1.60	2.34	0.66	2.33	6.93	-5.35	-43.56
烟台	12.01	3.65	4.12	0.03	0.62	8.42	-3.59	-29.91
威海	5.85	2.08	0.93	0.01	0.62	3.64	-2.21	-37.74
潍坊	17.25	1.79	7.82	1.32	2.36	13.29	-3.96	-22.94
合计	47.39	9.12	15.21	2.02	5.93	32.28	-15.11	-31.88

现状水平年青岛、烟台、威海、潍坊 4 市缺水量 15.11 亿 m^3，缺水率为 31.88%，其中青岛市缺水率最大，为 43.56%。从供水保证率分析，青岛、烟台、威海、潍坊 4 市生活、工业、建筑与第三产业总需水量为 16.19 亿 m^3，现状年供水均能保证。

3.2 规划年供需平衡分析

根据青岛、烟台、威海、潍坊 4 市可供水量、需水预测成果，对 2025 年进行水资源供需平衡分析，结果见表 5。

规划水平年青岛、烟台、威海、潍坊 4 市总缺水量 7 亿 m^3，缺水率为 9.38%，其中青岛市缺水率最大，为 15.14%，其次为潍坊市、威海市，缺水率分别为 12.82%、8.58%；从供水保证率分析，青岛、潍坊、威海 3 市的生活、工业、建筑与第三产业、生态需水量分别为 10.36 亿 m^3、9.42 亿 m^3、3.19 亿 m^3，3 市供水均能保证相应需水。烟台市供水量除可以满足生活、生产、生态需水外，还有一定的余水。

表 5 青岛、烟台、威海、潍坊 4 市 2025 年水平水资源供需平衡 （单位：亿 m^3）

行政区	需水量	供水量					余/缺水量	余/缺水率（%）
		地表水	地下水	非常规水源	外流域调水	合计		
青岛	22.39	7.37	3.73	2.91	4.99	19.00	-3.39	-15.14
烟台	16.07	9.46	4.53	1.37	1.405	16.76	0.69	4.27
威海	7.84	4.57	0.93	0.83	0.84	7.17	-0.67	-8.58
潍坊	28.34	10.64	9.30	2.32	2.45	24.71	-3.63	-12.82
合计	74.64	32.04	18.49	7.43	9.685	67.64	-7	-9.38

3.3 水资源开发存在的问题

（1）水资源短缺，水资源供需矛盾突出。

胶东地区水资源贫乏，青岛、烟台、威海、潍坊 4 市人均水资源占有量 327 m^3，不足全国平均水平的 1/7。胶东地区降雨时空分布不均，年内降雨多集中在 6~9 月，约占多年平均降水量的 72%；当地水资源不足、分布不均，且区内多为雨源型入海河流，源短流急，雨季流量大，枯季流量小甚至干枯，水资源开发利用难度较大。2000 年以来，该区已经发生了两次大范围的供水危机，依靠当地水资源难以解决缺水问题。

青岛、烟台、威海、潍坊 4 市是山东省经济发达地区，经济发展迅速，社会总需水量大，是山东省水资源供需矛盾最为突出的地区。随着当地工农业生产的高速发展，用水量增加较快，水资源供需矛盾将日趋尖锐。

（2）地表水开发利用率低，地下水超采加剧了海水入侵，引起沿海生态环境恶化。

当地地表水开发利用难度大，开发利用率较低。地下水资源开发利用率相较于当地地表水资源开发利用率高，部分地区地下水超采严重，目前渤海湾地区已成为我国海水入侵严重地区之一，龙口、莱州、寿光、昌邑等沿海区域均出现海水大面积入侵，寿光市地下水超采区面积已达 2 072 km^2，根据《2016 年山东省水资源公报》莱州—龙口孔隙水浅层地下水超采区和福山—牟平孔隙水浅层地下水超采区平均地下水位埋深年变幅分别为-0.17 m、-1.64 m。地下水超采加剧了海咸水入侵，海咸水入侵导致地下淡水质恶化，造成灌溉机井变咸报废、土壤盐渍化、土地生产能力下降、农业生产受阻等，不仅严重影响沿岸人民的生产和生活，还会使生态环境严重恶化。

（3）非常规水利用率较低，存在资源浪费。

青岛、烟台、威海、潍坊 4 市的再生水回用量及海水利用量较低。据统计，青岛、烟台、威海、潍坊、东营 5 市 2016 年城镇生活、工业建筑业及第三产业废污水排放量为 10.58 亿 m^3，5 市再生水回用量仅为 2.06 亿 m^3，其余废污水均排入河道，不仅造成资源浪费，还对受纳水体造成一定的污染。青岛、烟台、威海、潍坊、东营 5 市濒临渤海、黄海，具备利用海水资源的有利条件，但是 5 市的海水利用量较少。据统计，2016 年，5 市海水淡化利用量 0.10 亿 m^3，海水直接利用量 35.57 亿 m^3。

4 受水区水资源可持续利用措施探索

按照习近平总书记提出的“节水优先、空间均衡、系统治理、两手发力”的治水思路，拟采取“开源”“节流”并举。

4.1 “开源”措施

4.1.1 加强当地地表水资源利用

当地地表水开发利用率较低。据统计,2016年青岛、烟台、潍坊、威海的当地地表水利用量占各地市地表水资源量的比例不足15%,当地地表水具有一定的开发利用潜力,因此综合开发利用地表水资源,优化水资源配置,结合流域已有的水利工程,新建部分坑塘、水库等水利工程蓄存利用雨洪资源,提高当地地表水可供水量。

4.1.2 加强海水资源利用及废污水回用

加强海水资源利用,可有效缓解青岛、烟台、威海、潍坊4市的用水矛盾,提高供水的安全性和可靠性。青岛、烟台、潍坊、威海4市濒临渤海、黄海,具备利用海水资源的有利条件,但目前4市海水利用量较小,可积极发展海水淡化及海水直接利用的工艺产业。以废污水综合利用和再生资源回收利用为重点,促进水资源综合利用,优化水资源配置结构,缓解水资源短缺的压力。

4.1.3 加强胶东调水工程提升改造

引黄济青工程上节制闸至宋庄分水闸段渠道输水能力有限,致使胶东地区尽管有长江水、黄河水双水源调水量指标,却难以足额引用。可适当提高胶东调水工程级别,加强渠道工程提升改造,提高引黄济青工程的供水能力;加快推进黄水东调应急工程,胶东调水工程与黄水东调工程紧密结合,最大限度地发挥调水工程的输水能力,保障供水安全。

立足胶东4市经济社会发展的实际,按照山东省政府批复的山东省水资源综合利用中长期规划,积极做好胶东地区扩大调水规模的方案论证工作,争取尽快启动实施,以期从根本上解决胶东地区缺水问题。

4.2 “节流”措施

4.2.1 生活节水措施

通过改造供水体系和改善城镇供水管网,有效减少渗漏,杜绝跑、冒、滴、漏现象,提高城镇供水效率,降低供水管网漏损率。全面推广使用节水器具和设备,新建、改建、扩建的民用建筑,禁止使用国家明令淘汰的用水器具,引导居民尽快淘汰现有住宅中不符合节水标准的生活用水器具,尤其是公共场所和机关事业单位应100%采用节水器具。加强节水的宣传工作,树立节水观念,提高全民节约用水的自觉性和自主意识,营造全民节水的社会氛围;实行计划用水和定额管理,采用超计划和超定额要累进加价;合理地逐步调整水价,以经济手段为杠杆促进节水工作的开展,有效减少用水浪费。

4.2.2 工业节水措施

杜绝冷却水直流排放,提高间接冷却水和工艺用水的回用,提高工业用水的重复利用率,减少新鲜水的补给量;推广先进节水技术和节水工艺,以高新技术改造传统用水工艺,积极推广气化冷却、空气冷却、逆流清洗、干法洗涤、干式除尘等不用水或少用水的先进工艺和设备,减少新鲜水取水量;加强用水计量与监控,实行节水奖励、浪费惩罚制,制订合理水价,加强用水考核等。

4.2.3 农业节水措施

防止大水漫灌,改土渠为防渗渠输水灌溉,推广宽畦改窄畦、长畦改短畦、长沟改短沟，控制田间灌水量，提高灌溉水有效利用率；有条件的地区，积极应用管灌、喷灌、微灌等节水灌溉技术；在水资源紧缺的条件下，应选择作物生长期中对水最敏感、对产量影响最大的关键时期灌水；以土蓄水，深耕深松，打破犁底层，加厚活土层，增加透水性，加大土壤蓄水量，减少地面径流，更多地储蓄和利用天然降水；在缺水旱作地区适当扩大抗旱品种种植面积；增施有机肥，可降低生产单位产量用水量。在有机肥不足的地方要大力推行秸杆还田技术，提高土壤抗旱能力等。

参考文献

[1] 王贵霞，夏江宝，孙宁宁，等. 黄河下游引黄灌区沉沙区水土流失综合防治体系研究[J]. 中国水土保持，2015(6)：33-36.

[2] 王娟，高飞，王一秋. 引黄灌区沉沙区水土保持生态建设探索[J]. 节水灌溉，2011(11)：44-45.

基于分层软件定义网络(SDN)的南水北调中线干线工程监测系统架构设计

黄伟锋[1]　柳　斐[1]　胡育昱[2]　刘　念[1]

(1. 南水北调中线干线工程建设管理局　北京　100038；
2. 中国科学院上海微系统与信息技术研究所　上海　200050)

摘要：南水北调中线干线工程是全球最大的人工调水工程，全线总干渠长约 1 432 km，建成后将对我国京津冀经济圈乃至全国经济与社会发展发挥重要的促进作用。但是，全线输水距离远、工程实体多，跨越区域地质条件不同、人文环境各异，这些复杂条件给中线干线工程的监测带来严峻挑战。本文结合中线干线工程实际情况，提出了一种全新的基于软件定义网络的监测架构，该架构可以实现对全线监控信息的统一收集、分析与智能处理，避免信息之间的相互孤立，促进信息间的组合、混搭与发布，并大大提升系统的稳定性与可靠性。本文的研究成果可以为我国后续长距离重大输水、输气工程监测系统的设计与建设提供有效参考。

关键词：南水北调　监测　软件定义网络　系统架构　智能分析

南水北调中线工程是缓解京、津、冀、豫等北部地区水资源短缺紧张状况，优化我国水资源配置的一项战略性基础设施工程，是 21 世纪京津华北地区国民经济可持续发展的重要保障。南水北调中线干线工程（简称中线干线工程）南起汉江下游湖北丹江口水库的陶岔引水闸，沿唐白河平原北缘、华北平原西部边缘，跨长江、淮河、黄河、海河四大流域，直达北京的团城湖和天津市外环河，是一项跨流域、跨多省（直辖市）、长距离的特大型调

基金项目：国家科技重大专项（2014ZX03005001）。

作者简介：黄伟锋（1990—），男，福建人，工程师，博士，研究方向为水利信息化。

通信作者：黄伟锋（1990—），男，福建人，工程师，博士，研究方向为水利信息化。

水工程,担负着北京、天津、石家庄、郑州等数十座城市保障供水的重大任务。中线干线工程总干渠自陶岔渠首至北京团城湖长 1 277 km,以明渠输水为主。

由于中线干线工程沿途流经的伏牛山、太行山区,是我国洪水多发地区,而沿线设置左排建筑物、渡槽、倒虹吸、隧洞、暗涵、PCCP、桥梁等建筑物 2 300 余座,具有种类多、规模大、结构复杂等特点,而且穿过中强膨胀土、湿陷性黄土、饱和砂土、煤矿采空区、砾石地基等特殊地质渠段,存在大量的高填方及深挖方渠段,安全隐患大;加上沿途各地人文环境、民众法律意识各异,工程建成后的监测与运营,将成为摆在管理者、建设者与科技工作者面前的一个重要难题。在京石段应急供水工程通水后,南水北调中线建管局总结归纳了 50 项影响工程运营安全问题,为有效解决这些问题,将不得不构建一套完善的监测系统,对工程运营状况进行全面监测。

南水北调中线干线工程的监测系统,主要通过对水闸、渡槽、倒虹吸、隧洞及压力管道、穿黄隧洞工程、泵站、特殊渠段等设施的位移、渗流、结构及环境量等数据的监测和数据传输,实现对中线干线工程输水、调度等情况的全面掌握,并判断工程运营是否处于异常,从而获得事前预警能力,避免危险情况的发生。

本文结合中线干线工程实际运营管理现状,提出了一种全新的基于软件定义网络的监测架构,该架构可以实现对全线安全监控信息的统一收集、分析与处理,避免信息之间相互孤立,使信息间的组合、混搭与发布途径更加便捷,并大大提升系统的稳定性与可靠性。该架构可以用于后期系统更新或其他类似大型工程监测系统的构建,因此研究结果具有重要实践意义。

1 现有监测模式及存在的问题

根据国家规划,中线干线工程建设完成后将采用公司化的运营管理模式,设立 1 个总公司、5 个分公司及 47 个管理处。

为了实现对工程的全面监控与管理,当前按统一调度层(总公司)、管理执行层(分公司)、现地操作层(管理处)的三层架构设立了三级管理机构,并构建了相应的监控设备与系统,用于收集各种工程实体的运行状态,为上层决策提供依据。

现有监测系统组织结构如图 1 所示,由远程监测子系统与现地监测子系统两部分组成。其中,远程监测子系统主要分布于总公司、分公司和管理处,通过监测服务软件,远程调用现地通信站及可编程逻辑控制器(PLC)设备收集的各类状态信息。PLC 设备的状态信息可以通过现地通信站的光纤、计算机网络,或者直接通过蜂窝移动通信网络(如 2G/3G 网络)传送到远程服务器。

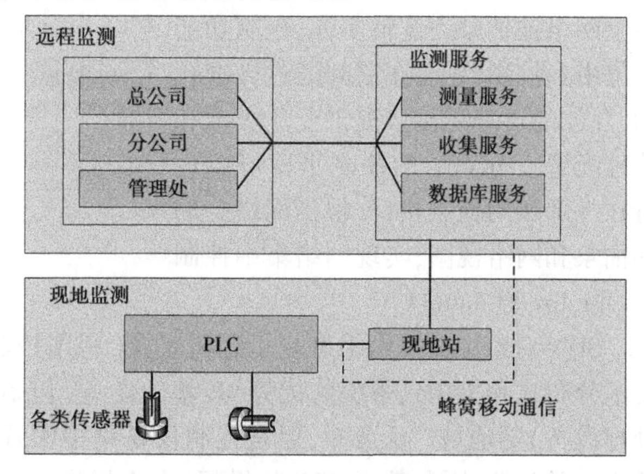

图 1 现有监测系统组织结构

然而,现有监测系统着重应用功能的实现,基于市场已成型技术与专用硬件设备,各类专用传感器、PLC 控制器等数量大、种类多、功能独立,有些硬件计算能力强但是相应的计算负载不均衡,造成硬件资源浪费;若几年后某些专用硬件设备停产,则可能出现新设备无法接入原系统的问题,并且节点失效时需要到现场对相应电力、通信线路进行物理隔接,给实际运营带来诸多不便。

因此,当前进行监测系统新架构研究是迫切且有必要的,它可以给监测系统未来的更新与扩展提供有效参考。由于中线干线工程的地域跨度大、监测节点多,需要对大量数据进行综合分析,最终形成全线统一的合理决策,因此对监测系统的数据分析能力要求高。而各个监测点的监测数据也将作为安全预警重要依据,当故障发生时需要快速定位与修复,所以安全分级监测体系显得尤为必要。另外,中线干线工程需要实现全线自动化监测和水量调度作业,因此在进行监控系统组网架构设计时,需要充分考虑系统的实时性、可靠性和安全性。

而软件定义网络(Software Defined Network,SDN)具有集中控制与可编程配置两个显著优点,可以全面有效支持节点加入、系统实时性保障、安全检测等功能,非常适合中线干线工程监测系统的应用场景与需求,因此本文将初步探讨利用软件定义网络思想,对南水北调中线干线工程监测系统网络架构进行设计,并给出了基于分层 SDN 的中线干线工程监测系统实现方法,最后通过详细对比给出其性能优劣势分析。

2　基于分层软件定义网络的监测新架构设计

软件定义网络技术是一种网络虚拟化(Network Virtualization)技术,最早的概念由开放网络基金会(ONF)提出,其核心思想是把网络器件的控制平面(Control Plane)和转发平面(Forwarding Plane)分离开,把与网络设备及耦合的传统网络架构拆分为应用层、控制层和基础设施层三层分离的架构(如图 2 所示)。整个网络被抽象为逻辑实体,控制功能被集中到控制器上,在层间通过标准化的、开放的可编程接口提供业务承载和管理配置。分离后的控制平面可以运行在外部调用控制接口,根据网络全局的抽象和网络视图,实现网络集中控制(Centralized Control)。

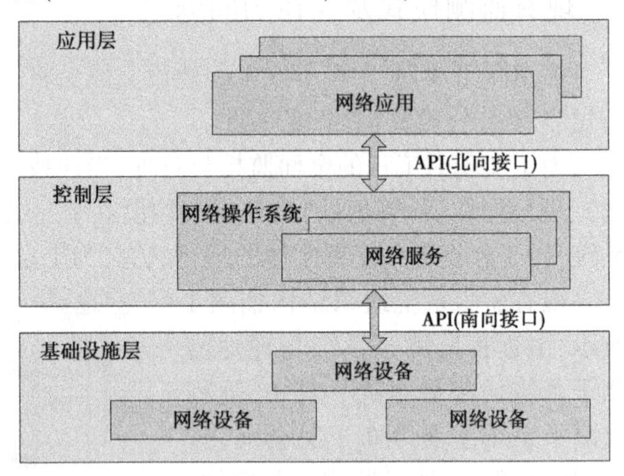

图 2　软件定义网络架构

SDN 对整个监控网络进行了逻辑抽象,利用控制器实现对整个网络的集中控制,综合了分布式和集中式系统的优势,其基础设备(包括监测传感设备、数据转发设备、数据处理设备)随地域广泛分布,但是控制设备集中配置。SDN 思想与中线干线工程的管理架构非常吻合,因此基于 SDN 的思想,本文提出基于分级软件定义网络的南水北调中线干线工程监测系统架构(如图 3 所示),包括基础设备层、控制层、应用层三个层次。

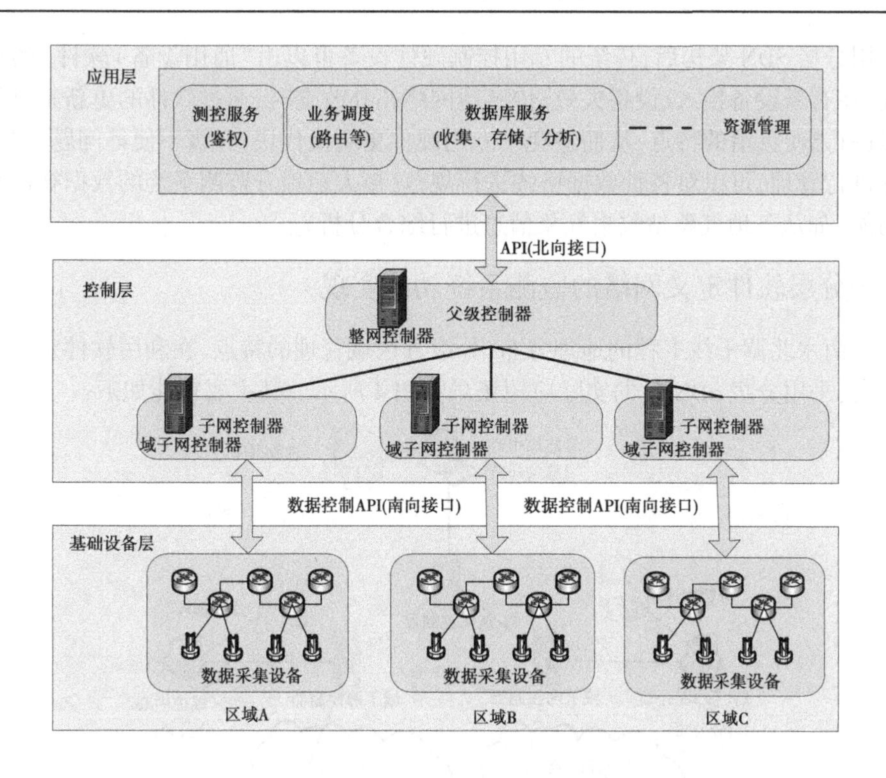

图3　基于分级软件定义网络监测系统架构

其中,基础设备层也可以称为SDN子网,其依照地域或者现地通信站构建而成(如图3中区域A、区域B和区域C);控制层又分子网控制器与父控制器,子网控制器作为子公司或者地域划分单元的管理控制器,收集SDN子网传感监测器的数据并进行转发,父控制器布设在总公司,实现对全网的管理控制,并向应用层提供服务;应用层包括测控、业务调度、数据库管理、资源管理等各种功能。其具体功能描述如下:

基础设备层:该层主要包括用于监控的数据采集系统接入点,数据转发的路由设备以及执行控制指令的系统设备。该层的主要功能是,通过标准的南向接口(API),利用标准的控制协议,如特殊格式的OpenFlow协议,负责数据收集系统高技能获得的数据的上载和转发,以及来自子网控制器控制指令的转发和执行。

控制层:子网控制器作为子节点,父级控制器作为父节点的控制网络。该层的主要功能是通过父级控制器,实现子网间的节点信令和数据交互,包括路由选择及策略控制。子网控制器通过南向接口,管理、配置各自区域的基础设备;父级控制器除了负责子网的信令和数据交互,还向监测网络抽象层提供标准的北向接口,提供全网的抽象视图(由父控制器中的网络抽象层执行),便于应用层实现对底层硬件的调度和使用。

应用层:主要承载在监控网络上的应用,如工程实体安全、水位安全等信息的记录数据库及管理应用,基于数学模型分析的整个工程的安全状况分析与评估应用,以及对分中心上传的监测资料及分析成果进行审查,对涉及工程安全的重大决策进行会商和专家诊断提供参考的应用、下级单元管理应用、基础设备鉴权、危险预警等功能和应用。所有的应用,通过标准化的北向接口,把数据和信令传递到控制层,进而执行相应的网络动作。

采用分层 SDN 架构后,传统的专用控制硬件设备可以由“通用设备+软件”的形式进行替代,在有新设备接入/设备失效、传感器网络拓扑改变时,通过软件的更新来进行功能实现,具有方便灵活的特点,从而避免了专用硬件更新换代快、升级不便等问题。另外,通过软件进行管理,可以对各种数据格式进行规范,极大地提升监测系统的数据智能分析与混搭功能(如从各地气象站收集气象信息进行综合分析)。

3　基于分层软件定义网络的监测系统功能实现

由于南水北调干线工程的地理分布,分级分区域管理的特点,在利用软件定义网络进行设计时,采用分级 SDN 后的实际应用场景如图 4 所示。其主要功能如下:

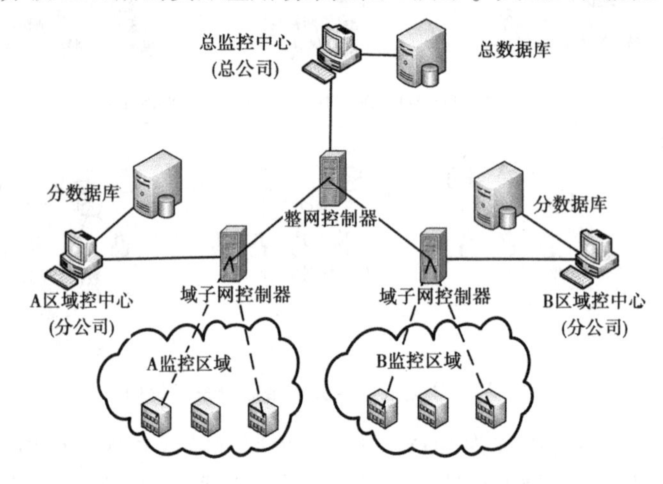

图 4　基于 SDN 分级监控网络的应用场景图

(1)网络拓扑的生成与维护:每个区域内的子网控制器仅负责本区域网络视图和物理设备的映射关系,不同域的子网控制器之间不对本域的网络视图、物理设备网络以及其间的映射关系进行通报,但子网控制器需将本网的网络视图和逻辑对应关系上报父级控制器,上报方式可以采用周期汇报的形式或者当网络拓扑改变时汇报形式。

(2)路由功能:子网控制器负责本域内数据路径的计算和策略配置,跨域的数据路径的选择和计算必须通过父级控制器鉴权。

(3)基础节点的删除、配置:当某个域中的节点出现故障更换,或者有新的节点加入某个域时,第一步需在子网控制器中进行鉴权,然后子网控制器进行上报,请求父级控制器鉴权,最终在应用层进行人机交互授权,保障节点的合法性。

同样,实际情况中在某个节点设备出现故障时,子网控制器发现网络拓扑发生变化,子网控制器首先监测该节点的删除(丢失)是否由于上次授权操作执行的,如果是,则更新网络拓扑;如果不是,首先更新网络拓扑(隔离故障点),并且向本域管理机构的人机交互中心发出警报,同时上报父级控制器;本域管理中心将派出人员检测或者抢修,实现快速反应。上报父级控制器,能够保证后续的决策和数据采集的正确性。维修人员在完成抢修后,在子网控制器解除警报,上报父级控制器。

利用 SDN 全线的集中控制,最大的好处就是能够把全局的监测数据进行统一管理和分析。各个分域中心负责对各闸站的监测数据进行收集并上报，对各建筑物的安全状况进行初步分析评价，采用各种分析方法，分析监测数据各物理量值的大小、变化规律、发展趋势，各种原因量和效应量的相关关系和相关程度，对工程的安全状况和应采取的技术措施进行区域内评价及决策，作为区域管理决策的重要依据。各个分域中心对各类信息数据进行校核整理分析，对原始观测资料进行检验和误差分析，并对监测物理量进行计算，绘制图表，进行监测数据的平差、光滑、补差等处理，对数据信息进行初步分析和异常值判断，若发现监测数据异常，向父级控制中心发出警报。各个分域中心也要负责把采集到的数据上传，作为整个工程调度和决策的依据。

总的来说，采用基于分级 SDN 的监测系统架构，具有如下几个方面的明显优势：

(1)分级的监测网，分级的权限，能够最大程度地保证各个节点的独立性。这样的系统的稳定性高，当某些节点受到攻击或者非法接入以及发生故障，能够对其进行单独隔离进而修复，而不影响其他节点的正常工作，并且整网控制器能够对全网进行可靠性监控，保证系统稳定和安全性

(2)SDN 的集中控制，能够在不同层次进行全网资源利用率的优化。子控制器具有区域子网的整体逻辑视图，能够在子网范围内进行资源调度和优化；总控制器具有整网的逻辑视图，能够对全网进行能效优化和资源调度优化。比如某个区域 A 需要上传较大的监测数据，而其他区域 B 上传较小的监控数据，那么整网控制器就能够分别对不同区域(A、B)动态分配不同的带宽资源，提高系统利用率。

(3)SDN 网络的全局视图资源配置，能够提供细粒度的数据流管理，保证业务的实时性。由于 SDN 网络的可编程特性，不同等级的业务需求(对于监控网络，不同重要性和实时性要求的数据)能够动态分配不同的优先级和资源，精确保证业务传输的实时性。分级的 SDN 监控网络架构，提高了整个干线的数据传输实时性，保障了对故障、灾害的敏捷反应能力。

(4)分级的监控网络中的接口采用标准化的南北向接口，极大地简化了设备的配置、更新，降低了配置、维护、升级成本。底层设备只需提供基本的转发功能，其他控制功能都集中到控制器上，简化了设备结构，降低了设备复杂度和制造成本。这使得故障节点的修复不再需要进行设备级的配置，通过子网控制器或者整网控制器在线配置，极大缩短修复节点修复时间。

(5)分级的数据库和控制架构，支持多层次的数据监控、管理、分析和挖掘，也支持和其他来源信息进行分等级和层次联合分析。比如总数据库能够结合诸如气象数据、地质灾害数据进行水位预测，进而做出全局的应对策略，各区域控制中心网络能够和其本地的气象等数据网络对接，实现本地化的数据联合分析，这对于未来的智能化监控和管理、其他新型的创新应用提供保障。在这样的监测架构中，也可以对运营的历史数据进行在线的数据挖掘。在某个时刻，可以通过在线分析历史数据，进行流量变化规律分析，合理的数据挖掘和建模能够准确地预测相关数据的变化。这样能够对整网管理进行决策支持，决策后能够通过分级部署，实现策略的快速部署。

因此，相比于现有监测系统架构，新的基于 SDN 的监测架构有着明显的优势，在未来系统进行升级时通过“通用设备+软件”的模式，逐步对原设备进行更新，使监测系统具备

强大的数据分析与处理能力,真正发挥其进行监测的潜力。

4 结论

本文基于南水北调中线干线工程现有的管理模式与分层管理架构,全面分析了中线干线工程现有监测系统的特点与问题,提出了一种基于软件定义网络技术的监测新架构。在这种新架构下,系统可以对全线监测信息进行统一管理与分析,使新型的数据处理手段(如数据建模、数据挖掘等)、新型的应用理念(如与其他来源信息的混搭)成为可能。其大大提升系统的稳定性与可靠性,通过"通用设备+软件"模式进行系统更新,极大地方便了系统后期的运行与维护。本文的研究成果可以为后续大型输水、输气工程监测系统设计与建设提供有效参考。

参考文献

[1] 南水北调中线建设管理局. 南水北调中线干线工程"工程安全、供水安全、人身安全"专题报告[R]. 2012:2-8.

[2] 水利部南水北调规划设计局. 南水北调工程总体规划[R]. 北京:水利部南水北调规划设计管理局,2003.

[3] 南水北调中线建设管理局. 南水北调中线干线工程自动化调度与运行管理决策支持系统初步设计报告[R]. 北京:水利部南水北调规划设计管理局,2009.

[4] ONF Market Education Committee. Software-Defined Networking:The New Norm for Networks[J]. ONF White Paper. Palo Alto,US:Open Networking Foundation,2012.

[5] McKeown N,Anderson T,Balakrishnan H,et al. OpenFlow:enabling innovation in campus networks[J]. ACM SIGCOMM Computer Communication Review,2008,38(2):69-74.

[6] 陈端. SDN-网络演进的新方向[J]. 电信网技术. 2003(3):19-22.

[7] Zuo Qing-Yun,et al. Research on OpenFlow-Based SDN Technologies[J]. Journal of Software,2013,24(5):1078-1097.

[8] Haleplidis E,Halpern J. ForCES Packet Parallelization RFC-Experimental,2015.

[9] Balus F,Pisica M,Bitar N,et al. Software Driven Networks:Use Cases and Framework[J]. 2011.

[10] Network Functions Virtualisation-Introductory White Paper[J]. SDN and OpenFlow World Congress. 2012(10):22-24.

[11] 赵慧玲,冯明,史凡. SDN-未来网络演进的重要趋势[J]. 电信科学,2012(11):1-5.

[12] Naous J,Erickson D,Covington G A,et al. Implementing an OpenFlow switch on the NetFPGA platform[C]. Proceedings of the 4th ACM,IEEE Symposium on Architectures for Networking and Communications Systems. ACM,2008:1-9.

[13] Yu M,Rexford J,Freedman M J,et al. Scalable flow-based networking with DIFANE[J]. ACM SIGCOMM Computer Communication Review,2011,41(4):351-362.

[14] Casado M.,Koponen T,Shenker S,et al. Fabric:a retrospective on evolving SDN[C]. Proceedings of the first workshop on Hot topics in software defined networks. ACM,2012:85-90.

[15] HassasYeganeh S,Ganjali Y. Kandoo:a framework for efficient and scalable offloading of control applications[C]. Proceedings of the first workshop on Hot topics in software defined networks. ACM,2012:19-24.

南水北调中线天津干线生态补水现状浅析

王浩宇 左思远 邵士生 屠 波 王志扬 王 帅 李泽宾

（南水北调中干线工程建设管理局霸州管理处 天津 300000）

摘要:南水北调通水4年以来,累计向天津市供水36.9亿 m^3,910万市民直接受益。2016年引滦水质恶化,南水北调成为城市生产生活唯一水源,在水利部大力支持下,2017年度、2018年度收水量均超过10亿 m^3,南水北调成为天津市新的"城市生命线"。中线一期工程通水有效地缓解了受水区地下水超采的局面,使地区水生态恶化的趋势得到遏制,并逐步恢复和改善生态环境。2018年9月起向河北省滹沱河、滏阳河、南拒马河试点生态补水4.7亿 m^3,补水水流均已达到河流终点,形成水面40 km^2,南水北调天津干线生态补水效果显著。

关键词:南水北调 生态补水 天津 白洋淀 霸州

南水北调中线工程是一项跨流域、跨省市的特大型调水工程,由长江支流汉江上的丹江口水库陶岔渠首调水至北京和天津,工程全长1 432 km(含天津干线),是我国水资源优化配置,支撑京津和华北地区的社会、经济可持续发展,改善区域生态环境,惠及子孙后代的重大基础性战略工程。南水北调中线一期工程天津干线工程的任务主要是引调丹江口水库水解决天津市及沿线河北省部分区域缺水问题,为天津市国民经济可持续发展提供新的水源保障。

生态补水是通过采取工程措施或非工程措施,向因最小生态需水量无法满足而受损的生态调水,补充其生态系统用水量,遏制生态系统结构的破坏和功能的丧失,逐渐恢复生态系统原有的、能自我调节的基本功能。

1 天津干线沿线概况

1.1 雄安新区及白洋淀概况

雄安新区涉及河北省雄县、容城、安新3县及周边部分区域,地处北京、天津、保定腹地,是继深圳经济特区和上海浦东新区之后又一具有全国意义的新区,是千年大计、国家大事。对于集中疏解北京非首都功能,探索人口经济密集地区优化开发新模式,调整优化京津冀城市布局和空间结构,培育创新驱动发展新引擎,具有重大现实意义和深远历史意义。

白洋淀位于海河流域大清河系中游,总面积为366 km^2,是我国华北平原最大的淡水湖。属于平原半封闭式浅水型湖泊,不具备多年调节能力,在丰水年或汛期往往大量弃水,枯水年入淀水量不足。近年气候干旱,以及流域内工农业迅速发展需水量激增等原因,20世纪80年代以来,入淀水量锐减,淀水位13次降至6.5 m(大沽高程)以下,出现了严重的干淀现象。生态环境遭到严重破坏,水质污染加剧、珍贵野生动植物绝迹等一系列生态功能萎缩的问题相继出现,淀区人民的生产生活和区域经济发展也受到了巨大影响。

作者简介:王浩宇(1995—),男,助理工程师,主要研究方向为水利水电工程。

1.2　廊坊霸州市概况

霸州地处河北省中东部，位于京津保三角地的中心，境内现有大清河、中亭河、牤牛河、雄固霸新河等四条主要河流。现状水平年取 2015 年，近期水平年为 2020 年，远期水平年为 2030 年。多年平均自产径流深 15.6 m，平均地表水径流量 98.5 万 m^3，50%保证率下地表水可利用量为 1 935 万 m^3，75%保证率下地表水可利用量为 1 935 万 m^3，地下水资源量为 5 856 万 m^3，多年平均水资源总量为 6 827 万 m^3。

目前，霸州市水资源总量与 2005 年《廊坊市水资源评价》(1956～2000 系列)水资源总量比较，减少 2 325 万 m^3，减少幅度 25.4%。减少的原因：一是进入 21 世纪以后十几年降水量总体上处于偏少年份，所以长系列的水资源总量均值要小于前期降水偏多年份占多数的短系列水资源总量均值；二是外来水量较少。

霸州市境内的大清河、牤牛河及雄固霸新河最近十几年处于河干状态，中亭河水质为劣Ⅴ类，地下水水质选取西煎茶铺站和东沙城站进行分析评价，结果显示霸州境内的浅层地下水水质状况不容乐观，水质类别为Ⅴ类。现状条件下，霸州市 50%平水年可供水量 10 947 万 m^3，总需水量 14 045 万 m^3，缺水量为 3 098 万 m^3，缺水率为 22%，属严重缺水状态。全市 75%偏枯水年可供水量为 9 990 万 m^3，总需水量为 14 895 万 m^3，缺水量为 9 525 万 m^3，缺水率为 33%，属严重缺水状态。目前，霸州市地表水利用程度很高，几乎无水可用，地下水开采率为 151.4%，处于高强度超采状态。

1.3　天津市概况

天津市位于华北平原东北部，海河流域尾间，东临渤海，不仅是首都北京的门户，也是环渤海地区的经济中心。2006 年，天津滨海新区被国务院列为重点开发的地区，根据这一重大战略举措，天津市将要逐步建设成为国际港口城市、北方经济中心和生态城市，这给天津及周边地区带来了巨大的发展空间。而天津历史上却一直是一个缺水的城市，引滦入津工程虽然结束了天津人民喝咸水的历史，缓解了天津市的水资源危机，但并未从根本上解决天津的缺水问题，尤其是 20 世纪 90 年代以来，海、滦河流域出现连续干旱枯水年，潘家口水库可供水量大幅度减少，水的供需矛盾逐渐升级，缺水成了制约天津发展的一个瓶颈。因此，实施南水北调中线工程，为天津市提供优质、稳定的水源，对提高人民生活质量，促进工农业良性发展，有效改善生态环境，控制地下水超采，对实现天津市社会经济发展的历史性飞跃具有非常重要的意义。

2　现阶段补水成效及未来规划

2.1　天津补水

2.1.1　补水概况

根据《天津市水资源公报》2001～2011 多年资料，绘制天津市用水总量变化情况(如图 1 所示)，在 2001～2005 年 5 年间用水量呈快速上升趋势，2006 年以后用水量保持在较高状态，有小幅波动。天津市早在 1983 年开始通过引滦入津工程使用外调水，工程通水后有效地解决了天津市城市生活和工业用水短缺的局面。2000 年开始，启动应急引黄济津工程，弥补引滦和当地水资源对天津市供水的缺口。2011 年引滦系统供水 6.25 亿 m^3，另外包括引黄应急供水 1.71 亿 m^3，引滦—引黄系统总供水量占到了天津市城市供水量的 80%以上，是天津市城市供水的主要水源。近十多年以来，天津市供用水量呈明显上升趋势，而作为主要供水水源的引滦水呈现明显的衰减趋势，当地地表水和入境水主要供给农业灌溉和生态用水，且与引滦可调水量之间存在明显的丰枯同步关系。因此，在枯水年，引滦水与当地地表水联合供给天津市的来水量保证率不高。同时，考虑到区域的可持续发展，地下水水源也面临着可开采量大大减小的问题。因此，为保证未来天津市供水量需求，南水北调中线水源对天津市社会经济发展具有十分重要的支撑作用。

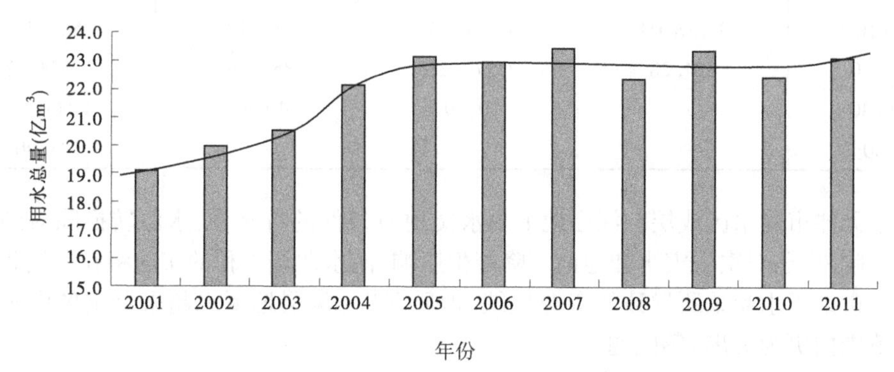

图1　天津市用水总量变化(2001~2011年)

南水北调天津干线工程于2014年12月12日正式通水，截至2019年4月1日，天津干线工程已安全通水1 571 d，历经4个调水年度，累计向天津市供水37.02亿m^3，圆满完成年度供水任务，工程效益发挥明显。目前，南水北调基本实现了天津市全覆盖，已成为天津市民用水的“生命线”，直接受益人口约900万，有效缓解了天津市水资源短缺局面，使天津市水资源保障能力实现了战略性的突破，为天津市城乡供水和发展发挥了巨大的社会效益。2016年4月开始通过子牙河北分流井退水闸向天津市子牙河生态补水，截至2019年4月1日8时向子牙河累计补水7.65亿m^3，增强了天津市境内自然水体的稀释自净能力，改善了水系环境质量。其中，2014~2015调水年度累计供水3.32亿m^3，2015~2016调水年度累计供水9.10亿m^3，2016~2017调水年度累计供水10.41亿m^3，2017~2018调水年度累计供水10.43亿m^3，2018~2019调水年度已累计供水3.76亿m^3。

2.1.2　地下水回升

通水4年以来，通过向海河补水，天津市平原区浅层地下水蓄水量相较2014年增长0.41亿m^3，其中上升区(水位上升0.5 m以上)面积显著提升(2014年为1.1%，2015年增至26%，2017年为15.4%)，平均水位相较2014年上升2.61 m，蓄水量增加0.75亿m^3；下降区(水位下降0.5 m以上)面积由2014年的45.2%降至2017年的11.6%并持续衰减(2016年为1.5%)，平均水位相较2014年下降2.4 m，蓄水量减少0.42亿m^3；相对稳定区(水位变幅±0.5 m以内)面积逐年递增(由2014年的53%增至2017年的86.3%)。

为了更好地分析受水区范围内地下水埋深的空间年际变化，观测1985~1995年、2000~2010年、1985~2010年三期年平均地下水位的差值做出地下水埋深降深空间分布图，并结合受水区行政区划图进行分析。不同地下水降深在受水区范围内的所占面积情况见表1，进一步分析地下水埋深在年际间的变化。发现随着时间推移，水位降深整体呈现出增加趋势。

表 1　不同地下水降深在受水区范围内的所占面积情况

降深(m)	1985~1995 年降深面积(km^2)	2000~2010 年降深面积(km^2)	面积增减(增为正)(km^2)	1985~2010 年降深面积(km^2)
<0	1 231.58	874.81	-356.78	563.03
0~5	2 461.57	1 539.13	-922.44	307.31
5~10	1 388.04	1 771.23	383.19	567.43
10~20	724.28	1 579.23	855.04	2 573.02
20~30	—	40.99	40.99	1 600.78
>30	—	—	—	193.90

由于天津市受水区浅层和深层地下水水文地质条件的特殊性，水源转换除对地下水位产生影响外，还对次生灾害如地面沉降产生影响，南水北调工程的实施将在一定程度上缓解天津市地下水超采所导致的资源短缺、地质环境（深层地下水超采严重的南水北调受水区范围内更为突出）等问题。

天津市平原区地下水位降落漏斗统计范围为全市平原地区第Ⅱ、Ⅲ承压含水组，漏斗面积为埋深等值线大于 40 m 范围内的数值，漏斗中心埋深值选取多级漏斗中与有代表性的漏斗中心埋深。2017 年末第Ⅱ承压含水组漏斗面积 3 292 km^2，比 2014 年同期缩减 659 km^2，漏斗中心位于滨海新区的大田镇，漏斗中心埋深 80.51 m，相较 2014 年提升 2.32 m。2017 年第Ⅲ承压含水组漏斗面积 6 945 km^2，比 2014 年同期扩大 763 km^2，漏斗中心位于西青区杨柳青镇，漏斗中心埋深 98.97 m。

2.1.3　生态景观恢复

2018~2022 年实施水源保障、蓄水增容、渠系连通、水系循环四大类工程，依托南水北调生态格局，构筑"三横三纵三区十一片"河湖连通体系。全年向重要河湖湿地生态补水 10.5 亿 m^3，形成长流水、不断水，有效改善河道水生态环境质量。

2019 年 3 月 2 日，天津市水务部门启动 2019 年海河等中心城区主要景观河道生态补水和水体循环工作，已累计补水 1 100 万 m^3。为实现中心城区及环城四区主要景观河道呈现"水清、水满、水流动"的效果，启动南水北调中线实施向海河生态补水工作，目前补水流量控制在 25~30 m^3/s，有效置换海河水体，改善了河道水环境质量。同时，合理调节中心城区及环城四区河道水位，开启全部循环泵站，加大海河水向市区二级河道循环力度。

综上所述，南水北调中线工程对天津市居民保障用水、地下水位回升及生态环境恢复效果显著，成绩斐然。

2.2　雄安新区及白洋淀补水规划

根据《河北雄安新区总体规划（2018—2035）》，新区将建设集约高效的供水系统，划分城镇供水系统，各分区间设施集成共享互为备用，提高供水效率。2035 年新区供水总规模 100 万 m^3/d，共建设 9 座水厂，其中起步区—容城建设 4 座水厂，供水规模 50 万 m^3/d；雄县—昝岗供水分区建设 2 座水厂，供水规模 35 万 m^3/d；淀南供水区建设 3 座水厂，供水规模 20 万 m^3/d。

依托南水北调、引黄入冀补淀工程等区域调水工程，合理利用上游水、当地水、再生水,建设南水北调调蓄水库和雄安干渠,完善雄安新区供水网络,深化水资源互联互通,实现多源互补的新区供水格局。城镇生活用水由南水北调供应,上游水库、地下水作为应急备用水源;白洋淀用水由引黄入冀补淀工程和上游水库等保障;农业农村、城市环境和河流生态用水由当地水、上游水库和再生水保障。

按照“上蓄、中疏、下排、适当地滞”的原则,充分发挥南水北调中线上游山区新建水库的拦蓄作用,疏通白洋淀行洪通道,适当加大中下游河道的泄洪能力,加强堤防和蓄滞洪区建设,提升大清河流域防洪能力。白洋淀正常水位保持在 6.5~7 m 考虑,兼顾蒸发渗漏消耗、淀区水动力条件改善及自净能力提升等因素,确定 2022 年之前生态需水量为 3 亿~4 亿 m^3/年。2022 年之后,随着流域和淀区生态环境治理目标的逐步实现,淀区生态水文过程条件改善和自净能力提升,确定入淀需水量为 3.0 亿 m^3。

2.3 霸州补水规划

根据南水北调工程规划,2017 年已经完工投入使用,引水工程分配给霸州市的水量从天津干线向霸州供水 3 234 万 m^3,向胜芳工业区供水 2 560 万 m^3,总供水量为 5 794 万 m^3。2015 年以前,由于南水北调工程没有通水,只能利用地下淡水资源。而通水以后,这一情况已经极大改善。一般工业用水对水质要求是Ⅰ~Ⅳ类。现状地表水水质均超过Ⅴ类,不能直接用于工业生产。2015 年南水北调工程完工前,工业用水全部依靠地下水和再生水供给;2015 年南水北调工程完工后,受水区域的城镇生活优先利用南水北调水,深层地下淡水水源作补充。工业用水优先利用再生水和南水北调水源,浅层地下淡水水源作补充。根据《地表水环境质量标准》(GB 3838—2002),农业用水对水质要求是Ⅰ~Ⅴ类。但根据南水北调供水规划,其用水从水质及水资源保护方面考虑,最佳配置首选是地表水、微咸水、再生水以及地下浅层淡水,由于微咸水灌溉易引起土质硬化,因此微咸水用于农业灌溉要科学原则上不供给农业用水。

对于干涸数年的牤牛河也将利用南水北调中线在 2019 年 8 月初进行蓄水,一期蓄水约为 100 万 m^3,每日蓄水约 1 万 m^3。2020~2023 年,计划每年 3 月对牤牛河进行补水 20 万 m^3,8 月补水 15 万 m^3。届时,牤牛河公园改造提升工程也将进一步推进,霸州市民的生态环境将得到明显改善。霸州可供水量汇总见表 2。

表 2 霸州可供水量汇总 (单位:万 m^3)

水平年	地表水		南水北调水	地下水	再生水	合计	
	50%	75%				50%	75%
现状	1 935	978	0	4 392	4 620	10 947	9 990
近期	2 128	1 076	5 794	4 292	5 815	18 129	17 077
远期	2 341	1 184	5 794	4 392	6 860	19 387	18 230

3 结 论

南水北调切实提高了天津市的供水保证率,成功构架出了一横一纵、引滦引江双水源保障的新的供水格局,形成了引江、引滦相互连接、联合调度、互为补充、优化配置、统筹运用的天津城市供水体系。随着时间的推移、南水北调水的潺潺流动,天津干线沿线徐水、雄安新区、雄县、容城、固安、霸州、永清等地将近干涸的地下水资源将得到灌溉，各地生态环境也会逐步改善，沿线人民也将持续享受南来江水所带来的红利。

参考文献

[1] 谢新民，柴福鑫，颜勇，等. 地下水控制性关键水位研究初探[J]. 地下水，2007，29(6)：47-50.

[2] 于秀治. 南水北调调后地下水位数值模拟预测及其环境影响评价[D]. 长春：吉林大学，2004.

[3] 陈曦川，杜丙照. 南水北调受水区地下水控制开采法制措施对策研究[J]. 南水北调与水利科技，2007(1)：7-9.

[4] 汪明娜. 跨流域调水对生态环境的影响及对策[J]. 环境保护，2002(3)：32-35.

[5] 范翠英. 天津市水资源可持续利用研究[D]. 天津：天津理工大学，2013.

[6] 中国水利水电科学研究院. 天津市水资源合理配置研究[R]. 北京：中国水利水电科学研究院，2014.

[7] 天津市水务局. 天津市地面沉降防治规划[R]. 天津：天津市水务局，2013.

[8] 天津市水务局. 天津市水资源公报[R]. 天津：天津市水务局，2014-2017.

[9] 霸州市水务局. 霸州市水资源评价[R]. 霸州：霸州市水务局，2018.

[10] 霸州市水利局. 河北省霸州市水资源开发利用现状调查分析成果报告[R]. 霸州：霸州市水务局，1994.

南水北调中线西黑山进口闸过流公式初步率定及曲线绘制

李景刚　乔　雨　周　梦　陈晓楠

（南水北调中线干线工程建设管理局　北京　100038）

摘要：西黑山进口闸作为天津干线渠首进水闸，是天津干线唯一一座具有调节流量功能的节制闸，对天津干线的入流控制至关重要。按照水闸技术管理规范要求，逐步建立健全闸门技术档案，尤其是率定闸门过流公式和绘制闸门控制运用图表，对于精确实施过流控制、指导闸门日常控制操作、保障输水调度安全具有重要意义。本文基于量纲分析法，利用南水北调中线干线通水运行观测数据，在孔流条件下对西黑山进口闸过流公式进行了初步率定，并绘制了进口闸不同闸前水位下的过闸流量与闸门开度关系曲线。结果显示，量纲分析法物理概念比较清晰，公式形式较为简单，率定工作量大大降低，实测流量与计算流量误差基本在±10%内，而平均误差约为5%，率定精度相对较高，具有较强的实际应用价值；同时进口闸过闸流量曲线的绘制，为日常调度人员掌握过闸流量变化、适时开展闸门调度提供了决策依据。

关键词：南水北调中线天津干线　量纲分析法　过流公式　流量曲线　西黑山进口闸

作者简介：李景刚（1978—），河北南皮人，博士研究生，高级工程师，从事水文调度相关工作。

南水北调中线干线全程1 432 km,自汉江丹江口水库引水,穿越长江、淮河、黄河、海河4个流域,沿途分别向河南省、河北省、天津市、北京市供水,是缓解我国华北地区水资源短缺、实现我国水资源整体优化配置、改善生态环境的重大战略性基础设施工程。其中,天津干线工程作为中线总干渠的一部分,西起河北省保定市徐水区的西黑山进口闸,东至天津外环河出口闸,途径河北省保定、廊坊两市所辖八区县和天津市的武清区、北辰区、西青区,共计11个区(县),线路全长155 km,采用全箱涵无压接有压全自流输水,主要任务和作用除向天津输水外,还具有向沿线河北省各县(市)带水任务,其设计流量50 m^3/s,加大流量60 m^3/s,其中含给河北带水5 m^3/s。

西黑山进口闸作为天津干线渠首进水闸,是连接南水北调中线总干渠与天津干线的重要分水建筑物,亦是天津干线唯一一座具有调节流量功能的节制闸,对天津干线的入流控制至关重要。因此,按照《水闸技术管理规定》等规范要求,建立健全闸门技术档案,尤其是闸门过流能力率定和闸门控制运用图表绘制等,对于精确实施过流控制、指导闸门日常控制操作、保障输水调度安全具有重要意义。当前,闸门过流计算方法概括起来主要有传统水力学法和量纲分析法两类。其中,传统水力学法中的有关过流参数,因多由根据试验或原型数据获得的经验公式或图表求取,易产生较大的误差。同时因为闸门的水力关系复杂,率定工作通常难度较大。而量纲分析法物理概念比较清晰,公式形式较为简单,在有闸门实测数据的条件下能够达到很好的计算精度,易于率定,是进行闸门水力计算的较好选择。

本文基于量纲分析法,利用南水北调中线干线通水运行观测数据,在孔流条件下对西黑山进口闸过流公式进行初步率定,并绘制不同闸前水位下的过闸流量与闸门开度关系曲线,以指导调度人员掌握闸门运行状况、适时开展闸门日常调度。

1 过流公式率定

1.1 量纲分析法

对于弧形闸门,假定在淹没流情况下,单宽流量 q 是闸门开度 e 、重力加速度 g 、能量差 H_e 和绝对黏性系数 μ 的函数,其函数关系可用式(1)表示,其中,能量差 H_e 可由式(2)得到。

$$q = f(e, g, H_e, \mu) \tag{1}$$

$$H_e = H_0 - H_t \tag{2}$$

假定过闸流量具有如下形式:

$$q = m(e^a, g^b, H_e^c, \mu^d) \tag{3}$$

式中:a、b、c、d 和 m 均为常数系数。

利用量纲分析可得:

$$\left(\frac{q^2}{g}\right)^{\frac{1}{3}} = m^{\frac{2}{3}} e \left(\frac{H_e}{e}\right)^{\frac{2c}{3}} \tag{4}$$

式(4)左边表示矩形渠道的临界水深,若用 K 表示,则有

$$\frac{K}{e} = m^{\frac{2}{3}}\left(\frac{H_e}{e}\right)^{\frac{2c}{3}} = i\left(\frac{H_e}{e}\right)^{j} \tag{5}$$

式中：$K = (q^2/g)^{1/3}$；q 为闸门的单宽流量；e 为闸门的开度；H_e 为闸门的上下游水位差；i 和 j 为与闸门形式和过闸流量有关的经验系数。

对于自由流状况，将下游水深 H_t 设为 0，上式依然成立。

对于南水北调中线干线节制闸，单宽流量为

$$q = \frac{Q}{NB} \tag{6}$$

式中：Q 为节制闸的总输水流量；N 为参与运行节制闸的孔数；B 为节制闸闸门宽度。

而对于式(5)，当两边同时取对数时有

$$\lg(i) + j\lg\left(\frac{H_e}{e}\right) = \lg\frac{K}{e} \tag{7}$$

可知，在对数坐标系中，节制闸无量纲过闸流量计算公式是一个线性方程，对于流量系数 i 和 j 可根据最小二乘法计算确定，即

$$\min\sum_{m=1}^{N}\left[\lg\left(\frac{K}{e}\right) - \left(\lg(i) + j\lg\left(\frac{H_e}{e}\right)\right)\right]_m^2 \tag{8}$$

进而得到节制闸过闸流量为

$$Q = NB\sqrt{g\left[ei\left(\frac{H_e}{e}\right)^{j}\right]^{3}} \tag{9}$$

1.2　率定过程

西黑山进口闸下游海拔落差较大，闸门过流基本处于自由流状态。由于受闸后地形限制和流量计不能有效淹没影响，目前西黑山进口闸的过流监测精准度不高，考虑到其与下游紧邻的文村北调节池流量监测较为可靠，且其间无分水口分水，为此可采用文村北调节池监控断面的流量数据进行近似替代西黑山进口闸过闸流量。

本文利用南水北调中线干线正式通水以来的水情观测数据，合理选取样本点，对西黑山进口闸过闸流量公式参数进行初步率定。样本点选取具体原则如下：

(1)数据观测前 24 h 内西黑山进口闸闸门开度未做调整，保证过闸流量的相对稳定。

(2)结合水流滞时，西黑山进口闸流量近似取值 1～2 h 之后的文村北调节池观测流量。

(3)流量变化区间要尽量拉开，且取点分布尽量均匀。

(4)孔流分界点按 $\frac{e}{H_0} < 0.65$ 控制，其中 e 为闸门开度，H_0 为上游观测水头。

按照上述原则，本文共选取西黑山进口闸 2015 年 1 月至 2019 年 4 月间闸前水位、闸门开度及对应文村北调节池过闸流量观测数据 30 组，见表 1。

依据式(8)，通过线性拟合得到西黑山进口闸过闸流量率定曲线如图 1 所示，其决定系数超过了 0.98。进而，得到该节制闸流量系数 $i = 10^{-0.1093} = 0.7775$，$j = 0.4606$。

表1 西黑山进口闸及文村北调节池有关水情数据

工况	闸前水位(m)	闸门开度(m)	实测流量(m^3/s)	工况	闸前水位(m)	闸门开度(m)	实测流量(m^3/s)
1	65.06	0.15	8.30	16	65.16	0.72	30.26
2	64.94	0.22	12.70	17	65.18	0.90	36.03
3	64.85	0.29	13.55	18	64.89	1.23	44.22
4	64.74	0.34	15.48	19	64.86	1.26	44.37
5	65.29	0.44	20.86	20	65.02	0.86	37.63
6	65.33	0.53	27.21	21	64.84	1.20	45.63
7	65.22	0.57	26.35	22	64.71	1.07	40.97
8	65.00	0.77	35.4	23	64.42	0.70	28.68
9	65.03	1.15	42.88	24	64.45	0.63	26.24
10	64.90	1.05	39.21	25	64.75	0.35	16.84
11	65.16	1.15	44.77	26	65.28	0.30	15.91
12	65.13	1.10	42.97	27	64.93	0.72	31.13
13	65.20	0.95	38.50	28	65.05	1.17	44.19
14	65.28	0.44	20.53	29	65.45	1.05	46.53
15	65.22	0.37	17.15	30	65.18	1.13	46.81

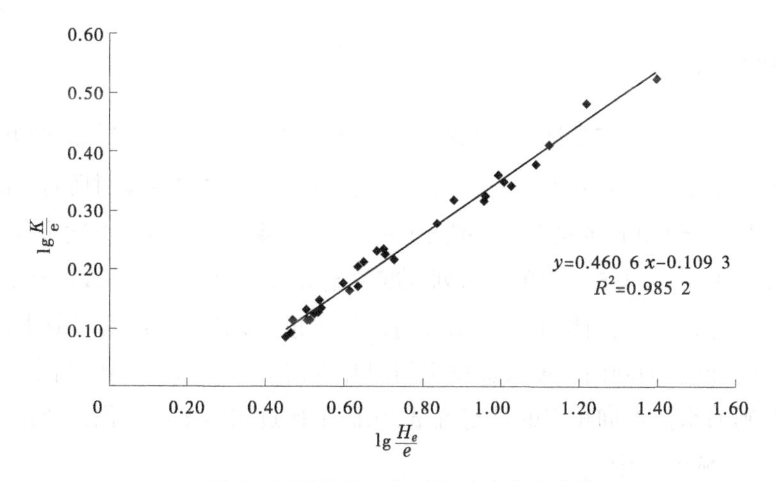

图1 西黑山进口闸过流公式率定曲线

另外，西黑山进口闸工作闸门采用3扇露顶式弧形闸门，单闸宽度为2.5 m，最终求得西黑山进口闸孔流条件下的过闸流量曲线关系为

$$Q = 3 \times 2.5 \times \sqrt{9.8 \times \left[e \times 0.777\ 5\left(\frac{H_e}{e}\right)^{0.460\ 6} \right]^3} = 16.096\ 3e^{0.809\ 1}H_e^{0.690\ 9} \quad (10)$$

1.3 精度分析

由图1可以看出,由观测样本数据率定的西黑山进口闸过闸流量曲线呈现出显著的线性关系,说明观测样本选择整体合理。因此,采用无量纲流量计算公式不仅能简化流量系数的率定过程(只有两个未知数),同时有助于剔除不合理的观测数据,从而提高流量系数的率定精度。

另外,本文采用误差分析法对流量率定曲线计算所得的西黑山进口闸过闸流量精度进行计算分析。首先,根据表1中数据,利用本文中构建的西黑山进口闸过闸流量曲线式(10),计算流量相对误差基本都在±10%以内,而平均误差为4.34%。为进一步检验本文构建的进口闸过流公式的率定精度,另选取7组观测数据进行检验,见表2。从检验结果来看,实测流量与计算流量误差均在±10%以内,而平均误差为5.44%,计算精度相对较高。同时,随着南水北调中线干线工程的持续运行和水情观测数据的不断丰富,通过对观测样本数据的深入优化筛选,西黑山进口闸过流公式率定精度还将会得到进一步提升。

表2　西黑山进口闸过流公式率定精度检验

工况	闸前水位(m)	闸门开度(m)	实测流量(m^3/s)	计算流量(m^3/s)	相对误差(%)
1	65.07	0.80	35.33	33.68	-4.67
2	65.20	0.73	30.56	32.01	4.74
3	65.16	0.60	29.25	27.12	-7.27
4	65.23	0.50	23.13	23.69	2.43
5	65.24	0.52	24.02	24.50	1.99
6	65.11	0.67	32.31	29.39	-9.03
7	65.25	0.49	25.42	23.39	-7.97

2 过流曲线绘制

对于式(10),当 H_e 为常数项时,演变为一个以闸门开度 e 为自变量、过闸流量 Q 为因变量的幂函数。设 H_e =1.0 m时,可计算得到当闸门开度 e = 1、2、3、4时所对应的 Q 值,这样就得到了一条 H_e =1.0 m时的开度—流量(e — Q)关系曲线。重复上述步骤,可依次得到 H_e =1.5 m,2.0 m,…,4.5 m时的一系列开度—流量(e — Q)关系曲线(见图2)。

在调度运行过程中,当西黑山进口闸过闸流量需进行调整时,根据闸前水位,通过曲线可以确定闸门开度,为闸门调度人员设定闸门开度值提供依据。另外,调度人员可以根据闸门开度和闸前水位查询相应的过闸流量,从而掌握过闸流量的变化,适时开展闸门调度,保障全线输水调度安全。

3 结论与讨论

本文利用南水北调中线干线通水运行观测数据,基于量纲分析法,在孔流条件下开展西黑山进口闸过流公式初步率定,并在此基础上绘制了进口闸不同闸前水位下的过闸流量与闸门开度关系曲线。结果显示,基于量纲分析法物理概念比较清晰,公式形式较为简

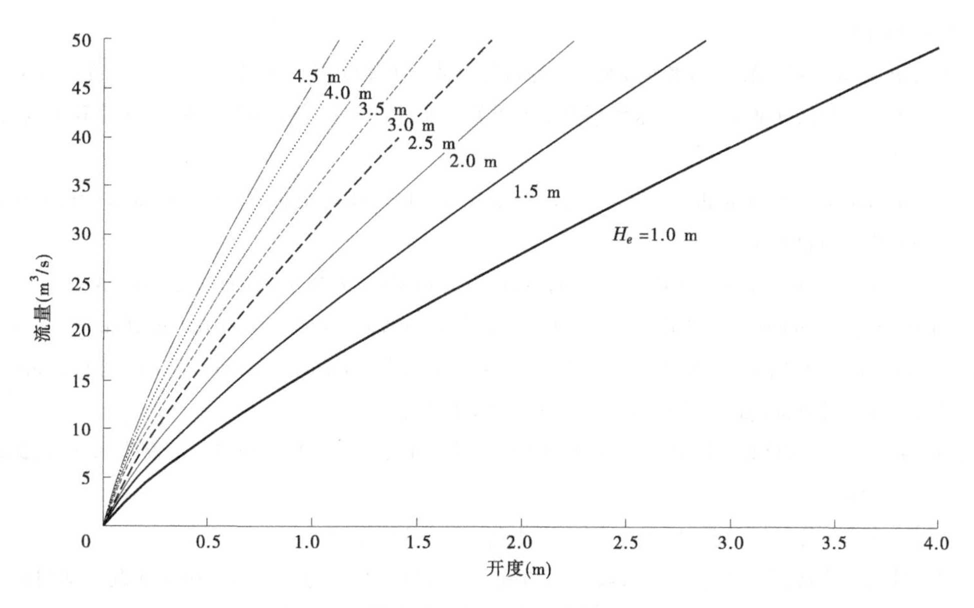

图 2　西黑山进口闸开度—流量关系曲线

单,只包含两个常数系数,因此率定工作量较传统水力学法大大降低;同时,在有实测水情数据的条件下,率定后量纲分析公式能够达到很好的计算精度,是进行闸门水力学计算和实现自动化调度的很好选择。另外,西黑山进口闸过闸流量曲线的绘制,为日常调度人员掌握过闸流量变化、适时开展闸门调度提供了很好的决策依据。

在实际运行过程中,因西黑山进口闸前设有拦污栅,虽配有自动清污机定期清理,但如遇大风或冬季极寒天气,总干渠水流中挟带的漂浮物或冰屑极易在拦污栅处造成拥堵,带来西黑山进口闸过流量的减少,进而影响过流观测数据的准确性和过流公式拟定的精度。另外,为有效保障水情观测数据的准确性,运行管理单位应定期组织对渠道水位计、流量计等进行率定,以消除系统观测误差。同时,渠道水位计、流量计等作为电子观测设备,其观测数据受水流波动等因素影响,存在不同程度的跳变现象,当前虽在数据观测过程中进行了一定的滤波处理,但在滤波算法和处理效果上仍需进一步研究。

参考文献

[1] 梅占敏,刘建斌,王建智. 南水北调中线工程天津干线简介[J]. 河北水利水电技术,2003(6):18-19.

[2] 毛少波. 南水北调天津干线渠首闸设计及关键技术问题的研究[D]. 天津:天津大学,2010.

[3] 中华人民共和国水利部. 水闸技术管理规程:SL 75—2014[S]. 北京:中国水利水电出版社,2014.

[4] 潘锦江. 水闸淹没孔流水位—流量关系曲线的绘制方法[J]. 珠江现代建设,2013(6):10-12.

[5] 穆祥鹏,陈文学,崔巍,等. 弧形闸门流量计算方法的比较与分析[J]. 南水北调与水利科技,2009(5):20-22.

[6] 刘国强,王长德,管光华,等. 南水北调中线干渠弧形闸门过流能力校核分析[J]. 南水北调与水利科技,2010,8(1):24-28.

[7] 刘孟凯,王长德,闫奕博,等. 弧形闸门过闸流量公式比较分析[J]. 南水北调与水利科技,2009,7

(3):18-19.

[8] 吴门伍,陈立,周家俞.大和水闸过闸流量分析[J].武汉大学学报(工学版),2003,36(5):51-54.

[9] 刘之平,吴一红,陈文学,等.南水北调中线工程关键水力学问题研究[M].北京:中国水利水电出版社,2010.

[10] Ferro Vito. Simultaneous flow over and under a gate[J]. Journal of Irrigation and Drainage Engineering, 2000,126(3):190-193.

[11] Ansar M, Alexis A, Damisec E. Flow computations at Kissimmee River gated structures: A comparative study[R]. Hydrology and Hydraulics Dept. , South Florida Water Management District, Fla.

[12] Shahrokhnia M A, Javan M. Dimensionless stage-discharge relationship in radial gates[J]. Journal of Irrigation and Drainage Engineering, 2006, 132(2):180-184.

[13] 崔巍,陈文学,王晓松,等.基于量纲分析的弧形闸门过流公式及其应用[J].灌溉排水学报,2012,31(5):91-93.

[14] 李炜.水力计算手册[M].2版.北京:中国水利水电出版社,2006.

[15] 段文刚,王才欢,黄国兵,等.京石段节制闸流量系数原型观测与分析[J].南水北调与水利科技,2009,7(6):186-190.

[16] 贾斌.南水北调中线工程闸站监控系统报警功能设计[J].中国设备工程,2017(3):159-160.

人类城镇活动干扰下底栖动物物种多样性和功能多样性关系评价

——以白河为例

杨晓明[1,2]　尹泰来[2,3]　韩雪梅[1,2]　龚子乐[1,2]

李玉英[2,4]　陈兆进[2,4]

(1.南阳师范学院 生命科学与技术学院　南阳　476031;

2.南水北调中线水源区水安全河南省协同创新中心 河南省南水北调中线水源区生态安全重点实验室　南阳　476031;

3.华北水利水电大学 水利学院　郑州　450046;

4.南阳师范学院 农业工程学院　南阳　476031)

摘要:物种多样性、功能多样性和群落分布之间关系对于评价水域生态系统的服务功能和稳定性具有重要意义,为了分析三者在生态系统健康性评价中的作用和关系,本文共设置5个

基金项目:国家自然科学基金项目(51879130,31300442,41601332);河南省教育厅重点项目(18B180020,19B180007),河南省南水北调中线水源区水生态安全创新型科技团队专项项目(17454)。

作者简介:杨晓明(1988—),男,河南唐河人,硕士研究生,主要从事底栖动物与生态修复方向的研究。

通信作者:韩雪梅,副教授,硕士研究生导师。

典型生态采样点,上游包括鸭河大桥和观音寺,流域组成以农田为主,干扰较少;中游泗水河桥流域组成为乡(镇),受农村生活用水影响较为明显;下游沙岗和四坝,流经南阳市主城区,主要受城市生活用水影响。研究分别评价了各个样点物种多样性、功能多样性、群落分布状况以及三者之间的关系。结果表明,泗水河和四坝受城镇生活用水的影响,水质有了明显的变化。5个生态采样点间物种多样性指数和功能多样性指数未发现显著性的差异。但是,通过群落分布排序发现,从上游研究起点鸭河大桥到下游研究终点四坝,各个样点的底栖动物群落结构已产生明显差异,鸭河大桥与四坝间的差异最为明显,泗水河桥也显示了与其他样点不同的群落分布特征。香农威纳指数与Rao二次熵指数和功能分散度指数之间密切相关,表明物种多样性的高低可以反映生态系统的生产力和稳定性,底栖动物群落分布状况在反映生态系统的细微变化中更为重要。

关键词:底栖动物　物种多样性　功能多样性　群落分布

生态系统中生物多样性的评价,可以同时用物种多样性和功能多样性来评价。物种多样性多用各种指数来表征,反映生物群落的丰富度和均匀度,但是有研究者指出,物种多样性无法直观说明生态系统的功能和稳定性。功能多样性是当前底栖动物研究的热点之一,即用不同类群的功能性状表征功能及多样性。功能多样性对于研究生态系统的生产力和恢复力具有重要意义。群落分布能够直观反映群落间的差异,但是能否反映水域生态系统的健康程度,也是值得研究的问题。

农村乡(镇)生活用水和城市生活用水,对人类水域生态系统产生了强烈的干扰,进而影响了水质和水生生物群落,可能改变生态系统的功能。白河流域南阳段流经农村、乡(镇)、市区三种不同的人类活动区域,其水质的好坏对本地区人类生活水平有着巨大的影响。

现阶段对有关物种多样性、功能多样性物和群落分布之间的关系,以及对生态系统指示作用的研究较少,本文针对典型的城镇人类活动对河流的影响——白河流域南阳段水体中底栖动物,分别从以上三个方面展开讨论,分析它们在评价水域生态系统功能,预测生态系统发展方向中的作用,也为进一步了解该流域水质问题,提高水质评价准确性,改善水体环境,提供更好的监测评价方法和理论依据。

1　材料与方法

1.1　研究区域与采样地点

白河干流发源于河南省嵩县攻离山,自西北流向东南,流经南阳市城区,流域面积12 029 km^2。南阳市区内流经河段总长46.5 km,自东北向西南,自成半环形穿市而过,贯穿南阳市中北部的整个白河国家湿地公园,本文主要研究包括鸭河口水库及其下游的白河和周边一定区域。

根据白河流域南阳段河流的地理位置和环境特征,沿白河干流流向在河南省南阳市境内自上游至下游共设置5个典型生态采样点(见表1)。鸭河大桥(YH)和观音寺(GY)采样点位于上游,流经区域以农田为主,干扰较少;泗水河桥(SS)采样点位于中游,流经区域有乡(镇),受农村生活用水影响较为明显;沙岗(SG)和四坝(SB)采样点位于下游,流经区域为南阳市主城区,主要受城市生活用水和生产用水影响。

表 1　白河流域南阳段河流生态采样点位置分布

样点名称	地理位置	北纬(°)	东经(°)	海拔(m)	河宽(m)	起点距离(km)
鸭河大桥	南召县皇路店镇鸭河口村	33.29	112.63	131.9	271	0
观音寺	南召县皇路店镇皇路村	33.24	112.66	132.4	35	4.77
泗水河桥	卧龙区石桥镇小石桥村	33.13	112.62	128.8	540	22.93
沙岗	宛城区新店乡沙岗村	33.05	112.61	123.5	561	32.36
四坝	卧龙区市区	32.95	112.50	117.7	613	46.50

1.2　水样和底栖动物采集与分析

2017 年 9 月,分别采集水质样品和底栖动物样品。根据《河流水生态环境质量监测技术指南》设定采水样点,采水器采取河流表层 0~50 cm 水样。水质现场测定指标包括 pH 值、溶解氧(DO)、电导率(COND)和氧化还原电势(ORP);室内采用流动分析仪测定氨氮(NH_4^+)、硝酸盐(NO_3^-)、总磷(TP)和高锰酸盐(MnO_4^-)等指标,采用重铬酸钾回流法测定化学需氧量(COD),采用分光光度法测定叶绿素含量。

采用 40 目网径 D 型拖网逆水流方向采集底栖动物样品,采样面积为 1 m^2,每个生态采样点设置四个重复。将网中的底栖动物迅速捡出,装入标本瓶中,用 10%福尔马林液固定,带回实验室进行形态鉴定至属或种的水平。

1.3　物种多样性和功能多样性分析

物种多样性评价基于底栖动物属或种的分类单元,分别选用物种数(R)、香农威纳指数(H')、辛普森多样性指数(D)、Berger-Parker 多样性指数(Berger)和 Pielou 均匀度指数(J)进行评价。各指数计算公式如下:$H' = -\sum(n_i/N)\times\log_2(n_i/N)$;$D = 1-\sum p_i^2$,$p_i$ 为类群 i 的相对丰富度;$\text{Berger} = N_{max}/N$;$J = H'/\ln S$。

功能多样性评价依据底栖动物的 11 个生物学和 11 个生态学特征进行分类评价,结合了物种相对丰度,分别计算功能多样性指数 Rao 二次熵指数($RaoQ$)和功能分散度指数(FD_{is})。

$RaoQ$ 将每个物种看作多维性状空间中的点,主要计算物种距离的变异,用 Gower 距离来度量物种及生物性状的距离

$$RaoQ = \sum_{i=1}^{S}\sum_{j=1}^{S} d_{ij}P_iP_j$$

式中:P_i 和 P_j 分别为物种 i 和物种 j 的相对丰度;S 为物种数;d_{ij} 为物种 i 和物种 j 之间的距离,取值范围在 0(物种 i 和物种 j 具有完全相同的生物性状组成)和 1(物种 i 和物种 j 未共有任何相似的生物性状)之间。

FD_{is} 计算了各个物种到加权质心距离的总和。首先计算物种在 i 维性状空间(维度数量等于性状数量)中的加权质心:$c = [c_i] = \sum a_jx_{ij}/\sum a_j$,$x_{ij}$ 是物种 j 第 i 个性状的值,a_j 表示物种 j 的多度。FD_{is} 本质上是计算在 i 维性状空间中,物种到加权质心(c)上的加权距离,因此 $FD_{is} = \sum a_jz_j/a_j$,$z_j$ 是物种 j 到加权质心(c)的距离。

1.4 数据分析

多样性计算运用的软件为 R3.5.2，其中 vegan 软件包完成物种多样性指数计算，FD 软件包完成功能多样性指数计算。

SPSS11.5（SPSS Inc.，Chicago，USA）中进行单因素方差分析，采用 Tukey HSD 测验比较各个生态采样点指标间的差异（$p<0.05$）。不满足齐次性假设的数据，统计之前进行对数或平方根转换。转换后仍不满足齐次性假设的数据，采用 Kruskal-Wallis H 非参数检验，随后用 Mann-Whitney 非参数检验两两比较处理间的差异。

群落排序在 CANOCO for Windows 4.5（Microcomputer Power，Ithaca，USA）中进行，利用 CANOCO 分别进行主成分分析（PCA）和典型相应性分析（CCA），探讨生态采样点的梯度变化，以及水质理化性质与底栖动物群落分布的相互关系。CCA 分析中，Monte Carlo Test 用于检验处理或理化性质对底栖动物群落分布没有显著性影响的零假设。

2 结果与分析

2.1 水质理化性质分析

对白河上游、中游和下游理化性质研究（见表 2）发现，不同生态位点变化较大的水质指标包括 pH 值、DO、COD、NH_4^+、NO_3^-、TP、MnO_4^- 和叶绿素含量。上游鸭河大桥和中游泗水河 DO 值较低，下游四坝 COD 值较高。中游泗水河桥 NH_4^+、NO_3^-、TP、MnO_4^- 和叶绿素含量普遍较高。下游四坝 NH_4^+、NO_3^- 和叶绿素含量也较高。

表 2 白河南阳段河流生态采样点水质理化性质

指标	上游		中游	下游	
	鸭河大桥	观音寺	泗水河桥	沙岗	四坝
pH 值	7.2	7.6	8.6	8.8	7.4
DO	2.63	6.97	2.78	6.92	6.36
COND	261	266	294	251	520
ORP	188	172	157	147	191
NH_4^+(mg/L)	0.11	0.02	1.20	0.12	1.72
NO_3^-(mg/L)	0.86	0.09	2.51	0.75	2.13
TP(mg/L)	0.03	0.02	0.82	0.03	0.23
MnO_4^-(mg/L)	2.40	2.11	6.02	2.14	3.69
COD(g/L)	30.18	32.06	32.2	33.47	32.98
叶绿素(mg/L)	0.95	0.84	6.63	12.21	17.73

2.2 底栖动物丰度

该区域共采集到的底栖动物主要分布在 2 门 5 纲 7 目 10 科 10 属 10 种（见表 3），下游四坝采集到的底栖动物总丰度显著高于其他 4 个生态采样点。对各个生态采样点的不同物种分析发现，上游鸭河大桥和下游四坝优势类群较为集中，在起点鸭河大桥优势物种为中华圆田螺，占底栖动物总丰度的 86.4%，显著高于其他采样点；在下游四坝采集到的底栖动物物种全部为羽摇蚊幼虫，显著高于其他采样点。另外，上游鸭河大桥的椭圆萝卜螺和观音寺河蚬虽然数量较低,但也显著高于其他采样点。

表 3　白河南阳段河流生态采样点底栖动物丰度变化　　（单位:个/m²）

种群	上游		中游	下游	
	鸭河大桥	观音寺	泗水河桥	沙岗	四坝
中华圆田螺 *Cipangopaludina cathayensis*	19.00±16.79[a]	2.25±2.87[b]	0.25±0.50[b]	4.25±4.35[b]	0[b]
椭圆萝卜螺 *Radix swinhoei*	0.75±0.96[a]	0[b]	0[b]	0[b]	0[b]
尖口圆扁螺 *Hippeutis cantori*	0.50±1.00	0	0	0	0
方格短沟蜷 *Semisulcospira cancellata*	0.50±1.00	0.25±0.50[b]	0	0	0
河蚬 *Corbicula fluminea*	0.50±0.58[b]	2.50±2.65[a]	0.25±0.50[b]	0[b]	0[b]
湖沼股蛤 *Limnoperna lacustris*	0.25±0.50	0	2.00±4.00	0	0
秀丽白虾 *Exopalaemon modestus*	0.25±0.50	1.25±2.50	0.25±0.50	3.75±6.85	0
椭圆背角无齿蚌 *Anodonta woodiana elliptica*	0.25±0.50	0	0	0.25±0.50	0
羽摇蚊幼虫 *Chironomous plumosus*	0[b]	0[b]	3.00±3.83[b]	0.25±0.50[b]	39.00±18.97[a]
赛丽异伪蜻 *Idionvx sevlei Fraser*	0	0	1.00±2.00	0	0
总丰度	22.00±17.83[ab]	6.25±4.50[b]	6.75±7.27[b]	8.50±10.40[b]	39.00±18.97[a]

注:$p< 0.05$,相同字母表示样点间无显著性差异。

2.3　底栖动物物种多样性和功能多样性

白河流域南阳段不同生态采样点底栖动物物种多样性指数计算结果[见图 1(a)]表明,尽管与其他位点相比,上游鸭河大桥物种数最高,但是未达到显著水平;此外,香农威纳指数、辛普森多样性指数、Berger-Parker 多样性指数和 Pielou 均匀度指数均较低,采样位点间也无显著性差异。对底栖动物物种多样性指数分析发现,下游四坝指数 Rao 二次熵指数和功能分散度指数最低,均为零,但各个样点间无显著性差异,见图 1(b)。

对不同生态采样点底栖动物物种多样性指数与功能多样性指数进行 Person 相关性分析发现(见图 2 和表4),香农威纳指数与物种数(0.84)、Rao 二次熵指数(0.91)和功能

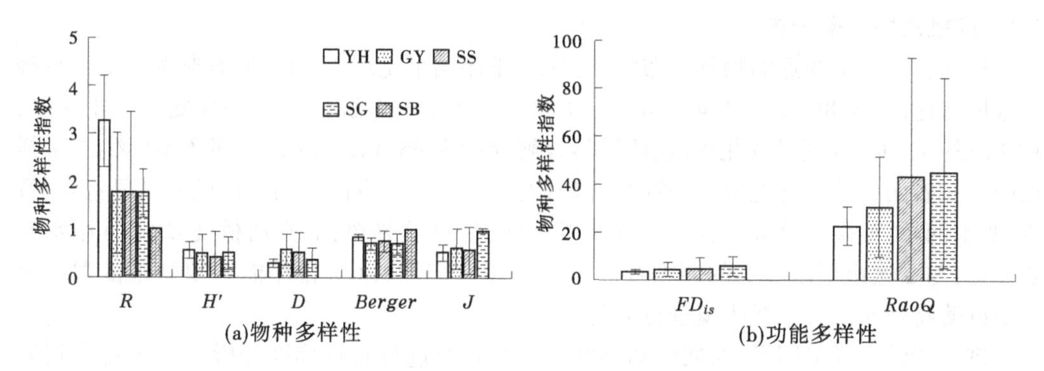

图1 白河南阳段河流生态采样点底栖动物

分散度指数(0.84)直接存在极显著的相关性,Rao 二次熵指数和功能分散度指数之间的相关性(0.97)也极为显著 ,但其他指数间的相关性并不显著。

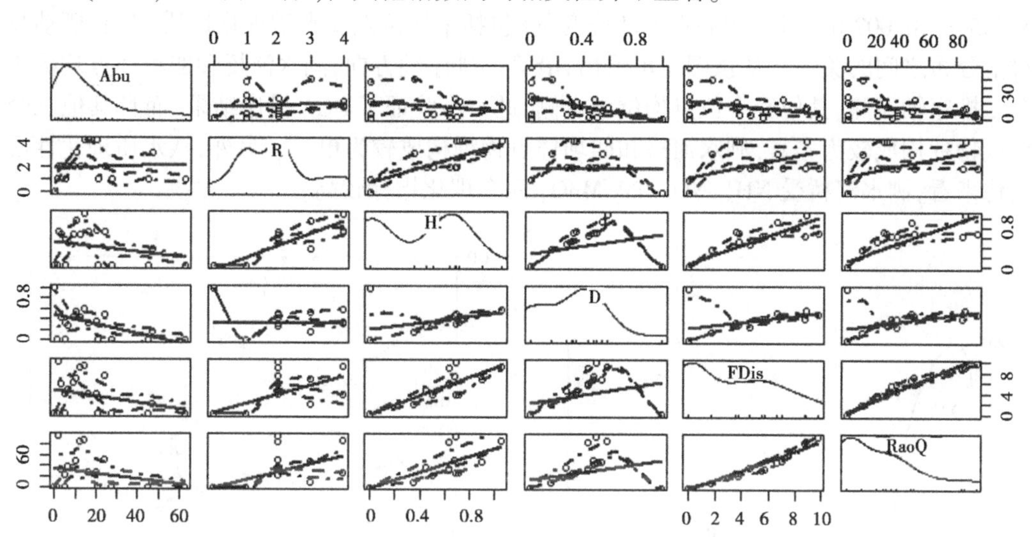

图2 白河南阳段底栖动物物种多样性与功能多样性散点矩阵图

表4 白河南阳段河流采样点底栖动物物种多样性与功能多样性相关系数

项目	总丰度	R	H'	D	FD_{is}	$RaoQ$
总丰度	1	0.07	−0.23	−0.53	−0.29	−0.27
R		1	0.84**	−0.01	0.60	0.55
H'			1	0.34	0.91**	0.84**
D				1	0.36	0.34
FD_{is}					1	0.97**
$RaoQ$						1

注:** 为 $p < 0.01$,极显著。

2.4 底栖动物群落分布

根据各生态采样点的物种分布特征，PCA 排序结果见图 3(a)。所有典型特征值解释了数据变化的 75.8% ($F=1.456, p = 0.002\ 0$)，其中轴 1 解释了 74.4%变量变化梯度，轴 2 解释了 21.7%变量变化梯度，两轴累计解释量为 96.1%。PCA 排序图不同生态采样点间存在着明显的分化现象，上游起点鸭河大桥与下游终点四坝的分化最为明显；而观音寺、泗水河桥、沙岗群落分布梯度介于两者之间，呈过渡趋势；泗水河桥受乡(镇)用水影响明显，与受城市用水影响的四坝样点最为接近。因此，PCA 排序能够较好地依据底栖动物群落特征对人类干扰生境进行分类。

进一步结合环境因子，对底栖动物群落分布状况进行直接梯度分析。DCA 排序得知第一轴长度为 4.413，需对环境变量和物种变量采用 CCA 直接梯度排序。CCA 的结果用排序图[见图 3(b)]来表示，轴 1 解释了 31.6%变量变化梯度，轴 2 解释了 44.6%变量变化梯度，两轴累计解释量为 71.2% ，对所有典型轴的显著性进行 Monte Carlo test，$F=5.435, p=0.002\ 0$。排序图展现了环境变量(包括采样位点和水质理化性质)与底栖动物群落分布之间的关系。从该图也可看出，沿第一排序轴方向，泗水河桥和四坝样点均落于第二排序轴左侧，其他三个位点均位于右侧，进一步验证了 PCA 排序结果；而且其他三个位点物种构成较为丰富，泗水河桥和四坝样点物种构成较为单一。另外，从水质理化性质变化来看，泗水河桥受 NH_4^+、NO_3^-、TP、MnO_4^- 四个理化指标较高。

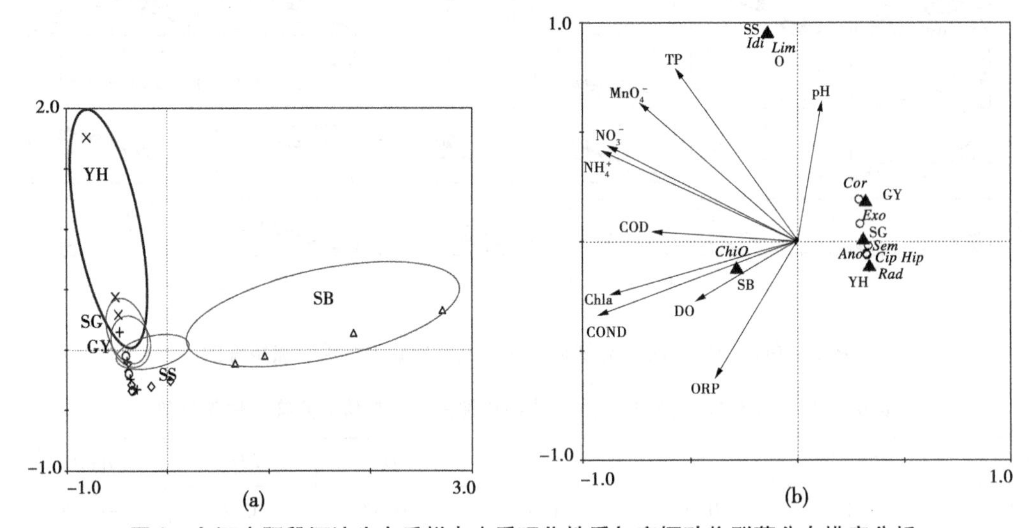

图 3 白河南阳段河流生态采样点水质理化性质与底栖动物群落分布排序分析

图 3 中，(a)为生态采样点 PCA 排序图，(b)为生态采样点、水质理化性质和底栖动物群落 CCA 排序图。图(b)中实心三角为生态采样点，空心圆方形为底栖动物群落；箭头为理化性质。图 3 中 YH 代表鸭河大桥，GY 代表观音寺，SS 代表泗水河桥，SG 代表沙岗，SB 代表四坝。

3 讨 论

根据群落分析可以看出，白河流域底栖动物群落分布受人类活动干扰影响较大，从活动干扰较小的起点到终点，群落出现了明显的更替，起点以中华圆田螺为主，终点以羽摇蚊为主。中华圆田螺生活史较长、食性较杂，主要以碎屑为食，碎石、砂砾、淤泥底质河流中均有分布，一般适生于流速缓慢、贫营养型或中营养型水体；而羽摇蚊生活史短，幼虫和蛹生活在水中，以较小碎屑为食，分布范围较广，更偏好有机质丰富的水体，也偏好流速缓慢、贫营养型或中营养型水体，这两个物种虽然分属不同门，生态习性相似，但是在人类活动干扰下，却发生了种群更替，说明除了以上生态特点，其他的生物或生态学习性，也影响了种群的分布。

分别对这5个生态位点的水质理化性质分析，发现泗水河桥受乡(镇)生活用水影响，水质有了明显的恶化，尤其是氨氮、硝态氮、总磷和高锰酸盐变化明显，水质受到一定程度的污染。河流本身有自恢复功能，达到沙岗后，水质理化指标整体又有了明显的改善，但从沙岗到四坝，穿过市区后，水质又有所下降。但从物种多样性指数和功能多样性指数分析结果来看，5个生态采样点间并没有发现显著性的差异。功能多样性指数用于表征生态系统的服务功能，反映生态系统的生产力和抗干扰能力，这个结果说明不论是乡(镇)生活用水，还是城市生活用水，均未改变该区域水域生态系统的生产力和稳定性。尽管有研究指出，物种多样性指数不能反映生态系统的功能，但是从研究中发现，香农威纳指数与Rao二次熵指数和功能分散度指数两个功能多样性指数之间存在着密切的相关性，至少说明在这个研究中物种多样性的高低可以反映生态系统的生产力和稳定性。

尽管5个生态位点没有生态系统功能的差异，但是通过排序也发现，从上游起点鸭河大桥到终点四坝，各个样点的底栖动物群落结构已发生了明显的演替，鸭河大桥与四坝间的差异最为明显，泗水河桥也显示了与其他样点不同的群落分布特征。从这些结果可以看出，受人类活动的影响，底栖动物群落会做出响应，这种响应可以从群落的变化上得到验证，即使生态系统功能未发生变化，这种响应也会发生。因此，对河流生态系统功能进行研究时，物种多样性同样重要，它能够反映生态系统的细微变化，为生态系统未来的变化方向提供依据。

4 结 论

综上所述，人类城镇活动的干扰影响了水质和底栖动物群落结构。物种多样性指数(香农威纳指数)与功能多样性指数(Rao二次熵指数和功能分散度指数)之间密切相关，表明物种多样性的高低可以反映生态系统的生产力和稳定性，底栖动物群落分布状况也同样重要，它能够反映生态系统的细微变化。白河流域南阳段水质在城镇人类活动干扰下，底栖动物群落结构发生了变化，但是生态系统的生产力和稳定性尚未发生变化，底栖动物群落分布状况可以作为生态系统稳定性的监测指标。

参考文献

[1] 蒋万祥，陈静，王红妹，等. 新薛河典型生境底栖动物功能性状及其多样性[J]. 生态学报，2018(6)：2007-2010.

[2] 陈静，蒋万祥，贺诗水，等. 新薛河底栖动物物种多样性与功能多样性研究[J]. 生态学报，2018：(16)：5688-5697.

[3] 金小伟,王业耀,王备新,等.我国流域水生态完整性评价方法构建[J].中国环境监测,2017,33(1):75-81.

[4] 王波,梁婕鹏.基于不同空间尺度的河流健康评价方法探讨[J].长江科学院院报,2011,28(12):32-35.

[5] Poff L N,Allan D J,Bain B M,et al. The natural flowregime,a paradigm for river conservation and restoration[J]. Bioscience,1997,47:769-784.

[6] 陈凯,陈求稳,于海燕,等.应用生物完整性指数评价我国河流的生态健康[J].中国环境科学,2018,38(4):1589-1600.

[7] 黄宝强,李荣昉,曹文洪. 河流生态系统健康评价及其对我国河流健康保护的启示[J].安徽农业科学,2011,39(8):4600-4602.

[8] Schofield N J,Davies P E. Measuring the health of our rivers[J]. Water,1996,23(5/6):39-43.

[9] An K G,Park S S ,Shin J Y. An evaluation of a river health using the index of biological integrity along with relations to chemical and habitat conditions[J]. Environment International,2002 ,28:411-420.

[10] 赵彦伟,杨志峰.河流健康:概念、评价方法与方向[J].地理科学,2005,25(1):119-124.

[11] Costa S S, Melo A S. Beta diversity in stream macroinvertebrate assemblages: among. site and among-microhabitat components[J]. Hydrobiologia,2008,598(1):131-138.

[12] Henriques-Oliveira A L, Nessimian J L. Aquatic macroinvertebrate diversity and composition in streams along an altitudinal gradient in Southeastern Brazil[J]. Biota Neotropica,2010,10(3):115-128.

[13] 国家环保总局.水和废水监测分析方法[M].4版.北京:中国环境科学出版社,2002.

[14] 刘月英,张文珍,王跃龙.中国经济动物志[M].北京:科学出版社,1979.

[15] Morse J C,Yang L,Tian L. Aquatie insects of China useful for monitoring water quality[M]. Hohai University Press,1994:1-570.

[16] Shannon C, Winer W. The mathematical theory of communication [M]. University of Illinois, in Urbana,1949.

[17] 蔡晓明,任久长,宗志祥.青龙河底栖无脊椎动物群落结构及其水质评价[J].应用生态学报,1992,3(4):367-370.

[18] Szoszkiewicz K, Zbierska J, Staniszewski R, et al. Framework method for calibrating different biological survey results against ecological quality classifications to be developed for the Water Framework Directive Contract[J]. STAR A project under the 5th Framework Programme No:EVK1-CT 2001;89.

[19] Poff N L,Olden J D,Vieira N K,et al. Functional trait niches of North American lotic insects:traits-based ecological applications in light of phylogenetic relationships[J] . Journal of the North American Benthological Society,2006,25:730-55.

[20] Lalibertã E, Legendre P. A distance-based framework for measuring functional diversity from multiple traits[J]. Ecology,2010,91:299-305.

[21] Maria Laura Miserendino. Macroinvertebrate assemblagesin Andean Patagonian rivers and streams environmental relationships[J]. Hydrobiologia,2001,444:147-158.

[22] Karr J R,Chu E W. Susta ining living rivers[J]. Hydrobiologia,2000,422/423:1-14.

权衡社会、经济、生态效益的水库汛期多目标优化调度

李 想[1,4] 黄 磊[2] 方红卫[2] 尹冬勤[3] 司 源[1] 魏加华[2,4]

(1. 中国水利水电科学研究院 北京 100038;
2. 清华大学 水沙科学与水利水电工程国家重点实验室 北京 100084;
3. 澳大利亚国立大学 地球科学系 堪培拉 2600;
4. 青海大学 三江源生态与高原农牧业国家重点实验室 西宁 810016)

摘要:本文以三峡工程为例,构建了权衡社会效益、经济效益、生态效益的水库汛期多目标规划数学模型,考虑了三个主要调度目标,包括防洪(社会目标)、发电(经济目标)、输沙(输磷)(生态目标),使用优化软件LINGO求解得到三种调度方案(设计调度方案、提高汛限水位方案、汛末提前蓄水方案)、三场典型洪水过程(枯、平、丰洪水过程)下水库多目标运行成果,为科学管理提供了模型方法和参考依据。

关键词:水库调度 多目标规划 发电 防洪 输沙 输磷 三峡工程

汛期调度是水库运行的重中之重。以三峡工程为例,在汛期,坝址处多年平均径流量约占全年的2/3,发电量约占全年的60%,输沙量约占全年的90%以上。汛期调度一般涉及多个相互竞争的目标,为保障防洪安全,水库应限制在低水位运行,充分预留库容应对未来潜在大洪水事件;为提高发电效益,水库应提高运行水位,增发电量、减少发电水耗;为减少泥沙淤积,水库应利用低水位、大流量,将库区泥沙输移至下游。目前,大多调度方案在整个汛期过度地考虑了小概率洪水事件,在洪水较小时空置了大部分可用库容,造成水库汛期弃水较多、发电耗水率大,降低蓄满保证率或推迟蓄满时间,影响了水库综合效益的发挥。为最大化水库综合效益,一系列替代调度方案被相继提出,例如提高汛限水位、汛末提前蓄水等(Li 等,2010;Liu 等,2011)。

筑坝建库的生态影响是近年来社会关注的焦点,与此同时,如何开展水库生态调度发展成为科学研究的热点。因保护对象不同,生态调度又包括众多范畴(董哲仁等,2007)。大坝筑建阻断了河流,破坏了河流物质通量的连续性,水库影响河流泥沙是较典型且备受关注的问题之一。水库蓄水造成库水位壅高、水流流速减缓和挟沙力降低,导致上游来沙淤积在库区,水库有效库容减少,直接影响了水库工程效益发挥,缩短了水库使用寿命(韩其为等,2003)。观测资料表明,2003~2016年间三峡工程排沙比为24.1%,泥沙淤积

基金项目:国家自然科学基金(51609256;51609122);国家重点研发计划(2016YFC0401401);中国科协青年人才托举工程(2017QNRC001)。

作者简介:李想(1986—),男,河南郑州人,博士,高级工程师,主要从事水资源规划管理方面的研究工作。

量为 1.21 亿 t/年(水利部长江水利委员会,2016)。另外,清水下泄导致下游河床冲刷,将改变长江中下游水文情势和江湖关系(Wang 等,2017);输向河口海洋的沙量减少,也会影响河口三角洲发育与演变并引起其他生态问题。

碳、氮、磷等营养盐是水生态系统的基础生源物质,对初级生产力以及整个生态系统有重要影响,因此可作为有效的生态指标之一。研究发现,泥沙(尤其是细颗粒泥沙)与营养物质间存在复杂的理化作用。三峡库区泥沙的中值粒径小于 0.02 mm,因其比表面积大和表面活性吸附位多,对磷等营养物质有很强的亲和性。因此,大部分营养物质会吸附在泥沙颗粒表面,以吸附态的形式进行迁移扩散(Huang 等,2015)。三峡工程建成后,水库蓄水拦截泥沙的同时也拦截了大量营养物质,改变了天然河流的地球化学特性,进而影响水生态系统。磷是水生态系统必不可少的营养物质。藻类等浮游植物通过光合作用将无机磷合成为有机磷,构成河流中的初级生产力,为鱼类等水生生物提供食物养料。水库蓄水运行,一方面将大量的磷拦截在库区,使得库区营养物质过剩,富营养化现象频繁发生;另一方面减少进入下游河道的磷通量,极有可能影响下游鱼类的种类和数量(Zhou 等,2013)。科学排沙、平衡大坝上下游营养物质通量,进而恢复库区及坝下生态环境、实现水库多功能效益仍需理论支持。

针对上述问题,本文以三峡工程为例,构建了权衡社会、经济、生态效益的水库汛期多目标规划数学模型,考虑了三个主要调度目标,包括防洪(社会目标)、发电(经济目标)、输沙(输磷)(生态目标),使用优化软件 LINGO 求解得到三种调度方案(设计调度方案、提高汛限水位方案、汛末提前蓄水方案)、三场典型洪水过程(枯、平、丰洪水过程)下水库多目标运行成果,为科学管理提供了模型方法和参考依据。

1　数学模型

1.1　目标函数

水库汛期调度主要目标包括发电量最大化、洪峰流量最小化、输沙量最大化。

(1)子模块 1:发电量最大化,目标函数表示为

$$\max \sum_{t=1}^{T} E_t = \max \sum_{t=1}^{T} N_t \cdot \Delta t = \max \sum_{t=1}^{T} 9.81 \times \eta_t R'_t \overline{H}_t \Delta t \tag{1}$$

其中:

$$R_t = R'_t + R''_t \tag{2}$$

$$\overline{H}_t = \overline{HF}_t - \overline{HT}_t - \overline{HL}_t \tag{3}$$

$$\overline{HF}_t = a_0 + a_1 \cdot \overline{V}_t + a_2 \cdot \overline{V}_t^2 \tag{4}$$

$$\overline{HT}_t = b_0 + b_1 \cdot R_t + b_2 \cdot R_t^2 \tag{5}$$

$$\eta_t = c_0 + c_1 \cdot \overline{H}_t + c_2 \cdot \overline{H}_t^2 + c_3 \cdot \overline{H}_t^3 \tag{6}$$

式中:t 为时段索引,$t \in [1,T]$;E_t 为水库在时段 t 的发电量;N_t 为水库在时段 t 的出力;Δt 为时段长;R_t、R'_t 和 R''_t 分别为水库在时段 t 的下泄流量、发电流量和非发电流量;$\overline{H}_t$ 为

水库在时段 t 的平均水头；$\overline{HF_t}$ 为水库在时段 t 的坝前平均水位，它是水库平均库容 $\overline{V}_t$ 的函数，$\overline{V}_t=(V_t+V_{t-1})/2$，$V_{t-1}$ 为水库在时段 t 初的库容，V_t 为水库在时段 t 末的库容；$\overline{HT_t}$ 为水库在时段 t 的坝后平均水位，它是水库下泄流量 R_t 的函数；$\overline{HL_t}$ 为水库在时段 t 的平均水头损失；η_t 为水库水电站发电效率，它是水库平均水头 $\overline{H}_t$ 的函数。

(2)子模块 2:洪峰流量最小化，目标函数表示为

$$\min\left\{\max_{t\in[1,T]} R_t\right\} \tag{7}$$

其等价形式表示为

$$R_t \leqslant R_t^{\min}+\beta\cdot\Delta R \quad \forall t \tag{8}$$

式中：$R_t^{\min}$ 为水库在时段 t 的最小下泄流量；ΔR 为 R_t 的增量；β 为整数常量，$\beta=0,1,2\cdots$。

(3)子模块 3:输沙量最大化，目标函数表示为

$$\max\sum_{t=1}^{T} Q_t^s\cdot\Delta t=\max\sum_{t=1}^{T} R_t\cdot S_t\cdot\Delta t \tag{9}$$

式中：Q_t^s 为水库在时段 t 的输沙率，$Q_t^s=R_t\cdot S_t$；S_t 为出库水体在时段 t 的含沙量，假设与坝前含沙量相同，可采用水流挟沙力 $S_{*,t}$ 近似表示为

$$S_t=S_{*,t}=k\cdot\left(\frac{u_t^3}{g\cdot h_t\cdot\omega}\right)^m \tag{10}$$

式中：u_t 为水流在时段 t 的平均流速，$u_t\propto R_t/(B\cdot h_t)$，$B$ 为河宽；h_t 为平均水深；g 为重力加速度；ω 为泥沙颗粒的沉降速度；k 和 m 为经验参数，通常 k 取 0.245，m 取 0.92(钱宁和万兆惠,1983;Fang and Wang,2000)。

假定平均库容 $\overline{V_t}=(V_{t-1}+V_t)/2=k'\cdot B\cdot h_t^2$，$k'$ 为参数，式(10)可改写为

$$\overline{V_t}=(V_{t-1}+V_t)/2=k'\cdot B\cdot h_t^2 \tag{11}$$

其中：

$$\alpha=k\cdot\left(\frac{k'^2}{g\cdot B\cdot\omega}\right)^m \tag{12}$$

1.2 约束条件

(1)水量平衡约束

$$V_t=V_{t-1}+(I_t-R_t)\times\Delta t \quad \forall t \tag{13}$$

式中：I_t 为水库在时段 t 的入库流量。

(2)坝前水位约束

$$HF_t^{\min}\leqslant HF_t\leqslant HF_t^{\max} \quad \forall t \tag{14}$$

$$HF_t\leqslant FCWL+\sigma_t \quad t\in \text{flood season} \tag{15}$$

式中：HF_t 为水库在时段 t 末的坝前水位；$HF_t^{\min}$ 和 $HF_t^{\max}$ 分别为水库在时段 t 末的最小坝前水位和最大坝前水位；$FCWL$ 为水库的汛限水位；σ_t 为水库在时段 t 末超出汛限水位部

分的坝前水位。

(3)下泄流量约束

$$R_t^{\min} \leqslant R_t \leqslant R_t^{\max} \quad \forall t \tag{16}$$

式中：$R_t^{\min}$ 和 $R_t^{\max}$ 分别为水库在时段 t 的最小下泄流量和最大下泄流量。

(4)发电流量约束

$$R_t'^{\min} \leqslant R_t' \leqslant R_t'^{\max} \quad \forall t \tag{17}$$

式中：$R_t'^{\min}$ 和 $R_t'^{\max}$ 分别为水库在时段 t 的最小发电流量和最大发电流量。

(5)出力约束

$$N_t^{\min} \leqslant N_t \leqslant N_t^{\max} \quad \forall t \tag{18}$$

式中：$N_t^{\min}$ 和 $N_t^{\max}$ 分别为水库在时段 t 的最小出力和最大出力。

(6)坝前水位变化约束

$$\Delta HF_t^{\min} \leqslant HF_t - HF_{t-1} \leqslant \Delta HF_t^{\max} \quad \forall t \tag{19}$$

式中：$\Delta HF_t^{\min}$ 和 $\Delta HF_t^{\max}$ 分别为水库在时段 t 的最小坝前水位变化和最大坝前水位变化。

(7)初始和终止坝前水位约束

$$HF_1 = HF^{\text{initial}} \tag{20}$$

$$HF_{T+1} = HF^{\text{final}} \tag{21}$$

式中：HF^{initial} 和 HF^{final} 分别为水库在调度期初和期末的坝前水位。

1.3　求解策略

求解上述多目标规划数学模型包括两个步骤。

步骤 1:求解一个等价的综合目标函数,可表示为

$$\max\left(\sum_{t=1}^{T} E_t + \gamma \cdot \sum_{t=1}^{T} R_t/\overline{V}_t - \zeta \cdot \sum_{t=1}^{T} \sigma_t\right) \tag{22}$$

式中：γ 和 ζ 为惩罚因子,取正值。

步骤 2:利用步骤 1 得到的 R_t 和 $\overline{V}_t$ 作为输入,求解子模块 3。

式(22)中,第 1 项使得发电量最大化;第 2 项通过最大化水库下泄流量与平均库容的比值,使得输沙量最大化;第 3 项通过最小化水库在各时段超出汛限水位部分的坝前水位的累加值,使得水库坝前水位在大洪水过后迅速降回至汛限水位。构建等价的综合目标函数,是由于直接求解包括子模块 3 在内的整体模型十分棘手,子模块 3 中强非线性表达式可利用综合目标函数中的第 2 项得以简化处理。

通过上述两个步骤,能够求解构建的水库多目标调度模型,并且通过调整式(8)中的 β ,进而能够计算得到不同调度方案不同洪水过程下三目标的权重。整体模型符合非线性规划(NLP)的模型建构,可利用优化软件 LINGO 的 Multi-start 求解器高质高效求解(LINDO Systems Inc. ,2015)。

2　数据和资料

2.1　数据来源

研究数据包括历史水文和水库调度数据,来自长江水利委员会水文局和中国长江三

峡集团公司。主要数据包括:①1956~2013年的日径流量,其中2003年以前为宜昌站日径流量,2003年以后为三峡工程日入库流量;②2003~2013年黄陵庙站日含沙量,代表三峡工程的平均出库含沙量;③2008~2013年宜昌、汉口、九江、大通等站月平均磷通量;④2003~2013年三峡工程日调度数据,包括发电和非发电流量、坝前和坝后水位、发电量等。

水电站发电效率 η_t 通过2013年发电量、坝前和坝后水位、发电流量等实测数据推求,如图1所示。

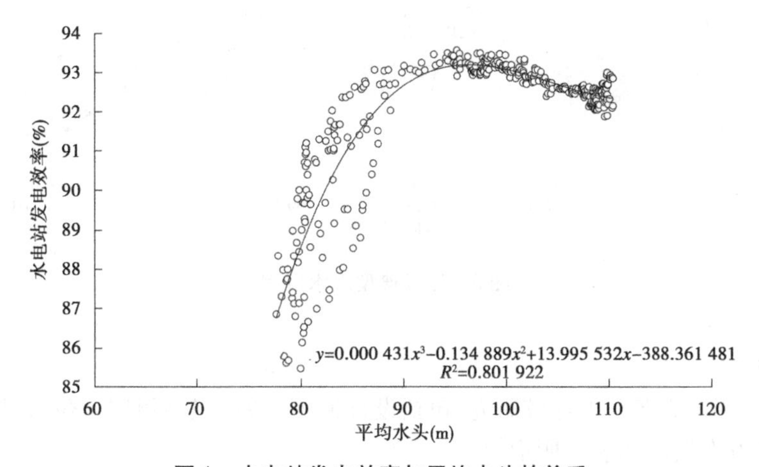

图1 水电站发电效率与平均水头的关系

出库水体含沙量 S_t 与 $R_t^{3m}/\overline{V}_t^{2m}$ 的关系如图2所示,通过2003~2013年三峡汛期含沙量、下泄流量、坝前水位、坝前水位—库容关系曲线等实测数据推求。

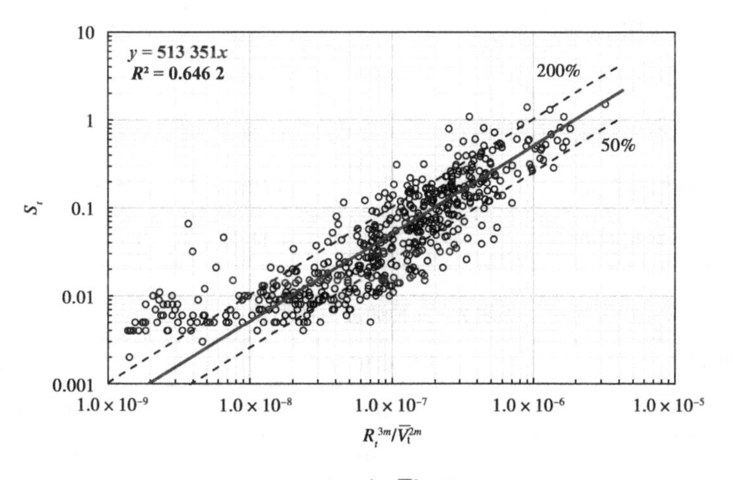

图2 S_t 与 $R_t^{3m}/\overline{V}_t^{2m}$ 的关系

2.2 典型洪水过程

根据水文频率分析,从1956~2013年汛期选取了丰、平、枯三场典型洪水过程。三场

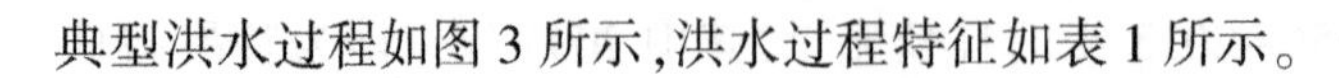

典型洪水过程如图 3 所示,洪水过程特征如表 1 所示。

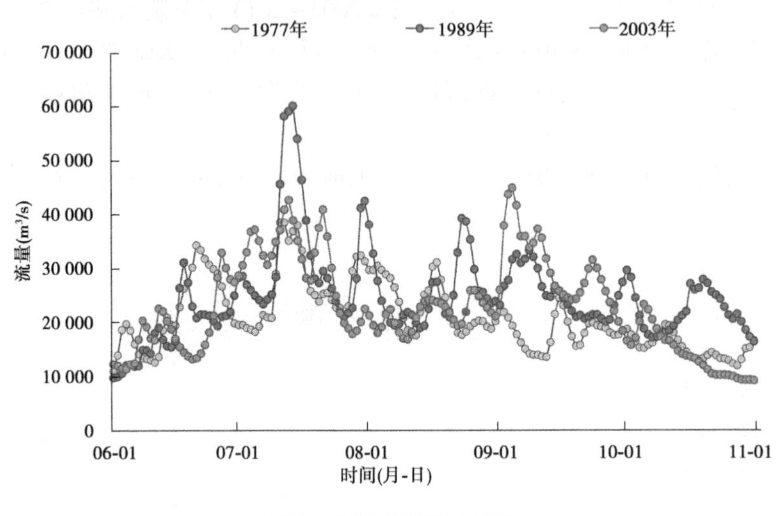

图 3　三场典型洪水过程

2.3　调度方案

采用三种调度方案开展比较研究,包括设计调度方案、提高汛限水位方案、汛末提前蓄水方案,各方案概况如表 2 所示。

表 1　三场典型洪水过程特征

年份	1977	2003	1989
洪水过程	枯	平	丰
水文频率(%)	75	50	25
汛期径流量(亿 m^3)	2 783	3 045	3 297
汛期径流量占全年径流量百分比(%)	65.8	74.4	69.0
最大洪峰(m^3/s)	38 600	45 000	60 200
峰现时间	7 月 11 日	9 月 4 日	7 月 14 日

表 2　三种调度方案概况

调度方案	汛限水位(m)	蓄水时间
设计调度方案	145	10 月 1 日
提高汛限水位方案	150	10 月 1 日
	155	10 月 1 日
汛末提前蓄水方案	145	9 月 16 日
	145	9 月 1 日

3 结果和讨论

3.1 模拟结果

这里选取2013年的数据进行模型验证。已知2013年三峡工程实际入库流量、下泄流量、初始坝前水位等,采用式(1)模拟三峡工程发电量,并与2013年实测值进行比较,如图4所示。可以看出,发电量模拟值与实测值非常接近,确定性系数 $R^2 = 0.9977$,表明建立的模型可以很好地模拟三峡工程的发电过程。

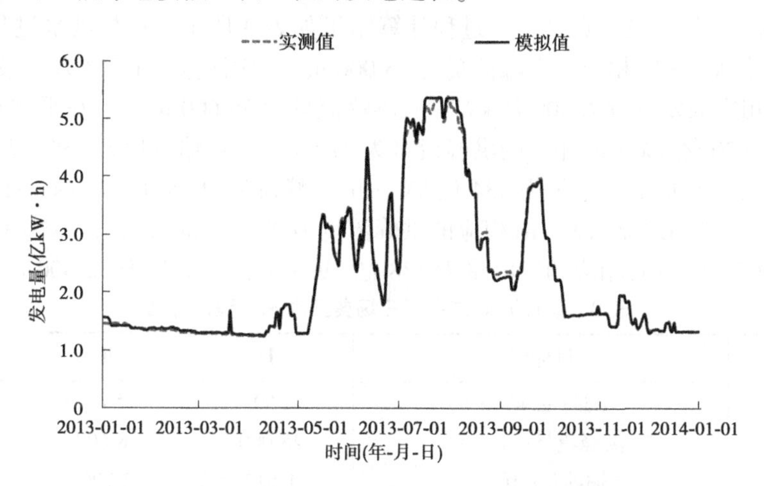

图4 2013年三峡工程发电量模拟值与实测值对比

已知2003~2013年汛期三峡工程的实际坝前水位和下泄流量,结合坝前水位—库容关系曲线,采用式(11)模拟三峡工程汛期出库含沙量,并与黄陵庙站实测值进行比较,如图5所示。可以看出,总体上,模拟含沙量与实测值接近,峰值能够较好地再现,确定性系数 $R^2 = 0.6408$。

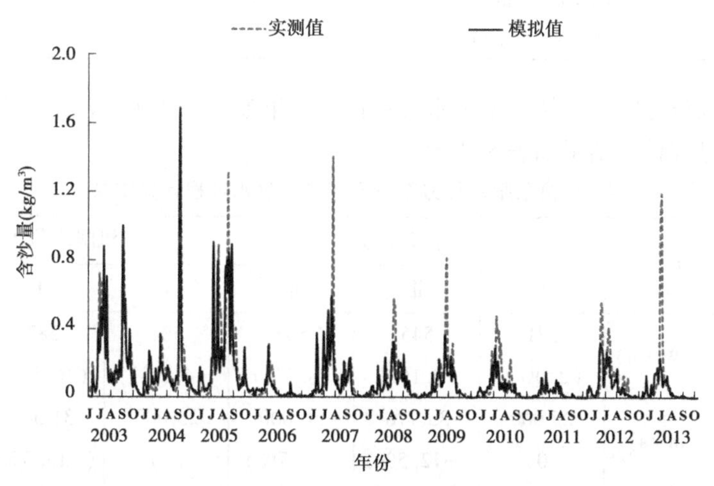

图5 2003~2013年汛期三峡工程下泄含沙量模拟值与黄陵庙站含沙量实测值对比

3.2 优化结果

对三种调度方案下、三场典型洪水过程进行优化计算。所有计算均从6月1日起至

10 月 31 日止,包含 153 个计算时段(以日为时间步长,即 Δt = 1 日)。初始坝前水位设置为 155 m,终止坝前水位设置为 175 m($HF^{initial}$ = 155 m, HF^{final} = 175 m)。所有计算内容都在 Thinkpad X260 上完成,Multi-start 求解器的起始点数设置为 5,每次优化计算的平均运行时间为 10~30 s。

将各调度方案下每场典型洪水过程优化计算结果分为三类:①第Ⅰ类是发电量最大化或洪峰流量最小化的极端结果;②第Ⅱ类是输沙量最大化或洪峰流量最大化的极端结果;③第Ⅲ类是三个调度目标的折中结果。

设计调度方案下三场典型洪水过程计算结果如表 3 所示。在枯洪水过程下,最大发电量为 560 亿 kW · h,相应的洪峰流量为 25 000 m³/s,输沙量为 1 517 万 t;最大输沙量为 2 796 万 t,相应的发电量为 500 亿 kW · h,洪峰流量为 38 600 m³/s。在平洪水过程下,最大发电量为 620 亿 kW · h,相应的洪峰流量为 27 500 m³/s,输沙量为 1 999 万 t;最大输沙量为 4 640 万 t,相应的发电量为 534 亿 kW · h,洪峰流量为 45 000 m³/s。在丰洪水过程下,最大发电量为 699 亿 kW · h,相应的洪峰流量为 27 500 m³/s,输沙量为 1 734 万 t;最大输沙量为 5 377 万 t,相应的发电量为 588 亿 kW · h,洪峰流量为 52 500 m³/s。

表 3 设计调度方案下三场典型洪水过程计算结果

洪水过程	目标值	Ⅰ	Ⅱ	Ⅲ
枯	发电量(亿 kW · h)	560	500	504
	洪峰流量(m³/s)	25 000	38 600	32 500
	输沙量(万 t)	1 517	2 796	2 613
平	发电量(亿 kW · h)	620	534	544
	洪峰流量(m³/s)	27 500	45 000	35 000
	输沙量(万 t)	1 999	4 640	3 999
丰	发电量(亿 kW · h)	699	588	601
	洪峰流量(m³/s)	27 500	52 500	40 000
	输沙量(万 t)	1 734	5 377	4 084

提高汛限水位方案下三场典型洪水过程计算结果如表 4 所示。汛末提前蓄水方案下三场典型洪水过程计算结果如表 5 所示。

表 4 提高汛限水位方案下三场典型洪水过程计算结果

洪水过程	目标值	汛限水位 150 m			汛限水位 155 m		
		Ⅰ	Ⅱ	Ⅲ	Ⅰ	Ⅱ	Ⅲ
枯	发电量(亿 kW · h)	571 (2.0%)	545 (9.1%)	545 (8.1%)	584 (4.2%)	582 (16.5%)	579 (14.8%)
	洪峰流量(m³/s)	25 000 (0)	33 778 (-12.5%)	30 000 (-7.7%)	25 000 (0)	31 547 (-18.3%)	27 500 (-15.4%)
	输沙量(万 t)	1 453 (-4.2%)	2 069 (-26.0%)	2 009 (-23.1%)	1 343 (-11.5%)	1 552 (-44.5%)	1 526 (-41.6%)

续表 4

洪水过程	目标值	汛限水位 150 m			汛限水位 155 m		
		Ⅰ	Ⅱ	Ⅲ	Ⅰ	Ⅱ	Ⅲ
平	发电量(亿 kW·h)	627 (1.1%)	577 (8.0%)	577 (5.9%)	632 (1.8%)	610 (14.2%)	609 (11.8%)
	洪峰流量(m^3/s)	27 500 (0)	42 902 (-4.7%)	35 000 (0)	27 500 (0)	38 000 (-15.6%)	32 500 (-7.1%)
	输沙量(万 t)	1 965 (-1.7%)	3 688 (-20.5%)	3 543 (-11.4%)	1 963 (-1.8%)	2 966 (-36.1%)	2 766 (-30.8%)
丰	发电量(亿 kW·h)	705 (1.0%)	639 (8.7%)	642 (6.9%)	708 (1.4%)	678 (15.4%)	678 (12.9%)
	洪峰流量(m^3/s)	27 500 (0)	52 500 (0)	40 000 (0)	27 500 (0)	52 500 (0)	40 000 (0)
	输沙量(万 t)	1 730 (-0.2%)	4 110 (-23.6%)	3 321 (-18.7%)	1 750 (0.9%)	3 305 (-38.5%)	2 810 (-31.2%)

注:括号中数值表示目标值较设计调度方案(汛限水位 145 m)的提升百分数。

表 5 汛末提前蓄水方案下三场典型洪水过程计算结果

洪水过程	目标值	9 月 16 日			9 月 1 日		
		Ⅰ	Ⅱ	Ⅲ	Ⅰ	Ⅱ	Ⅲ
枯	发电量(亿 kW·h)	583 (4.0%)	522 (4.5%)	527 (4.4%)	604 (7.9%)	541 (8.3%)	546 (8.2%)
	洪峰流量(m^3/s)	25 000 (0)	38 600 (0)	32 500 (0)	25 000 (0)	38 600 (0)	32 500 (0)
	输沙量(万 t)	1 399 (-7.8%)	2 677 (-4.2%)	2 495 (-4.5%)	1 258 (-17.1%)	2 592 (-7.3%)	2 409 (-7.8%)
平	发电量(亿 kW·h)	638 (2.8%)	563 (5.5%)	576 (5.8%)	651 (5.0%)	605 (13.4%)	610 (12.1%)
	洪峰流量(m^3/s)	27 500 (0)	45 000 (0)	35 000 (0)	27 500 (0)	42 800 (-4.9%)	35 000 (0)
	输沙量(万 t)	1 823 (-8.8%)	4 270 (-8.0%)	3 553 (-11.1%)	1 648 (-17.5%)	3 045 (-34.4%)	2 804 (-29.9%)

续表 5

洪水过程	目标值	9月16日			9月1日		
		Ⅰ	Ⅱ	Ⅲ	Ⅰ	Ⅱ	Ⅲ
丰	发电量(亿 kW · h)	717 (2.6%)	612 (4.1%)	625 (4.0%)	731 (4.6%)	645 (9.8%)	658 (9.6%)
	洪峰流量(m^3/s)	27 500 (0)	52 500 (0)	40 000 (0)	27 500 (0)	52 500 (0)	40 000 (0)
	输沙量(万 t)	1 572 (−9.3%)	5 197 (−3.3%)	3 904 (−4.4%)	1 469 (−15.3%)	4 666 (−13.2%)	3 373 (−17.4%)

注:括号中数值表示目标值较设计调度方案(10 月 1 日蓄水)的提升百分数。

对比分析可以得出如下结论:①提高汛限水位和汛末提前蓄水两方案均会增加发电量,减少下泄洪峰流量,减少输沙量;②提高汛限水位方案减少下泄洪峰流量和输沙量的幅度大于汛末提前蓄水方案。因此,为提升三峡工程综合效益,对比设计调度方案和提高汛限水位方案,汛末提前蓄水方案更值得推荐,这是由于它能够同时增加发电量、保证大坝结构安全和长江中下游河段防洪安全、增加水库汛末蓄满保证率,且对输沙量的影响相对较小。

3.3　对水库下游磷通量影响

泥沙是磷的主要载体。通过综合收集三峡库区(2004 年 5~9 月)和寸滩站(2005~2010 年 6~9 月)的实测数据,得到总磷浓度和含沙量的关系(Huang 等,2015),如图 6 所

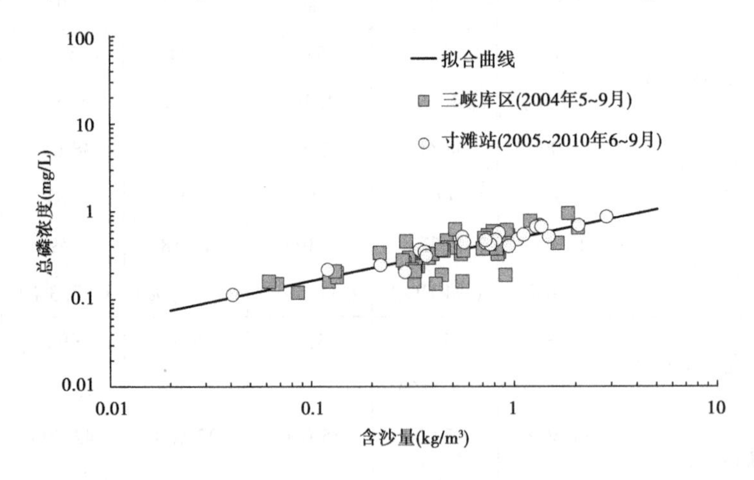

图 6　总磷浓度和含沙量的关系

示,图中实线为拟合曲线,可表示为

$$C_t^{TP} = 0.4926 \times S_t^{0.4806} \tag{23}$$

式中:C_t^{TP} 为在时段 t 的总磷浓度,mg/L。确定性系数 $R^2 = 0.6839$,表明总磷浓度可以采

用式(23)有效估算,其中含沙量 S_t 可通过式(11)计算得到。水库下泄的磷通量可采用 $L_t^{TP} = C_t^{TP} \times R_t$ 估算。

2008~2013 年汛期宜昌站磷通量的模拟值与实测值比较如图 7 所示。可以看出,该模型能够较好地模拟三峡工程的磷通量过程。

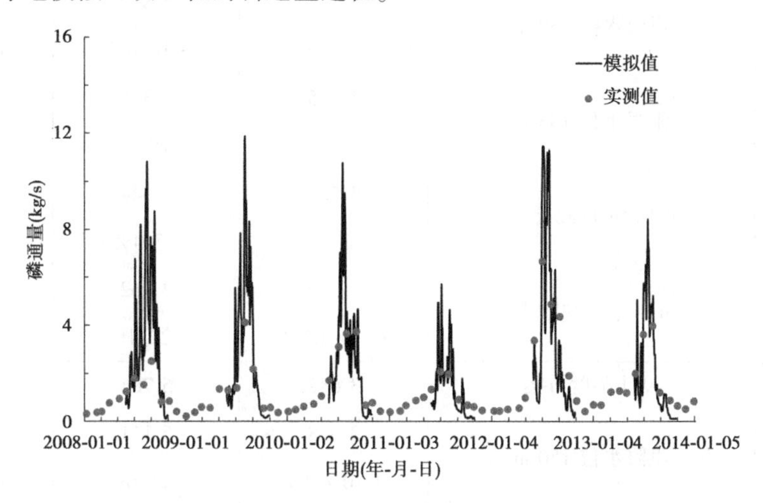

图 7　2008~2013 年汛期宜昌站磷通量的模拟值与实测值比较

不同调度方案不同洪水过程下输磷量如表 6 所示。具体地,在设计调度方案下,枯、平、丰洪水过程输磷量的范围分别为 3 152 万~4 021 万 kg、3 740 万~5 345 万 kg、3 682 万~5 784 万 kg;在提高汛限水位方案下,输磷量的范围分别减少 2.9%~23.4%、1.0%~18.7%、-1.0%~20.1%;在汛末提前蓄水方案下,输磷量的范围分别减少 4.6%~12.2%、6.2%~22.1%、3.8%~12.8%。因此,汛末提前蓄水方案下输磷量较提高汛限水位方案减少幅度为小。

表 6　不同调度方案不同洪水过程下输磷量　　(单位:万 kg)

洪水过程	调度方案	Ⅰ	Ⅱ	Ⅲ
枯	设计调度方案	3 152	4 021	3 943
	汛限水位 150 m	3 061 (-2.9%)	3 508 (-12.8%)	3 486 (-11.6%)
	汛限水位 155 m	2 926 (-7.2%)	3 079 (-23.4%)	3 075 (-22.0%)
	9 月 16 日起蓄水	2 967 (-5.9%)	3 836 (-4.6%)	3 758 (-4.7%)
	9 月 1 日起蓄水	2 769 (-12.2%)	3 702 (-7.9%)	3 624 (-8.1%)

续表 6

洪水过程	调度方案	Ⅰ	Ⅱ	Ⅲ
平	设计调度方案	3 740	5 345	5 093
	汛限水位 150 m	3 702 (-1.0%)	4 812 (-10.0%)	4 758 (-6.6%)
	汛限水位 155 m	3 695 (-1.2%)	4 346 (-18.7%)	4 246 (-16.6%)
	9 月 16 日起蓄水	3 508 (-6.2%)	4 948 (-7.4%)	4 644 (-8.8%)
	9 月 1 日起蓄水	3 329 (-11.0%)	4 162 (-22.1%)	4 071 (-20.1%)
丰	设计调度方案	3 682	5 784	5 336
	汛限水位 150 m	3 668 (-0.4%)	5 111 (-11.6%)	4 846 (-9.2%)
	汛限水位 155 m	3 684 (0.1%)	4 619 (-20.1%)	4 459 (-16.4%)
	9 月 16 日起蓄水	3 477 (-5.5%)	5 566 (-3.8%)	5 118 (-4.1%)
	9 月 1 日起蓄水	3 346 (-9.1%)	5 099 (-11.8%)	4 651 (-12.8%)

注:括号中数值表示目标值较设计调度方案(汛限水位 145 m、10 月 1 日起蓄水)的提升百分数。

4 结 论

本文构建了权衡社会、经济、生态效益的水库汛期多目标优化调度数学模型,并以三峡工程为对象开展案例研究分析。主要结论如下:

(1)构建了三个高精度模拟模块来描述汛期调度的三个主要目标,包括防洪(社会目标)、发电(经济目标)、输沙(生态目标)。构建的模拟模型优于前人工作,主要表现为以下几个方面:①在防洪模块,采用了硬、软约束兼施的方法描述下泄流量和坝前水位控制方式,符合汛期防洪调度实际;②在发电模块,引入了水电站发电效率和水头的定量关系描述水电转化特征;③在输沙模块,统计了实测数据以描述输沙量与库容、下泄流量的定量关系。数学建构整体上符合非线性规划(NLP)模型,可以通过等价转换由优化软件 LINGO 的 Multi-start 求解器高质高效求解。

(2)在设计调度方案下,枯、平、丰洪水过程最大发电量分别可以达到 560 亿 kW · h、

620 亿 kW · h、699 亿 kW · h，相应的下泄洪峰流量为 25 000 ~ 27 500 m^3/s，输沙量为 1 517 万 ~ 1 999 万 t，输磷量为 3 152 万 ~ 3 740 万 kg。枯、平、丰洪水过程最大输沙量分别可以达到 2 796 万 t、4 640 万 t、5 377 万 t，最大输磷量分别可以达到 4 021 万 kg、5 345 万 kg、5 784 万 kg，相应的发电量为 500 亿 ~ 588 亿 kW · h，下泄洪峰流量为 38 600 ~ 52 500 m^3/s。

（3）提高汛限水位和汛末提前蓄水两方案都可以增加发电量，减少下泄洪峰流量，减少输沙量。提高汛限水位方案减少下泄洪峰流量和输沙量的幅度要大于汛末提前蓄水方案。因此，为提升三峡工程综合效益，对比设计调度方案和提高汛限水位方案，汛末提前蓄水方案更值得推荐，这是由于它能够同时增加发电量、保证大坝结构安全和长江中下游河段防洪安全、增加水库汛末蓄满保证率，且对输沙量的影响相对较小。

参考文献

[1] 董哲仁，孙东亚，赵进勇. 水库多目标生态调度[J]. 水利水电技术，2007(1)：28-32.

[2] 韩其为，杨小庆. 我国水库泥沙淤积研究综述[J]. 中国水利水电科学研究院学报，2003(3)：5-14.

[3] 水利部长江水利委员会. 长江泥沙公报[M]. 武汉：长江水利出版社，2016.

[4] 钱宁，万兆惠. 泥沙运动力学[M]. 北京：科学出版社，1983.

[5] Fang H W，Wang G Q. Three-dimensional mathematical model of suspended-sediment transport[J]. Journal of Hydraulic Engineering，2000，126(8)：578-592.

[6] Huang L，Fang H，Fazeli M，et al. Mobility of phosphorus induced by sediment resuspension in the Three Gorges Reservoir by flume experiment[J]. Chemosphere，2015b，134：374-379.

[7] Li X，Guo S L，Liu P，et al. Dynamic control of flood limited water level for reservoir operation by considering inflow uncertainty[J]. Journal of Hydrology，2010，391(1-2)：124-132.

[8] Liu X Y，Guo S L，Liu P，et al. Deriving optimal refill rules for multi-purpose reservoir operation[J]. Water Resources Management，2011，25(2)：431-448.

[9] LINDO Systems Inc. 2015. LINGO user′s guide.

[10] Wang X Y，Li X，Baiyin B L G，et al. Maintaining the connected river-lake relationship in the middle Yangtze River reaches after completion of the Three Gorges Project[J]. International Journal of Sediment Research，2017，32(4)：487-494.

[11] Zhou J，Zhang M，Lu P. The effect of dams on phosphorus in the middle and lower Yangtzeriver[J]. Water Resources Research，2013，49(6)：3659-3669.

启闭设备的防腐技术

付长旺　孙文举　戴超男

（南水北调中线干线工程建设管理局天津分局　天津　300000）

摘要：南水北调中线工程于2003年开工建设至2014年底建成正式通水运行。这是一项浩大的工程，建筑物很多，启闭设备成为调水工程的主力，金结设备的正常运行是工程正常运行的重要保障。设备的防腐技术对设备的正常运行、寿命延长显得尤为重要。其中，南水北调中线天津干线工程主要的闸门启闭设备是固定式启闭设备，本文介绍了南水北调中线工程天津干线工程启闭设备防腐技术，从设备的打磨除锈到底漆处理再到面漆喷涂进行了详细的介绍，供相关防腐除锈刷漆工程参考。

关键词：南水北调　启闭设备　防腐技术

1　引　言

南水北调中线工程总干渠长1 432 km，各类建筑物共1 750座，起点位于汉江中上游的丹江口水库，供水区域为河南、河北、北京、天津，天津干线工程作为中线工程重要分支，起点为保定西黑山节制闸，终点延伸至天津外环河，主要建筑物268座，其中控制建筑物17座、河渠交叉建筑物49座、灌渠交叉建筑物13座、铁路交叉建筑物4座、公路交叉建筑物107座。天津管理处为天津干线结尾处，管辖范围内重要现地站有外环河出口闸、子牙河北分流井、王庆坨连接井及子牙河防洪闸、子牙河南检修闸，共设置有固定卷扬式启闭机21台，通水运行3年来，启闭设备不同程度出现漆面老化、裂口、油漆脱落等现象，卷扬式启闭机的重要部件减速机为铸钢铸造，外露表面多为非机加工表面，表面平整度差，机械掉漆现象越发普遍，影响设备安全运行和使用寿命。为此，在启闭设备防腐刷漆过程中总结启闭机刷漆防腐与防腐施工技术，供参考。

2　启闭设备刷漆防腐技术

2.1　启闭机刷漆防腐工作准备

2.1.1　材料准备

采用原材料原子灰，豆蔻绿油漆，60目、150目、240目、800目、1 000目砂纸。各种防腐涂料应该有出厂合格证、质量检查报告和产品说明书等书面证明材料，符合《涂漆通用技术条件》（SDZ014）、《防腐蚀涂层涂装技术规范》（HG/T 4077—2009）标准。原材料经专人验收，符合要求方可投入使用。

2.1.2　人员准备

启闭设备防腐刷漆是一项特殊作业，需要专业人员操作，要求作业人员熟悉防腐刷漆

作者简介：付长旺，男，河北沧州人，助理工程师，主要从事南水北调金结机电管理工作。

工作流程,并熟练应用防腐过程中用的各类设备,同时对作业人员身体素质要求严格。作业人员分为除锈工、防腐工、抹工几类工种,需要紧密配合,严格按照工艺流程施工。

2.1.3 施工器具准备

施工器具有搅拌器、磨光机、抛光机、喷枪等工器具,应运转正常。

2.2 刷漆防腐一般原则

2.2.1 一般涂装原则

涂装防腐均按《涂漆通用技术条件》(SDZ 014)执行。固定式启闭机的结构件和液压油缸、油箱及管道应达到 GB 8923 中的 Sa21/2 级,其他零件应达到 St2 级。喷漆应在干燥的空气中进行,在雨、雾中应停止喷涂,当空气或表面低于 5 ℃或高于 50 ℃、湿度大于80%时都应停止喷涂。涂料配套使用,底漆、中间漆和面漆均采用同一厂家的产品。每层漆的涂装应经检查和同意后进行,检查内容包括表面预处理或前层漆的干化等。

2.2.2 表面预处理

表面预处理的目的是确保一个合适的喷涂条件,包括各种喷砂、清洁、打磨光滑或类似操作。结构件表面均应进行室内喷砂处理。不能进行喷砂的地方,应用其他动力器具进行除锈,尽可能得到最高程度表面等级。锻件非加工表面应进行打磨光滑。铸件非加工表面应进行清砂、打磨光滑,必要时进行喷砂处理。为美化外观,也可进行打腻子处理。采用表面镀锌或表面氧化处理的螺栓、螺母等连接件。

2.2.3 漆料涂装

结构件的底漆涂装应在加工前进行。在室内喷砂后 6 h 内进行第一道底漆涂装。主机采用环氧富锌底漆,干膜厚度 80 μm。两道底漆应采用和指定不同的色度,涂装间隔时间应符合油漆制造厂的要求。需要注意的是,结构件上用于高强螺栓联接的面,喷砂后喷锌 0.05~0.08 mm 厚,做好保护,不进行底漆涂装。所有工件的非加工面及组装后外露的加工面(制动轮轮面、各类标牌除外),均应进行底漆涂装。中间漆涂装主机采用环氧云铁防锈漆两道,干膜厚度为 50 μm。两道中间漆的涂装间隔时间应符合油漆制造厂的要求。面漆涂装主机采用聚氨酯面漆,干膜厚度为 50 μm。

2.3 启闭机刷漆防腐施工

2.3.1 启闭设备防护与除锈工艺

做好启闭设备防护措施,用薄膜固定到墙面上,地面用地板革均匀的平铺,避免污染或磨损地面。动力工具及人工按照自上而下的施工顺序除锈,用钢丝刷、铲刀、砂纸及砂轮网等除去金属表面锈蚀、氧化皮和旧漆膜等附着物。螺栓用脱漆剂进行表面油漆脱除,毛刺用手工砂纸打磨,避免破坏螺栓。金属表面除锈后,表面无可见的旧漆膜、氧化皮、油污、粉尘、水渍等。

2.3.2 刮腻找平工艺

做一遍腻子,等腻子干燥后用打磨机打磨抛光,然后用细砂纸打磨找平,做第二遍腻子。第二遍腻子干燥后用打磨机打磨抛光,先用 60 目把原子灰糙度打平,再用 150 目平面找平,达到平整效果。然后用 240 目做粗糙度细腻化,最后用 800 目、1 000 目把以前砂纸痕迹和气泡打磨平,达到表面平整光滑。因启闭设备平面比较少,不能用设备打磨抛光,基本为人工打磨找平。

2.3.3　涂料配制工艺

涂料配制前,先搅拌均匀,如有结皮或其他杂物,必须清除后方可使用,涂料开桶后,须密封保存。配制好的涂料应充分搅拌均匀,进行试涂;涂料配制要根据被涂面积的大小,确定配制的量。控制好黏着度(稀释用量0~10%),不能过稀亦不能过稠。调整黏度时要使用被调油漆的专用稀释剂,不得乱用。涂料配制使用的工具要保持干净,不可混用。

2.3.4　涂料涂装工艺

涂料涂装时,采用喷涂和刷涂相结合的方法施工。大面积构件采用喷涂,如平面的大面积;小面积构件采用刷涂,如拐角几折弯部位;涂料涂装前,先用干净的毛刷、棉纱布等将金属面擦拭干净。

刷涂要点如下:

(1)刷涂时,按照先上后下,由里到外的顺序施工,对于不易或不能喷的小面积构件拐弯部位用毛刷进行涂刷,以保证刷涂全面。

(2)毛刷不应浸入涂料太多,一般1/2,回刷次数不宜过多,涂刷时不能用力过大。

(3)涂装第一道底漆,待油漆干后用砂纸打磨,然后涂第二道底漆,待干燥后再用砂纸打磨。

(4)涂刷时纵横交织涂刷增加每层涂料相互黏结。涂装两道面漆后,最后一遍面漆涂装应按顺光方向涂装。

(5)涂装时应精心操作,达到涂层涂刷均匀一致的效果,应做到无漏涂、无起泡、无变色、无失光等。

(6)刷涂各层之间应纵横交错,每层应往复进行,达到要求层数,且每道油漆厚度达到50 μm。

(7)涂刷不同种类油漆时,涂刷工具不得混用。每道涂料涂装结束后,待固化后再进行下道涂料涂层的施工,间隔时间不应过长。

(8)为保证涂层涂膜厚度,可以控制涂料的用量,即一定面积使用一定量的涂料。

(9)完工后的涂层表面,必须均匀光滑、表面没有灰尘、流挂等缺陷,如果有应进行修补。

(10)施工时,每道漆的涂敷间隔应严格按厂家提供的涂料产品说明书执行,下一道漆宜在上道漆表干后涂敷。

(11)为保证漆膜颜色符合实际要求,在涂装面漆前要进行试涂,确认面漆漆膜颜色达到要求标准后再进行整体涂装。

(12)为使整体颜色一致无色差,面漆应统一,采用同一厂家生产的油漆。

2.4　启闭机刷漆防腐工作环境及安全施工注意事项

(1)为保证施工温度,现场需要加保暖设备提高温度。施工环境温度为5~30 ℃,相对湿度不大于80%,钢表面温度至少比露点温度高3 ℃。

(2)涂膜应无漏涂、流挂、渗色、针孔、桔皮、起泡等质量缺陷,漆膜应厚薄一致,面漆无色差。

(3)清理周围环境,防止尘土飞扬,避免刷漆后夹杂灰尘。

(4)施工前必须对参加工程施工的管理人员和工人进行施工安全警示教育。

(5)因防腐油漆有一定的毒性,对呼吸道有较强的刺激作用,施工作业人员一定要注意做好通风,要配备必要的劳动保护用具,如工作服、工作鞋、手套、帽、口罩等。

(6)防腐漆材料为易燃物质,挥发出的气体与空气混合可成为爆炸性气体,因此现场应设置专用施工区域,严禁烟火,材料库房应能通风并配置消防器材。

(7)防腐漆材料库房应设置于阴凉干燥处,材料密封保存。

2.5 质量检查与刷漆防腐验收

2.5.1 基本要求

启闭设备及表面处理等级应符合国家标准的规定,表面无油脂、污垢、氧化皮、铁锈和涂料层等,木质基层的含水率不得大于15%;表面基本平整,无油污、灰尘污染、结疤等。腻子刮涂层应无凹凸、漏刮、错台,应洁净、平整,手感细腻光滑,无污染等现象,颜色一致。

2.5.2 外观检查

涂层应无针孔、气泡、剥落等缺陷,用5~10倍的放大镜检查,无微孔者合格。漆膜的外观检查:干膜不得有白化、针孔、细裂龟裂、回黏、片落剥落脱皮等缺陷;湿膜不得有曳尾、缩孔缩边、起泡、喷丝、发白失光、浮色、流挂、渗色、咬底、皱皮、桔皮等缺陷。

2.5.3 找平的检测验收

小曲面、小平面采用视觉和触摸进行检查满足平滑要求;大曲面制作和曲面曲度相同的靠模测量,曲面平整度误差不超过1 mm;大于20 cm的平面用水平尺测量,平面度误差不超过1 mm。

2.5.4 厚度检查

防腐油漆涂装涂层厚度均应符合设计要求,其验收量按构件数抽查10%,且同类构件不应少于3件,每个构件检测5处,每处数值为3个相距50 mm测点取平均值。

2.5.5 涂层附着力检查

涂层表面质量的检查数量为安全抽查,且构件的标志、标记和编号应清晰完整。按构件数抽查10%,且同类构件不应少于3件,每件测3处。

2.5.6 漆膜性能检验

涂膜应无漏涂、流挂、渗色、针孔、桔皮、起泡等质量缺陷,漆膜应厚薄一致,面漆无色差,无夹渣和灰尘。漆膜的干透性、黏手性、硬度、黏附力及弹性按SL105检验,并符合该标准的相关规定。

3 结 语

南水北调中线工程的任务是引调丹江口水库蓄水解决北京、天津、河北、河南缺水问题,而其中天津干线工程是为天津市国民经济可持续发展提供新的水源保障,天津干线工程作为南水北调中线主要支路,线路较长,金结机电设备多。保护设备安全、正常运行也就是保证输水的安全,启闭设备的防腐施工技术是设备长久运行的重要保障手段之一,启闭设备的防腐技术也将成为未来水利工程闸门启闭设备领域深入研究的一个重要课题。

参考文献

[1]《水工金属结构防腐蚀规范》SL105-9.

[2]《涂漆通用技术条件》SDZ014.

[3]《涂装前钢材表面锈蚀等级和除锈等级》GB/T8923.

[4] 工业和信息化部. 防腐蚀涂层涂装技术规范:HG/T 4077—2009[S]. 北京:化学工业出版社,2009.

[5] 中华人民共和国建设部. 建筑用钢结构防腐涂料:JG/T 224—2007[S]. 北京:中国标准出版社,2008.

胶东调水工程移民征迁遇到的问题及对策浅析

徐茂岭　韩　鹏

(山东省调水工程运行维护中心　济南　250010)

摘要:调水工程移民征迁工作是工程建设的重要组成部分,与群众利益息息相关,是否及时完成迁占补偿、附着物清表工作,直接影响工程是否顺利开工以及后续工程建设的顺利推进。通过归纳胶东调水工程移民征迁工作的特点,总结胶东调水工程移民征迁工作中遇到的问题和对策,分析胶东调水工程移民征迁工作取得的经验和存在的问题,提出做好调水工程移民征迁工作的建议。

关键词:调水工程　移民征迁　对策

1　山东省胶东地区引黄调水工程概况

山东省胶东地区引黄调水工程是南水北调东线工程中山东“T”字形调水大动脉的重要组成部分,从山东省滨州市打渔张引黄闸引黄河水(近期以黄河水为水源,远期以长江水为水源),输送至威海市米山水库,输水线路总长 482.0 km,其中利用现有引黄济青段工程 172.5 km(含引黄济青输沙渠及沉沙池长),新辟明渠段 159.61 km,新建压力管道、暗渠及隧洞长 149.89 km,工程批复总概算 50.69 亿元。

山东省胶东地区引黄调水工程于 2003 年 12 月开工建设,由于受投资以及工程周边城市建设变化的影响,工程于 2013 年底基本建设完成。2014 年下半年,胶东四市(潍坊、青岛、烟台、威海)受厄尔尼诺影响持续干旱,2015 年工程开始投入应急抗旱调水。自 2015 年 4 月至 2019 年 4 月底,工程累计运行 1 100 余 d,单向烟台、威海调水达 6.1 亿 m^3,有力地保障了工程受水区的经济发展、城市居民生活需要和社会安定。

作者简介:徐茂岭(1965—),山东德州人,从事调水工程建设与和管理工作。

2 工程移民征迁的主要内容和工作特点

2.1 主要内容

2003年12月19日,胶东调水工程开工建设,移民征迁工作随之展开。移民迁占的主要工作内容:工程永久征地、临时占地、附着物补偿、专项设施迁移补偿和施工造成的环境影响处理几个方面,主要完成了17 072亩的永久征地以及10 060亩临时占地的征迁工作,完成移民征迁投资8.09亿元。

2.2 主要特点

胶东调水工程移民征迁的特点和工程的特点密不可分,遇到的典型问题又具有特殊性。主要特点如下:

(1)具有线性分布特点。

工程输水线路主要由明渠和管道组成,呈线性分布,因此移民征迁所涉及的永久征地和临时占地也呈线性分布。由于工程线路长,移民征迁工作涉及的行政区划多,共涉及6个市16个县(市、区)46个乡(镇)395个村,部分线路还穿越市区(明渠段穿越莱州市经济开发区和龙口段的城区,管道暗渠段穿越烟台莱山区和牟平区的市区),造成移民征迁工作复杂,工程施工需要迁移房屋、附着物及电力、通信、灌排等专项设施数量大。

(2)工程设施构成复杂,施工影响多样性。

胶东调水工程除明渠和管道外,还有暗渠、隧洞、泵站、倒虹、渡槽、闸阀井及调流调压设施等多种建筑物,同时工程所在区域为林果业主产区且为丘陵地区,地形地质变化复杂,因此工程施工爆破、降排水、土方开挖和堆存等对工程周边环境影响严重,主要表现在房屋开裂、地下水位下降、牲畜受到惊吓、果树受涝或受旱等。

(3)工程分段实施,建设期长,补偿标准多次调整。

受投资和工程现地条件变化影响,胶东调水工程先后按照明渠和控制性建筑物、村里集隧洞以上管道段、村里暗渠及以下管道段、调流调压设施等分段实施建设。工程最早开工于2003年底,调流调压设施于2015年8月开工建设,工程建设周期长。在此期间,附着物补偿标准前期执行鲁价费发〔1999〕314号,后期执行鲁价费发〔2008〕40号文,征地补偿标准由16倍年产值逐步调整为区片价。

(4)线路设计变更频繁。

由于建设工期长、地方经济发展、城市建设等因素,原有的批复线路涉及地方规划调整的区域进行线路变更,甚至由于群众意识问题,穿越困难重重,不得不现地调整。造成协调难度增大、补偿费增加等问题。

3 移民征迁工作中遇到的主要问题

胶东调水工程在移民征迁过程中遇到的典型问题如下:

(1)永久征地的边角地。

因为胶东调水工程是线性布局,胶东地区作为山东省经济发达地区,又以林果业为主导产业,可选择的规划线路较少,部分线路与高速、铁路等并行,形成了部分边角地。该部分占地不在征地范围内,但确实造成了耕作困难。边角地问题如何处理是胶东调水工程移民征迁的一类典型问题。

(2)征迁补偿协议未计列的漏项和缺项。

移民征迁普查、调查过程中必然会产生漏项和缺项,不能准确计列在与地方政府签订的移民征迁委托协议中。如何处理征迁协议中未包含的漏项、缺项问题,避免群众利益受到损害又能控制投资也是胶东移民征迁补偿过程中常见的一类典型问题。

(3)设计变更增加占地。

工程变更造成现场征地变化,征地补偿费用也随之产生变化。如何控制好设计变更增加的移民征迁费用,既能保障工程施工进度又能节约占地、控制投资也是胶东调水移民征迁工作中较为突出的一项问题。

(4)工程施工对周边环境影响复杂。

施工单位在施工过程中,管理水平、管理人员技能和素质等会造成施工对周围的环境产生影响。如何确定影响范围、程度、责任划分、协调处理、核定补偿费用等是胶东调水工程移民征迁工作中的另一类典型问题。

4 对策分析

在实际的移民征迁补偿工作中,主要采取了以下对策解决这些问题:

(1)监理全过程参与。

负责对附着物调查统计、费用核算和专项设施迁移补偿方案、费用审核,以及补偿费用兑付等移民征迁全过程的监理工作,并负责全过程档案资料、影像资料的收集整理,有效地保障了移民征迁补偿真实、客观,补偿资金安全。

(2)联合调查确认、评估。

在附着物清点、施工环境影响调查等工作中,除监理外,地方政府、镇、村、产权人等联合进行现场签字确认,必要情况下安排专业资质单位进行评估,如村里集隧洞施工爆破影响聘请山东省地震工程研究院对爆破振波进行监测,划定影响范围并聘请房产评估公司对影响范围内的房屋损失进行评估;招远开工段灌溉影响,组织山东省水文局和山东省水利科学研究院进行现场评估,在清点调查阶段把基础工作做实,避免产生纠纷。

(3)全面依靠政府。

在监理或设计全面调查统计的基础上与地方政府签订委托协议,由地方政府负责移民征迁工作的具体实施,对移民征迁费用做到总体控制。所有移民征迁补偿的费用全部通过政府或政府指定的移民征迁实施单位逐级拨付。根据南水北调有关经验允许政府在征地补偿费中留出1倍调剂使用,解决移民征迁中存在的问题。对于缺项和漏项,由监理单位根据前期的移民征迁补偿资料联合地方政府进行现场核实,根据监理意见进行批复,下达费用,确保群众利益不受损失。

(4)密切联系设计和施工。

根据施工反映的占地需求,及时联系设计单位,核查占地的必要性,安排监理单位联合地方政府核实占地面积和补偿费用,据实批复,保障工程进度、控制投资。

(5)及时对工程出现的施工影响进行总结。

遇到相似情况时提前提出解决方案并安排实施。如蓬莱张家沟暗渠施工造成地下水阻滞抬升影响周边农田情况出现后,及时解决问题,总结经验,在村里暗渠施工时,在暗渠洞身下方设置过水通道,保障地下水按原有方向汇流。

(6)委托跟踪审计。

工程移民征迁工作实际开展后,即委托跟踪审计对移民征迁的资金进行定期跟踪审计并形成审计意见报业主和移民征迁实施单位(地方政府或地方建管局),保障资金使用合法合规。

5 结 语

胶东调水工程在移民征迁工作中依托政府、联合调度设计和施工、委托监理和审计等专业机构,较好地控制了工程移民征迁投资,移民征迁资金使用合法合规,维护了工程沿线的群众利益,工程建设以来未发生恶性信访事件,较好地维护了工程施工环境,保障了工程顺利建成和调水运行。

浅议跨流域调水工程对生态环境的影响

徐洪庆[1] 宋晓冉[2] 宋晓丹[3]

(1. 山东省胶东调水局青岛分局 青岛 266000;
2. 青岛市水文局 青岛 266000;
3. 山东水利职业学院 日照 276826)

摘要:水资源是社会经济发展的重要保障,不仅稀缺,而且不可替代,在不同的区域内也存在分布不均匀的情况。这些特点导致了在水资源分配格局上,要采取工程措施或者非工程措施来进行水资源合理分配。跨流域调水可以有效解决区域水资源分配不均的问题,也会在不同程度上对供水区、受水区和调水沿线地区生态环境产生积极和消极影响。因此,在跨流域调水过程中,必须高度重视生态环境问题,尽量降低不利因素对生态环境造成的危害。

关键词:跨流域调水工程 生态环境 影响因素

跨流域调水工程是指从一个或几个水源地,通过隧洞、管道、渠道等多种方式将水源调配给其他区域的用户使用,从而实现水资源空间上重新分配利用的一项水利工程。通过不同区域内水量调配,可以实现水资源的合理开发、高效利用和优化配置,不仅能够满足缺水地区以及沿线地区用水需求,还能为区域经济发展提供坚实可靠的保障。但是,跨流域调水对生态环境却有着复杂多样的影响。本文结合引黄济青工程、南水北调工程等实例重点分析跨流域调水对供水区、受水区和调水沿线地区生态环境造成的影响,为今后跨流域调水生态环境保护方面提供帮助。

作者简介:徐洪庆(1982—),男,山东单县人,硕士研究生,从事水利工程建设、水政执法等工作。

1 跨流域调水工程对生态环境的积极影响

1.1 对供水区生态环境的积极影响

(1)跨流域调水工程中,水资源丰富的地区一般会选作供水区,大部分供水区的一个共同特点是气候和地理位置都比较特殊,时常会遭受洪涝灾害危害。因此,对供水区域最为严重的生态环境影响就是洪涝灾害,通过实施跨流域调水,能够在很大程度上缓解这一问题。如我国建设的南水北调中线工程,由于汉江丹江口水利枢纽工程大坝加高,防洪库容增大,防洪能力进一步提高,在与三峡水库枢纽工程联合运行的有利条件下,通过合理调度,可避免诸如1935年的汉江特大洪水的灾害。

(2)在丘陵区、河口区和植被相对比较稀少的供水区域,土壤的固土效果较差,地表土大面积裸露,水土流失严重。以引黄济青工程为例,引黄济青供水区为黄河河口,渠首坐落在滨州市博兴县北部的黄河之畔。长期以来,人们对黄泛平原区水土流失及土地沙化的严重性和危害性未给予高度重视,形成了黄河中下游大部分引黄灌溉工程渠首的沙化局面,严重制约着沿黄地区农业生产的发展和生态环境的改善。

工程从1989年投入运行以来,沙化防治一直坚持工程措施和生物措施相结合,充分发挥水土资源的潜力,坚持全方位综合治理,使生态环境得到了极大改善。经过多年种植梧桐树、毛白杨、苜蓿草绿化,围堤周围早已形成了两条郁郁葱葱的林带。工程渠首使昔日春秋大风季节风沙蔽日、环境恶劣的现象成为历史。经观测,治理区月最大风速平均降低2.8 m/s,临界起沙风速平均增大138 m/s,空气质量明显好转。整个工程渠首“碧”水、蓝天、红花、绿树、鸟语花香。许多珍奇鸟类(如天鹅、灰鹤等)及各种水鸟纷纷前来栖息,成为当地一大景观,为人们休闲、旅游提供了条件。

1.2 对受水区生态环境的积极影响

(1)保护生物多样性。受水区为了方便存储调水水量,一般会修建水库。以引黄济青棘洪滩水库为例,棘洪滩水库坝长14.23 km,库区水面面积14.42 km^2,水库两岸路平渠净,林木成行,花红草绿,蜿蜒逶迤,宛如绿色长廊,吸引了天鹅、水鸭、灰鹤等大量野生珍稀鸟类聚集,良好的生态环境,使之成为珍稀水鸟栖息的理想场所,也为水库增添了一道靓丽的风景。水库对保护生物多样性、维持生态平衡起到一定的作用。

(2)恢复地下水位,补充地下水资源。引黄济青工程建成通水之前,由于青岛市本地水资源严重不足,青岛市出现城乡争水、工业挤占农业用水现象,主要河道断淆干涸,根据2006年的调查成果,青岛市的骨干河道如大沽河自1980年以来断流时间最少97 d,最多达365 d。尤其是平、枯水年份非汛期,全市河流几乎都发生断流。由于生态用水得不到保障,严重影响了河道内的生态环境。青岛市地下水位大幅度下降始于20世纪80年代初,地下水的严重超采造成地下水位的持续下降,形成了大沽河漏斗区、白沙漏斗区、新安漏斗区、大泮洼漏斗区、新河漏斗区。

引黄济青工程于1989年11月建成通水,大大缓解了青岛市的缺水危机,从而有效控制了地下水的开采,使地下水位有所回升,海水入侵的趋势也得到了遏制。据调查,2000年青岛市海水入侵面积曾达150.2 km^2,近几年来,海水入侵面积逐渐稳定。

(3)改善受水区域的城乡生态环境。通过引入充足的水源,能够满足城乡居民饮水质量要求,改善城乡卫生条件,提升居民生活品质;增加水气交换,改善受水区气象条件,提高空气湿度,有效降低大气含尘量;增加农林牧业用水量,改变以往的污水灌溉方式,充分实现净水灌溉,缓解耕地污染问题。

1.3 对调水沿线生态环境的积极影响

(1)在跨流域调水工程中,如果使用河川蓄水或者河道进行输水,那么一定会在很大程度上增加沿线区域的水容量,从而对沿线区域的水质进行有效的改善。此外,对于一些大型的输水渠道,还会用在航线运输上,由此也在一定程度上促进了当地经济的发展。输水渠道的开通,能够对沿线区域的生态系统进行改善,一般为沙漠或者比较贫瘠的区域,如果有输水管道的经过,就会变成肥沃的田地,而且输水线的通过也会在很大程度上提高该区域的地下水位。

引黄济青工程的建成对工程沿线生态农业在土地改良、农业生产等方面发挥了重要作用,为保障粮食增产增收,提高农民收入,实现农业规模化经营、调整和优化产业结构奠定了坚实的基础,是博兴县乃至山东省经济社会发展不可替代的水源。据统计,工程通水运行28年来,累计为工程沿线提供农业用水51 327万m^3。在一定意义上讲,黄河三角洲是随着打渔张灌区的兴建而兴旺起来的;同时打渔张灌区又是随着黄河三角洲的兴旺而发展起来的。

(2)对高氟区、咸水区水质的改善。引黄济青工程沿线经过的高密、平度及昌邑等市(县)的部分乡(镇)属内陆高氟区,氟中毒事件比较普遍,仅高密县氟中毒人数达33万人,占全县人头的40%以上。长期饮用咸水和高氟水使当地群众甲状腺肿大,氟斑牙、氟骨病等地方病发病率高。工程调度运行中自然水量的渗漏,有利促进了沿线地下水回补和土壤不同程度的改善,渗水压制了咸水的入侵,改善了渠道两侧的土地状况,保护了生态环境,昌邑、寒亭、寿光等北部沿海咸水地区受益明显。尤其是引黄济青工程给平度和高密供水,解决了上述缺水地区71万人的饮水困难,改善了沿线生态供水。

2 跨流域调水工程对生态环境的消极影响

2.1 对供水区生态环境的消极影响

(1)如果管理不当会产生水土流失问题。在供水区域,因为其是调水的源头,在调水工程建设以后会在一定程度上导致河流的岸坡出现失稳问题,因此会出现水土流失问题或者加剧同样的问题。

(2)河道出现恶化。在供水区域,进行河流调水时,势必会增加原河流的流量以及加大流速,而这样势必会导致河床出现不稳定的情况,因此如果管理不善就会使得原有的河道恶化。

(3)在大坝以及干渠或者一些配套的工程建设中,不可避免地会对原有的植物产生破坏,由此对当地的生态环境产生不同程度的影响。此外,如果施工过程中对废水以及污水随意排放,也会对周围的环境产生不良的影响。

2.2 对受水区生态环境的消极影响

(1)在受水区域,在接受水源以后会将一些原来的土地淹没,使原有的土地变为湿地系统,从而使原有区域生态产生改变。再有就是在大坝加高进行蓄水处理时也会导致部分区域的水流变缓，水体之间的交换性变差，而这种情况就会使得土壤中的影响物质溶出，从而容易使得一些区域的水体出现富营养化问题。

（2）在调水工程施工中，一般也会容易给受水区域带来新的污染问题，其中最为主要的就是污水排放，使水体产生二次污染。其中，最为著名的就是我国的南水北调工程中，其水源的源头为汉江，在调水工程之前它可以说是我国被污染最小的河流，但是因为沿线有一些重金属工程排放污水，导致汉江的水质也出现严重污染，从而使得调水中线工程在源头就出现污染，由此对受水区域的水质也产生非常不利的影响。

2.3 对调水沿线生态环境的消极影响

（1）在调水工程建设过程中，必然会伴随着隧洞以及输水渠道和管道的开挖工程等，而这些工程的建设势必会给当地的地质环境产生不良的影响。此外，工程的建设还会使沿线的沟谷产生改变，使原生的植物产生破坏和改变，从而产生很多新的高陡边坡，而这些高陡边坡在强降水的情况下非常容易出现失稳的情况，而且施工中也会伴随着噪声、大气和粉尘的危害，对施工沿线百姓的正常生产和生活产生不良的影响。

（2）在调水工程进行中，一定会增加沿线区域的农业灌溉用水量，而且也会使得沿线区域的地下水位出现上升，而如果当地区域的含盐量比较大，那么在地下水位上升以后就会产生次生盐碱化，而且在一些比较低洼的地带则还会出现沼泽。

4 结　语

总之，跨区域调水工程在改善地区水资源状况、促进自然资源的合理开发利用、提高人类生存环境的质量、促进社会进步和经济发展等方面将有着不可替代的重要作用，但同时会给周围区域的生态环境产生不同程度的影响，所以在工程建设过程以及运行过程中，应当尊重自然，采取更加审慎的态度，一定要加大周围区域内生态环境的保护工作，并且通过加大政府支持力度，来降低调水工程对区域生态环境产生的不良影响，使其积极作用不断加大，从而对促进区域经济的发展起到积极的促进作用，通过建立长效的管理机制，使得生态环境可持续发展政策落到实处。

参考文献

[1] 郭潇，方国华. 跨流域调水生态环境影响评价研究[M]. 北京：中国水利水电出版社，2010.

[2] 郭宁，林泽昕，方国华，等. 基于灰色多层次模型的河流综合功能评价[J]. 水利经济，2016（6）：38-42.

[3] 马艳. 基于AHP的西安市水资源可持续开发利用模糊综合评价[D]. 西安：长安大学，2008.

[4] 刘志伟. 跨流域调水工程对环境影响问题初探[C]//首届长三角科技论坛——水利生态修复理论与实践论文集，2004：346-351.

作者简介：孙德宇（1984—），男，吉林松原人，本科，工程师，从事输水调度工作。

南水北调中线建设调蓄水库的价值探讨

孙德宇　赵　慧

（南水北调中线干线工程建设管理局　北京　100038）

摘要：南水北调东中线工程目前已累计调水200多亿 m^3，供水量持续快速增加，优化了我国水资源配置格局，有力支撑了受水区和水源区经济社会发展，促进了生态文明建设。而且随着生态补水机制的建立及逐渐完善，对实现水量的合理分配，提高用水效率，保障用水安全有十分迫切的要求，为了水资源得到科学管理、合理配置、高效利用，实现南水北调沿线各省（市）经济社会可持续发展和生态环境有效改善，建设南水北调调蓄水库的意义十分重大。

关键词：南水北调　调蓄水库　水资源配置　跨流域调水　水资源利用　可持续发展　生态环境　防洪抗旱　安全保障

南水北调中线干线工程是优化配置我国水资源、改善生态环境和保障我国经济社会可持续发展的重大基础性、跨流域调水工程。工程全线共设有节制闸64座、退水闸54座、控制闸61座、分水口门97个。通过各分水口门将南水北调中线干线渠道与沿线的水库、天然河道、地下水水源以及各受水区用户组合成为一个庞大的跨流域调水工程水资源系统，该系统具有如下特点：

（1）分布范围大。南水北调中线干线工程输水干线全长1 432 km（其中天津输水干线156 km）。向华北平原，包括北京、天津在内的19个大中城市及100多个县（市）提供生活、工业用水，兼顾农业用水。

（2）系统结构复杂。从供水水源来看，受水区水资源系统包括外调水、当地水等；从用水部门来看，用水部门包括城市生活、工业、发电、灌溉、环境等；从供水网络来看，包括干渠、支渠、调蓄水库等。系统影响因素众多，有确定性因素也有不确定因素。

（3）供需水过程不匹配，外调水年际、年内来水不均导致供水过程与需水过程不匹配。南水北调中线干线工程作为整个水资源系统的枢纽，渠道在设计水位下蓄水量为25 740万 m^3，加大水位下蓄水量为29 010万 m^3，可调蓄水量为3 270万 m^3，可调蓄水量太少，导致调度策略相对单一，可输送水范围固定，防洪抗灾能力弱，严重影响了工程安全及受水区水资源优化配置，在京津冀经济一体化的大形势下，不利于水资源发挥最大经济效益，进一步限制了周边地区经济的发展，不符合国家水资源的可持续发展战略。在南水北调沿线建设、改造可联合调度的调蓄水库对南水北调工程安全及周边受水区的用水安全、经济发展具有重大价值。

1　提高南水北调中线干线工程安全、用水安全保障

1.1　应急处置风险高

目前，南水北调中线干线工程全线常态运行水位基本按照设计水位控制，加大水位以

下可调蓄水量小，要求输水运行过程中调度策略单一，调度指令精准度高，闸门操作频次高，故障率增加，应急工况下可供调节的范围小，应急处置时间短，存在安全隐患。

1.2　防洪存在风险隐患

如中线工程河北段位于太行山迎风坡暴雨中心下游，干线穿越河流 201 条，改变了原有防洪排涝体系。左岸排水防洪影响处理工程标准偏低，输水总干渠和部分穿河建筑物存在洪水威胁。汛期抵抗雨水入渠能力差，为了保障沿线受水区用水需求，渠道长期处于高水位运行状态，汛期暴雨天气时，雨水入渠导致渠道水位上涨速度迅猛，存在工程安全隐患和退水、弃水浪费水资源现象。建设或者改造干线工程可供联合调度的调蓄水库，在汛期阶段性降低渠道运行水位，提高安全保障。在冰期应急工况时，灵活调蓄，增加用水安全保障。

此外，中线调蓄水库的建设能大幅挖掘南水北调工程整体的防洪价值，通过干线工程和调蓄水库的联合调度，增加南水北调沿线受水区范围内的防洪能力，使干线起到缓解区域汛期防洪压力的枢纽作用。

1.3　提高抗旱应急供水能力

南水北调中线北段京津冀地区处于半湿润区向半干旱区过渡带，年降水量相对较少；加之京津冀属于资源性缺水地区，水量供应季节差异大，且人口高度密集、区域内工业结构偏重等原因，严重影响了京津冀地区的社会经济发展。沿线旱情时有发生，而南水北调渠道可调蓄水量太少，应急抗旱供水能力差，全线 1 432 km，供水计划一般按月调整，水从陶岔向下游调整供水周期长，不能及时缓解灾情，而调蓄水库的价值突显，利用水源丰沛时库存的水量进行应急供水是解决季节性应急供水的有效途径。

1.4　为渠道检修维护提供便利

自 2014 年 11 月南水北调中线工程已经正式通水运行以来，工程已持续运行 5 年时间，期间未进行过停水检修。由于渠段长，各渠段的地质情况不同，季节不同，地下水位的变化在输水运行中容易对渠道衬砌板造成不同程度的破坏，加之渠道内水对衬砌板的侵蚀，泥沙对倒虹吸的淤堵等，渠道检修维护不可避免，但目前受水区用水需求的不断增加，南水北调中线供水在受水区的地位不断攀升，无法长时间中断供水检修。建设调蓄水库，利用调蓄水库的蓄水量来进行阶段性供水，从而在该阶段内进行渠道部分渠段的停水检修成为目前颇具可行性的解决办法。

2　扩大供水能力的可行性

2.1　增加供水能力

随着南水北调工程正式通水运行，沿线各省、直辖市均得到不同程度的受益，受水区居民的生活得到大幅改善。配套工程不断完善，分水口门逐渐投入运行，受益面积、人群不断递增，但受水源丰枯季节、工程设计最大流量等限制，工程沿线受水区的范围具有局限性。枯水期时，调蓄水库可提前蓄水，缓解枯水期供水压力，保障正常用水安全。丰水期，利用蓄水量供水可提高单位时间内最大供水能力，大幅度增加受水区的面积，增加程度受调蓄水库库容限制。

2.2 增加输水距离

南水北调中线干线工程干线及配套工程多以明渠为主，受渗水、蒸发量、分水渠道等自然因素的影响，输水最远距离不确定，以调蓄水库为中转点可以完成更远距离的输水任务，增大受水区面积。

3 跨流域调水工程与调蓄水库的联合调度

水资源是人类生存和经济发展的物质基础，随着经济社会的迅速发展和人口不断增加，有限的水资源和不断增长的需水量之间形成了尖锐的矛盾，城市供水也遇到提高水资源利用率和水厂供水保证率的问题。一方面，跨流域调水工程来水具有年内和年际不均匀性，与水厂用水不相匹配；另一方面，调蓄水库可以调蓄跨流域调水工程不均匀的来水，改善来水与水厂用水的协调性，可以提高水资源利用效率和城市供水保证率，对解决城市供水问题具有重要意义。而优化调度运行方式设定了一系列调度指标使当调蓄水库参与中线工程水资源的联合调度，在当地丰水时段储备部分当地水以备不时之需，在北调水不足时正好补上，实现了调丰补枯、高效利用水资源的目的，受水区供水保证率得到明显提高。

联合调度使水资源得到合理利用，由单一水源调度变为多水源调度，结合不同流域的丰枯期，可以形成多种调度策略，并选取最优策略进行实施，可以最大程度地解决水资源短缺、水资源浪费、用水户与水厂之间的供水矛盾。

4 改善生态系统

丹江口水库连年弃水，而水资源严重短缺的冀中南地区，年超采地下水 50 多亿 m^3，地下水累计超采量达 1 500 多亿 m^3，形成了 9 个地下水漏斗区，急需生态补水。南水北调中线干线工程 2017~2018 年度向河南生态补水 5.58 亿 m^3，向河北生态补水 6.50 亿 m^3，向天津生态补水 0.47 亿 m^3。但目前，还没有明确的生态补水机制和调度机制。优化水资源配置，推进生态补水常态化，把多调水作为中线工程管理的首要目标，针对华北地区缺水和丹江口库区弃水的实际，出台生态补水优惠政策和实施方案，加大对华北地下水超采区的补水力度，通过优化调度，充分利用中线总干渠输水能力，尽可能多地实施生态补水，促进华北漏斗区水生态修复，逐步改善沿线区域生态环境。研究表明，按 1956~1998 年的 43 年长系列调节计算，除 8 个枯水年或者连续枯水年无水可补外，其余 35 年均可向受水区进行生态补水。多年平均生态补水量最多可达 21 亿 m^3，年生态补水量最多可达 45 亿 m^3，这表明丹江口水库在满足汉江中下游、清泉沟及北调城市供水的基础上，具有向受水区进行生态补水的巨大潜力。南水北调中线工程建设调蓄水库，建议可将部分调蓄水库自身作为常态化生态补水补给点，通过渗流方式补充地下水资源。生态补水是一个长期的过程，结合流域丰枯情况，丰水多补，枯水少补，相机补水，以余补缺，利用南水北调中线工程调水指标内的剩余水量甚至合理加大调水指标，来进行一场旷日持久的生态修复战争。

5 结 论

综上所述，建设南水北调中线干线工程调蓄水库对优化水资源配置格局，为受水区和水源区经济社会发展提供强有力的支撑,促进了生态文明建设。而且随着生态补水机制的建立及逐渐完善,对实现水量的合理分配,提高用水效率,保障用水安全有十分迫切的要求。随着一系列跨流域调水工程的建成,我国水资源优化配置研究已逐步发展到大系统跨流域水资源优化配置阶段。跨流域背景下的区域水资源优化配置,不仅需要协调调水区和受水区的用水矛盾,同时还涉及调水工程及大型调蓄水库的优化调度。不同的水资源量、用水需求、水利工程布局以及环境流量需求都会对区域的水资源优化配置方案产生影响。建设南水北调调蓄水库对于协调各地区和各部门的用水关系,保障社会经济和生态环境的可持续发展有着重要意义。

参考文献

[1] 胡志东,吴泽宁,等.跨流域调水工程支线调蓄水库对沿线受水区水资源配置的影响分析[J].中国农村水利水电,2010(2):18.

[2] 袁博宇,周文军,廖启扬.南水北调中线工程利用大宁调蓄水库向永定河生态补水探讨[DB].2019-05-18.

[3] 张娜,吴泽宇,唐景云.南水北调中线工程受水区调蓄水库运行方式研究[J].南水北调与水利科技,2009(12):195.

[4] 高申.郑州市城区跨流域调水工程与调蓄水库联合调度研究[D].郑州:郑州大学,2017.

[5] 唐瑜.基于水经济价值分析的跨流域水资源优化配置研究[D].北京:中国科学院大学 ,2017.

数据挖掘技术在南水北调中线水力要素分析中的应用

陈晓楠[1] 赵 慧[1] 陈海涛[2] 靳燕国[1] 冯晓波[3] 段春青[4]

(1.南水北调中线干线工程建设管理局 北京 100038;
2.华北水利水电大学 水利学院 郑州 450045;
3.南水北调工程建设监管中心 北京 100038;
4.北京市郊区水务事务中心 北京 100073)

摘要:南水北调中线工程线路长,运行工况复杂,输水调度要求高,科学地分析水力要素之间的关系是安全、平稳输水的基础。当前,中线工程主要采用传统水力学经验公式对相关水力要素计算,相关经验参数需要在运行中不断人工进行修正,欠缺灵活性。本文探讨应用数据挖掘技术研究水力要素的规律。分别基于信息扩散径向基神经网络方法、遗传程序建立多元非线性回归模型,并分别应用于南水北调中线过闸流量关系分析和渠段水面线计算中。在过闸流量关系分析中,利用信息扩散神经网络模型自动拟合孔流条件下闸前水深、闸后水深、闸

作者简介:陈晓楠(1979—),男,河北沙河人,博士,教授级高级工程师,主要从事输水调度运行管理、水资源管理研究。

门开度和过闸流量的关系。采用基于遗传程序的回归模型拟合渠段在恒定非均匀流情况下的下游水位、输水流量和上游水位的非线性关系。实例表明,信息扩散径向基神经网络,通过模糊化处理较好地光滑样本数据,可应对神经网络训练数据不完备或存在矛盾样本的不足,提高模型泛化能力,而遗传程序则能够自动形成具有较高拟合精度的函数表达式。数据挖掘技术在南水北调中线水力因素分析中可取得较好效果,也可推广应用到其他领域。

关键词:南水北调中线　数据挖掘　信息扩散　径向基神经网络　遗传程序

1　研究背景

南水北调工程是缓解我国北方水资源短缺的战略性工程,规划为东、中、西三线,跨长江、黄河、淮河、海河四大流域,全长4 350 km,调水总规模488亿 m^3。南水北调中线自湖北省丹江口水库引水,沿线向河南省、河北省、北京市、天津市自流供水,全长1 432 km,多年平均调水量95亿 m^3。中线自2014年12月12日通水以来,截至2019年5月上旬,累计向北方输水超过215亿 m^3,沿线超过5 300万人饮用上丹江水,并向沿线受水区生态补水约20亿 m^3,工程的社会、经济、环境综合效益日益突显。

在南水北调中线工程投运之前,许多学者就对中线输水调度进行了大量研究,并取得了丰富成果。通水运行以来,相关成果进一步充实:王衍超等以南水北调中线为典型研究对象,针对长距离调水系统建立了明满流耦合水动力学模型。李娜等采用交错网格半隐式离散方法对一维非恒定流模型进行离散,并应用于南水北调中线北京段工程。李晨等应用SWMM软件仿真了中线节制闸不同启闭速度和开度下断面水力参数及水面线变化规律。郑和震等研究了南水北调总干渠突发水污染扩散预测与应急调度。朱奕等对南水北调中线京石段工程闸门调节引起的水力响应进行了系统分析。张云等应用非支配排序遗传算法对闸门调度问题进行优化研究,并将模型应用于北京市南水北调工程管网调度。吴永妍等基于控制蓄量法对南水北调中线调度方式进行了研究。聂艳华等对南水北调中线应急调度目标水位进行了研究。万蕙等以中线总干渠为典型代表,研究了长距离渠道闸门故障扰动及小影响下的应急调度。

中线水力要素的计算分析是输水调度的重要基础,如过闸流量关系分析、渠道水面线计算等。目前,过闸流量的计算主要是基于传统水力学方法,在此基础上针对工程实际,进行经验公式改进和修正,如刘国强等利用Henry公式、武汉水利电力学院公式等对南水北调中线干渠弧形闸门过流能力校核分析;刘孟凯对常用的弧形闸门过闸流量公式进行分析比较;吴门伍等针对深圳市的大和水闸,通过试验对武汉水利电力学院公式进行修正并应用于该闸流量计算。随着数据挖掘和信息处理技术的发展,近年一些研究将人工神经网络应用于过闸流量的分析计算中,利用网络根据实测流量建立回归模型进行计算,如周玲基于神经网络对涵闸流量计算进行详细研究。而对于明渠水面线的计算方法也主要基于传统水力学方法,如文辉等利用数值积分法计算抛物线型渠道恒定渐变流水面线;张建民等提出利用收敛迭代算法计算求解恒定渐变流水面线。

传统水力学方法比较成熟,应用广泛,但需要事先假定水力要素间符合某种函数关系,且公式中水力学参数需先依据经验选取,在工程运行过程中,通过试验对水力学参数进行率定。这种方法不能自动对数据进行分析,需要技术人员定期根据实测水情数据,对经验公式中的水力学参数进行率定,操作不便,费工、耗时。神经网络在处理多元非线性回归问题时,使用灵活,但泛化能力不足,易陷入局部极小点,特别当训练样本存在矛盾数据时,将影响训练效果。信息扩散技术针对小样本或数据不完备的情况,通过将传统的样本数据点转化为模糊集,充分利用样本点的位置信息和群体模糊性,挖掘出尽可能多的有用信息,提高系统识别精度。基于信息扩散技术的回归分析不仅计算简便,而且能够在较好地体现整体趋势的同时,不需人为将数据分组,即可自动拟合出局部的趋势变化,最终得到光滑的、波动起伏的回归曲线。此外,遗传程序设计作为一种新的自动程序技术,已经广泛应用于控制、预测等众多领域,通过遗传程序设计进行函数非线性拟合,在精度和误差估计上都比传统方法优越性明显。

综上所述,本文将信息扩散技术和径向基神经网络结合,建立一种非线性回归模型,将其应用于南水北调中线输水调度过闸流量关系分析中。将遗传程序应用于中线渠道水面线计算的多元非线性回归模型。通过应用现代数据挖掘技术对中线典型水力要素关系进行研究。

2　基于数据挖掘技术的回归模型

2.1　信息扩散技术

信息扩散是一种对样本进行集值化的模糊数学处理方法,它可以将分明的单值数据在离散论域中进行信息分配,得到模糊集合,主要步骤如下:

(1)设变量 X 的样本为 $X=\{x_1, x_2, \cdots, x_l\}$,离散论域 $U=\{u_1, u_2 \cdots, u_c\}$,针对每个 x_i 利用下式进行信息扩散:

$$\mu_{x_i}(u)=\frac{1}{h\sqrt{2\pi}}\exp\left[-\frac{(u-x_i)^2}{2h^2}\right] \qquad u\in U \tag{1}$$

式中:h 为样本的信息扩散系数,根据样本长度 l,以及样本中的最大值、最小值计算:

$$h=\begin{cases}0.8146(b-a), & l=5\\ 0.5690(b-a), & l=6\\ 0.4560(b-a), & l=7\\ 0.3860(b-a), & l=8\\ 0.3362(b-a), & l=9\\ 0.2986(b-a), & l=10\\ 2.6851(b-a)/(l-1), & l\geqslant 11\end{cases} \tag{2}$$

式中:a、b 分别为样本中数据的最小值、最大值。

(2)为了保证所有样本点地位相同,将信息分配的结果进行归一化处理,依据信息总量和为 1 的原则的归一化分布按下式计算:

$$\mu'_{x_i}(u)=\frac{\mu_{x_i}(u)}{\sum\limits_{1\leqslant i\leqslant c}\mu_{x_i}(u)} \qquad u\in U \tag{3}$$

式中:c 为论域 U 的离散点数。

2.2 径向基神经网络

径向基神经网络是一种全局收敛非线性学习算法的前馈型网络,具有拟合精度高、学习速度快、不存在局部最小问题等优点,目前广泛应用于多个领域中。

径向基神经网络由输入层、隐含层和输出层组成,其中输入层与隐含层之间实现非线性变换,而隐含层与输出层之间为线性变换。假设训练样本集中共有N组样本,对任意一组样本(X, Y),$X=(x_1, x_2,\cdots, x_n)$为n维输入向量,$Y=(y_1, y_2, \cdots, y_m)$为$m$维输出向量。神经网络输入层神经元个数为$n$,输出层神经元个数为$m$,而隐层神经元个数设为$k$。

隐含层的输出函数为径向基函数,一般选择高斯函数:

$$\varphi(X) = \exp\left(-\frac{\| X - C \|^2}{2\delta^2}\right) \tag{4}$$

式中:X为输入向量;C为径向基函数中心;δ为宽度。

输出层的输出结果可由线性函数计算:

$$y_j = \sum_{i=1}^{k} w_{ij}\exp\left(-\frac{\| X - C \|}{2\delta^2}\right) \tag{5}$$

式中:y_j为输出向量中第j个分量;w_{ij}为隐含层第i个神经元与输出层第j个神经元之间的连接权重;k为隐含层神经元个数。

利用样本对网络进行训练,计算径向基神经网络的参数,包括径向基函数中心、宽度以及隐含层与输出层连接权重。具体步骤如下:

(1)K-means 聚类方法确定中心。

第1步:自输入样本中随机选择k个样本作为径向基函数中心,隐含层神经元个数取为k;

第2步:计算所有输入样本与各个中心的欧式距离,并依据距离中心最近原则,将所有输入样本分配进k类中;

第3步:对每类中的样本计算均值,并将样本均值作为调整后新的中心;

第4步:重复第2、3步,直到各类的中心值不再发生变化。

(2)确定宽度。

第1步:分别计算各中心间的距离,找出最大距离;

第2步:按照下式计算宽度

$$\delta = \frac{C_{\max}}{\sqrt{2k}} \tag{6}$$

式中:$C_{\max}$为中心间的最大距离。

(3)确定连接权重。

当隐含层的中心和宽度确定后,隐含层至输出层连接权的值可由最小二乘法直接得出。

2.3 遗传程序设计

遗传程序是一种自动程序技术,已广泛应用于预测、控制、建模、人工生命等多个领域中。

遗传程序利用染色体描述表达式,由函数集F和终止符集T元素构成,其中函数集中包括各种运算符号，如加、减、乘、除，数学函数，如三角函数、反三角函数等；终止符集 T 中主要包括各类变量和常数等。遗传程序采用树形结构表达染色体，树的内节点为函数集中的元素，而外节点则是终止符集中的元素，如图 1 所示。

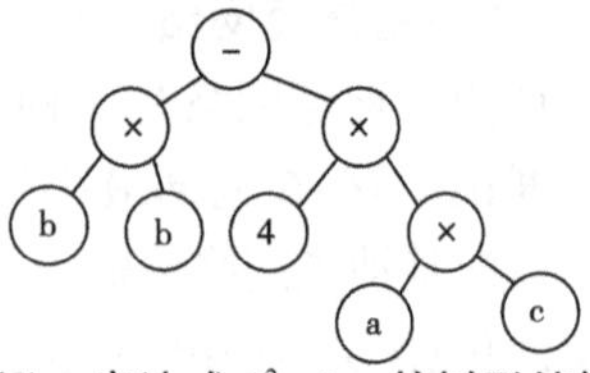

图 1　表达式 b^2-4ac 的树形结构

通过染色体复制、交叉、变异操作，使染色体在进化过程中不断朝向优的方向演化，具体步骤如下：

(1) 寻找最优目标函数。根据训练样本，通过遗传程序进化，拟找出一个最优的函数表达式，使得样本的拟合误差最小。

(2) 对元素进行编码，明确函数集 F 和终止符集 T 中的元素，以便进行运算，如变量用 1 表示，加法运算用 2 表示，减法运算用 3 表示等。

(3) 进行进化操作。初始化群体，生成最初的父代染色体，并对染色体进行解码和按优排序。然后通过选择、交叉、变异的遗传操作，使得父代群体向优的方向演化生成新的子代群体。

2.4　信息扩散径向基神经网络过闸流量模型

将信息扩散技术和径向基神经网络相结合，建立基于信息扩散径向基神经网络的多元非线性回归模型。首先根据选定的训练样本，将各输入因子的数据分别按上述方法进行信息扩散形成新的输入，同时将输出因子对应数据进行归一化处理。在各因子对应的离散论域中元素的数量可以相同也可以不同，为计算方便，本文均取相同数量假设为 c。将处理后的样本数据作为径向基神经网络的训练样本进行自动建模。本文针对过闸流量关系和渠道水面线计算，利用信息扩散径向基神经网络建立多元非线性回归模型。

对于节制闸，其闸室宽度固定，综合流量系数（流量系数与淹没系数乘积）M 是闸门开度、闸前水深、闸后水深的函数。在输水运行过程中，根据获取的闸前水深、开度和实测流量等数据，利用下式计算得出综合流量系数 M：

$$M = \frac{Q}{be\sqrt{2gH}} \tag{7}$$

将闸前水深、闸后水深以及闸门开度的数据经信息扩散，并进行规一化处理，利用径向基神经网络，建立处理后的水力要素与相应综合流量系数之间的非线性关系。神经网络的输入层神经元个数为 $3c$，输出层神经元个数为 1，隐含层神经元数量可通过试算取得。

网络训练完成后，根据已知的闸前水深、闸后水深、闸门开度值，经同样方法信息扩散后，代入网络模型，推算出综合流量系数，按下式计算出相应的过闸流量：

$$Q = Mbe\sqrt{2gH} \tag{8}$$

2.5　遗传程序水面线计算模型

对于南水北调中线渠段，各部分的渠底宽、边坡系数、比降等渠道参数以及渠段所含建筑物的参数均为已知条件，形成了数据库。在运行过程中，通过自动化系统实时获取水位、流量等水情数据。设渠道运行工况为恒定非均匀流，根据渠段有无分水，分别进行建模。

当渠段内无分水时，可将渠段的下游水位、当前渠段的输水流量作为自变量，将渠段上游水位作为因变量。将样本数据进行归一化处理后,利用遗传程序自动寻找最优非线性拟合函数。根据给定的渠段下游水位、输水流量,将其按同样方式归一化,代入函数进行推理,并将推算结果进行反归一化,得出最终的计算渠段上游闸后水位。

对于渠段有分水的情况,由于分水前后输水流量不同,对在分水处安装水位计的部分,可将渠段分成若干子渠段分别进行计算,对不具备条件的,将各分水口分水流量也作为输入因子,利用遗传程序进行回归分析。

3 算 例

3.1 典型节制闸过闸流量分析

南水北调中线工程沿线共设置64座节制闸(含惠南庄泵站)、97座分水口,通过各闸门间的高度协调,实现按计划平稳输水的目标。各节制闸将中线总干渠分成了若干串联的渠段,通过节制闸开度调整,控制总干渠水位和输水流量,节制闸的过闸流量计算分析是调度控制的重要基础。本文以河北境内磁河节制闸为例,验证信息扩散径向基神经网络处理过闸流量关系的有效性。

磁河倒虹吸为Ⅰ等工程,主要建筑物按1级建筑物设计,附属工程包括河道左、右岸导流堤等。磁河节制闸位于倒虹吸出口,该节制闸设置有3孔闸门,每孔宽度6 m,弧形闸门,闸底高程66.721 m。磁河节制闸自2008年9月京石段工程向北京市应急调水起,就作为重要闸站一直投入使用,积累了较丰富的数据。该闸某一段时间的水位、开度及相应的过闸流量实测数据见表1。

表1 磁河节制闸部分水力要素数据

序号	闸前水深(m)	闸后水深(m)	闸门开度(m)	流量(m^3/s)	综合流量系数
1	6.662	5.934	1.05	55.92	0.259
2	6.647	5.929	1.05	56.84	0.263
3	6.687	5.919	1.00	54.93	0.267
4	6.707	5.889	0.85	47.07	0.268
5	6.697	5.849	0.65	47.56	0.355
6	6.797	5.779	0.65	37.39	0.277
7	6.807	5.689	0.50	29.80	0.287
8	6.777	5.669	0.50	31.35	0.302
9	6.766	5.664	0.45	25.57	0.274
10	6.727	5.649	0.50	29.84	0.289
⋮	⋮	⋮	⋮	⋮	⋮
56	6.458	5.329	0.28	17.52	0.309
57	6.439	5.349	0.23	17.52	0.377
58	6.437	5.329	0.19	10.94	0.285
59	6.438	5.304	0.19	11.61	0.302
60	6.436	5.302	0.21	12.72	0.300
61	6.445	5.304	0.21	12.48	0.294

根据样本数据范围,将闸前水深、闸后水深、闸门开度进行信息扩散处理,设定3个因子的离散论域分别为H_1=(6.4, 6.5, 6.6, 6.7, 6.8, 6.9),H_2=(5.2, 5.4, 5.6, 5.8, 6.0, 6.2),E=(0, 0.3, 0.6, 0.9, 1.2, 1.5)。利用式(1)~式(3)进行处理,形成新的输入样本向量,以表1中序号1中数据为例,经过信息扩散处理后,原闸前水深、闸后水深、闸门开度数据在各自的离散论域信息分配,并经归一化处理,组合得到新的18维的输入向量为:(0, 0, 0.012 7, 0.987 3, 0, 0, 0, 0, 0, 0, 1, 0, 0, 0, 0, 0.5, 0.5, 0)。同理,对其余60组样本进行信息化处理得到新的输入样本,共计61组18维输入数据1 098个数据。而对于输出样本,由于综合流量系数本身就是区间[0, 1]数据,可直接作为输出训练样本。将处理后的样本进行径向基神经网络训练,利用表2中数据进行检验。

表2　过闸流量分析检验样本

序号	闸前水深(m)	闸后水深(m)	闸门开度(m)	实测流量(m^3/s)
1	6.542	5.501	0.08	5.33
2	6.509	5.489	0.14	8.57
3	6.627	5.604	0.50	27.89
4	6.607	5.604	0.50	28.23
5	6.617	5.609	0.50	28.13
6	6.617	5.599	0.45	25.76
7	6.512	6.006	1.34	59.16
8	6.612	5.589	0.42	23.21
9	6.647	5.929	1.05	56.84
10	6.697	5.849	0.65	47.56

根据表2数据,利用信息扩散径向基神经网络进行流量计算,其中径向基神经网络的输入神经元个数为18,输出层神经元个数为1,隐含层神经元最大数设为20,每次增加5个,训练过程如图2所示。

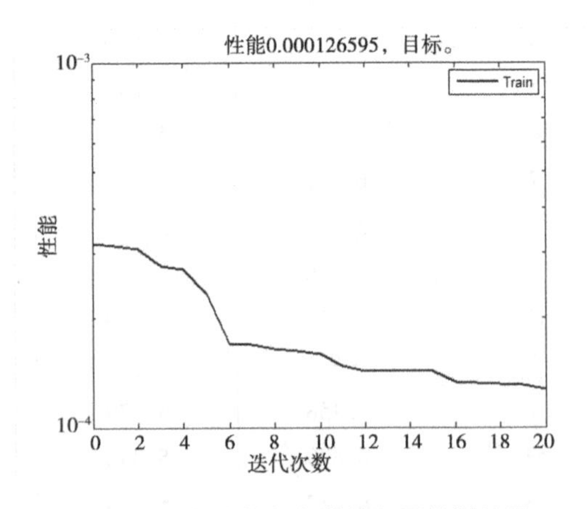

图2　信息扩散径向基神经网络训练图

将计算结果与传统水力学方法和BP神经网络方法进行比较,结果见表3。

根据表3计算结果分析如下:

(1)通过对10个样本进行检验,本文提出的信息扩散径向基神经网络、传统水力学方法以及常用的BP神经网络计算得出的相对误差的平均值分别为5.74%、

20.85%和27.75%。相对误差在5%以内的比例,三种方法分别为70%、10%和10%。信息扩散径向基神经网络效果明显优于其他两种方法,能取得较好的拟合和推演结果。

(2)BP神经网络方法与传统水力学方法计算相比较,如果根据其他6组数据进行分析,两种方法的相对误差分别为5.33%和27.24%,BP神经网络方法计算精度明显高于传统水力学方法(信息扩散径向基神经网络为1.58%,精度仍是三种方法最高),但第1、2、7、10组数据神经网络计算偏差较大。这是由于上述测试样本的输入与训练样本集的输入范围相差较大,说明BP神经网络方法虽然拟合效果好,但泛化能力不高。

表3 计算结果对比

序号	实测流量(m^3/s)	信息扩散径向基神经网络		传统水力学		BP神经网络	
		计算流量(m^3/s)	相对误差(%)	计算流量(m^3/s)	相对误差(%)	计算流量(m^3/s)	相对误差(%)
1	5.33	4.64	23.15	4.90	8.07	11.81	121.58
2	8.57	8.07	13.65	8.85	3.27	13.34	55.66
3	27.89	28.98	3.05	36.50	30.87	26.48	5.06
4	28.23	28.81	1.66	36.08	27.81	26.49	6.16
5	28.13	28.86	2.09	36.18	28.62	26.48	5.87
6	25.76	26.04	0.06	32.29	25.35	24.20	6.06
7	59.16	67.31	11.01	74.22	25.46	83.11	40.48
8	23.21	24.33	1.82	29.96	29.08	22.91	1.29
9	56.84	56.28	0.79	69.19	21.73	61.13	7.55
10	47.56	36.13	0.17	43.63	8.26	34.35	27.78

3.2 典型渠段水面线计算

本文选择河南省境内黄金河倒虹吸节制闸至草墩河渡槽节制闸之间的渠段作为研究渠段。该研究渠段长21.7 km。该渠段无分水口门,含2座建筑物:脱脚河倒虹吸和贾河渡槽,如图3所示。

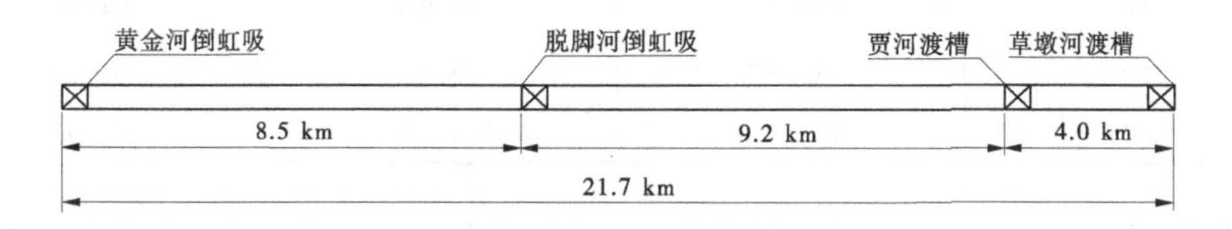

图3 黄金河节制闸至草墩河渡槽节制闸渠段示意图

该渠段某一时间段的上、下游水位和输水流量实测数据见表4。

按下式对数据进行归一化处理:

$$S' = \frac{S - S_{min}}{S_{max} - S_{min}} \tag{9}$$

式中:S'为规一化后的数据;S 为原始数据;S_{max}、S_{min} 分别为上、下限,根据数据序列范围取得。

本文渠段上游水位上、下限分别取 137.27 m、135.64 m,渠段下游水位上、下限分别取 136.8 m、135.64 m,渠段输水流量上、下限分别取 330 m^3/s、0。利用表 5 数据作为检验样本。

表 4　典型渠段水情部分数据

序号	上游闸后水位(m)	下游闸前水位(m)	输水流量(m^3/s)
1	135.960	135.895	76.57
2	135.960	135.905	76.56
3	135.960	135.905	73.75
4	135.970	135.900	77.42
5	135.970	135.900	73.99
6	135.980	135.900	72.78
7	135.985	135.890	77.21
8	135.850	135.705	87.91
9	135.850	135.700	85.81
10	135.850	135.705	87.34
⋮	⋮	⋮	⋮
50	136.180	135.715	164.88
51	136.180	135.715	167.09
52	136.180	135.715	167.42
53	136.180	135.715	167.38
54	136.760	136.070	223.65
55	136.750	136.050	226.29
56	136.740	136.050	220.84
57	136.740	136.040	223.00
58	136.730	136.040	228.50
59	136.720	136.020	219.52
60	136.710	136.020	222.77

根据归一化后的样本,利用遗传程序模型进行拟合,群体规模取 50,选择概率取 0.2,交叉概率取 0.7,变异概率取 0.1,遗传代数取 200,得出回归方程结果如下:

$$y = \operatorname{arccot}(x_2 + 0.000\,1)(x_1/0.874\,630\,9)^2 - (x_2 - 0.090\,755\,7)\operatorname{arccot}(-0.891\,109\,7)$$

根据表 5 的计算结果,最大误差为 5 cm,最小误差仅 3 mm,可满足实际需要,实例表明遗传程序具有很好的拟合效果。

表 5 检验样本数据

序号	实测上游闸后水位(m)	实测下游闸前水位(m)	实测输水流量(m^3/s)	计算上游水位(m)	误差绝对值(m)
1	135.950	135.815	82.83	135.924	0.026
2	135.880	135.660	99.52	135.930	0.050
3	136.015	135.825	96.96	135.989	0.026
4	135.985	135.805	95.72	135.969	0.016
5	136.000	135.720	119.76	136.026	0.026
6	136.020	135.735	120.43	136.034	0.014
7	136.160	135.685	145.33	136.124	0.036
8	136.150	135.700	147.33	136.135	0.015
9	136.200	135.835	147.07	136.197	0.003
10	136.710	136.010	224.44	136.661	0.049

4 结 论

本文探讨现代数据挖掘技术在南水北调中线水力要素分析中的应用,分别基于信息扩散径向基神经网络和遗传程序,建立了多元非线性回归模型。将基于信息扩散径向基神经网络模型应用于南水北调中线过闸流量的分析中,并与传统水力学方法和常用的BP网络方法进行比较,实例表明模型具有较高的精度。将遗传程序应用于渠段水面线分析计算,得出的推算结果满足实际需求。研究结果表明,数据挖掘技术在南水北调中线水力要素的分析具有可行性和有效性,具有推广应用的价值。

参考文献

[1] 张成, 傅旭东, 王光谦. 南水北调中线工程运行调控的最优水位变幅区间[J]. 南水北调与水利科技, 2007, 5(6): 1-4.

[2] 张成,李庆国,钱俊. 大型输水渠道的区间调度方式研究[J]. 水力发电学报, 2014, 33(2): 116-121.

[3] 黄会勇. 南水北调中线总干渠水量调度模型研究及系统开发[D]. 北京: 中国水利水电科学研究院, 2013.

[4] 章晋雄. 南水北调中线总干渠水力控制输水系统仿真研究[D]. 西安: 西安理工大学, 2003.

[5] 穆祥鹏, 郭晓晨, 陈文学, 等. 基于分水口扰动的渠道非恒定流水力响应的敏感性研究[J]. 水力发电学报,2010,29(4):96-101.

[6] 董延军,蒋云钟. 南水北调京石段应急供水水力控制模型研究[J]. 人民长江, 2007,38(1):32-33.

[7] 王银堂,胡四一. 南水北调中线工程水量优化调度研究[J]. 水科学进展,2001,12(1):72-80.

[8] 刘之平, 吴一红. 南水北调中线工程关键水力学问题研究[M]. 北京:中国水利水电出版社,2010.

[9] 王衍超. 长距离调水系统明满流耦合水动力学模型研究及应用[D]. 大连:大连理工大学, 2014.

[10] 李娜. 一维长距离调水系统水力研究[D]. 大连:大连理工大学, 2015.
[11] 李晨. 南水北调中线渠池水力控制研究[D]. 邯郸:河北工程大学, 2014.
[12] 郑和震. 南水北调中线干渠突发水污染扩散预测与应急调度[D]. 杭州:浙江大学, 2018.
[13] 朱奕. 南水北调京石段节制闸调节引起的水力响应分析研究[D]. 郑州:华北水利水电大学, 2015.
[14] 张云. 北京市南水北调工程供水管网调度研究[D]. 大连:大连理工大学, 2015.
[15] 吴永妍, 黄会勇, 闫弈博, 等. 基于控制蓄量法的南水北调渠系运行方式研究[J]. 人民长江, 2018, 49(13): 65-69.
[16] 万蕙, 黄会勇, 闫弈博, 等. 长距离渠道闸门故障扰动及小影响应急调度研究[J]. 人民长江, 2018, 49(13): 74-78.
[17] 聂艳华,黄国兵,崔旭,等. 南水北调中线工程应急调度目标水位研究[J]. 南水北调与水利科技, 2017, 15(4): 198-202.
[18] 刘国强,王长德,管光华,等. 南水北调中线干渠弧形闸门过流能力校核分析[J]. 南水北调与水利科技,2010,8(1):24-28.
[19] 刘孟凯. 弧形闸门过闸流量公式比较分析[J]. 南水北调与水利科技,2009,7(3):18-19.
[20] 吴门伍,陈立,周家俞. 大和水闸过闸流量分析[J]. 武汉大学学报(工学版),2003,36(5):51-54.
[21] 周玲. 基于神经网络的涵闸流量软测量建模研究[D]. 南京:河海大学,2002.
[22] 文辉,李风玲. 数值积分法计算抛物线形渠道恒定渐变流水面线[J]. 农业工程学报,2014,30(24): 82-86.
[23] 张建民,王玉荣,许唯临,等. 恒定渐变流水面线计算的一种迭代方法[J]. 水利学报,2005,36(4): 501-504.
[24] 王文祥. 基于信息扩散理论和多重分形理论的区域干旱特征分析[D]. 扬州:扬州大学,2015.
[25] 任志鹏,陈纯毅,崔广才. 一种基于遗传程序设计的数据拟合方法[J]. 长春理工大学学报(自然科学版),2012,35(2):157-159.
[26] 季刚,姚艳,江双五. 基于径向基神经网络的月降水预测模型研究[J]. 计算机技术与发展,2013,23(12):186-189.

跨区域饮用水源地水质预报技术研究

孙滔滔[1]　赵　鑫[1]　万由鹏[1]　尹魁浩[1]　彭盛华[1]　李再华[2]

(1. 深圳市环境科学研究院国家环境保护饮用水水源地管理技术重点实验室　深圳　518000;
2. 深圳市联普科技有限公司　深圳　518000)

摘要:本文以服务于跨区域饮用水源地安全管理决策为目标,选用国内外先进的气象模型、流域模型和水质模型,以东江流域为例,开展了跨区域饮用水源地"气象-水文-水质"一体化水质数值模拟预报技术研究。同时,通过计算机程序完成了模型之间的串联和集成,实现了"气象-水文-水质"的一体化动态预报,有效提升了跨区域水源地水质预警预报能力。

基金项目:深圳市科技计划项目(项目号:JSGG20150814163914934)。
作者简介:孙滔滔(1989—),女,环境科学工程师,主要从事水环境科学研究工作。

关键词:水源地　水质预报　水质模型　东江流域

水既是重要的自然资源,也是重要的经济资源,是人类社会存在和经济发展不可替代的物质基础。水资源时间上、空间上的分布不平衡,以及与社会经济发展格局上的不协调,导致水资源供需矛盾日益凸显。跨区域调水已经成为解决水资源分布不均、保障用水资源的重要方法。东江调水工程担负着深圳和香港70%以上水资源供应的重任,水质安全状况不仅为深圳和香港社会各界所关注,而且受到中央和地方各级政府的高度重视,也给水源地水质安全管理相关部门带来了巨大的管理压力。

然而,跨区域饮用水源地的水质安全保障由于研究范围广、涉及领域多、技术难度大等,当前国际上还没有形成非常系统的技术方法体系。这项研究不仅是世界难题,也是我国亟待解决的重要问题。鉴于此,本文将以服务于跨区域饮用水源地安全管理决策为目标,建立水源地水质预警预报技术,构建"降雨-水文-水质"预测模型,实现水源地水质一体化预报,为跨区域水源地的科学管理提供技术支撑。

1　研究区域概况及数据来源

1.1　研究区域概况

东深供水工程是东江流域的大型调水工程,水源取自东江,跨越广东省东莞市和深圳市境内,是深圳、香港的水资源供应地。东江流域总面积约3.5万km^2,其中广东省境内面积约3.2万km^2,东江水质安全对广东省和香港特别行政区经济社会持续稳定发展起着至关重要的作用。

1.2　数据来源

本文构建的水源地水质预警预报技术,涉及气象模型、流域面源模型和水质模型三大模型的建模,建模所需的气象、DEM(Digital Elevation Mode,DEM)、污染源、农业生产、水文、水质、水下地形等基础数据通过网络下载、购买、文献和现场调研等方式获得,具体来源如表1所示。

表1　数据需求及来源

数据需求	数据来源
美国NOAA的全球大尺度预报系统提供的气象预报产品	NOAA(美国国家海洋和大气管理局)下载
实测气象数据(包括降雨量、云量等)	国家气象局购买
DEM数据(静态数据)	www.gscloud.com下载
地表覆盖数据/土地利用(静态数据)	中国科学院地理科学与资源研究所购买
污染源(点源和面源)	省环境监测中心收集;课题组实测
农业生产数据	现场及文献调研
水质监测数据	省环境监测中心收集;课题组实测
水文	珠江水利委员会收集
水下地形	深圳市环境科学研究院和粤港供水有限公司收集

2　一体化水质预报技术

2.1　气象预报技术

流域内污染负荷的时空动态变化受气候、下垫面、人类活动等多种条件的影响,其中气象水文条件是污染物在流域内迁移转化的驱动力。研究预测不同气象情景下降雨径流污染负荷的时空分布,首先需要对研究区的气象因素进行预测,气象因素预测的准确性将直接影响水质预报结果的准确性。

中尺度天气预报是当下气象预报研究的主流,其数值模式运行的主要步骤为:建立动力框架、方程离散化、模型初始化(包括边界条件、时间积分方案、嵌套方案、参数化方案)。

东江流域气象预报系统依托目前国际先进的中尺度期气象预报模型 WRF(Weather Research and Forecast Model,WRF),采用其最新版本即 V3.9.1.1 构建,水平方向采用三重网格嵌套,网格分辨率分别为 36 km、12 km 和 4 km,具体参数设置如表 2 所示。可以实现未来 72 h 东江流域 4 km×4 km 气象全指标(气压、气温、降雨量、相对湿度、蒸发量、云量、太阳辐射强度等)预报。

表 2　WRF 模型的参数设置

模型版本	V3.9.1.1	
网格嵌套	三重嵌套(单向)	
垂直分层	35 层	(模式顶在 50 mb)
输入资料	Landuse 资料	第一重 MODIS-LAKES 10'×10' 第二重 MODIS-LAKES 5'×5' 第三重 MODIS-LAKES 2'×2'
	初始和边界场资料	GFS 全球 144 h 预报场 (0.5°×0.5°,3 h 间隔)
参数化方案	积云方案	Kain-Fritsch(new Eta)
	微物理方案	Lin et al.
	长波辐射方案	rrtmg
	短波辐射方案	rrtmg
	表层方案	Revised MM5 Monin-Obukhov
	边界层方案	YSU
	陆面方案	Unified Noah land-surface model

2.2　径流和污染负荷预报技术

径流与污染负荷预测是水质预测的核心。径流和污染负荷循环不是单独存在的部分,其产生机制可以分为径流形成、土壤侵蚀和污染物迁移转化三个过程,降雨为主的气象因素是其径流形成过程的驱动力。流域模型通常通过流域分割和集总对研究区进行概化,将研究区流域划分成空间上分散的、具有相同陆地或水文特征的单元,然后通过水文平衡、物质守恒方程,模拟概化单元内的汇流演算和物质输移过程。

东江流域降雨径流与污染负荷预报系统,依托目前国际先进的 HSPF(Hydrological Simulation Program - FORTRAN, HSPF)流域模型构建。根据河流水系和地形特征,东江流域在模型中被划分为 407 个子流域,这是目前空间离散精度最高的东江流域模型研究。这样高度细分的子流域能充分反映流域空间地形地貌的差异,为准确模拟流域各个地区的水文水质响应和分布提供了基础。但这样的细分也造成了模型可运行单元的总数超过了 HSPF 的最大限制 500。为了解决这个问题,这 407 个子流域被分到 8 个区域,每个区域单独建模。运行模型时,这 8 个区域模型从上游到下游用串行计算的方法连接起来,如图 1 所示。

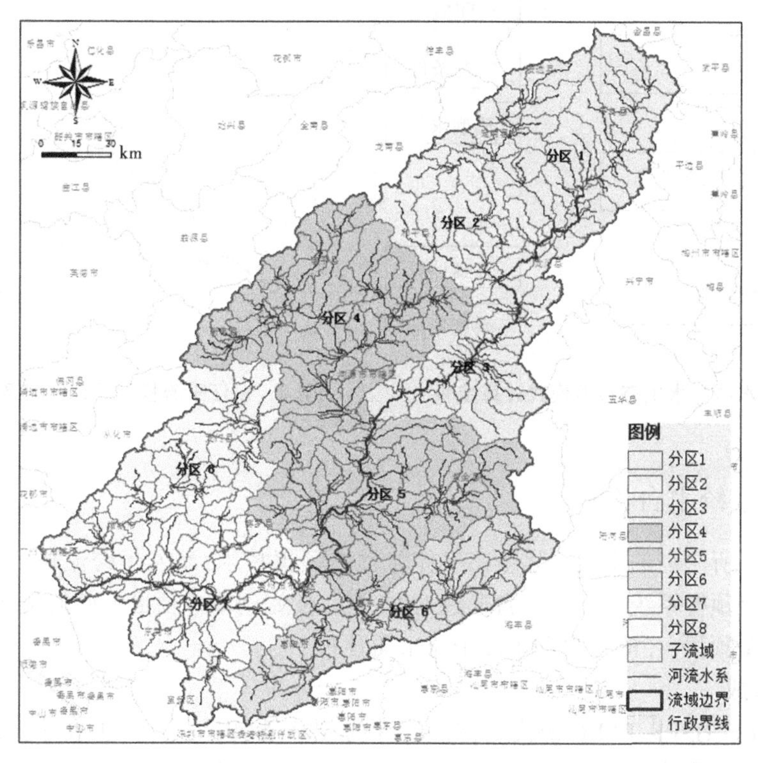

图 1 东江流域子流域分区

2.3 水质预报技术

自然界水体中物质的迁移转化过程是十分复杂的,影响物质迁移转化的因素非常多,包括气象条件、水力条件、底泥、水生动植物等。通常需对真实水体进行简化以模拟求解,水体中污染物质的迁移转化可以归结为如式(1)所示的概念模型:

$$\text{浓度变化率} = \text{对流项} + \text{扩散项} + \text{生化项} + \text{源汇项} \quad (1)$$

式中,浓度变化率是指水体中某一特定位置的污染物浓度随时间的变化率,对流项、扩散项、生化项和源汇项分别指由于水流作用、扩散作用、生化反应以及外源污染物输入或输出而引起的污染物浓度变化,主要计算步骤如图 2 所示。

东江干流的二维水动力-水质模型依托目前国际先进的 EFDC(The Environmental

Fluid Dynamics Code,EFDC)水动力模型构建,模型计算范围上游至枫树坝水库泄洪闸,下游至东莞石龙水文站。模型在水平方向有 5 000 个曲线正交网格,采用实测大断面数据插值后得到水下地形,模型计算网格及底部高程如图 3 所示。

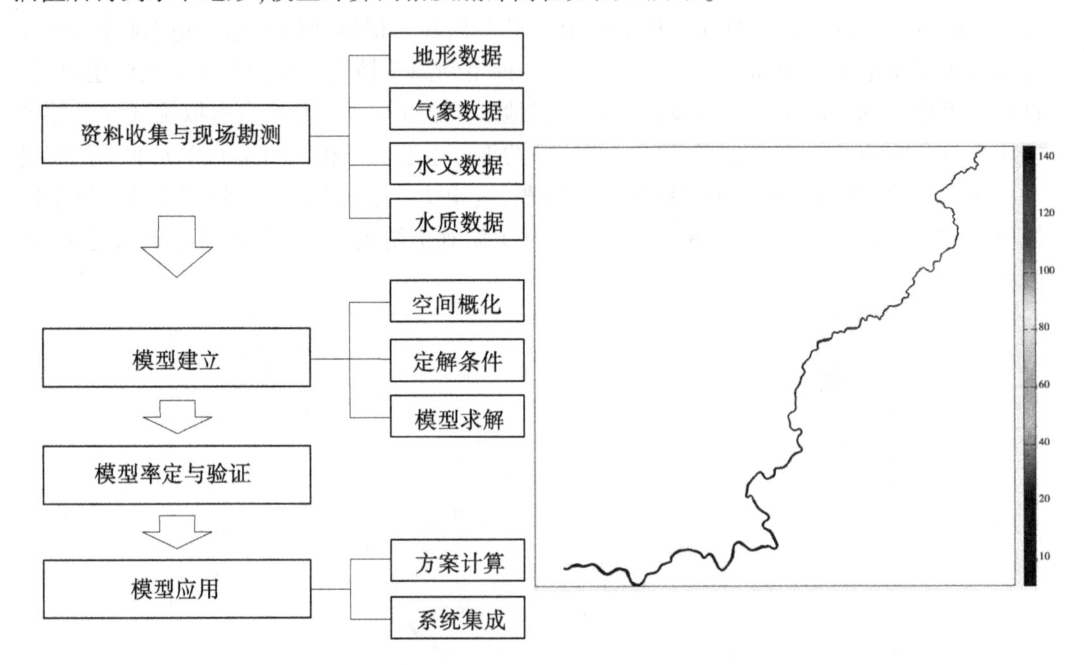

图 2　水质与水生态数值模式计算步骤　　　图 3　东江干流模型计算网格及底部高程

3　业务化系统平台构建

本文基于所研究的水质与水生态一体化预警预报技术,研发了跨流域饮用水源水质与水生态监控预警系统平台。平台通过对“气象-水文-水质”预报模型的集成,实现了东江流域的气象预报、径流预报和东江干流水质预报。

3.1　模型集成

基于 WRF、HSPF、EFDC 源代码,对模型模块进行封装和改造,通过计算机程序实现“气象-水文-水质”模式之间的数据交换接口,将三大预报技术无缝衔接,完成三大模型的集成,最终实现从区域气象(降雨)预报,到流域降雨径流和污染负荷预报,到东江干流的水质及水生态预报的一体化动态预报,技术路线如图 4 所示。

3.2　平台构建

系统总体技术框架采用基于 B/S 的三层体系结构,包括数据库层、应用服务器层、Web 客户端应用层,同时系统自数据库、应用服务器到客户端浏览器实现三层安全策略与用户认证体系。

软件体系及技术主要基于 Windows Server、Oracle10G、Apache Tomcat 环境及自主的 WEBGIS 应用平台组合体系;使用技术主要包括 J2EE 技术框架、NET 技术、Python、TileMap、JSON、GeoDB、GeoJSON、EsriJSON、GJSON 等。

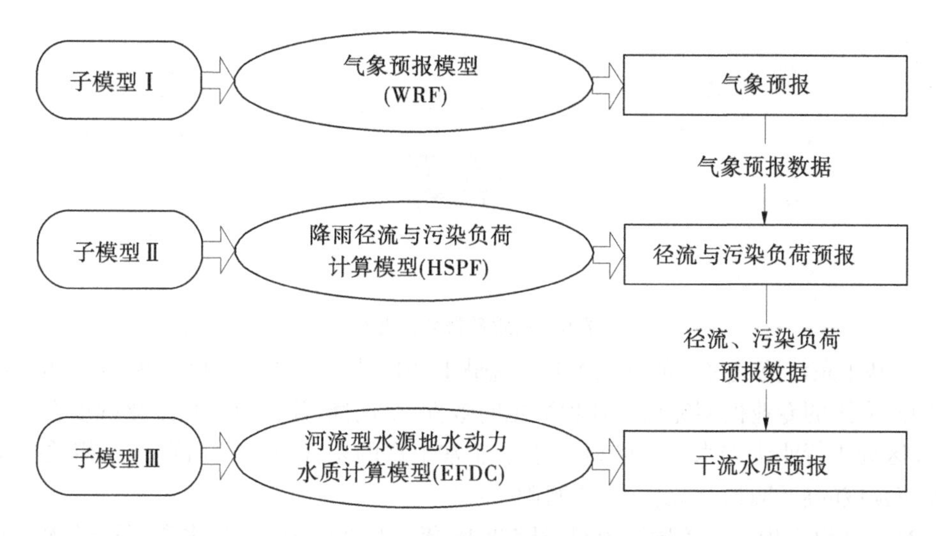

图4 一体化水质预警预报技术

系统可以实现未来72 h东江干流任意网格水质指标(包括水位、流速、溶解氧、化学需氧量、氨氮、硝氮、有机氮、磷酸盐、有机磷、叶绿素a、粪大肠菌群等)浓度值的逐时预报,并通过不同颜色显示,如图5所示。点击指标或者站点,可以查看指标曲线或站点预测数值,如图6所示。

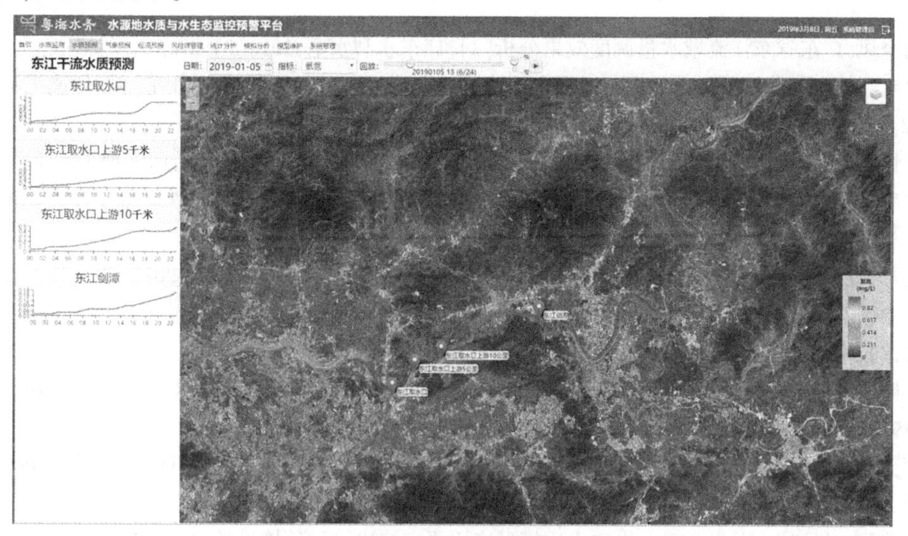

图5 东江干流水质预报展示界面

4 小 结

(1)"降雨-水文-水质"一体化水质与水生态预报技术相比于传统的单项预报技术而言,该技术将降雨预报技术、流域水文预报技术、水源地水质预报技术无缝对接,实现了从降雨、流域产流-产污、水源地水质变化的同步一体化动态预报,有效提升了水源地的水质预报的时效性,能够更好地解决水环境问题和进行科学的水环境管理。

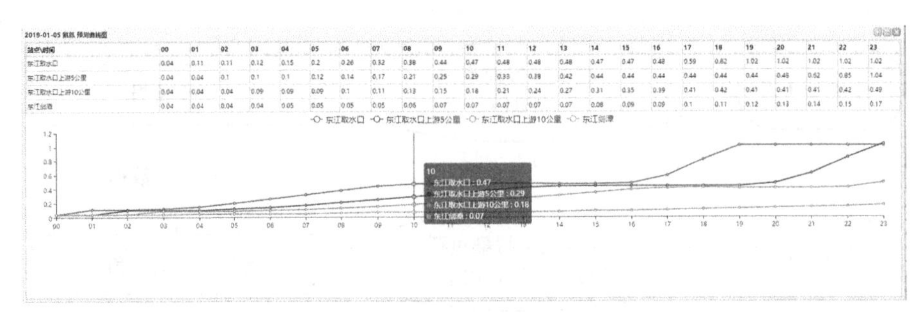

站点\时间	00	01	02	03	04	05	06	07	08	09	10	11	12	13	14	15	16	17	18	19	20	21	22	23
东江取水口	0.04	0.11	0.11	0.12	0.15	0.2	0.26	0.32	0.38	0.44	0.47	0.48	0.48	0.48	0.47	0.47	0.48	0.59	0.82	1.02	1.02	1.02	1.02	1.02
东江取水口上游5公里	0.04	0.04	0.1	0.1	0.1	0.12	0.14	0.17	0.21	0.25	0.29	0.33	0.38	0.42	0.44	0.44	0.44	0.44	0.44	0.44	0.48	0.62	0.85	1.04
东江取水口上游10公里	0.04	0.04	0.04	0.09	0.09	0.09	0.1	0.11	0.13	0.15	0.18	0.21	0.24	0.27	0.31	0.35	0.39	0.41	0.42	0.41	0.41	0.41	0.42	0.49
东江剑潭	0.04	0.04	0.04	0.04	0.05	0.05	0.05	0.05	0.06	0.07	0.07	0.07	0.07	0.07	0.08	0.09	0.09	0.1	0.11	0.12	0.13	0.14	0.15	0.17

图6　水质预报数据曲线

(2)基于东江流域建立的气象WRF、流域HSPF、水质水生态EFDC模型全部依托于目前国际先进的专业模型完成。建模数据时效性、全面性、建模成果精细化程度在东江流域研究区处于行业优秀水平。同时积累了非常丰富的东江流域数据资料和相关技术经验,为该领域的后续研究奠定了重要基础。

(3)本文研究理念与美国国家科学院2018年9月在《美国未来水资源科学优先研究方向》报告中提出的美国未来水资源科学6个优先事项之一"开发集成建模"不谋而合。系统平台采用了多源数据的抓取与融合,通过数据、接口、模型的开发与集成,实现了东江流域气象、流域污染负荷、干流水质三大模型的协同计算一体化预测预警。

参考文献

[1] 刘金凤.广东省东江流域水量调度效果分析[J].广东水利水电,2018(8):1-4.

[2] 曹宝,王秀波,薛婕,等.三峡库区潜在水环境风险源识别与分级评价方法研究[J].环境工程,2016(2):138-142.

[3] 吴恒卿.基于跨流域引水的深圳市西部水库群供水优化调度研究[D].西安:西安理工大学,2016.

[4] 林凌,巨栋,刘世庆.上下游水资源管理与水权探索——东江流域广东河源考察[J].开放导报,2016(1):49-54.

[5] 吴磊,龙天渝,刘霞.三峡库区小流域氮磷污染负荷估算[J].中国给水排水,2012(28):120-124.

[6] 蓝渝,张涛,郑永光,等,国家级中尺度天气分析业务技术进展Ⅱ:对流天气中尺度过程分析规范和支撑技术[J].气象,2013(39):901-910.

[7] 王晓君,马浩.新一代中尺度预报模式(WRF)国内应用进展[J].地球科学进展,2011(26):1191-1199.

[8] 郝芳华,程红光,杨胜天.非点源污染模型——理论方法与应用[M].北京:中国环境科学出版社,2006.

[9] 李兆富,刘红玉,李燕.HSPF水文水质模型应用研究综述[J].环境科学,2012(33):2217-2223.

[10] 金光球,魏杰,张向洋,等,平原河流水沙界面生源物质迁移转化过程及水环境调控的研究进展[J].水科学进展,2019:1-13.

[11] 徐祖信,尹海龙.黄浦江水环境模拟计算边界条件影响分析[J].同济大学学报(自然科学版),2006(34):74-79.

[12] 刘夏明,李俊清,豆小敏,等.EFDC模型在河口水环境模拟中的应用及进展[J].环境科学与技术,2011(34):136-140.

南水北调中线干线冰期输水调度探析

张学寰　陈晓楠　刘　爽

(南水北调中线干线工程建设管理局　北京　100038)

摘要:南水北调中线干线自2014年全线通水至今,已历经5次冰期输水,其中安阳以北至北拒马河的480 km明渠,冬季受寒冷气温的影响,均出现不同程度的冰情,个别渠段发生了一定的险情。本文在5次冰期输水积累的运行经验、原型观测的基础上,深入总结冰期输水调度经验,分析输水调度遇到的问题,开展相关科学研究,初步形成了以运行水位、水流弗劳德数、输水流量控制为核心的冰期输水调度方案,并在冰期实际输水调度中得到了成功应用,同时对今后进一步增大冰期输水流量、发挥工程效益进行了探究。

关键词:南水北调中线　冰期输水　弗劳德数　流量　水位

南水北调中线工程是缓解我国北方地区水资源短缺,优化水资源配置,改善生态环境的重大战略性基础设施。南水北调中线干线工程总干渠南起丹江口水库的陶岔引水闸,跨长江、淮河、黄河、海河四大流域,沿途经过湖北、河南、河北三省,至北京的团城湖和天津市外环河,全长1 432 km。中线工程多年平均调水量95亿m^3,于2014年12月12日全线通水,截至2019年5月初,已累计向北方输水200余亿m^3,南水北调水已成为京津冀豫沿线20个大中城市地区主力水源;受益人口连年攀增,截至目前,直接受益人口已超5 320万,其中河南省受益人口1 767万,河北省受益人口1 548万,天津市受益人口910万,北京市受益人口1 100万同时,为深入贯彻落实习近平总书记关于生态文明建设和保障水安全的重要指示精神,中线工程近两年已多次通过沿线退水闸向河北白洋淀等地方河道开展生态补水,总量累计达13.49亿m^3;工程调水效益显著,在供水保障、水质改善、生态修复、经济发展等方面都发挥了重要作用。

南水北调中线总干渠跨越北纬33°~40°,气候从暖温带向中温带过渡,总体处于寒冷地区。黄河以北700 km渠道冬季受寒冷气温的影响,将出现不同程度的冰情,总干渠将处于无冰输水、流冰输水、冰盖输水等多种复杂运行状态,可能发生冰塞、冰坝等危害,特别是安阳以北480 km总干渠上的倒虹吸、闸门、渡槽下游、曲率半径较小的弯道等局部水工建筑物附近,由低纬度向高纬度输水的过程中,面临着严峻的冰期输水问题。南水北调中线工程冰期安全输水,事关南水北调中线工程的成败,冰期安全输水流量的控制,关系到是否能最大限度地发挥其工程效益。因此,对中线干线总干渠冰期输水调度研究具有重大现实意义和应用价值。

作者简介:张学寰(1983—),男,天津人,高级工程师,本科,从事工程运行调度及管理工作。

1　工程概况

1.1　工程简介

南水北调中线干线输水干渠包括中线总干渠、北京干线和天津干线三部分，其中总干渠自陶岔渠首至北拒马河节制闸长 1 197 km，采用明渠输水；北京干线自北拒马河节制闸至团城湖长 80 km，采用管道方式输水；天津干渠全长 155 km，采用管涵方案。总干渠陶岔渠首引水设计流量 350 m³/s，加大流量 420 m³/s，全线自流输水，无调节水库，沿线布置节制闸 64 座、分水闸 97 座、退水闸 54 座和控制闸 61 座进行输水控制调度。

中线工程由南向北跨越北纬 33°～40°，纬度相差 7°，沿线气候从暖温带向中温带过渡，总体处于寒冷地区，黄河以北的渠段在冬季输水过程中将会出现结冰现象。安阳以北地区 1 月平均气温低于 0 ℃，邢台以北地区冬季平均气温均低于 0 ℃。安阳以北渠段控制性工程包括 27 座节制闸、25 座退水闸、34 座分水口门和 17 座控制闸。汤河节制闸以南渠道按照不结冰的正常方式输水。

1.2　冰期输水情况

1.2.1　京石段应急通水运行情况

2008～2014 年京石段（滹沱河至北拒马河节制闸段）应急供水期间，中线建管局对京石段冰期输水开展了原型观测研究。2008～2014 年，南水北调中线京石段总干渠冰期输水流量相对较小，渠道内水流流速一般控制在 0.3 m/s 以下，水流弗劳德数控制在 0.06 以下，冰期输水期间未出现冰凌灾害。2008～2014 年冰期观测数据统计见表 1。

表 1　京石段应急供水阶段冰期输水总干渠观测数据统计

输水期	冰期	水源及流量		总干渠观测数据			
		水源	出库流量（m³/s）	冰盖范围	最低温度（℃）	冰盖最大厚度（cm）	北拒马河节制闸最大过流量（m³/s）
第一次	2008～2009 年	黄壁庄	8～14	磁河—北拒马河	-12	20	13.01
第二次	2010～2011 年	王快	11～17	唐河—北拒马河	14.3	33	15.64
第三次	2011～2012 年	王快	16～20	岗头隧洞—北拒马河	-12.9	32	18.69
第四次	2012～2013 年	黄壁庄、安格庄	11～13	磁河—北拒马河	-14.8	32	14.88
	2013～2014 年		11～13	磁河—北拒马河	-11.6	7.8	12.13

1.2.2　全线通水运行情况

总干渠可能出现冰情的范围为安阳以北段，具体为汤河节制闸至北拒马河节制闸段，从汤河节制闸至北京惠南庄泵站的渠段范围，控制性工程包括 27 座节制闸、25 座退水闸、34 座分水口门、17 座控制闸。2014 年 12 月 12 日南水北调中线总干渠全线正式通水后，南水北调中线建管局持续开展了南水北调中线干线冰凌原型观测，总结冰期输水运行调度经验。各年度冰期情况详见表 2、表 3。

表 2　全线通水各阶段冰期运行持续时长统计(一)

输水年度	进入流冰期	融冰结束	持续时长(d)			
			流冰期	冰盖形成阶段	冰盖下输水阶段	融冰期
2014~2015 年	12 月 3 日	2 月 7 日	5~13	13~16	20~41	26
2015~2016 年	12 月 16 日	2 月 17 日	5~10	10~15	18~30	25
2016~2017 年	12 月 26 日	2 月 15 日	30	0	0	19
2017~2018 年	12 月 17 日	2 月 20 日	33	0	0	30
2018~2019 年	12 月 16 日	2 月 22 日	34	0	0	32

表 3　全线通水各阶段冰期运行持续时长统计(二)

输水年度	水源及流量		总干渠观测数据			
	水源	出库流量(m^3/s)	冰盖范围	最低温度(℃)	冰盖最大厚度(cm)	北拒马河节制闸最大过流量(m^3/s)
2014~2015 年	丹江口	30~100	岗头隧洞—北拒马河	-9	10.08	15.11
2015~2016 年	丹江口	88~107	磁河—北拒马河	-18.6	35	31.13
2016~2017 年	丹江口	74~98	未形成连续冰盖	-12	—	22.36
2017~2018 年	丹江口	130~171	未形成连续冰盖	-13	—	25.74
2018~2019 年	丹江口	158~224	未形成连续冰盖	-12	—	25.52

1.2.2.1　2014~2015 年度

2014 年底南水北调中线干线全线正式通水,2014~2015 年度冬季为中线冰期输水的第一个冬季,丹江口水库为唯一的供水水源地,水从丹江口水库陶岔闸入总干渠,过河南安阳倒虹吸后渠道输水流量 26~29 m^3/s,分别向河北省、北京市和天津市供水,其中北拒马河暗渠节制闸流量为 12~14 m^3/s,西黑山分水闸流量为 12~13 m^3/s。在调度过程中,全线满足工作条件的所有节制闸都参与调度,闸门开度大部分为 0.2~0.4,少数节制闸闸门开度达到 0.6~0.8,各节制闸采取闸前常水位、闸后较低水位控制运行,渠道流速 $v<0.4$ m/s,$Fr<0.08$。中线干线总干渠采取冬季冰期输水模式为:小流量,低流速,闸前较高常水位控制,在封冻段采取冰盖输水方式。

本年度冬季属于典型暖冬气象现象,中线干线冰情不严重,整个冰期渠段包括无冰段、流冰段和封冻段,其中古运河暗渠以南为无冰段;古运河暗渠至岗头隧洞为流冰段,以岸冰和流冰为主;岗头隧洞至北拒马河河暗渠为封冻段,以冰盖为主。2014~2015 年度冰期输水总体运行安全、稳定,未发生冰塞、冰坝以及其他冰冻灾害。

1.2.2.2 2015~2016年度

2015~2016年度冰期输水期间,南水北调中线干渠的输水流量相对较大,惠南庄泵站的输水流量达到了30 m^3/s,北拒马河节制闸前水流弗劳德数为0.08~0.09,拦冰索后面经常有流冰堆积,需要定期进行清除。2016年1月22日,保定地区最低温度降至-18 ℃,京石段普遍形成冰盖,冰盖最大厚度约30 cm,岗头节制闸闸前最大流速0.66 m/s,水流弗劳德数0.099,超过了第二临界弗劳德数,岗头节制闸前冰层厚度迅速增厚,闸前坚冰、碎冰及绵冰大量堆积,形成冰塞险情,局部区域堆积厚度达到2 m,上游水位壅高0.4 m。而后采取了有效的应急调度和现场抢险措施,工程虽经受了严重冰情考验,但未发生安全事故。2015~2016年冰期输水在原型观测、调度和应急措施方面积累了宝贵经验,对于中线工程今后的长期安全运行具有重要的意义。

在充分总结2015~2016年冰期运行经验和教训的基础上,中国水利水电科学研究院开展了南水北调中线总干渠冰期输水调度方案研究工作,并提出了以控制水流弗劳德数为核心的输水调度控制方式,并在实践中得到了成功应用。

1.2.2.3 2016~2019年

2016~2017年、2017~2018年、2018~2019年3个年度在实际调度中北京和天津的输水流量分别控制在12~23 m^3/s和15~21 m^3/s,岗头节制闸过闸流量控制在28~45 m^3/s,控制汤河节制闸至北拒马河节制闸水流弗劳德数不超过0.06。

该3个年度冬季均属于典型暖冬气象现象,中线干线冰情不严重,整个冰期仅出现流冰期和融冰期,未出现冰盖输水期,其中古运河暗渠以南基本以岸冰为主,古运河暗渠至北拒马河暗渠为流冰段。2016~2019年冰期输水总体运行安全、稳定,未发生冰塞、冰坝以及其他冰冻灾害。

2 前期冰期输水研究

由于南水北调中线工程全线自流输水,总干渠线路长,无调蓄水库,大型建筑物众多,冰期输水问题非常突出。为此,我国相关科研单位在南水北调中线工程建设过程中开展了大量的研究工作,以期为中线工程的冰期运行提供技术支撑。中国水利水电科学研究院、长江勘测规划设计研究有限责任公司、武汉大学、天津大学、长江水利委员会长江科学院等单位开展相应的科学研究工作,目前也已取得一定成果。主要结论详见表4。

表4 南水北调中线冰期科研成果汇总

课题名称	研究成果 (冰期输水主要控制参数)	研究单位
南水北调中线一期工程可行性研究总报告专题报告三——总干渠冰期输水专题研究	1. 弗劳德数 $Fr \leq 0.06$ 2. 西黑山断面控制流量 30 m^3/s	长江水利委员会长江勘测规划设计研究院
南水北调中线工程典型渠段和建筑物冰期输水物理模型试验研究	渠道控制流量均按设计流量的33.1%控制	天津大学

续表 4

课题名称	研究成果 （冰期输水主要控制参数）	研究单位
南水北调中线冰凌观测预报及应急措施关键技术研究报告	渠段控制流速 v<0.4 m/s	长江水利委员会长江科学院联合长江勘测规划设计研究有限责任公司
南水北调中线一期工程总干渠运行调度规程初稿(送审稿)	v=0.4 m/s 西黑山断面控制流量 22.5 m³/s	长江勘测规划设计研究有限责任公司联合武汉大学及长江水利委员会长江科学院
南水北调中线一期工程总干渠冰期输水运行调度方案设计与研究	渠段控制流速 v<0.4 m/s	长江水利委员会长江勘测规划设计研究院、长江水利委员会长江科学院、中国水利水电科学研究院以及武汉大学
南水北调中线总干渠冰期输水调度方案	弗劳德数 Fr≤0.06	中国水利水电科学研究院

2.1 南水北调中线一期工程可行性研究总报告专题报告三——总干渠冰期输水专题研究

该研究在总结北方河渠冰期输水经验和分析冰情观测资料的基础上，采用长渠道一维非恒定流水-冰水力学数学模型，模拟南水北调中线一期工程总干渠在不同气象和输水条件下沿程的水温、流冰过程，分析总干渠可能出现的冰情，进行冰期输水调度模式的初步分析，提出：

(1)当水流弗劳德数不超过 0.06 时，冰盖以平铺上溯模式发展；当水流弗劳德数为 0.06~0.09 时，冰盖以水力加厚模式发展。为保证输水安全，应在寒潮来临之前适当控制输水量，降低水流流速，尽快让冰面形成连续光滑冰盖。

(2)冬季输水时，冰盖形成期、冰盖输水期、融冰期为加快冰盖形成及输水安全，渠道流速需控制在 0.5 m/s 以下。

(3)为保证冰盖形成与稳定，渠道流速不宜超过 0.5 m/s，在此条件下，总干渠设计水位结冰盖运行时各渠段过流能力为原设计能力的 30%~59%。

2.2 南水北调中线工程典型渠段和建筑物冰期输水物理模型试验研究

该研究利用天津大学的冰力学和冰工程实验室，采用冻结模型冰开展“典型渠段和建筑物冰期输水物理模型试验研究”，结合原型观测和理论分析，得到主要结论如下：

(1)流凌期控制冰凌下潜，可以降低冰盖初始糙率，避免危害性冰坝的产生；当冰凌厚度大于 0.10 m 时，结冰期总干渠输水流量可以达到设计流量的 33.1%，融冰期总干渠输水流量为设计流量的 49.4%。

(2)加厚冰盖糙率按 0.03 考虑，在加大水位条件下，渠道输水能力为设计流量的 44.0%，随着加厚冰盖糙率的降低，流凌期输水能力将进一步提高；坚冰盖形成以后，当冰盖糙率由 0.04 变化至 0.02 时，渠道输水能力由设计流量的 37%增加到 61%。

(3)综合考虑控制冰凌下潜和允许力学加厚的冰凌下输水方式，南水北调中线工程在结冰期，根据实际情况，可以尝试采取水力加厚的冰凌下输水方式提高过流能力；为降低冰坝危害发生的概率，在融冰期应采取控制冰凌下潜方式运行。

2.3　南水北调中线冰凌观测预报及应急措施关键技术研究

长江水利委员会长江科学院联合长江勘测规划设计研究有限责任公司，结合京石段通水和中线干线全线初期通水运行资料，依据相关成果、中线一期工程设计文件等，于2015年8月编制完成《南水北调中线冰凌观测预报及应急措施关键技术研究报告》。主要结论为：冰盖阻力的存在，降低了渠道输水能力，流凌渠段通水能力降到设计流量的30%～60%，尤其是西黑山以北渠段，渠道输水能力会更小。

2.4　南水北调中线一期工程总干渠冰期输水运行调度方案设计与研究

该研究在广泛调研和资料收集的基础上，开展了相关理论研究工作，主要结论如下：

(1)在一定精度下，认为天气预报能提前3 d预报寒流，相应调节闸门使渠段内流速在3 d内降至0.4 m/s以下，为实现渠道平封创造条件，在运行初期以渠道平均流速0.4 m/s作为平封判定条件。

(2)对于渠道水位，控制降速应满足小于0.3 m/d、0.15 m/h，保证渠道衬砌安全；渠道水面线应保持在加大水面线以下，保证渠系安全平稳运行；提出在冰期能够尽量保证流量恒定、水位不变。

(3)考虑到华北地区即使冷冻年的气温也不是特别低，不能有效保证悬冰盖的迅速生成和达到一定强度的要求，且工程沿线处于不同纬度而不好控制悬冰盖下输水模式，所以不宜采用悬冰盖输水模式。

2.5　南水北调中线总干渠冰期输水调度方案

2016年中国水利水电科学研究院在深入分析国内外冰期输水研究成果的基础上，总结以往冰期运行经验，开展了南水北调中线总干渠冰期输水调度方案研究工作，并提出了以控制水流弗劳德数为核心的输水调度控制方式，分析了中线干渠的冰期输水能力，提出了冰害防治的工程措施，该成果主要控制要点如下：

(1)总干渠冰期运行时间确定为每年的12月1日至次年的3月上旬，并应于12月1日前做好冰期运行准备。

(2)总干渠可能出现冰情的范围为安阳河节制闸至北拒马河节制闸段。冰期安阳河以北渠段运行水位按照设计水位控制，运行过程中控制节制闸闸前水位尽量保持不变。

(3)冰期输水过程中，采用冰覆盖下方式输水；为确保冰期运行安全，总干渠进入冰期运行的各渠段水流弗劳德数按不超过0.06进行控制。

(4)整个冰期输水各阶段，宜采用定流量方式输水，各分水口分水流量和节制闸过闸流量尽量保持不变。

综合上述各单位研究成果可以发现，各科研成果虽然从各个角度和各方面提出了相应的控制方法和结论的建议，但均未给出具体的调度方案和可实施的关键控制指标，缺乏可操作性和与实际应用的结合。

3　冰期输水总体分析

本文在深入分析以往冰期输水研究成果的基础上，结合南水北调中线工程冰期输水经验,尤其是2015~2016年冰期的输水运行经验,根据冰期输水调度工作实际,分析现阶段需解决的关键性问题,包括冰期输水期间控制输水流量、流速、水流弗劳德数的安全控制边界,制定科学合理的调度控制方式,总结提出如下具体控制方案:

(1)冰期输水运行水位采用闸前常水位控制方式。考虑到工程安全运行和应急调度对于各渠池调蓄空间的要求,为了使冰盖在向上游发展推进过程中保持稳定,冰期运行方式是应采用闸前常水位方式,冰期各渠段的节制闸闸前水位取设计水位。

(2)结合冰期运行实践,确定整个冰期采取定流量输水。由于总干渠流冰期、冰盖形成期和融冰期时间较长,稳定封冻期时间相对较短,且流量调整的转换时间较长,为了增加冰期的输水能力,并减小渠道冰期输水过程中的水力调控难度,整个冰期应采取定流量输水方案。

(3)冰期安全输水的关键控制指标按控制水流弗劳德数确定。冰期输水调度应按照不超过第一临界水流弗劳德数0.06控制,并根据此参数推算得到各渠段安全控制流量。

(4)冰期输水期间渠道输水水流弗劳德数按不超过0.06进行控制,经计算,关键控制节点岗头节制闸闸前输水流量应按不超过47.64 m^3/s进行控制,北拒马河节制闸前输水流量应按不超过22.97 m^3/s进行控制。

4 展　望

(1)南水北调中线工程是我国重大战略性基础设施,确保工程运行安全是保障工程发挥其效益的基本保障,因此今后应进一步深入开展相关科学研究,保障工程安全,确保一渠清水永续北上。

(2)为更大限度地发挥南水北调中线工程的综合效益,今后应进一步对冰期加大输水流量的可行性开展相关研究,通过研究渠道冰期输水控制的关键水力学控制参数,从而对控制指标进行优化,提高冰期输水能力。

(3)考虑到近年持续暖冬情况,可研究建立一套系统的气象预警预报机制,并增加相应的配套设施,增加结合预警情况应急调减流量的控制方式,实现冬季大流量输水。

5 结　语

本文在深入分析以往相关科研成果,基于中线京石段应急工程运行6年,以及中线干线2014年底全线通水以来积累的冰期输水调度经验、原型观测的基础上,研究得到了总干渠冰期输水能力、输水安全边界条件、关键控制指标等,建立了冰期输水调度框架体系,完善了调度策略,为今后中线工程冰期输水的安全提供参考依据,为中线工程发挥其巨大的综合效益提供保障,具有重要的现实指导意义。

参考文献

[1] 水利部长江水利委员会. 南水北调中线工程规划[R]. 武汉:水利部长江水利委员会,2001.

[2] 郭新蕾,杨开林,付辉,等. 南水北调中线工程冬季输水冰情的数值模拟[J]. 水利学报,2011,42(11):1268-1276.

[3] 杨开林,王涛,郭新蕾,等. 南水北调中线冰期输水安全调度分析[J]. 全国冰工程学术研讨会,

2011,9(2):1-4.
[4] 华北水利水电大学.南水北调中线干线工程京石段工程输水运行规律数据挖掘[R].2014.
[5] 长江水利委员会长江科学院. 南水北调中线工程 2015~2016 年冬季冰期输水综合评估报告[R].2016.
[6] 北京勘测设计研究院有限公司. 南水北调中线干线工程通水初期 2016~2017 年度冰期输水冰情原型观测报告[R].北京:北京勘测设计研究院有限公司,2017.
[7] 北京勘测设计研究院有限公司. 南水北调中线干线工程通水初期 2017~2018 年度冰期输水冰情原型观测报告[R].北京:北京勘测设计研究院有限公司,2018.
[8] 长江水利委员会长江勘测规划设计研究院. 南水北调中线一期工程可行性研究——总干渠冰期输水专题研究[R]. 北京:长江水利委员会长江勘测规划设计研究院,2005.
[9] 天津大学. 南水北调中线工程典型渠段和建筑物冰期输水物理模型试验研究[R]. 天津:天津大学,2015.
[10] 长江水利委员会长江科学院.南水北调中线冰凌观测预报及应急措施关键技术研究[R].武汉:长江水利委员会长江科学院,2015.
[11] 武汉大学.南水北调中线一期工程总干渠冰期输水运行调度方案设计与研究[R].武汉:武汉大学,2013.
[12] 中国水利水电科学研究院.南水北调中线总干渠冰期输水调度方案[R].北京:中国水利水电科学研究院,2016.

南水北调中线调度预警系统开发及应用

卢明龙[1]　段春青[2]　刘帅杰[1]

(1. 南水北调中线干线工程建设管理局　北京　100038;
2. 北京市郊区水务事务中心　北京　100073)

摘要:南水北调中线工程线路长,节制闸、分水口多,运行工况复杂,沿线风险源多,对输水调度预警进行开发应用对及时发现异常情况、保障安全调度有着重要意义。本文结合中线工程输水调度实际,建立了调度预警模型并提出了响应流程。从水位、流量、闸门开度和调度指令四个方面进行输水调度预警的设计:水位预警通过监控水位高限、低限和水位变幅实现。流量和开度预警分别通过监控流量和开度变幅实现。对于开度预警则在指令下达过程中,通过自动将开度调整量与当前开度之和,与目标开度相比较进行复核提醒。模型还考虑了各类预警相互触发的关系,以及水情数据的滤波,以提高预警的准确度和减少重复预警。在预警管理方面,根据各级调度机构职责,建立了较为完善的接警、消警规则和机制,通过系统高效实现管理。系统投入应用以来取得了很好的效果,能够及时正确捕获异常信息并及时发出预警,为中线安全平稳运行提供了技术支撑。

关键词:南水北调中线　调度预警　滤波　水位　过闸流量

作者简介:卢明龙(1985—),男,安徽蚌埠人,硕士研究生,从事输水调度管理工作。

1 引 言

南水北调中线干线工程自丹江口水库引水，经河南、河北、北京、天津四省(直辖市)，跨越长江、淮河、黄河、海河四大流域，线路总长 1 432 km。其中，陶岔渠首至北拒马河中支段长约 1 197 km，主要为新开明渠，梯形断面，采用全断面混凝土衬砌；北京段长约 80 km，采用 PCCP 管和暗涵相结合的输水形式；天津干线长约 155 km，采用暗涵输水形式。工程沿线设有各类控制性建筑物 303 座，其中节制闸 64 座，分水口门 97 座。工程最大输水流量位于渠首段，设计流量为 350 m^3/s，加大流量为 420 m^3/s，设计多年平均调水量 95 亿 m^3。

南水北调中线工程输水线路长，沿线节制闸、分水口门多，且无调蓄水库，调度控制十分复杂。工程在运行过程中，若遇到工程事故，设备设施故障，暴雨、极寒等恶劣天气以及人为误操作等，会对运行水位、闸门开度、输水流量和调度指令等带来不利影响：一是出现水位过高或过低超限现象，水位过高，存在漫堤安全风险；水位过低，会影响部分分水口正常分水，个别渠段会出现地下水顶托衬砌板破坏，部分倒虹吸还会出现明满流交替现象。二是水位变幅较大，中线工程允许水位最大下降幅度为 30 cm/d、15 cm/h，水位下降过快会造成衬砌板破坏；同时，水位上涨过快，存在漫堤风险，伴随着一些异常工况，需引起注意。三是在运行过程中，闸门因机械或自动化控制系统故障，出现未有调度指令时异常下滑或抬升的现象，若闸门下滑，会引起过闸流量减少，闸前水位骤涨、闸后水位骤降；若闸门上升，会引起过闸流量增加，闸前水位骤降、闸后水位骤涨。四是过闸流量在未进行闸门调度操作时出现异常变化，主要原因包括闸门异动；闸前出现冰塞、冰坝，或被其他物件堵塞；闸后渠段出现决口导致闸后水位骤降引起过闸流量增加等。五是调度指令在通过输入闸站监控系统执行远程操作时，若调度人员出现失误，存在调度指令输入执行错误的风险，主要包括选择调度的闸门类型、名称，或需要调整的孔门错误；闸门开度调整量输入错误；闸门上调或下调出现方向性错误等。

本文针对上述风险，并结合中线工程输水调度实际，建立了调度预警模型，能够在水位、流量、闸门开度和调度指令出现异常或可能影响调度安全时及时发现并提醒调度人员。同时，模型还考虑了各类预警相互触发的关系，以及水情数据的滤波，以提高预警的准确度和减少重复预警。在预警管理方面，建立了较为完善的预警响应规则和机制，实现有警必接、及时消警。

2 调度预警系统开发

2.1 设计思路

中线工程输水调度主要通过联合调整各节制闸开度，控制闸前水位在目标水位附近，过闸流量满足下游分水要求，因此对于节制闸的控制是输水调度的关键。通过利用闸站监控系统每秒采集一次节制闸各项调度数据的信息来源，结合工程特点和调度控制要求，设计一种预警规则并合理设置预警值，可实现对节制闸各项调度数据的实时监控，当发生异常或紧急情况时，及时触发预警，提醒调度人员。根据上文各项调度风险，中线工程调度预警系统设计思路如下：

(1)在各节制闸最高安全运行水位和最低安全运行水位之间,考虑一定安全富余度,设置水位高限预警和低限预警。

(2)根据中线工程允许水位的最大变幅速度,设置水位缓变预警和水位骤变预警,控制水位每天变幅量和每小时变幅量。

(3)通过实时监测各节制闸在未调度时的流量变化,合理设定阈值,设置流量预警。

(4)通过实时监测各节制闸闸门在未调度时的开度变化,合理设定阈值,设置开度预警。

(5)在调度指令执行远程操作前,复核开度调整量与目标开度关系,避免指令错误,并在执行开度大幅度调整前进行二次提醒和确认。

2.2　模型设计及预警值设定

中线工程调度预警系统警情设置包括水位预警、流量预警、开度预警和调度指令提示。根据警情对调度的影响和实际工作需要,对各类预警进行分级,共分为2级,其中将水位预警设定为Ⅰ级预警,流量预警和开度预警设定为Ⅱ级预警,调度指令提示仅为提示作用,不参与预警分级。

各类预警设计具体如下。

2.2.1　水位预警

水位预警包括水位超限预警和水位变幅预警。其中,水位超限预警限值设置为4种,因渠段最低运行水位距离目标水位较近,一般最多为设计水位以下40 cm,因此水位低限预警设置1种;水位高限预警根据其与设计水位和加大水位的关系,设置3种,以便其对水位上涨进行过程控制。具体见表1。

表1　水位超限预警设计

警情类别	预警值设置
高限初级	达到或超过设计水位和加大水位的中点
高限中级	达到或超过加大水位
高限高级	渠道超高≥1.5 m,为加大水位以上30 cm; 渠道超高<1.5 m,为加大水位以上15 cm
水位低限	达到或低于渠段最低运行水位以上5 cm

表1中渠段最低运行水位为综合比较地下水位、分水口最低保证水位、建筑物进口淹没水位,取最大值确定。

水位变幅预警包括水位骤变预警和水位缓变预警,具体设计见表2。

表 2 水位变幅预警设计

断面名称	水位骤变预警	水位缓变预警
一般节制闸	变幅达到或超过±10 cm/h	变幅达到或超过±20 cm/d
穿黄节制闸	变幅达到或超过±20 cm/h	变幅达到或超过±50 cm/d
穿黄进口闸	变幅达到或超过±3 cm/h	—
西黑山引水闸	变幅达到或超过±5 cm/h	变幅达到或超过±20 cm/d

2.2.2 流量预警

流量预警主要通过对节制闸过闸流量的实时监测,发现闸门未调度时的异常变化,以便及时发现闸门异动等危险情况。预警值设置为未进行调度调整时,10 min 内节制闸过闸流量变幅超过当前流量的±20%时,发生“流量骤变”报警。

2.2.3 开度预警

开度预警通过对闸门开度的实时监测,及时发现闸门下滑等异常情况并触发预警,将危险止于初始阶段。预警值设置为在无指令情况下,10 min 内节制闸闸门开度变幅达到或超过±12 cm 时,发生“开度骤变”报警。开度预警值的设定主要是考虑闸门控制系统在监控闸门开度无指令情况下变化 12 cm 会自动开启复位功能,为防止自动复位功能失效,设置开度预警。

2.2.4 调度指令提示

调度指令提示可防止指令输入错误,并在大幅度调整闸门时进行相应提示。具体设计为:下达指令时须输入目标开度和调整开度,调整的幅度增大为正值,减小为负值。若闸门调整前实际开度与调整开度之和与目标开度不符合,发生“指令错误”提示;当闸门一次调整开度达到或超过 50 cm 时,系统进行“闸门大幅度操作”提示。

2.3 警情触发逻辑及滤波处理

2.3.1 警情触发逻辑

2.3.1.1 合理的警情合并

实际调度工作中,当发生异常情况时,可能会触发多条警情,需要调度人员重复接警,并对每条警情进行单独分析和消警,增加工作量的同时不利于异常情况的综合分析判断。如闸门异动,会触发开度预警,闸门开度变化引起流量变化,会触发流量预警,过闸流量变化引起水位变化,会触发水位变幅预警,当水位变化到一定限值时还会引起水位超限预警。为防止警情重复触发,对同一站点一定时间范围内(一般为 2 min)触发的各类警情进行合并,仅触发一条警情,警情级别取各类警情的最高级,警情信息显示所有警情内容,减少接警、警情分析填写和消警工作量的同时,有利于警情的综合分析和科学处置。

2.3.1.2 非远程控制状态下的警情触发

实际运行中,部分闸门因检修、调试等工作需要,会处于现地控制状态。当闸门进行现地手动操作时,调度预警系统会识别闸门开度和流量变化,却无法获取调度指令信息,易触发无效的开度预警和流量预警。为防止此类无效预警,预警系统触发逻辑设置为闸门在非远程控制状态下，仅触发水位预警，不触发开度预警和流量预警。

2.3.1.3　未消警情再次达到预警条件的处理

针对此种情况，为防止相同或安全度更低的警情重复触发造成管理混乱，同时为确保调度安全，规定如下：同一站点在未消警的情况下再次达到相同预警条件，不再触发预警；同一站点在未消警的情况下达到安全度较低的预警条件，不再触发预警，如水位高限中级预警未消警水位下降达到高限初级，不再触发高限初级预警，但Ⅰ级预警未消情况下可触发Ⅱ级预警（不同警情类型）；同一站点在未消警的情况下达到其他预警条件，且警情安全度高于未消警情，触发预警。

2.3.2　预警数据滤波

预警系统的数据来源为闸站监控系统对节制闸的水位、流量、开度等调度数据采集，采集频次为每秒1次。因现场风浪、水流紊动，以及水位计、流量计的跳变等，会出现个别异常偏大或偏小的数据，如图1所示，影响预警触发逻辑计算的准确性。同时，当对闸门开度进行调整时，闸前局部范围内的水位波动（对于倒虹吸，往往为闸前水位计安装处）会在短时间内出现较大变化，影响水位计的正常读数，然而对实际渠道水位却无影响，此时若不对预警触发逻辑进行适当调整，也将触发无效预警。为提高预警的准确度，提出两种滤波算法。

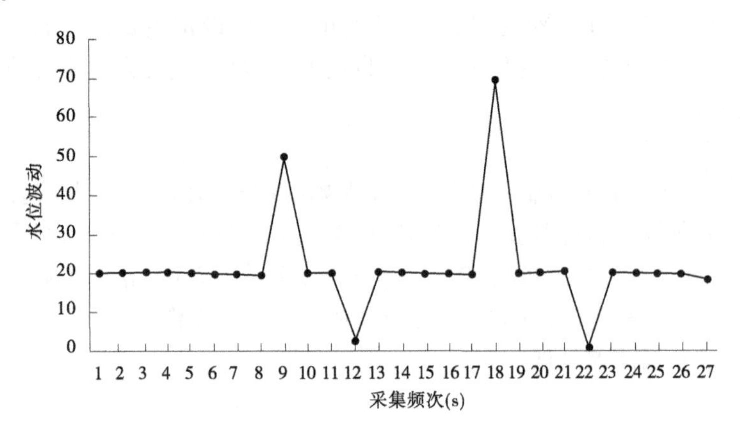

图1　数据波动示意图

2.3.2.1　平均值算法

将每分钟的数据系列存入数组中，对数组的各个元素逐一进行比较，每次找出最大值和最小值，记录下其位置。按照此方式循环 N 次（N 为拟剔除最大值、最小值个数），每次循环针对保留下来的数据进行操作，计算最终保留下来数据的平均值。具体开发时，使用 Visual Basic 6.0 进行编程，编写子函数 Filtering(X( )，N)，其中参数 X( )为输入的数组，N 为拟剔除最大值、最小值的个数。根据预警系统实际运行经验，目前 N 取3，即剔除每分钟60组数据中3个最大值和3个最小值，将剩余的数据算术平均后与各类预警值进行对比，确定是否需要触发预警。

2.3.2.2 延迟计算法

闸门若有调整动作,完成动作后 2 min 内不进行警情数据计算,2 min 后开始收集数据,并采用上述平均值算法开展警情数据计算,分析确定是否需要触发预警。

3 调度预警响应

3.1 管理要求

3.1.1 接警

(1)各级调度管理机构需为接警电脑配备音箱,并加强管理,确保发生预警时,能够及时提醒值班人员接警。

(2)发生Ⅰ级调度类预警时,总调中心应于 2 min 内接警;发生Ⅱ级调度类预警时,相应分调中心应于 3 min 内接警。

3.1.2 消警

(1)警情处理工作作为交接班的一项重要工作,各级输水调度值班人员在交班前需完成之前所有具备消警条件警情的消警工作,并向接班人员交代不具备消警条件警情的有关情况,提醒接班人员关注;中控室值班人员在交班前还需完成之前所有警情分析的填写提交工作。

(2)分调中心值班人员在交班前 1 h,查看辖区内所有调度类预警的处理情况,做好提醒和督促工作:将具备消警条件的警情告知总调中心,提醒及时消警;将警情分析未完成或填写不规范、不准确的警情通知相应中控室,督促及时完成。

3.2 作业流程

3.2.1 Ⅰ级调度类预警响应

(1)总调中心接警。

(2)分调中心组织相应中控室立即核实现场有关情况。

(3)中控室按要求填写警情分析,分调中心进行审核,于 10 min 内完成。

(4)总调中心根据警情核实情况,开展相应调度应对工作。

(5)待警情处理完毕后由总调中心进行消警。

3.2.2 Ⅱ级调度类预警响应

(1)分调中心接警。

(2)相应中控室立即核实现场有关情况。

(3)中控室按要求填写警情分析,分调中心进行审核,于 10 min 内完成。

(4)分调中心根据警情核实情况,开展相应响应工作,必要时请示总调中心开展调度响应工作,并跟踪警情进展。

(5)待警情处理完毕后由分调中心进行消警。

调度预警响应作业流程如图 2 所示。

3.3 调度响应措施

根据不同预警类别和对调度影响程度,制订不同调度响应措施和要求,见表 3。

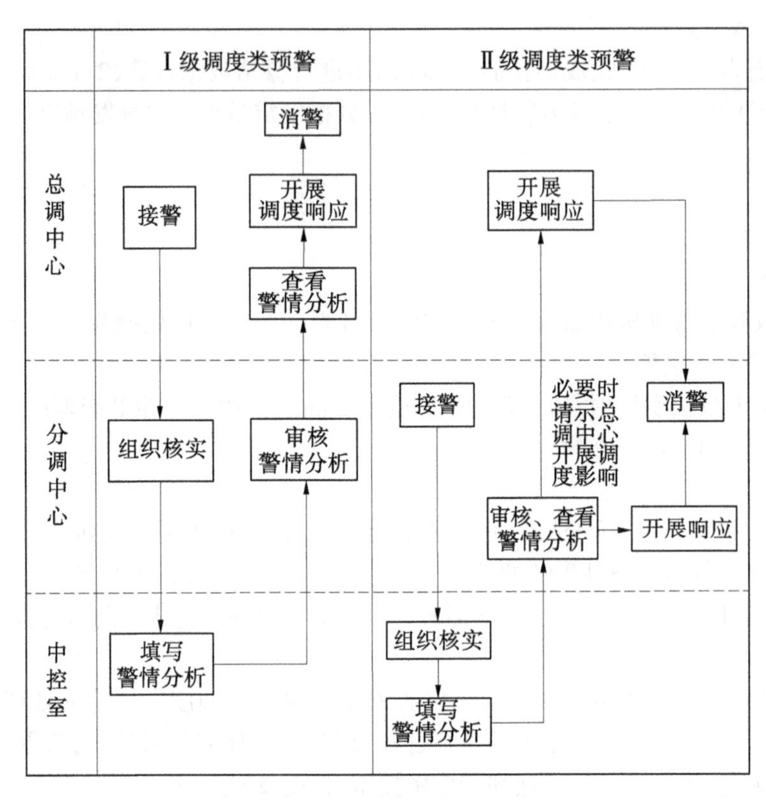

图 2　调度预警响应作业流程

表 3　不同预警类别调度响应措施

预警类别		调度响应措施
Ⅰ级预警	高限初级	非应急调度工况下,停止闸门下调,根据上下游水情增加过闸流量或减少上游闸门流量
	高限中级	非应急调度工况下,停止闸门下调,增加过闸流量的同时减少上游闸门流量; 应急调度工况下,上游渠段不具备退水条件,停止闸门下调
	高限高级	进入应急调度工况,开启上游渠段退水闸,并根据上下游水情增加过闸流量或减少上游闸门流量,控制水位不再上涨
	水位低限	停止闸门上调,根据上下游水情减少过闸流量或增加上游闸门流量或同时进行以上操作
	水位缓变	若为下降,则控制本渠段出渠流量小于入渠流量,避免水位再次下降; 若为上涨,则根据水位与高限预警值关系,减缓或停止水位上涨
	水位骤变	若为下降,闸门下调,并控制本渠段出渠流量小于入渠流量,避免水位再次下降; 若为上涨,闸门停止下调,并根据水位与高限预警值关系,减缓或停止水位上涨
Ⅱ级预警	开度预警	若水位变幅在 15 cm 以内,闸门恢复原开度或维持原过闸流量; 若水位变幅超过 15 cm,控制水位变幅,逐步调节恢复原流量和水位
	流量预警	若为闸门异动,处理同开度预警;若为下游工程事故,则按土建工程事故开展应急调度

4 结 语

本文针对南水北调中线工程输水调度的各类风险，建立了调度预警模型，在水位、流量、闸门开度和调度指令出现异常或可能影响调度安全时及时发现并提醒调度人员。同时，模型还完善了各类预警触发逻辑，增加了预警数据的滤波处理，以提高预警的准确度和减少重复预警。在预警响应方面，建立了较为完善的接警、消警规则和机制，有利于警情的快速、科学处理。在长期调度实际工作中，该预警系统和管理响应措施得到实践检验，能够提早发现各类险情，各级调度机构根据职责分工快速响应、有效处理，将各类调度风险化解在早期初发阶段，保障了工程运行安全。

参考文献

[1] 水利部长江水利委员会. 南水北调中线工程规划[R]. 武汉：水利部长江水利委员会，2001.
[2] 钮新强，谢向荣，吴德绪，等. 南水北调中线一期工程项目建议书[R]. 2004.
[3] 钮新强，谢向荣，吴德绪，等. 南水北调中线一期工程总体可行性研究报告[R]. 2005.
[4] 杨敏，周芳. 节制闸联合调度控制下明渠输水系统水力控制研究[J]. 西安理工大学学报，2010(2)：201-206.
[5] 聂艳华，黄国兵，崔旭. 南水北调中线应急调度节制闸预警水位研究[J]. 人民长江，2015(4)：67-69.
[6] 张成，傅旭东，王光谦. 南水北调中线工程总干渠非正常工况下的水力响应分析[J]. 南水北调与水利科技，2007(6)：8-12.

“互联网+”和大数据技术在北京市南水北调工程调度中的应用

万 烁

（北京市南水北调信息中心 北京 100083）

摘要：紧紧围绕“好调水、调好水、安全调水”的目标，在北京市南水北调调度管理中引入“互联网+大数据”思维，在传统信息采集的基础上，探索基于移动互联网的信息感知，以“定点”和“移动”相结合，以“人工”和“自动”相结合，以“主动”与“被动”相结合，全面采集供水调度、运行安全、工程管理等实时信息和数据，让前端的感知更加多样化、可视化。在全面感知的基础上基于大数据分析，深度挖掘数据潜力，建立供水调度模型和工程安全模型，在调度上通过模型计算自动生成调度方案和调度指令，并能够实时在线推演，实现了精确量水、科学调

作者简介：万烁(1980—)，女，硕士，研究方向为信息化技术。

水;在工程安全上通过数据挖掘,分析工程安全隐患,并能够结合调度工况实时分析出调度模式与方案对工程安全的影响,为提升工程安全管理水平提供了科学支撑。“互联网+”前端的进一步感知和“大数据”后端的深度分析,从一前一后两个源头,双管齐下,共同辅助北京市南水北调工程调度与运行,以科学的方法优化业务逻辑,提升南水北调来水调度的自动化、智能化水平,将浩淼珍贵的南来之水准确科学地输送到首都的千家万户。

关键词:南水北调　信息系统　大数据　互联网+

1　绪　论

1.1　南水北调来水智能调度管理系统建设背景

南水北调工程是优化我国水资源时空配置的重大举措,是解决我国北方水资源严重短缺问题的特大型基础设施项目。北京市范围内包含北京段干线 80 km,以及供水管线、渠道、水厂等配套设施,实现南水北调来水与北京市河网水系互联互通,地表水、地下水、外调水“三水联调”,形成两大水源、六个水厂、两大枢纽、一个环网、三个备用水源的“26213” 的供水格局,有效地缓解了首都供水压力。北京市南水北调工程主要采用封闭式管涵输水,配套工程输水距离全长 200 余 km,全线涉及 19 个分水口、12 个泵站、200 余个闸站和阀井,600 多个监测数据采集点;管理点多、线长、面广,大部分都是管涵输水,对调度要求比较高,需要有一套信息系统对调度进行支撑并与干线工程信息共享。北京市南水北调的调度工况复杂,分为南水北调水源、本地水源、综合水源三种情况,根据实际来水情况,水源会频繁地发生切换,而且供水方向也根据情况分为正向和反向,有些工程还承担着调度和防汛两个功能,如果不能做到及时调度,很有可能会对输水产生影响,需要有一套统筹调度整体联合运行的系统支撑调度运行。此外,在水质安全和工程安全上也需要信息系统的实时监控,及时发现问题,为应急处置节省更多的时间。为此,启动了南水北调来水智能调度管理系统的建设。

1.2　南水北调来水智能调度管理系统建设总体情况

南水北调来水智能调度管理系统是北京市南水北调配套工程的建设内容之一,系统建设充分利用“互联网+”技术和大数据技术,实时采集、汇集、共享输水沿线各类信息。在该系统的支持下,实现调水过程智能化、科学化、安全化。

系统建设内容主要包含:五个智能应用、一个以数据资源为核心的智慧大脑、一个天空地多元的感知系统,满足市南水北调工程的信息采集传输、监测预警、运行调度、抢险应急、工程运维等业务领域管理的需求,提高常态和非常态运行方式下工程运行调度的快速反应与处置能力,保障市南水北调工程的安全运行和供水安全。

1.3　系统整体架构

系统整体架构分为三个层面:智能应用、智慧大脑、感知体系,如图 1 所示。

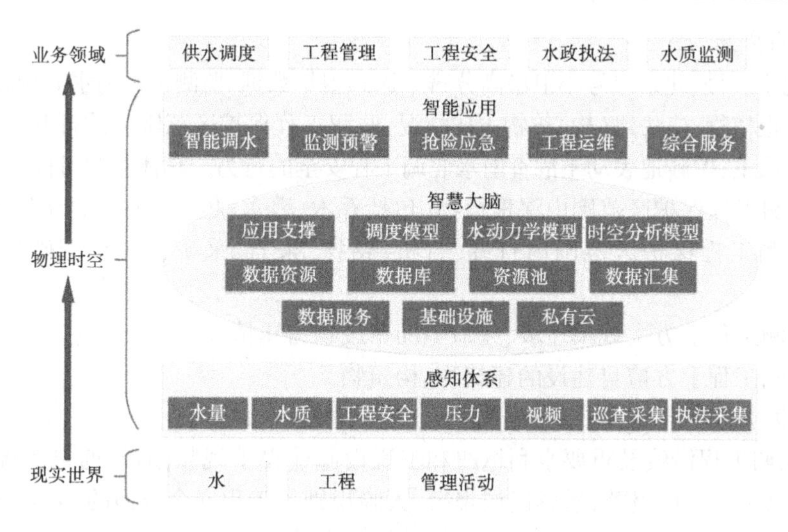

图1 南水北调来水智能调度管理系统整体框架

2 “互联网+”技术在感知末梢上的延伸

2.1 感知系统

2.1.1 地域感知

南水北调工程沿线围绕调水和安全建设了诸多实时采集数据,主要包括水文监测数据、水质监测数据、工程安全监测数据,见表1。

表1 南水北调工程数据采集

业务领域	应用对象	主要数据项	规模
水文监测	分水口及现地控制间泵站	水位、瞬时流量、累计流量、压力	110个
	调节池、调蓄库等调蓄工程	水位、蓄水量、雨量、蒸发量	32个
	排气排空井、排气阀井	蝶阀状态、电器参量	572个
水质监测	在入境、入水厂重要节点设定固定站自动监测	常规五项、总有机碳、溶解有机碳、硝酸盐氮、全盐量、水中油	21个
	固定站人工取样	高锰酸钾指数、化学需氧量、五日生化需氧量、氨氮、总磷、总氮、铜、锌、氟化物、硒、砷、汞、镉、六价铬等	46个
	水质移动监测车	pH、电导率、溶解氧、温度、浊度等应急监测水质指标	1个
工程安全	PCCP管道工程、卢沟桥暗涵工程、西四环暗涵工程	管道渗压、土压力、钢筋应力、单向应变、三向测缝、相对位移等	2 000个
	东干渠工程、南干渠工程等	土压力、钢筋应力、变形、渗压	734个
	大宁调蓄水库、团城湖调节池、亦庄调节池	沉降量、位移量、渗压力、裂缝、测压管水位、温度、上游水位等	231个

2.1.2　空间感知

利用北京一号、北京二号小卫星高分辨率遥感卫星数据,监测本市南水北调配套工程沿线上方的深根植物、违法建(构)筑物占压情况,监测工程保护区范围内的打井、打桩、钻探、采石、采矿、取土、挖砂地表动土危害南水北调工程安全的行为。具体监测目标包括:

(1)监测工程保护区范围内深根植物(包括乔木、灌木、藤类、芦苇、竹子)的分布;

(2)监测工程保护区范围内打井、打桩、钻探、采石、采矿、取土、挖砂地表动土的行为;

(3)监测工程上方大规模垃圾、废渣等固体废物占压情况;

(4)监测工程上方擅自建设的建筑物、构筑物。

2.1.3　分析感知

南水北调工程沿线及重要水利枢纽和工程设施建设了视频图像,通过图像监控和视频分析,可以实现入侵报警、敏感区域报警、人脸识别等工程安全方面的感知,通过视频识别技术,可以实现水位读取,为调度业务提供辅助支撑。

2.2　"互联网+"技术在感知系统中的扩展

自动采集的实时监测数据可以随时反映出南水北调来水调度和运行情况,发挥了快捷快速的时间优势,"互联网+"技术应用在人工领域(工程巡查和水政执法业务),采用工程巡查移动终端配合工程运维系统,在水利工程管理人员工程巡查过程中采集现场情况,包括图片、视频和语音等数据,将人工巡查的数据实时地回传至指挥中心,发挥了"互联网+"技术在空间上的泛在优势,有效地补充了实时采集点位固定、频率固定的劣势,一方面进一步延伸了感知的类型和范围,另一方面增加了更多的反映人工情况的数据,比如巡查路线、巡查任务、巡查信息等,同时,"互联网+"技术将数据的线下采集和线上录入一体化管理,数据采集即录入,改变了传统的先采集后录入、采集和录入两层皮的做法,有效地弥补了人工数据收集困难、整合困难的不足,将管理活动进一步数据化。"互联网+"技术应用关系见图2。

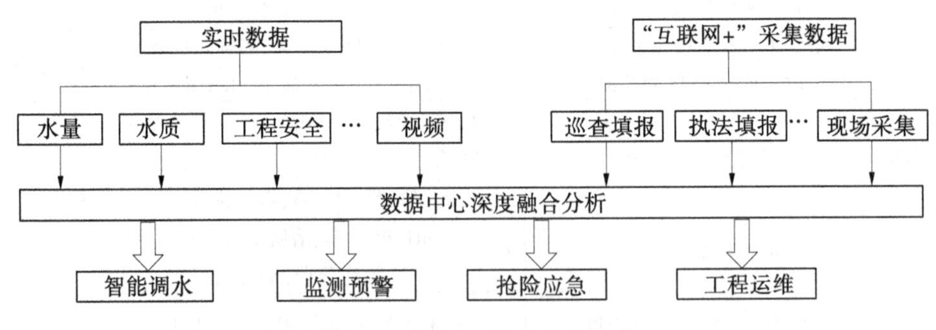

图2　"互联网+"技术应用关系

2.3　"互联网+"技术在管理活动中的支撑

"互联网+"技术在补充实时数据的同时,又反过来给管理活动提供各种支撑。首先是基础数据支撑,技术人员可以通过移动终端查询到南水北调工程图、图纸信息、埋深、工程保护范围等核心基础数据,成为南水北调工程的随身百度;其次是实时数据支撑,技术人员可以通过移动终端查询水量、流量、压力和视频等实时数据,随时随地地掌握南水北调来水调度运行情况,掌握实时工况;最后是工程数据支撑,技术人员可以查询工程维护记录、岁修信息、养护记录等信息。这些支撑广泛地应用于水政执法,有利于科学地判断工程占压,发现违法和潜在风险,应用于工程巡查,有利于及时发现排气阀井积水、安全测漏等问题,应用于应急抢险,有利于在抢险过程中实时地掌握险情和险情的变化,为在现场查阅第一手资料提供便利。“互联网+”技术应用效果见图3。

定位

导航

量距

设备设施信息查看

图3 “互联网+”技术应用效果

3 大数据技术在智慧大脑上的应用和深化

3.1 智慧大脑

3.1.1 云平台

3.1.1.1 基础设施层

在基础设施层中,平台采用4个8通道服务器作为服务资源池,12台高性能计算服务器作为计算资源池,2台盘阵和1个磁带库作为备份资源池,200余项应用共享平台资源。平台的计算、存储和备份等资源都实现了虚拟化和自动化,通过计算虚拟化和存储虚拟化,实现了业务开通、状态监控、资源管理、事件告警等基础设施资源的统一管理。设施云部署结构见图4。

3.1.1.2 平台服务层

在平台服务层中,在资源池的基础上采用容器技术,构建统一数据环境和弹性运行环境,提供数据交换和共享、消息路由、ETL、数据总线、数据授权等服务,统一数据资源接口服务,各应用都通过统一接口获取数据资源。数据服务结构见图5。

3.1.1.3 软件应用层

在软件应用层提供统一的表单服务、报表服务、图表服务、工作流引擎服务、数据挖掘与分析服务,并与“互联网+”技术广泛应用相呼应,提供了移动应用服务,各业务应用系统通过平台统一提供的软件服务进行开发,既保证了技术架构的统一,也提升了各应用的融合性和连通性,同时提升了开发的效率。软件应用结构见图6。

3.1.2 数据资源

数据资源实现了全生命周期管理,数据在数据汇聚、数据整理、数据存储、数据服务和数据应用逐级流转,不断更新,如图7所示。

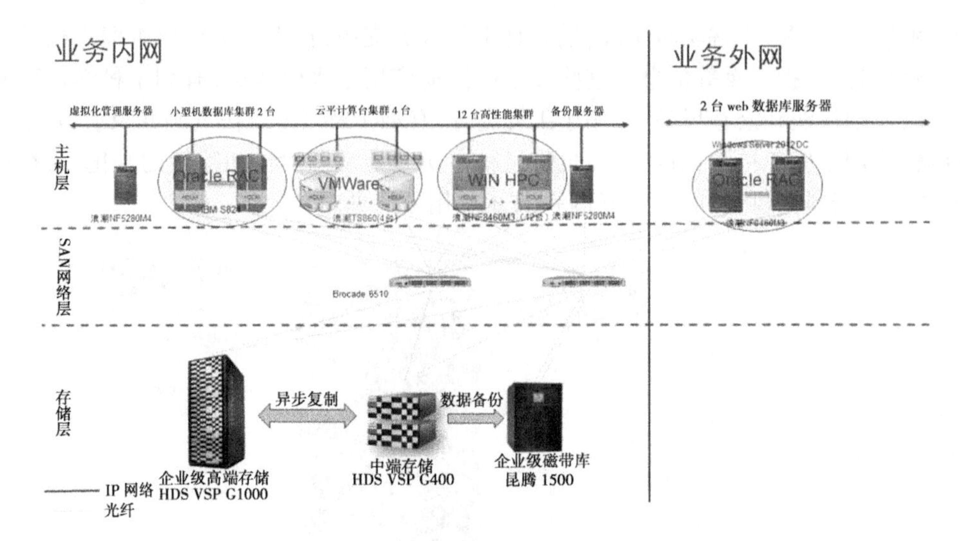

图 4　设施云部署结构

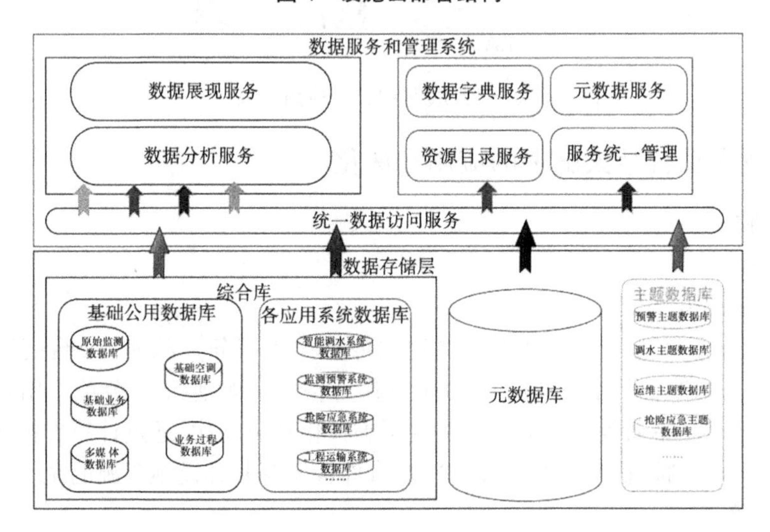

图 5　数据服务结构

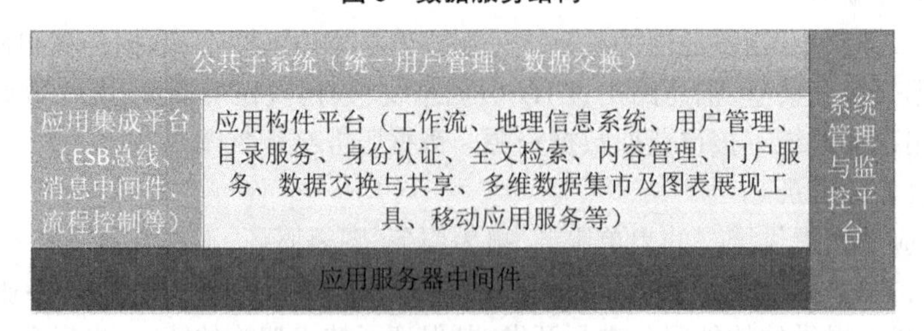

图 6　软件应用结构

3.1.2.1　数据汇聚

数据从 6 个管理分中心、34 个现地站，将视频信息、水量信息、水质信息、工程安全、自动控制等信息进行汇聚，实现统一调度、统一分配、统一管理。

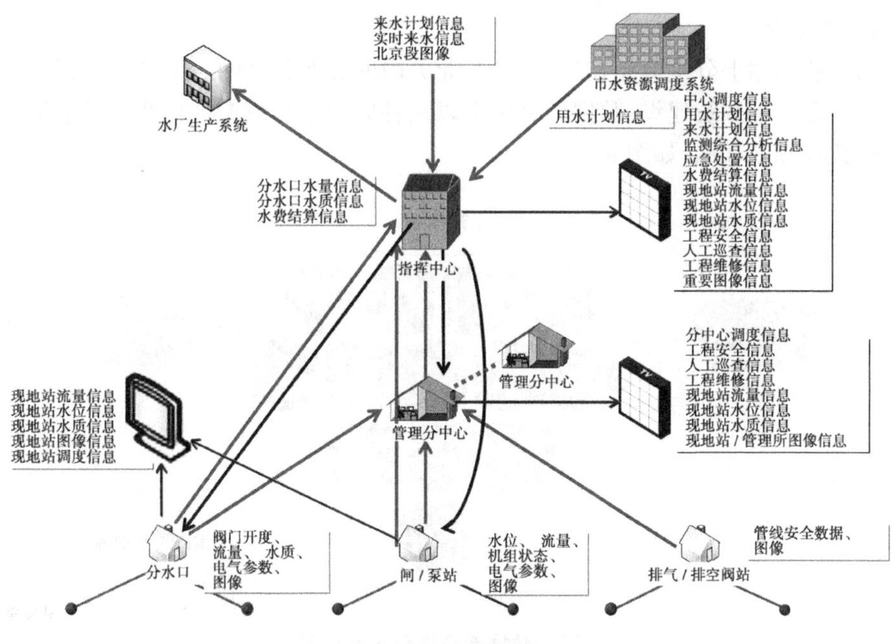

图 7　数据汇集结构

3.1.2.2　数据整理

数据汇聚到数据中心,通过分类整理,形成可用的信息资源库,数据库分为专用数据库、公用数据库和元数据库,见表 2。

表 2　数据库组成

序号		数据库名称
1	专用数据库	水量调度数据库
2		自动控制数据库
3		工程安全数据库
4		工程管理数据库
5		水情数据库
6		水质数据库
7		工程档案数据库
8		视频图像数据库
9		三维展示数据库
10		应急处置数据库
11		空间基础地理信息数据库
12	公用数据库	公用基础信息数据库
13		社会经济及生态数据库
14	元数据库	

3.1.2.3　数据存储

数据库从物理上分别分布在控制专网、业务内网和业务外网三个网段上；各个网段内的数据库结合应用系统建设、数据分类结果以及各应用系统数据维护特点尽量集中，并保持适当的数据冗余存储，如图 8 所示。

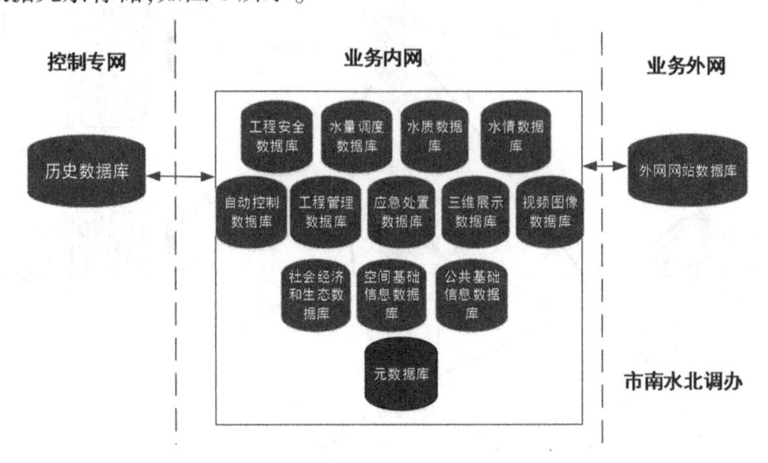

图 8　数据库物理分布示意图

3.1.3　应用支撑

智能调水管理系统通过获取实时数据生成水量调度方案，监测预警系统通过获取实时数据，判断水量、水质、工程等供水安全情况，根据情况实现常态和非常态运行方式下本地水与外调水联合调度管理。工程运维系统支撑工程日常管理与养护，综合服务系统作为门户，为用户提供统一的入口。应用系统关系如图 9 所示。

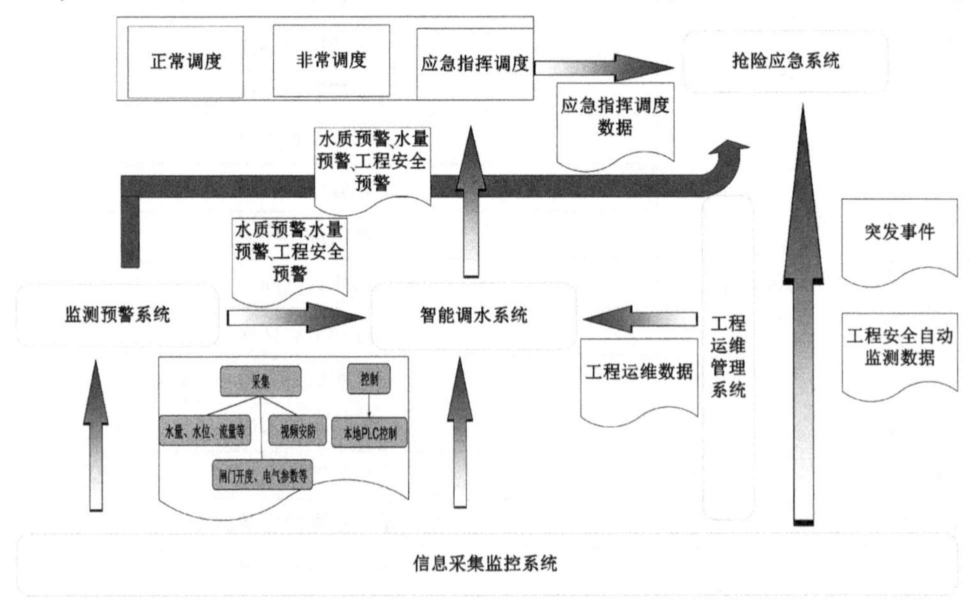

图 9　应用系统关系

3.2 智慧大脑的数据分析与预测

智慧大脑将数据进行全面的汇聚,经过清洗、过滤、融合、重塑,并与第三方模型工具相结合,给各项业务提供智能化应用,全面提升南水北调业务的自动化管理、预测预报和分析决策能力。

3.2.1 调度方案智能优化

平台引入 InfoWorks ICM Live 在线水动力模型,基于北京市南水北调工程全面构建管网模型,共计 122 00 个节点、1 072 段管段、148 个闸阀、13 台泵及 1 段明渠。

通过供水计划可计算出各供水口门的实际需水量,再通过选择调水路由,实时计算出调度方案和调度指令,调度方案实施前,可在 InfoWorks ICM Live 模型上进行模拟推演,通过推演进一步确认调度方案的可行性和科学性,推演通过后再通过平台下达调度指令。通过对模型多次率定,ICM Live 模拟结果表明计算结果与实际运行方案结果接近程度达到 90%以上,为南水北调工程实际调度过程中的调度情况模拟以及调水决策提供更好的支撑。智能调水方案推演效果如图 10 所示。

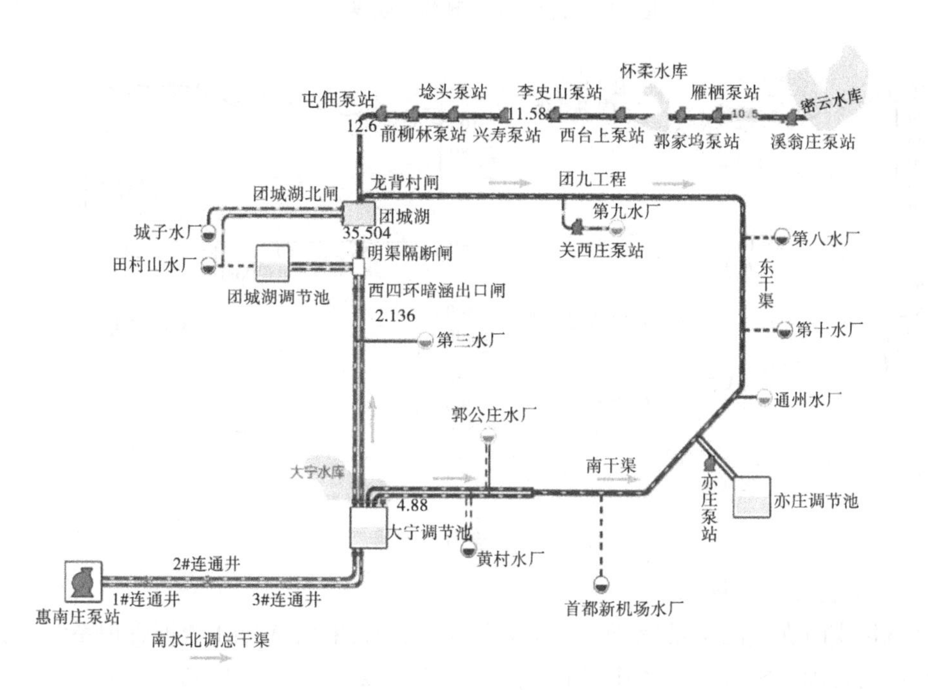

图 10 智能调水方案推演效果

3.2.2 工程安全预测预报

基于工程安全监测点的水量和水压数据对现状供水管网的水力进行模拟,分析工程运行情况,跟踪工程运行状态,及时发现存在的隐患并预测未来的预警,评估预警影响的范围,并将结果以可视化专题图形或报表的形式反馈给供水调度人员,使调度人员可以直观地掌握管网的现状运行情况。工程安全预测分析效果见图 11。

实时采集设施设备的运行状况,结合供水调度等数据进行联合分析,综合分析调度过程中管网压力、流量等对设施设备的影响。工程安全分析效果如图 12 所示。

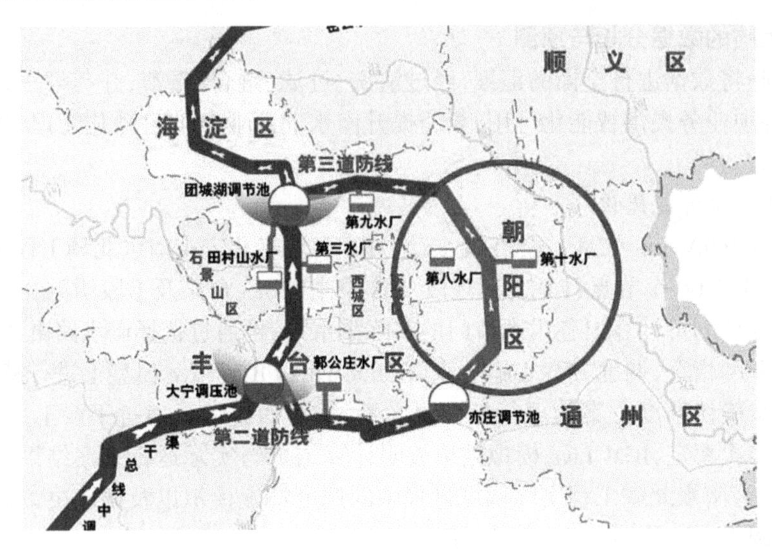

图 11　工程安全预测分析效果

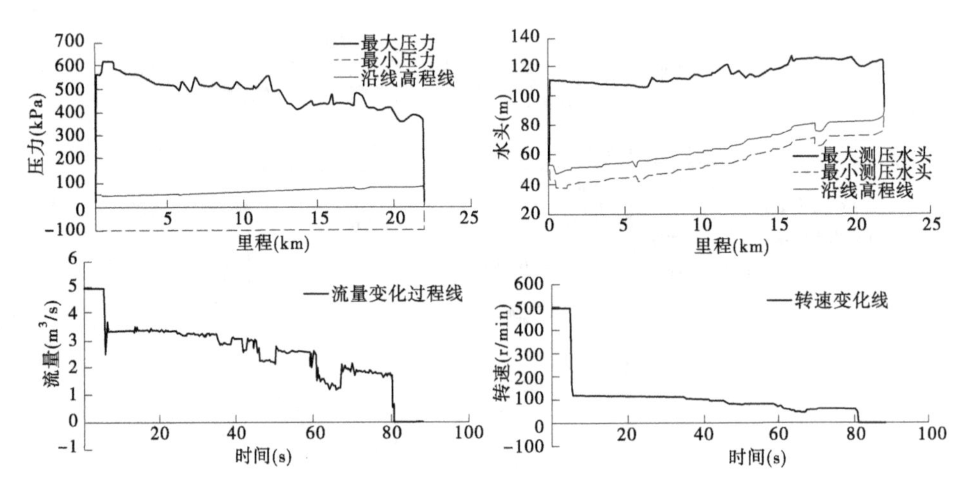

图 12　工程安全分析效果

3.2.3　综合数据优化分析

自动调用实时在线的水量、水质、工程安全监测数据,采用 WISKI 数据管理系统的长时间时空序列管理(TSM)技术,使用 KiScript 及系统函数,对长时间序列的数据中无效数据、跳变数据、缺失数据、存在时钟偏数据进行自动校验处理,实现无效数标记、时钟偏移校正、有效数据摘录、时序等距修正、数据缺失标记、水位数据准点插补等,实现数据的优化;同时,构建北京市南水北调监测指标、预警阈值体系,超过设定阈值自动启动报警、应急处置机制,经过验证,“预警-应急处置模型”达到分钟级报警能力、毫秒级实时控制能力、小时级应急响应能力,正常工况供水保障率 100%。数据优化分析过程如图 13 所示。

3.3　智慧大脑的时空分析与应用

基于大规模地理空间技术集成全球定位、卫星遥感、地理信息系统、虚拟现实等技术,建设形成一套北京市亚米级三维大场景、300 多个工程三维模型、8 000 余张电子化工程

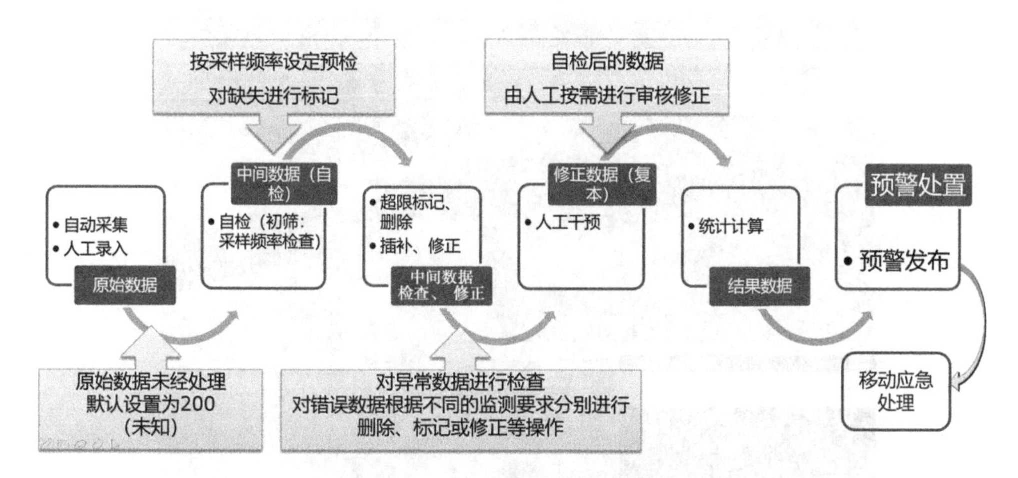

图 13　数据优化分析过程

图纸、237 处室内外全景，形成了地上、地下全覆盖，室内、室外一体化的信息展示平台，成为南水北调工程的“百度”地图。三维工程展示效果见图 14。

图 14　三维工程展示效果

通过多尺度、多时相、多源数据融合技术形成了“一张图”的管理模式，将北京市南水北调工程设施对象二维数据与三维模型数据的动态关联管理，实现一体化管理，形成了“数据融合-动态发布-一体化管理”的大规模地理空间数据管理新模式。多元数据综合应用效果见图 15。

4　“互联网+”与大数据应用的关系

4.1　“互联网+”技术将大数据送到用户眼前

南水北调工程的数据特性很鲜明。不同于互联网的网页数据抓取、存储和分析，其监

图 15　多元数据综合应用效果

测数据都来自于水位计、流量计、水质监测设备、位移传感器、工程安全传感器等各种物联网传感器设备，物联网传感器获取的监测数据通过 PLC 自动化控制设备或者直接网络连接实现定时的数据采集、信息转换和信息上传。所获得的数据也非常庞大。基于大量汇集的数据通过清洗、融合、创新形成了水量调度、工况运行、工程安全、水质安全、供水效益等多方面的大数据分析成果，成果内容丰富，更新迅速，但用户取用这类数据需受到时间和空间的限制，而“互联网技术很好地解决了这一问题，通过移动端的开发，将大数据分析成果实时推送到用户的 APP，用户只要打开手机，即可了解到南水北调工程各类业务开展情况，可以说将业务支撑进一步指尖化，将大数据从后台带到前台。

4.2　“互联网+”让用户体验“数据会说话”

南水北调工程成功地运用“互联网+”技术，可以通过移动端实时地上传工程情况和突发状况，让移动端成为了指挥中心的“眼睛”和“耳朵”，这些不定点、不定时、不定类型、不定领域的数据，实时汇聚到一起，是南水北调工程数据中最为关键的补充，这类数据通过整合、关联、挖掘和分析，在大数据分析的作用下打破数据业务壁垒，能够将工程状况由点扩展到线，进而由线扩展到面，再结合定点定时的监测数据，可以给用户提供更多的定性和定量的判断，也就是让数据具有知识，在工程安全、运行调度领域中应用广泛，收到了良好的效果。

4.3　“互联网+”与大数据的相辅相成

“互联网+”技术将业务管理活动进一步数据化，丰富了数据种类、存量和频次，大数据分析技术将数据进一步关联、融合,挖掘出数据之间更多的关系和规则,体现出更多的分析价值,而这些价值又反作用于“互联网+”技术,让用户在指尖上有更多的数据体验。“互联网+大数据”技术的应用形成了“云+端”的建设模式,1个数据云和N个移动端,通过“云+端”的综合应用,形成了相辅相成、相互依赖、相互补充、相互促进的良好作用。

5 结 论

北京市南水北调工程成功地运用了“互联网+大数据”技术,在传统信息采集的基础上,探索基于移动互联网的信息感知,以“定点”和“移动”相结合,以“人工”和“自动”相结合,以“主动”与“被动”相结合,全面采集供水调度、运行安全、工程管理等实时信息和数据,让前端的感知更加多样化、可视化。通过大数据技术将数据进一步融合分析,深度挖掘,为业务管理提供丰富的科学支撑。“互联网+”前端的进一步感知和“大数据”后端的深度分析,从一前一后两个源头,双管齐下,共同辅助北京市南水北调工程调度与运行,以科学的方法优化业务逻辑,提升南水北调来水调度的自动化、智能化水平,将浩淼珍贵的南来之水准确科学地输送到首都的千家万户。

参考文献

[1] 万烁. 基于大数据的南水北调来水智能调度管理系统设计[C]//中国水利学会,2015学术年会论文集. 2015:648-657.
[2] 袁露,肖志勇,王映龙. 论大数据的现状及其发展研究[J]. 教育教学论坛,2014(44):86-87.
[3] 郭雪梅. 从南水北调东线工程看物联网,大数据的另一面[J]. CSDN 2013. 11. 7.
[4] 焦志忠,孙国升,等. 北京市南水北调配套工程总体规划[M]. 北京:中国水利水电出版社, 2007.
[5] 李志刚. 面向对象数据库系统初步探讨[J]. 中国管理信息化,2013,16(9):60-62.

南水北调天津干线地下箱涵工程安全监测技术及成果应用

孙文举 杨炳炎 马金全 李 樑 付长旺 高文国

(南水北调中干线工程建设管理局 天津 300000)

摘要:工程安全监测是监控工程安全的重要手段,地下箱涵工程是南水北调天津干线主要的工程建筑,安全监测技术在天津干线地下箱涵中广泛应用。地下箱涵工程运行过程中的变形、渗流等数据监测,与监控此类工程安全运行密切相关。本文以南水北调天津干线工程为背景,对其典型建筑实际监测数据资料成果进行综合分析,为类似工程安全监测分析,监控箱涵工程运行状况提供借鉴。

作者简介:孙文举(1992—),男,助理工程师,主要研究方向为工程安全监测。

关键词:地下箱涵工程　安全监测　成果分析

地下箱涵工程是当前水利水电等工程贯穿既有线路最广泛使用的施工技术。这种技术能够减少对地上建筑物的影响,但其运行过程中关键参数的监测,包括变形和渗流等的控制,关乎工程的总体运行安全,是此类工程需要重点考虑的项目。本文以南水北调天津干线地下箱涵工程管涵连接段重点监测断面为对象,对安全监测结果进行了分析和探讨。

1　工程概况

南水北调中线工程天津干线工程西起河北省保定市徐水县西黑山村,东至天津市外环河西,全长 155.2 km,途经河北省保定市的徐水、容城、雄县、高碑店,廊坊市的固安、霸州、永清、安次和天津市的武清、北辰、西青,主要由现浇 3 孔 1 联 4.4 m×4.4 m 钢筋混凝土箱涵,每 15 m 设置 1 个管节,各管节之间伸缩缝以止水带形式连接。箱涵上所设主要建筑物共有 268 座,包括通气孔、保水堰、检修闸、输水倒虹吸、连接井、分流井等。天津干线工程多年平均向天津市口门供水量为 8.63 亿 m^3,2017~2018 调水年度向天津市完成供水 10.43 亿 m^3,工程效益显著,为天津市城乡供水和发展发挥了巨大的社会效益。

根据天津干线工程的地理位置以及周边环境情况,在各主要建筑物上游箱涵管节连接缝部位布设了安全监测断面,监测断面设置变形(沉降、开合度、位移)监测、渗流(外水压力、内水压力)监测等项目。本文以天津干线箱涵某一监测断面为例,见图 1,对各类监测项目进行分析,相互对比后,得出综合分析结果,以判别工程运行安全状况。

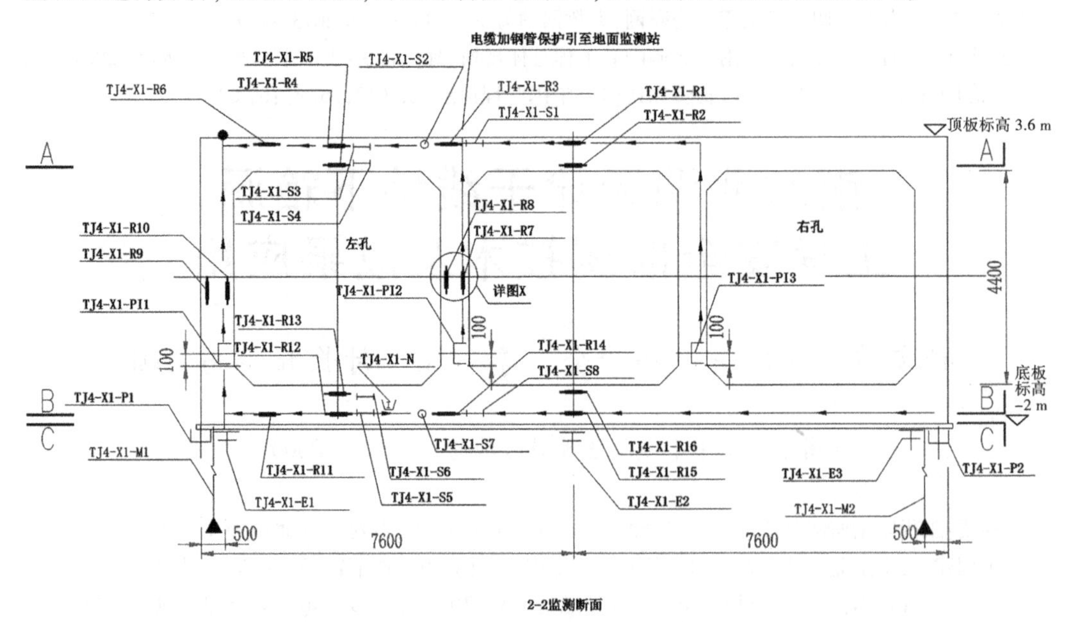

图 1　箱涵管节连接缝断面安全监测传感器布设

2 监测数据采集与处理

2.1 沉降监测

变形监测主要是地下箱涵工程整体沉降和 2 节连接箱涵之间的不均匀沉降,通过对埋设在箱涵顶板伸缩缝两侧的沉降测点的观测进行监测与评估,不均匀沉降设计值为 30 mm。通过垂直位移可以了解整体垂直变形以及局部不均匀沉降情况,用来判断建筑物或相应部位的运行安全。监测断面传感器测缝计、位移计同样用于变形监测,主要监测连接缝开合度及垂直位移沉降情况。

沉降观测采用二等水准观测,使用电子水准仪按要求测量沉降基点与沉降测点的高差,计算沉降测点的高程。平差之前,先采用 T 检验法对沉降基点进行稳定性检验,从基准点组中选用最稳定的点作为水准网平差的起算点。

闭合水准路线高差闭合差理论上应等于零,实际高差闭合差为各测段观测高差之和,公式如下:

$$f_{\mathrm{h}} = \sum h_i \tag{1}$$

式中:f_{h} 为高差闭合差;h_i 为各测段高差值,mm。

允许高差闭合差为

$$f_{\mathrm{h允}} < 4\sqrt{L} \quad (\mathrm{mm}) \tag{2}$$

式中:L 为水准路线长度,km。

当水准路线中的高差闭合差小于允许值时,按与距离成正比的原则,将高差闭合差反其符号进行分配,各测段高差改正值为

$$\nu_i = -\frac{f_{\mathrm{h}}}{L} l_i \tag{3}$$

式中:ν_i 为各测段高差改正值,m;l_i 为各测段长度,km。

沉降测点高程值为

$$H_i = H_0 + h_i + \nu_i \tag{4}$$

式中:H_i 为各沉降测点高程;H_0 为起始基准点高程。

水准网平差计算根据《水利水电工程测量内外业一体化系统》完成,平差成果包括后验单位权中误差、环闭合差、点位高程中误差与观测高差中误差、线路总长度及测段数等信息。

2.2 渗流监测

天津干线地下箱涵工程对渗流压力进行监测的方法主要是通过渗压计,主要为振弦式渗压计,分别监测内水压力和外水压力。振弦式渗压计由透水板(体)、承压膜、钢弦、支架、线圈、壳体和传输电缆等构成。被测水压荷载作用在渗压计上,将引起弹性膜片的变形,其变形带动振弦转变成振弦应力的变化,从而改变振弦的振动频率。电磁线圈激振振弦并测量其振动频率,频率信号经电缆传输至读数装置,即可测出水荷载的压力值,同时可同步测出埋设点的温度值。在观测时要同时量测仪器的频率模数及温度,将测点编号、观测日期、观测时间、模数、温度、备注等信息填入原始观测数据表。基本计算方式

如下：

$$P_i = G(R_0 - R_i) + K(T_i - T_0) \tag{5}$$

$$P_i = G(R_i - R_0) + K(T_i - T_0) \tag{6}$$

$$h_i = P_i / 9.8 + h_0 \tag{7}$$

式中：P_i 为渗流压力，kPa；h_i 为渗压换算水头，m；h_0 为仪器埋设高程，m；G 为仪器系数，kPa/kHz^2；K 为温度系数，kPa/℃；R_0 为初始频率模数，kHz^2；R_i 为当前频率模数，kHz^2；T_0 为初始温度，℃；T_i 为当前温度，℃。

3 监测成果分析

监测成果分析包括以下五个方面的工作内容：①观测成果可靠性和准确性的分析评定；②观测效应量的数值范围、分布态势、沿时程变化规律及与主要影响因素之间关系的定性分析；③观测量的数值范围变幅及变化情况分析；④异常值的判断；⑤监测对象的工作性态评价。

变形和渗流压力等监测成果的数据处理主要通过特征值和过程线绘图进行分析，过程线是物理量与时间的关系，以时间为水平坐标，以物理量（例如内水压力、开合度等）为纵坐标。分析时段为施工期 2010 年 3 月至 2014 年 8 月，充水试验期从 2014 年 3 月 1 日至 2014 年 4 月 15 日，2014 年 12 月 12 日后为通水运行期。本次分析统计时段为 2011 年 11 月 15 日至 2018 年 5 月 30 日。

3.1 变形监测成果分析

3.1.1 表面变形

在施工期和充水试验期，在伸缩缝两侧顶板位置各安装有 2 支沉降标点，监测断面上下游共有 7 条伸缩缝安装有沉降标点共计 14 支，并以钢管标形式引至地面（也称高标测点），监测邻接箱涵不均匀沉降变形和整体变形。

（1）整体沉降情况。自工程施工至运行以来，沉降结果显示，各箱涵部位均有不同程度的下沉，实测最大值为 24.47 mm，单测点最大变幅为 24.47 mm（见表 1），呈现整体下沉趋势，与天津干线箱涵工程所处地理位置有关，存在区域下沉，反映了实际情况，从过程线图可以看出施工期沉降较大，主要是受箱涵上部回填土的影响，施工期后至通水运行期土体基本稳定沉降变形同时趋缓，符合实际环境变化情况。

（2）不均匀沉降情况。施工期至运行以来，最大不均匀沉降为 3.64 mm（见表 1），各相邻测点不均匀沉降均满足设计允许值 30 mm。总体说明无错动等沉降情况，该部位箱涵运行性态正常。

3.1.2 内部变形

（1）开合度变形。施工期至运行期以来该部位所设重点监测断面埋设了 3 支测缝计，所测得开合度结果显示，实测值为-0.19～7.24 mm，变幅为 2.28～7.50 mm（见表 2），满足设计允许值 30 mm，且开合度变化情况随温度变化而变化，伸缩缝在夏季受热膨胀呈闭合趋势（测值为负），冬季受冷舒张呈张开趋势（测值为正），符合受热胀冷缩影响的实际情况；从过程线图总体来看，2014 年通水前变幅较小，通水后变幅略有增大；1 支测缝计在后期呈张开趋势较明显，但远未达到设计允许值，关注其后续变化情况。总体说明该部位开合度呈规律性变化,无止水带拉裂等情况,该部位箱涵运行性态正常。

表 1 箱涵伸缩缝沉降监测点特征值统计

测点编号	统计时段(年-月-日)	最大值(mm)	最小值(mm)	变幅(mm)	最大不均匀沉降值(mm)	说明
TJ4-X1-LB1	2011-11-15~2018-05-30	8.21	-0.36	8.57	—	无相邻测点
TJ4-X1-LB2	2011-11-15~2018-05-30	8.42	-0.47	8.90	0.1	相邻
TJ4-X1-LB3	2011-11-15~2018-05-30	8.32	-0.50	8.82		
TJ4-X1-LB4	2011-11-15~2018-05-30	7.55	-0.52	8.07	0.4	相邻
TJ4-X1-LB5	2011-11-15~2018-05-30	7.15	-0.56	7.71		
TJ4-X1-LB6	2011-11-15~2018-05-30	12.19	-0.36	12.55	3.64	相邻
TJ4-X1-LB7	2011-11-15~2018-05-30	8.55	-0.46	9.01		
TJ4-X1-LB8	2011-11-15~2018-05-30	9.58	-0.56	10.14	3.43	相邻
TJ4-X1-LB9	2011-11-15~2018-05-30	13.01	-0.36	13.37		
TJ4-X1-LB10	2011-11-15~2018-05-30	24.47	0	24.47	2.51	相邻
TJ4-X1-LB11	2011-11-15~2018-05-30	21.96	0	21.96		
TJ4-X1-LB12	2011-11-15~2018-05-30	18.36	-0.24	18.60	0.14	相邻
TJ4-X1-LB13	2011-11-15~2018-05-30	18.22	-0.07	18.29		
TJ4-X1-LB14	2011-11-15~2018-05-30	12.90	-0.09	13.00	—	无相邻测点

表 2 箱涵伸缩缝开合度特征值统计

测点编号	统计时段(年-月-日)	最大值(mm)	最小值(mm)	变幅(mm)	有效测次
TJ4-X1-J1	2011-11-15~2018-05-30	7.24	-0.26	7.50	250
TJ4-X1-J2	2011-11-15~2018-05-30	2.09	-0.19	2.28	273
TJ4-X1-J3	2011-11-15~2018-05-30	5.40	-1.63	7.03	257

(2)位移变形。施工期至运行期以来该部位所设重点监测断面埋设了 2 支位移计,监测内部垂直方向位移,所测得位移量结果显示,实测值为 0~21.88 mm(见表 3),满足设计允许值 30 mm。从过程线图(见图 2)可以看出施工期沉降较大,主要是受箱涵上部回填土的影响,施工期后至通水运行期土体基本稳定沉降变形同时趋缓。位移计还可明显看出在 2014 年 3 月受充水试验影响,沉降速率较大但变幅较小(约 2 mm),充水试验结束略有上抬(约 1 mm),正式通水后总体呈下沉,但趋势较缓,符合运行工况;位移计总体变化过程与高标测点变化情况一致性较强,相互印证了沉降变化情况;再次说明总体无异常沉降情况,该部位箱涵运行性态正常。

表 3　箱涵伸缩缝位移特征值统计

测点编号	统计时段(年-月-日)	最大值(mm)	最小值(mm)	变幅(mm)	有效测次
TJ4-X1-M1	2011-11-15~2018-05-30	21.88	0	21.88	453
TJ4-X1-M2	2011-11-15~2018-05-30	12.81	0	12.81	453

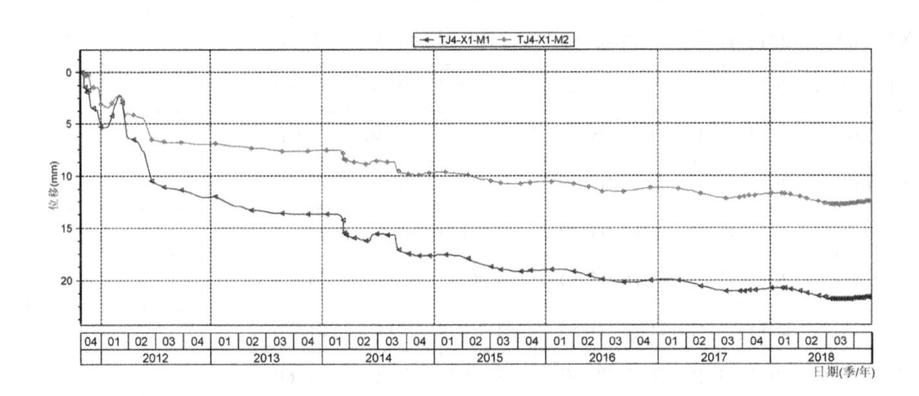

图 2　箱涵垂直位移计传感器(时间—位移)变化过程线

3.2　渗流监测

(1)内水压力。施工期至运行期以来该部位所设重点监测断面的箱涵 3 孔内部靠近底板位置各埋设 1 支渗压计(安装高程-0.85 m),监测内水压力,所测得结果显示,实测值为-1.75~78.26 kPa,变幅为 79.48~80.56 kPa(见表 4);计算水头 h_i 为 0~6.95 m,满足箱涵设计水位 11.29 m,且与箱涵实际测读水位高程基本一致。

表 4　箱涵伸缩缝内水压力特征值统计

测点编号	统计时段(年-月-日)	最大值(kPa)	最小值(kPa)	变幅(kPa)	有效测次
TJ4-X1-PI1	2011-11-15~2018-05-30	78.18	-1.75	79.93	537
TJ4-X1-PI2	2011-11-15~2018-05-30	78.26	-2.30	80.56	537
TJ4-X1-PI3	2011-11-15~2018-05-30	76.12	-3.35	79.48	532

从变化过程线(见图 3)来看,2014 年 3 月前施工期阶段,箱涵尚未过水,内水压力测值基本为初值状态;2014 年 3~4 月充水试验开始后,箱涵内水压力增大,与实测水位一致,充水试验后测值为 0;2014 年 12 月正式通水后,内水压力受通水水位变化而变化,内水压力计测值整体稳定。总体来看,符合运行工况及仪器工作机制,无异常测值变化,工程运行性态正常。

(2)外水压力。施工期至运行期以来该部位所设重点监测断面的箱涵底板垫层下埋

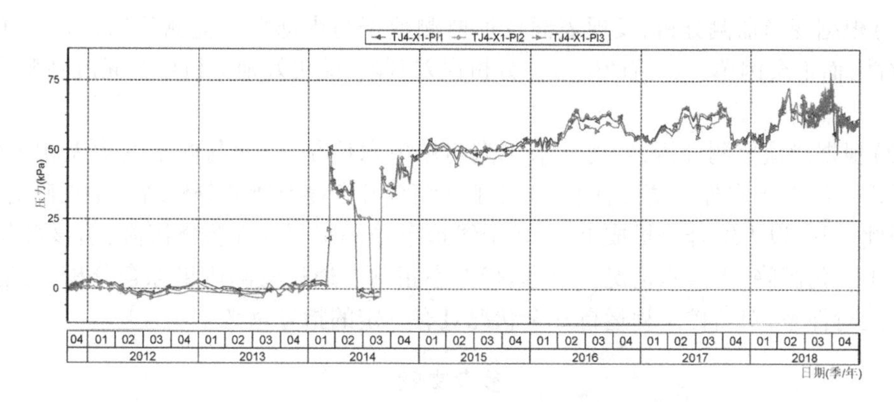

图 3 箱涵内水压力计传感器(时间—内水压力)变化过程线

设了 2 支渗压计(安装高程-2 m),监测外水压力,所测得结果显示,实测值为-2.03~3.26 kPa,变幅为 4.40~5.29 kPa(见表 5),测值变化较小;计算水头 h_i 为-1.7~0 m,外水位较低,接近底板高程,基本处于无水状态;从过程线(见图 4)来看,总体随季节变化呈周期规律性变化,分析由于该部位所属位置地下水位较低,在夏季蒸发量较大,地下水位低,因此测值为 0,冬季略有回升。总之经过分析,外水变化与内水无相关性变化,因此可判断不存在内水外渗的情况,工程运行性态正常。

表 5 箱涵伸缩缝外水压力特征值统计

物理量	测点编号	统计时段(年-月-日)	最大值(kPa)	最小值(kPa)	变幅(kPa)	有效测次
外水压力(kPa)	TJ4-X1-P1	2011-11-15~2018-05-30	1.82	-2.58	4.40	504
外水压力(kPa)	TJ4-X1-P2	2011-11-15~2018-05-30	3.26	-2.03	5.29	542

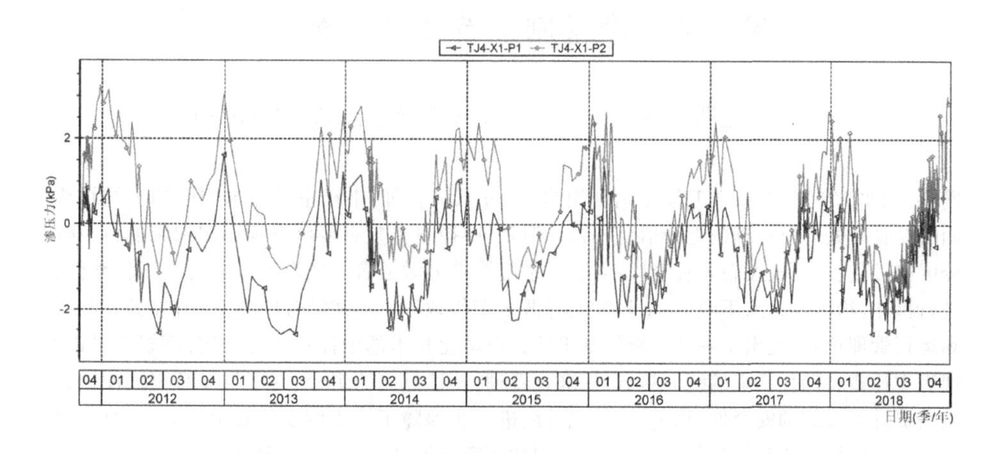

图 4 箱涵外水压力计传感器[时间—外水压力]变化过程线

4 结 论

本文主要对南水北调天津干线地下箱涵工程的变形与渗流监测等关键参数的安全监测成果进行了分析,得出如下结论:

（1）根据变形监测分析，发现表面变形监测数据与内部变形监测数据存在一定的变化一致性，而不会因单一量值产生定性分析误差判断，能更好地分析出箱涵沉降变形实际趋势。

（2）根据渗流监测分析，发现外水压力与地下水位相关，而与内水变化无相关性，从而分析出不存在内水外渗情况，同时印证了伸缩缝开合度及错动分析结果是正确的。

因此，根据以上综合分析成果，天津干线地下箱涵工程存在整体沉降，但该部位未发生局部不均匀沉降，无渗水情况，工程运行性态正常。通过监测成果综合分析，更能够反映工程运行性态，对监控工程运行安全状况具有一定的指导意义。

参考文献

[1] 谭向荣. 蒸阳北路下穿衡大高速公路箱涵顶进施工监测[J]. 科技视界, 2017(6):224.

[2] 郭扬衡. 箱涵下穿铁路顶进施工技术的探索[J]. 城市建筑, 2014(12):119-119.

[3] 王志鹏. 下穿既有线箱涵顶进施工控制变形监测技术研究[J]. 河北交通职业技术学院学报, 2017(14):43.

[4] 王滕, 王秀英, 谭忠盛, 等. 管幕-箱涵下穿运营铁路线地层变形分析及控制技术[J]. 北京交通大学学报, 2017(3):88-93.

[5] 罗仁安, 姜洋标, 万敏, 等. 管幕箱涵顶进施工中地表变形监测及有限元模拟[J]. 上海大学学报(自然科学版), 2009, 15(5):534-540.

基于信息自动化技术的南水北调中线干线中控室标准化建设

周　梦　李景刚　黄伟锋　李效宾

（南水北调中线干线工程建设管理局　北京　100038）

摘要：南水北调中线干线工程在调度组织上，分三级管理，中控室是输水调度的三级机构，同时是管理处运行管理的综合信息平台。但是，中控室布置有多个系统终端和调度台，功能分区比较乱，工位及设备布置全线不统一，系统终端分散放置。操作人员需要来回移动位置进行操作，给工作带来不便，一定程度上降低了工作效率。本文结合中控室存在的问题及实际运行管理现状，提出了一种全新的基于信息自动化技术的中控室系统架构，该架构可以实现对中控室自动化系统的统一整合、标准化管理，使信息间的组合、共享与发布更加便捷，并大大提升了系统的安全性、稳定性与可靠性，进一步保障了输水调度的安全。该架构可以用于后期系统更新或其他类似系统的构建，因此研究结果具有重要实践意义。

关键词：南水北调　中控室　系统架构　标准化　切换系统

作者简介：周梦（1988—），女，工程师，硕士，从事对中线干线工程调度管理、标准化建设、自动化系统等研究工作。

南水北调中线干线工程全长 1 432 km,沿线设置左排建筑物、渡槽、倒虹吸、隧洞、暗涵、PCCP、桥梁等建筑物 2 300 余座。与输水调度相关的建筑物主要包括 64 座节制闸、54 座退水闸、97 座分水口和 61 座控制闸。在调度组织上,分三级管理,一级调度机构为位于北京的总调度中心,二级调度机构为 5 个分调中心,三级调度机构为 45 个现地管理处的中控室。另根据输水调度系统设计,在河南郑州设置总调中心的备调中心。

全线按照“统一调度、集中控制、分级管理”的原则实施调度。“统一调度”是指总调中心根据供水计划和全线的水情、工情,统一制定和下达调度指令。“集中控制”是指总调中心利用自动化闸站监控系统集中远程控制闸门。“分级管理”是指各级调度机构按照自身职责分工开展输水调度工作。总调中心主要负责调度指令的制定和下发,监视全线重点断面调度数据;分调中心主要负责调度指令的上传和下达,实时监视辖区内重点断面调度数据;中控室主要负责水情数据的审核上报,调度指令执行情况的核实、组织纠正、反馈,实时监视辖区内参与调度闸站及断面的调度数据。

本文结合中线干线工程中控室存在的问题及实际运行管理现状,提出了一种全新的基于信息自动化技术的中控室系统架构,该架构可以实现对中控室自动化系统的统一整合、标准化管理,使信息间的组合、共享与发布更加便捷,并大大提升了系统的稳定性与可靠性,进一步保障了输水调度的安全。该架构可以用于后期系统更新或其他类似系统的构建,因此研究结果具有重要实践意义。

1 现有中控室存在的问题

南水北调中线干线工程中控室是输水调度的三级机构,也是管理处运行管理的信息平台。中控室采取“五班两倒”的方式开展调度值班,每班 2 人,其中值班长、值班员各 1 人,主要通过闸站监控、日常调度管理、视频监控等系统,结合人工校核,负责指令接收和反馈、水情采集与上报、设备设施运行监控、系统接警消警等工作。

中控室室内布置有一座 6 屏电视墙、两排调度终端桌、一套会议桌、一套视频会议机、一套功放及多个调度系统终端,中控室铺设防静电地板,网线、设备电线缆等布设于地板底部。中控室平面示意图如图 1 所示。

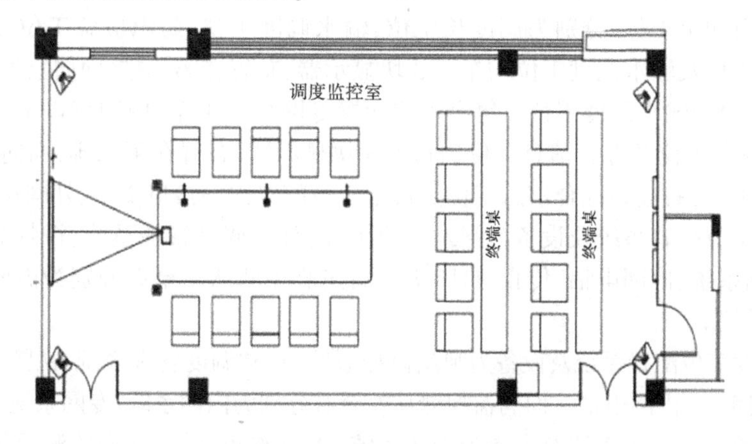

图 1 中控室平面示意图

中控室标准化建设前存在着以下问题:

(1)中控室布置有多个调度系统终端和调度台,功能分区比较乱,调度台面狭窄,值班人员的作业台面空间及膝部空间较小,不利于值班人员进行业务操作。电脑主机放置于调度台下部,电源地插安设于调度桌下,调度电脑的网络安全性及电源供电安全性不能有效地保障,线路凌乱,不利于桌面整理和维护检修,闸控系统及视频监控系统以及调度管理系统等输水调度业务终端只有一套,不利于中控室值班人员相互审核数据,经常出现数据审核不到位、不及时等违规行为。

(2)各系统操作终端主机均放置在操作控制台下,存在一定的电磁辐射。人机共处:一是增加环境噪声;二是灰尘容易进入系统终端主机设备,影响终端主机使用寿命;三是不利于数据安全。工位及设备布置全线不统一,系统终端分散放置。受原有技术条件限制,键盘、鼠标不能共享,各系统操作终端主机均配置键盘、鼠标等设备,操作人员需要来回移动位置进行操作,给工作带来不便,降低工作效率。

2 基于信息自动化的中控室标准化设计

中控室标准化建设是利用信息自动化技术,将现有的中控室进行功能升级成为生产调度中心。打造集合调度值班、防汛应急、综合信息为一体的控制中心和信息平台,整体性增强输水调度安全保障能力。按照“精准、规范、高效、安全”的指导思想,使问题查改、日常维护、水质保护、工程事故、自然灾害、治安维稳等方面的运行管理能力实现跨越式提升。

中控室标准化建设基于最新的信息自动化技术,对自动化各系统主要进行了整合和优化,并设计了先进的中控室多计算机切换系统。

2.1 自动化系统的整合和优化

中控室作为生产调度中心具有组织、指导、控制、协调的职能,设置有调度管理系统、闸站监控系统、视频监控系统、安全监测系统、水质监测系统、门禁系统、消防报警系统、视频会议系统、防汛值班系统等。中控室功能分区比较乱,工位及设备布置全线不统一,系统终端分散放置。根据中控室功能定位和各系统的特点,按照一体化的控制中心和信息平台的思路,对中控室工位及各系统布置按照以下方案进行了设计。

中控室设四个工位,分别为调度长工位、输水调度工位、防汛应急工位、综合信息工位。调度长工位及输水调度工位均布置3块显示器,布置在第一排,面向监控墙左边为调度长工位,右边为输水调度工位。每个工位配置专网接口1个、内网接口1个、外网接口1个。防汛应急工位及综合信息工位均布置3块显示器,布置在第二排,面向监控墙左边为防汛应急工位,右边为综合信息工位。每个工位配置内网接口2个、外网接口1个。

调度长工位配置系统及设备为闸站监控系统、日常调度管理系统、视频监控系统、门禁系统、外网系统、内网电话、传真、打印机。面向监控墙从左至右分别为内网系统、专网系统、外网系统。

输水调度工位配置系统及设备为闸站监控系统、日常调度管理系统、视频监控系统、门禁系统、外网系统、内网电话。面向监控墙从左至右分别为内网系统、专网系统、外网系统。

防汛应急工位配置系统及设备为安防系统、水质监测系统、安全监测系统、工程防洪系统、外网系统、电话、传真、外网打印机。面向监控墙从左至右分别为内网系统、外网系统。

综合信息工位配置系统及设备为消防联网系统、调度电话系统、LED 屏控系统(如有)、外网系统、电话及扫描仪。面向监控墙从左至右分别为内网系统、外网系统。

如有其他系统需要部署,配置在综合信息工位相应主机中。多系统可共用一台主机及显示器,为满足各系统运行需要,各工位主机、显示器、设备布置要求具体如表 1 所示。

表 1　中控室工位设备布置

<table>
<tr><th>工位</th><th>主机类别</th><th>屏幕配置</th><th>安装的系统</th><th>其他设备</th></tr>
<tr><td rowspan="3">调度长</td><td>专网</td><td>单屏显示</td><td>闸站监控系统
日常调度管理系统</td><td rowspan="3">电话、传真、
专网打印机</td></tr>
<tr><td>内网</td><td>单屏显示</td><td>视频监控系统
门禁系统</td></tr>
<tr><td>外网</td><td>单屏显示</td><td>外网系统</td></tr>
<tr><td rowspan="3">输水调度</td><td>专网</td><td>单屏显示</td><td>闸站监控系统
日常调度管理系统</td><td rowspan="3">电话、
内网打印机</td></tr>
<tr><td>内网</td><td>单屏显示</td><td>视频监控系统
门禁系统</td></tr>
<tr><td>外网</td><td>单屏显示</td><td>外网系统</td></tr>
<tr><td rowspan="2">防汛应急</td><td>内网</td><td>双屏显示</td><td>安防系统、
水质监测系统、
安全监测系统</td><td rowspan="2">电话、传真、
外网打印机</td></tr>
<tr><td>外网</td><td>单屏显示</td><td>外网系统
工程防洪系统</td></tr>
<tr><td rowspan="2">综合信息</td><td>内网</td><td>双屏显示</td><td>消防联网系统
调度电话系统</td><td rowspan="2">电话、扫描仪</td></tr>
<tr><td>外网</td><td>单屏显示</td><td>LED 屏控系统、
外网系统</td></tr>
</table>

对自动化系统进行整合和优化后,实现了生产调度信息集中布置、集成展示,有利于管理处整合各种业务信息和应用系统,实现信息资源的开放共享和交互使用。

2.2　中控室多计算机切换系统设计

中控室多计算机切换系统主要包括切换器、延长器、接收端、发射端。多计算机切换系统原理如图 2 所示。

根据中控室各自动化系统的特点,按照兼容性、稳定性、安全性的思路,对中控室多计算机切换系统按照以下方案进行了设计。

整个系统由主机、显示器、切换器、延长器、接收端、发射端、鼠标、键盘组成,在客户工作席端只需要显示器、键盘、鼠标即可访问各系统主机,实现无 PC 办公;系统配置灵活,电视墙的主机连接发射器,工作席位放置接收端,均为一对一模式(一台主机连接一个发射器、一个工作席位放置一台接收端),服务器和工作席位但有增加,只需要对应增加发射器和工作站即可。工作席位的员工均可直接访问电视墙的主机;管理平台、发射器和接收器均为数字 IP 设备,只要相互间网络可达,即可正常工作,从理论上来讲,传输距离无

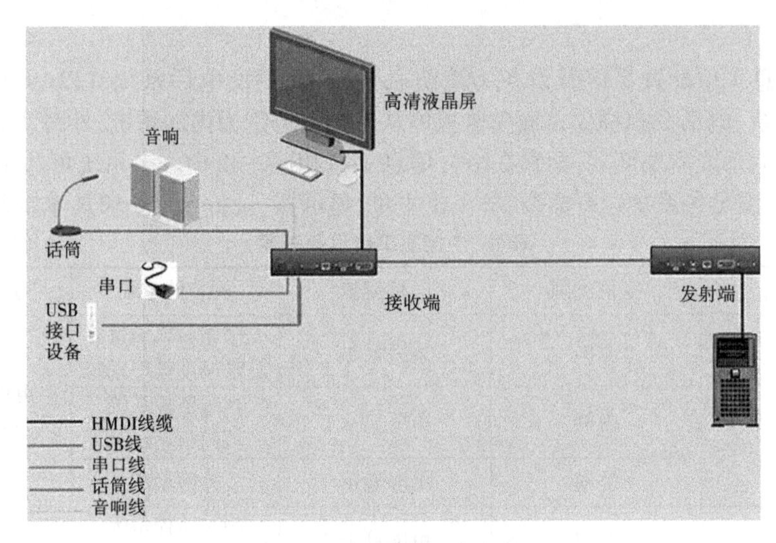

图 2　多计算机切换系统原理

限制;根据不同岗位工作要求,可设置多级权限,保证安全同时协同办公,任意定义多个场景用户组,将场景用户组定义方便的热键,通过热键实现一键切换。

利用多计算机切换系统实现了中控室值班人员利用一组键盘、鼠标,在多台主机及其连接的显示器之间通过滑动鼠标切换,管理控制多台主机。切换时,键盘和鼠标与主机不失去连接,以提供快速(即时)切换。支持热插拔,无须机器重起。支持一机双屏滑鼠切换,无需借助热键。因联机距离较长,使用了延长器,延长器采用非压缩数字延长,通过线缆传输,信号不衰减,支持 USB2.0,双向音频,RS232 接口,支持 U 盘延长后的接入和数据读取、复制等功能,传输速率不低于 5 MB/s,支持 PS/2 和 USB 电脑或服务器接入,兼容 UXGA、WSGA、WUXGA 分辨率。

利用多计算机切换系统(见图 3)对中控室调度区相关系统进行集中管控,提高了工作效率;使用物理隔离安全保护机制,各网段主机之间无法访问,保障了各系统的数据安全;系统可简单扩充设备数量与管理功能,架构合理,有效整合了中控室各项工作。

3　基于信息自动化的中控室标准化成果

中控室标准化建设以“精准、规范、高效、安全”为原则,利用信息自动化技术,对原有的中控室设备和系统进行了设计,标准化建设后的成果如图 4 所示。

标准化后的中控室根据环境空间的大小、形状,综合考虑人与控制台及室内环境的关系,结合人体工效学满足使用时舒适、方便、安全等要求。调度台内部设有专业的线缆管理系统,内部横纵向强弱电分开走线,科学安全管理,不同系统线缆分开管理,便于捆扎、分类。中控室分为调度值班长、值班员、防汛应急、综合信息工位,工位内系统分配做了进一步的明确要求。各系统主机集中于电视墙下方空间内布置,外网主机于调度控制台内部布置。一方面避免内网、专网主机人为插拔 U 盘危及网络安全,另一方面使用专用 PDU 电源,避免人为触碰电源插头,确保了供电安全。利用多计算机切换系统实现了中控室值班人员利用一组键盘、鼠标,在多台主机及其连接的显示器之间通过滑动鼠标切

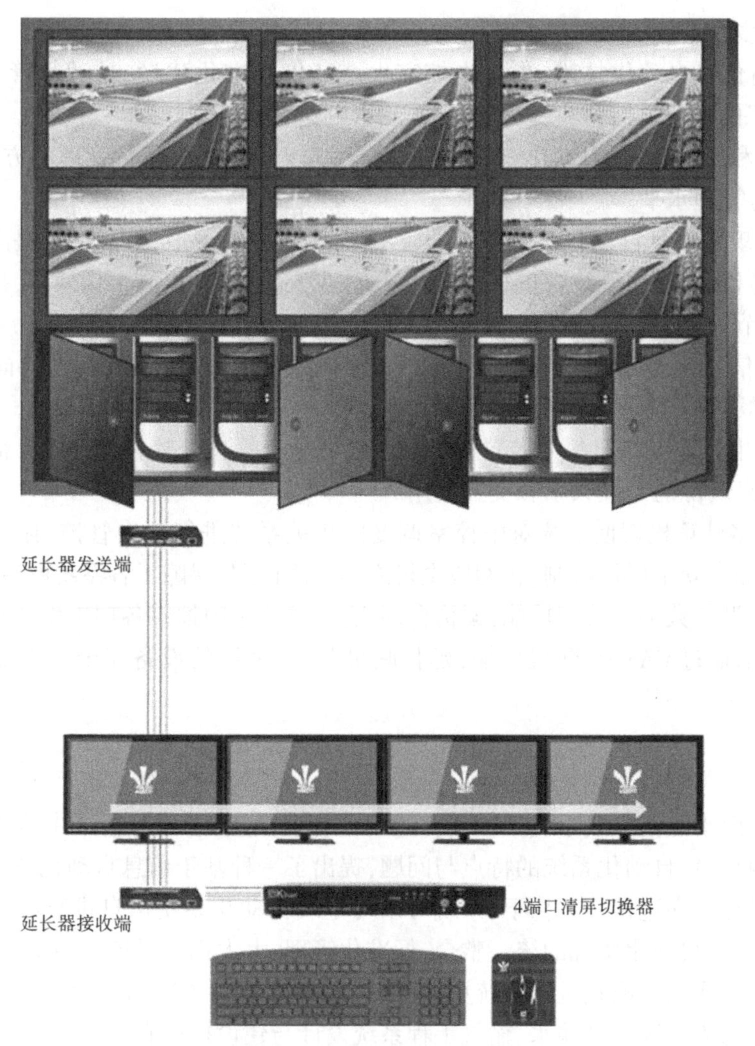

图3　中控室多计算机切换系统

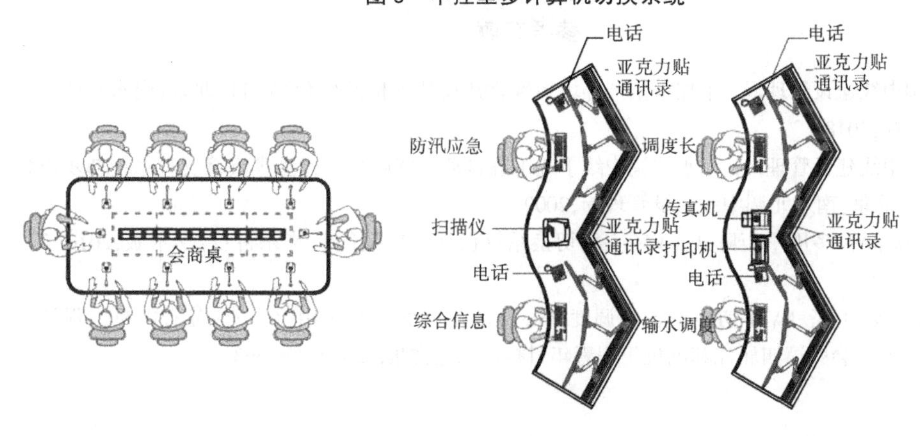

图4　中控室改造后平面图

换，管理控制多台主机。

依托现有信息自动化技术，推进中控室生产环境标准化建设，是运行管理“稳中求进、提质增效”的重要举措，将在以下方面深刻影响运行管理工作。

(1)充分利用信息化、自动化管理手段，符合“新时代”工程运行管理的方向，有利于整体提升运行管理水平。

(2)加大现有信息自动化系统资源的应用，有利于提高现地管理效率，提高工程和设备的安全保障程度，增加科技含量和技术含量，减少人力投入，提高工作效率，提高工作质量，实现资源节约。

(3)强化信息自动化管理的使用，有利于更好地贯彻现地管理的“问题导向”，及时发现和处置问题，有利于险情的早期发现和先期处置。

(4)实现生产调度信息集中布置、集成展示，有利于管理处整合各种业务信息和应用系统，实现信息资源的开放共享和交互使用。

(5)利用多计算机切换系统对中控室调度区相关系统进行集中管控，提高了工作效率；使用物理隔离安全保护机制，各网段主机之间无法访问，保障了各系统的数据安全；系统可简单扩充设备数量与管理功能，架构合理，有效整合了中控室各项工作。布线简单方便、利用延长器通过CAT-5网线传输，延长联机距离；采用的设备完全向下兼容原有主机，节省成本。

4　结　论

本文基于南水北调中线干线工程现有的调度管理模式，全面分析了中线干线工程现有中控室室内环境、自动化系统的特点与问题，提出了一种基于信息自动化技术的中控室标准化建设设计。在这种新架构下，系统可以对全线自动化系统信息进行统一管理与分析，实现对中控室自动化系统的统一整合、标准化管理，大大提升系统的稳定性与可靠性，通过多计算机切换系统模式进行系统更新，极大地方便了系统后期的运行与维护。本文的研究成果可以为后续大型输水、输气工程系统设计与建设提供有效参考。

参考文献

[1] 南水北调中线建设管理局. 中控室生产环境标准化建设技术标准(修订)[J]. 北京:南水北调中线建设管理局,2018.

[2] 南水北调中线建设管理局. 南水北调中线干线工程自动化调度与运行管理决策支持系统初步设计报告[R]. 北京:南水北调中线建设管理局,2009.

[3] 邓可平,陈军辉. 多用户矩阵式KVM主机切换系统设计与应用[J]. 华东科技:学术版,2016(7):34-34.

[4] 钱君霞,樊晟,王亮. KVM切换设备在调度中心自动化机房中的应用[C]//江苏省电机工程学会2009年学术年会暨第四届江苏电机工程青年科技论坛论文集. 2009:359-363.

BP 神经网络在南水北调中线天津干线流量计率定中的应用

李立群[1] 李伟东[2] 赵 慧[1]

(1. 南水北调中线干线工程建设管理局 北京 100038;
2. 南水北调中线干线工程建设管理局 河北分局 石家庄 050000)

摘要:南水北调中线天津干线工程承担着向天津市供水的重要任务,工程沿线各分水口、王庆坨水库连接井、出口闸等处均设置了流量计。精确的流量、水量数据不仅是水量计量的依据,也是输水调度的基础,流量计的率定尤为重要。传统的流量计率定是采用线性回归或多项式回归方法建立流量计与流速仪所测的流量关系,这种方法一般需要通过反复地比较才能选定较合适的回归函数,存在一定的随意性,且工作量较大。本文应用 BP 神经网络对两者流量关系进行回归分析,该方法可以根据实测数据自动形成回归关系,且具有较强的自学习能力,可避免预先设定函数。经在南水北调中线天津干线工程中试用,结果表明:该回归模型拟合精度高,适应性较强,且使用方便,具有推广的应用价值。

关键词:BP 神经网络 南水北调 天津干线 流量计率定

南水北调中线工程天津干线起点位于河北省徐水县西黑山村,终点位于天津市外环河西,全长 155.3 km,设计流量为 50 m^3/s,加大流量为 60 m^3/s。自中线正式通水以来,已累计向天津市供水 37.5 亿 m^3,南水北调中线工程已成为天津主力水源,14 个行政区 910 余万居民都喝上南水,大大提高了天津市供水保证率。

该工程沿线主要布置有西黑山进口闸、文村北调节池、分水口、王庆坨水库连接井、子牙河北分流井、外环河进口闸等主要控制性建筑物,主要建筑物处均设置了流量计。流量计的测量数据是干线水量计量的依据,也是全线输水调度的技术参考。流量计的使用要求、准确计量供水水量以及输水调度水量平衡计算准确性的要求,须按照国家相关行业规范对全线安装的流量计进行比测率定,并对实测流量资料和流量计实测流量数据进行整理和分析,建立实测流量与流量计实测流量之间的关系并建立数学模型,使得流量计所测数据满足国家规定精度。然而传统的方法是根据流速仪测得的数据和流量计数据,进行人工选择线性,然后以误差最小为原则,经过反复比较,最终得到回归函数。这种方法工作量较大,且存在一定的随意性。

本文针对上述问题,将人工神经网络(Artificial Neural Networks,ANN)引入流量计率定工作中。人工神经网络是基于模仿生物神经元的模式来模拟人脑思维方式的数学模型,是一种先进的数据挖掘技术。常用的神经网络是 BP 神经网络,在建模、预测、控制等

作者简介:李立群(1982—),女,山东青岛人,硕士,高级工程师,主要从事水资源管理和调度运行管理工作。

多个领域得到了成功应用,具有许多优点,例如方法简单、无须建立复杂的数学模型,具有自学习、记忆联想和判别能力,具有很强的适应性和容错性。

1 基于 BP 人工神经网络的率定模型

采用误差反馈算法进行网络训练的神经网络称为 BP 神经网络,假设建立的神经网络共三层,即输入层、输出层和隐含层。设输入层神经元的维数为 n 维,输出层神经元的维数为 m 维,隐含层神经元的维数为 h 维。BP 神经网络的训练方法具体如下:

假设隐含层与输出层的各神经元的连接权矩阵为 W,w_{ij} 表示隐含层中第 i 个神经元与输出层中第 j 个神经元之间的权值,$i=1,2,\cdots,h,j=1,2,\cdots,m$。输入层与隐含层的各神经元的连接权矩阵为 V,v_{ij} 表示输入层中的第 i 个神经元与隐含层中第 j 个神经元之间的权值,$i=1,2,\cdots,n,j=1,2,\cdots,h$。

设(X,Y)为样本集中的一个样本, $X=(x_1,x_2,\cdots,x_n)$,$Y=(y_1,y_2,\cdots,y_m)$,并选取激励函数为:

$$f(net)=\frac{1}{1+e^{-net}} \tag{1}$$

通过激励函数、连接权矩阵及输入样本计算出的输出向量为 $O=(o_1,o_2,\cdots,o_m)$,隐含层的输出向量为 $O'=(o'_1,o'_2,\cdots,o'_h)$,具体如下:

$$o_j=f(net_j)=f(\sum_{i=1}^{h}w_{ij}o'_i) \qquad (j=1,2,\cdots,m) \tag{2}$$

$$o'_j=f(net'_j)=f(\sum_{i=1}^{n}v_{ij}x_i) \qquad (j=1,2,\cdots,h) \tag{3}$$

则针对该样本的测度误差可由式(4)计算:

$$E=\frac{1}{2}\sum_{k=1}^{m}(y_k-o_k)^2 \tag{4}$$

对样本集中每个样本的测度误差求和得到整个样本集的测度误差$\sum E$。

利用负梯度方向下降法调整连接权重,隐含层与输出层连接权 w_{ij} 的调整量 Δw_{ij} 可由式(5)计算:

$$\Delta w_{ij}=\alpha\delta_j o'_i=\alpha(y_j-o_j)(1-o_j)o_j o'_i \tag{5}$$

式中:α 为学习效率,为事先给定的常数,如取 0.5。

输入层与隐含层连接权 v_{ij} 的调整量 Δv_{ij} 计算式如下:

$$\Delta v_{ij}=\alpha\sum_{k=1}^{m}(\delta_k w_{jk})(1-o'_j)o'_j x_i$$

令$\sum_{k=1}^{m}(\delta_k w_{jk})(1-o'_j)o'_j=\delta'_j$

则

$$\Delta v_{ij}=\alpha\delta'_j x_i \tag{6}$$

重复上述过程,直至整个样本集的测度误差很小,或者超出事先给定的循环次数。

将上述 BP 神经网络算法应用于流量计率定的研究中,首先构建网络结构:构建出 3 层 BP 神经网络。输入层神经元个数为 1,对应流量计测量的流量;输出层的神经元个数也为 1,对应利用水文精测法测量出的流量;隐含层的神经元个数可通过试算得到。为了便于网络训练,对数据要进行归一化处理,即将输入、输入的数据均转化为[0, 1]区间上的数据,进行网络训练。训练完成后,BP 神经网络自动得到流量计流量和水文精测法测得流量之间的关系,给定流量计流量,根据训练成功后的 BP 神经网络模型,并经过反归一化处理,就可推算出对应的水文实测的流量,从而实现对流量计流量读数校正的目的。

2 天津干线子牙河北分流井流量计率定算例

以南水北调中线天津干线子牙河北分流井流量计率定为例。子牙河北分流井位于天津市北辰区子牙东道,是天津干线最大的引水工程,该工程担负着向天津市供水的任务。分流井由进口闸、连接井水池、出口闸三部分组成,同时有一孔退水闸。进口闸为 3 孔 4.4 m×4.4 m 有压箱涵;出口闸为 4 孔,其中至西河泵站方向 2 孔 3.6 m×3.6 m,至外环河泵站方向 2 孔 3.6 m×3.6 m。子牙河北分流井在出口闸下游 4 个箱涵内约 150 m 处分别安装有电磁流量计各一台,流量计编号与出口闸编号一一对应,如图 1 所示。

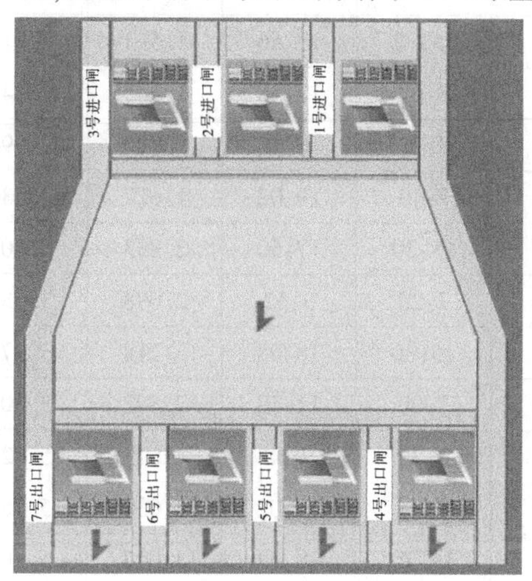

图 1 子牙河北分流井示意图

为保证计量精准,中线建管局组织流量计率定单位采用流速仪方法对安装的流量计进行率定,以子牙河北 6 号流量计为例,率定单位测量结果和流量计相应的数据如表 1 所示。

将测量的数据进行归一化处理,按下式进行计算:

$$x' = \frac{x - X_{min}}{X_{max} - X_{min}} \tag{7}$$

式中:x'为归一化处理后的数据;x 为原始数据;X_{max}、X_{min} 分别为给定的最大值和最小值。

本文根据测量实际数据,最大值、最小值分别取 5.529 m^3/s 和 0.969 m^3/s,对于流量计的数据,最大值、最小值分别取 6.806 m^3/s 和 1.361 m^3/s。利用表 1 中归一化后的数据,应用 BP 神经网络构建率定模型,训练次数 4 000 次,学习效率设为 0.5,隐层神经元经多次调试设置为 20 个。

表 1　流量计测量数据

施测号数	施测时间				流量(m^3/s)		归一化处理	
	月	日	起止					
			时:分	时:分	流速仪	流量计	流速仪	流量计
1	4	9	15:59	18:40	1.332	1.762	0.080	0.074
2		10	8:03	12:12	1.201	1.618	0.051	0.047
3		11	7:54	10:07	1.230	1.692	0.057	0.061
4		12	8:34	11:02	1.163	1.613	0.043	0.046
5		13	7:41	9:49	1.361	1.789	0.086	0.079
6			14:55	17:12	1.370	1.794	0.088	0.080
7		14	7:47	10:09	1.298	1.767	0.072	0.075
8			15:32	17:56	1.543	2.014	0.126	0.120
9	5	14	8:00	12:36	1.545	2.149	0.126	0.145
10		15	7:42	10:30	1.480	1.994	0.112	0.116
11		16	7:40	10:02	1.677	2.330	0.155	0.178
12		17	15:20	17:50	2.833	3.803	0.409	0.448
13		18	7:20	9:52	2.698	3.581	0.379	0.408
14			15:30	18:08	3.218	3.975	0.493	0.480
15		20	7:00	11:48	2.882	3.804	0.420	0.449
16		21	7:30	9:58	4.611	5.822	0.799	0.819
17		22	7:35	10:02	4.030	5.187	0.671	0.703
18			16:10	18:32	4.047	5.205	0.675	0.706
19		23	7:25	10:06	3.052	4.035	0.457	0.491
20			15:20	17:52	4.836	6.142	0.848	0.878
21		24	7:30	9:58	3.610	4.644	0.579	0.603
22			15:20	17:44	4.815	6.102	0.843	0.871
23	6	15	15:50	18:58	4.697	5.711	0.818	0.799
24		16	7:28	9:46	4.466	5.539	0.767	0.767
25			15:30	17:52	4.782	5.972	0.836	0.847
26		17	7:46	9:58	4.635	5.565	0.804	0.772
27		18	15:30	17:52	5.430	6.717	0.978	0.984
28		19	7:44	9:58	5.217	6.361	0.932	0.918
29	10	31	7:28	9:44	1.083	1.465	0.025	0.019
30			14:12	16:52	1.246	1.701	0.061	0.062

训练完成后,得出的输入层—隐含层矩阵和隐含层—输出层矩阵分别如下:

[-0.9777,1.1138,0.9724,-0.6211,.07157,-1.056,0.7814,-0.7845,0.5233,-1.061,1.016,-0.1409,1.1058,0.1810,-1.066,-0.7053,-0.5543,-1.029,-1.014,-0.7194]

$[1.6792,2.1022,1.4398,-0.7913,0.8339,-1.8952,0.9807,-0.7221,0.7981,-2.0417,1.2405,-0.1010,1.8567,-0.0189,-2.0920,-0.8379,-0.2510,-1.9645,-1.7890,-0.9614]^T$

根据输入的流量计数据即可推算流速仪法的测量数据。根据表1的数据进行验证,平均相对误差为3.9%。同时,利用线性回归进行计算,结果为$y=0.79128x$,计算出平均相对误差为4%。可见,利用神经网络进行中线流量计率定具有可行性,可以取得较高的拟合精度,而且避免了事先假定关系函数,特别是对于非线性关系比较明显时,神经网络更具有高效性。

3 结 语

本文将BP人工神经智能网络技术引入南水北调中线流量计率定工作中来,以天津干线子牙河北分流井率定数据为例,建立了流量数据与流速仪数据的拟合关系。该模型方法简单、适应性和容错性强,避免了预先假定复杂的拟合函数,根据实测样本数据自动实现拟合回归。在中线天津干线的应用表明,该模型得到了较好的拟合结果,有推广应用的价值。

参考文献

[1] 天津市水利勘测设计院. 南水北调中线一期工程天津干线可行性研究报告[R]. 天津:天津市水利勘测设计院,2005.

[2] 蒋宗礼. 人工神经网络导论[M]. 北京:高等教育出版社,2001.

[3] 邱林,陈守煜,聂相田. 模糊模式识别神经网络预测模型及其应用[J]. 水科学进展,1998,9(3):258-264.

[4] 杨卫东,李伟娟. 南宁站洪水期水位流量关系曲线的直接拟合[J]. 广西水利水电,2003(3):15-19.

[5] 穆祥鹏,陈文学,崔巍,等. 弧形闸门流量计算方法的比较与分析[J]. 南水北调与水利科技,2009,7(5):20-22.

[6] 姜万录,雷亚飞,张齐生,等. 基于神经网络软测量的动态流量测量方法研究[J]. 流体传动与控制,2007(6):25-30.

[7] 金菊良,魏一鸣,杨晓华. 基于遗传算法的神经网络及其在洪水灾害承灾体易损性建模中的应用[J]. 自然灾害学报,1998,7(2):53-60.

江水西引生态补水方案及水价研究

王艳艳

（安徽省水利水电勘测设计院　合肥　230088）

摘要：滁河干渠为集城市供水、农业灌溉等功能为一体的大型水利工程。通过对滁河干渠的功能定位研究，提出了江水西引生态补水工程的方案，在继续发挥滁河干渠自流输水作用的同时，通过依托江水和驷马山灌区输水条件，增加自东向西的提水和输水功能，并据此测算供水成本和终端水价，研究提出了工程水价方案。

关键词：江水西引　生态补水　方案　水价

滁河干渠是沟通淮河、长江两大流域的淠河灌区主要干渠之一，为集城市供水、农业灌溉等功能为一体的大型水利工程，承担着输送西部淠史杭灌区水库水源和调引东部驷马山灌区引江水量的双重任务。为恢复和提升滁河干渠灌溉供水作用，保护和改善滁河干渠输水水质，保障和维护合肥经济圈供水安全及生态环境，在继续发挥自流输水作用的同时，通过依托江水和驷马山灌区输水条件，增加自东向西的提水和输水功能，是完善安徽省“三横三纵”水资源布局的重要举措。

1　基本情况

滁河干渠始建于 1958 年，1971 年全线通水。渠线沿江淮分水岭两侧布设，自西向东延伸，干渠从合肥市蜀山区新民坝起至肥东县北张节制闸止，全长 100.61 km，流经合肥市蜀山区、庐阳区、长丰县、瑶海区及肥东县，建设至今已逾半个多世纪，发挥了巨大的灌溉、供水效益。滁河干渠位置见图 1。

驷马山引江灌区位于安徽省江淮之间东部，涉及安徽省滁州、合肥、马鞍山三市和江苏省南京市，设计灌溉面积 365.4 万亩，其中江苏省 15 万亩。驷马山引江灌区利用位于长江乌江镇附近的乌江站，提水经驷马山引江水道进入滁河，再经滁河干流四级骨干翻水站，逐级提引江水灌溉滁河丘圩区及池河上游地区。

2　建设必要性

2.1　合肥市城市应急供水的需要

近几年，随着城市的快速发展，合肥市城市供水量逐年增长，由于巢湖水体污染，巢湖

作者简介：王艳艳（1983—），女，硕士研究生，高级工程师，主要从事水利规划及水环境治理工作。

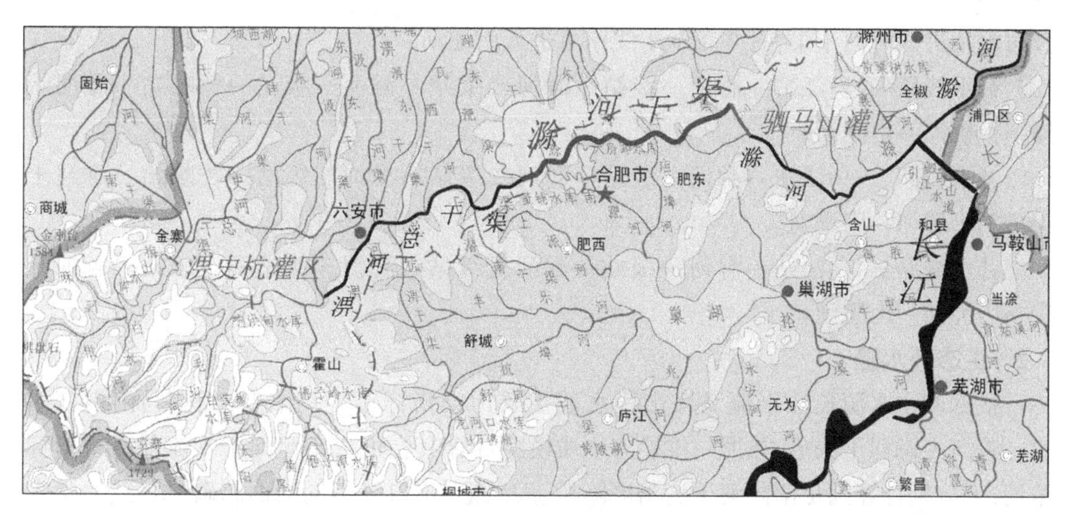

图1 滁河干渠位置示意图

水源已被迫关闭,城市生活水源全部取自董铺、大房郢水库。董铺、大房郢水库自产水量少,每年仅能提供约1.0亿 m^3 的原水,遇干旱年份则更少,故自1996年开始,从淠史杭调水补给,1996年调入1 500万 m^3,2012年已增加到2.5亿 m^3。随着合肥市区域性特大城市建设,需水量将继续呈快速增长趋势,供需矛盾进一步加剧。

合肥市目前从滁河干渠引淠史杭灌区水库水量约占合肥市原水总量的90%,一旦该条线路灌区干旱或水质污染等,合肥市供水安全将受到严重威胁。因此,现有的单一补给水源既不可靠,更不安全,必须形成水量保障和水质安全的多水源、多线路的水资源保障体系,从更大范围寻找优质水源。

2.2 南淝河水环境改善的需要

南淝河穿合肥市区而过,于施口附近汇入巢湖。流域面积1 446 km^2,从肥西将军岭至入湖口全长70 km,上游建有董铺、大房郢两座大型水库,自上而下主要支流有四里河、板桥河、二十埠河、店埠河等。合肥市60%左右的城镇居民生活及工业污水排入南淝河,南淝河干流水质污染严重,自上而下的当涂路桥、大兴港、施口3个监测断面,水质均为劣Ⅴ类。南淝河水系上游兴建大型水库,在发挥重要防洪作用的同时,随着城市用水的快速增长,城市供水负担加重,干旱季节下泄水量减少,河道生态用水大量被挤占,河道环境容量急剧萎缩。在保障城市供水安全的同时,还必须兼顾河道基本生态用水,修复和保护水生态环境。

针对南淝河清洁基流小、污染比较重、污染负荷重、考核要求严等特点,南淝河水环境治理与保护必须实行综合措施布局,其中依托滁河干渠实施生态基流补偿,是南淝河水环境综合治理工程体系不可或缺和不可替代的。

3 补水方案研究

3.1 补水线路

依托现有工程条件,通过乌江站抽引长江水,经驷马山引江水道和滁河一、二、三级站及黄疃站进入滁河干渠,有 3 条补水线路可进入南淝河。

补水线路一:乌江站→滁河一级站→滁河二级站→滁河三级站→黄疃站→滁河干渠→板桥河→南淝河。

补水线路二:乌江站→滁河一级站→滁河二级站→滁河三级站→黄疃站→滁河干渠→二十埠河→南淝河。

补水线路三:乌江站→滁河一级站→滁河二级站→滁河三级站→黄疃站→滁河干渠→店埠河→南淝河。

3.2 生态补水量

根据调水水源长江干流马鞍山段水质主要污染指标年平均浓度,经驷马山引江水道—滁河—滁河干渠后,按照一维稳态水质模型计算其在汇入南淝河干支流前各项指标浓度,再分别计算满足南淝河干流当涂路桥、大兴港、施口等不同断面总磷、氨氮、化学需氧量浓度达到Ⅳ类水质标准限值所需生态水量,以外包法确定最大生态需水量。

(1)满足当涂路桥、大兴港、施口 3 个断面水质达标。

满足南淝河干流当涂路桥、大兴港、施口 3 个断面水质全部达到Ⅳ类水管理目标,50%、80%、95%保证率年份最大生态补水量分别为 130 万 m^3/d、133 万 m^3/d、133 万 m^3/d,其中 50%保证率年份需经板桥河补水 96.1 万 m^3/d,经二十埠河补水 33.6 万 m^3/d;80%、95%保证率年份需经板桥河补水 97.6 万 m^3/d,经二十埠河补水 35.0 万 m^3/d。

(2)满足当涂路桥、大兴港 2 个断面水质达标。

满足南淝河干流大兴港、施口 2 个断面水质达到Ⅳ类水管理目标,50%、80%、95%保证率年份最大生态补水量分别为 130 万 m^3/d、133 万 m^3/d、133 万 m^3/d。三种保证率下所需补水需全部经二十埠河补水。

(3)满足施口 1 个断面水质达标。

单纯满足南淝河干流施口断面水质达到Ⅳ类水管理目标,所需补水全部经店埠河补水。50%、80%、95%保证率年份最大生态补水量分别为 82 万 m^3/d、89 万 m^3/d、89 万 m^3/d。

鉴于外调水量及水费的限制,完全满足南淝河干流生态需水量在近期是困难的。在不影响合肥市供水安全的前提下,最低要求需满足施口断面Ⅳ类水管理目标,当涂路桥和大兴港断面视余水情况相机补水。为满足施口断面Ⅳ类水管理目标,视当地来水情况,计划从店埠河采取间隙式补水方式,每月补水 1~3 次,每次补水过程 4~5 d。其中,汛期非降雨期每月补水 1~2 次,非汛期每月补水 2~3 次,每次补水 300 万 m^3,全年生态补水量控制在 1.0 亿 m^3 左右。

3.3 补水方案

以滁河干渠现有渠道为基础,通过新建提水泵站,对现有渠道进行拓宽整治,满足渠道反向过流能力,加固及改建渠系建筑物等措施,以实现调引东部驷马山灌区引江水量,形成保障合肥市城市供水安全和改善南淝河水环境的输水通道。在启动城市应急供水时,将长江水抽引至滁河干渠南淝河泄洪闸处进入董铺水库;在启动生态补水时,将长江水抽引至蔡塘、张桥泄洪闸处入板桥河或三十头泄洪闸处入二十埠河或小朱户泄洪闸处入店埠河，最终汇入南淝河干流入巢湖。

(1)利用现有工程。

江水西引生态补水工程利用现有的工程主要包括渠道和泵站，其中利用现有的五级提水站分别为乌江站、滁河一级站、滁河二级站、滁河三级站以及黄疃站；利用现有的河(渠)道分别为驷马山引江水道、滁河干流、滁河二级站出水渠、滁河三级站出水渠、黄疃站进水渠、黄疃站出水渠及滁河干渠。

(2)提升及新建工程。

在保持滁河干渠现状自西向东自流输水功能的同时，需增加自东向西的提水输水功能，主要增加渠道拓宽整治，新建管湾、众兴、双墩3座提水泵站，众兴水库水源地保护，配套建筑物加固以及监控调度系统建设等。

4 补水水价测算

4.1 水量分配方案及投资分摊

滁河干渠年均引水量为1.02亿m^3，其中生态补水0.78亿m^3、灌溉供水0.24亿m^3。工程静态固定资产总投资3.77亿元，坚持“谁受益、谁分摊”的原则，根据引水规模，按受益地区受益水量的比例分摊，灌溉、生态补水分摊投资的系数分别为23%、77%。

4.2 成本水价测算

工程供水成本包括固定资产折旧费、维护费、工资及福利费、材料费、工程管理费、抽水电费及其他费用等。

折旧费按《水利水电工程固定资产投资分类折旧年限》中的规定计算，渠道及建筑物土建工程的折旧年限为50年，建筑物为30年，机电与金属结构工程为25年，挖压迁赔采用100年，固定资产形成率取80%。计算中采用综合折旧率测算，综合折旧率为各类固定资产折旧率加权平均而得。修理维护费取低限1%。按照《水利工程管理单位定岗标准(试点)》和《水利工程维修养护定额标准(试点)》测算，江水西引新增3座泵站定员18人，人均工资7万元，福利、社保、住房补贴费按工资总额的61%计。材料费参照《水利建设项目经济评价规范》(SL 72—2013)，防洪、供水项目材料费按固定资产原值的0.1%。工程管理费按工资及福利费的1.5倍计。抽水电费按$E=\alpha HkW/\eta$计算。项目用电取自35 kV线路，根据《国家发展改革委关于调整华东电网电价的通知》(发改价格〔2006〕1230号)，城市供水电价取0.732 5元/(kW·h)(安徽省非工业、普通工业销售电价)。工程从滁河三级站出口取水，到滁河干渠南淝河泄洪闸的设计扬程为21.75 m。其他费用防洪及供水项目按修理费、工资及福利费、材料费三项之和的10%计算。

综上分析，灌溉总成本为587万元，单位供水成本0.245元/m^3；生态补水总成本为1 966万元，单位供水成本0.252元/m^3。

4.3 供水价格测算

本工程效益主要包括城市生活及工业供水效益、农业灌溉效益、生态效益等，社会公益性强。根据贷款能力测算的有关规定，对项目中的城市供水效益、农业灌溉效益进行贷款能力测算。该项目静态总投资 3.77 亿元，全部参与贷款能力测算和财务评价。分别按灌溉水价 0.056 元/m³(安徽省农业灌溉用水水价) 和 0.245 元/m³ 测算城市供水水价和贷款能力。灌溉水价在 0.056 元/m³ 时，城市供水水价为 0.66~1.41 元/m³，以 15 年还清，贷款比例 75%为例，城市供水水价为 0.85 元/m³。

4.4 终端水价估算

江水西引生态补水主要为合肥市南淝河补充生态基流，水价主要由驷马山灌区原水水价、黄疃站成本水价和滁河干渠本级水价构成。

4.4.1 驷马山灌区原水水价

根据安徽省物价局、安徽省水利厅《关于调整水利工程供非农业用水价格的通知》(皖价商〔2010〕45 号)的规定，安徽省非农业用水价格为 0.232 元/m³，目前淠史杭灌区向合肥市提供非农业用水即执行该水价。按照同为非农业用水、同水同价的思路，根据安徽省驷马山引江工程管理处《关于向合肥市应急补水水价测算意见的函》，滁河三级站出口水价为 0.232 元/m³。

4.4.2 黄疃站成本水价

黄疃站成本水价主要由工程运行管理费、投资折旧费、抽水电费构成。近年，黄疃站年均运行管理费为 60 万元，合 0.046 万元/(kW · h)，本工程按规模装机分摊的年运行管理费为 138 万元，抽引水量为 1.02 亿 m³，合单方水价 0.013 5 元/m³。黄疃站主要为泵站增容，考虑泵站和站房需要更新改造，折旧费为 54 万元，合 179 元/(kW · h)，合单方水价 0.005 3 元/m³。抽水电费为 0.038 2 元/m³。综上，黄疃站成本水价为 0.06 元/m³。

4.4.3 滁河干渠本级水价

滁河干渠工程按 75%贷款，15 年还清的方案，测算的干渠本级供水水价为 0.85 元/m³。

综上，江水西引生态补水水价为 1.142 元/m³。

5 结　语

在特殊干旱年或连续干旱年，江水西引生态补水工程的实施对确保合肥市城市供水安全具有重要的战略意义。一般年份，在不影响合肥市供水安全的前提下，视当地来水情况，实行常态化补水，全年补水量控制在 1.0 亿 m³ 左右，水价为 1.142 元/m³。因江水西引补水是以生态供水为主的准公益性基础设施建设项目，投资方面应发挥政府主导作用，以公共财政投资为主。在近期南淝河流域范围内污染源治理达到其规划治理目标前提下，江水西引补水工程的实施为南淝河施口断面水质达标创造条件。

基于引江济淮工程条件下的巢湖生态引水分析

田　鑫

(安徽省水利水电勘测设计院　合肥　230088)

摘要:本文通过分析历史上江湖水体交换关系、巢湖水生态环境质量状况以及存在的问题,结合引江济淮工程提出巢湖生态引水过程,依托引江济淮江湖水量交换条件,逐步恢复江湖关系,改善江湖连通性,在治污基础上,可明显改善巢湖水环境,重建江湖生命通道。

关键词:水体交换关系　水生态环境　生态引水

1　巢湖流域概况

巢湖是安徽省最大的湖泊,东西长、南北短,湖区形似鸟巢,正常蓄水位 8.0 m(吴淞高程),水面面积 755.0 km^2,流域面积 13 486 km^2,多年平均降雨量 1 120.3 mm,年际变化悬殊、年内分布不均。

巢湖流域河流众多,依泄水出路不同,习惯上归纳为巢湖闸上和巢湖闸下。巢湖闸上流域面积 9 153 km^2,入湖的大小河流共 34 条,其中来水面积在 500 km^2 以上的主要河流有南淝河、派河、杭埠河(丰乐河)、白石天河、兆河、柘皋河等,呈放射状汇入巢湖。巢湖闸下流域面积 4 333 km^2,主要河流有裕溪河、西河、清溪河、牛屯河等直接入江河道。

2　历史上江湖水体交换关系

历史上巢湖与长江自然沟通,巢湖出口、入江河道裕溪河出口均未建闸控制,江湖之间水量交换频繁,同时因巢湖水位随长江涨落而变化,巢湖流域水旱灾害也十分严重。

历史水文观测资料分析表明:在巢湖闸、裕溪闸等控湖工程建设前,巢湖年平均入湖水量为 43.9 亿 m^3,其中巢湖自身年来水量为 30.3 亿 m^3,经裕溪河倒灌入巢湖的江水量多年平均为 13.6 亿 m^3,内、外水量比例为 1:0.45。巢湖闸建成后,1962~2006 年巢湖流域多年平均入湖年径流量为 36.6 亿 m^3,长江入湖水量较建闸前大幅减少,多年平均为 1.72 亿 m^3(未计入经兆河入湖的小部分水量),内、外水量比例为 1:0.047。巢湖建闸前后长江入湖水量变化过程见图 1。

作者简介:田鑫(1983—),女,工程师,主要从事水资源保护规划工作。

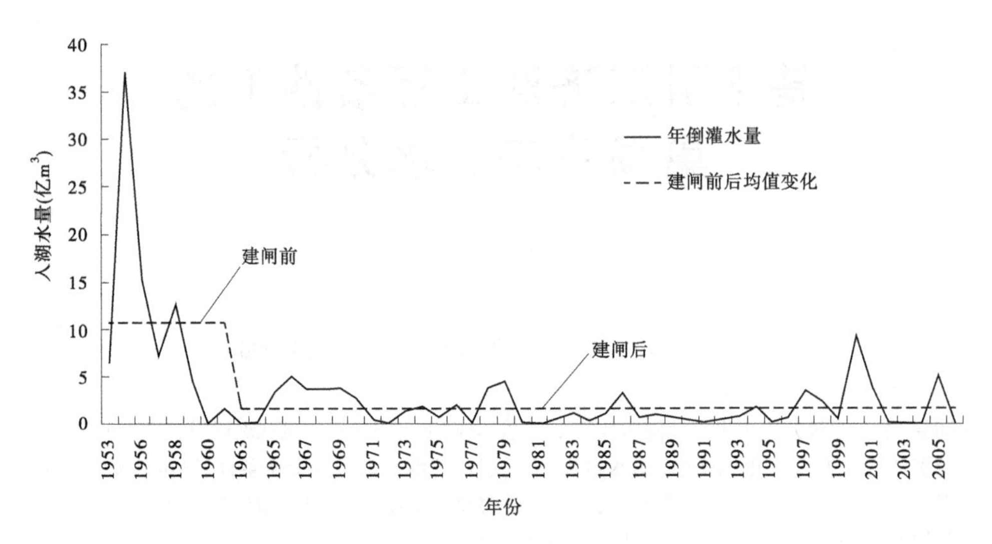

图 1　巢湖建闸前后长江入湖水量变化过程

3　水生态环境质量状况

3.1　水质现状

受自然条件和人类活动双重驱动,巢湖周边区域总磷本底值偏高,湖区蓝藻水华时常爆发,至 20 世纪 90 年代末期水污染状况最为严重。近年来,随着治理与保护力度的加大,河湖水质恶化趋势得到有效遏制,主要水域污染浓度明显降低。2016 年水质监测数据表明,巢湖全湖平均水质为Ⅳ类,其中西半湖Ⅴ类,东半湖Ⅲ~Ⅳ类;湖区由中度富营养状态降为轻度富营养状态。环湖支流中,西北部南淝河、十五里河、派河水质为Ⅴ类或劣Ⅴ类,西南部、南部和东部杭埠河、白石天河、西河、兆河、裕溪河水质基本为Ⅲ类。总体上,巢湖西半湖及西北部入湖河道污染严重,东半湖及南部入湖河道水质较好。

3.2　水生态状况

历史上巢湖及周边地区层峦叠嶂,树木苍翠,植物繁茂,鱼虾满湖。目前,源自大别山的杭埠河上游、江淮分水岭地带及滁河干渠两侧生态环境状况良好。受人类活动影响,江湖交换通道受阻,沿湖湿地大量消失,其中仅 20 世纪 50~60 年代因白湖、黄陂湖等大规模围垦,就失去湿地 10 万多亩。据统计资料和监测数据,目前湖区有浮游植物 85 属 227 种,其中蓝藻数量占 95%以上;浮游动物 35 属 46 种,原生动物数量占 90%;底栖动物河蚬、淡水壳占绝对优势;水生维管束植物有 42 属 50 种,主要为芦、荻等挺水植物。总体上看,巢湖流域陆域生态系统仍属良好状态,但水生态系统受到人类活动长期干扰,生物多样性明显减少。

4　存在问题

经过几十年的治理,巢湖流域防洪和供水工程体系基本形成,近年来实施的巢湖生态保护修复工程已取得阶段性明显成效。鉴于水问题复杂,目前仍存在以下问题:

(1)流域刚性污染排放居高不下。“十一五”以来,巢湖流域经济社会高速发展,特别是城镇化进程加快,入湖污染负荷长期超出河湖环境容量。

(2)半封闭水域加重富营养状况。历史上巢湖水面开阔,江湖之间水量交换频繁。为了防洪和蓄水,巢湖与长江之间水体交换被人工控制,使巢湖成为半封闭性水域,在不断增加和积累的污染负荷共同驱动下,更易加重湖泊富营养化和触动湖区蓝藻水华爆发。

(3)水资源及调配能力明显不足。城镇生活、工业生产挤占河道生态用水,恶化水生态环境。水资源调配能力不足致使河道频繁断流、湖区长期封闭,加剧河湖水质恶化。

5 引江济淮可供生态补水量分析

根据引江济淮(供水、航运和灌溉补水)需调水量及过程,计算巢湖生态引水可引江水量及过程。在巢湖及引、排江河道防洪调度运用基础上,计算巢湖生态引水安全引水量及过程。

在不增加引江济淮工程规模、满足引江济淮(供水、航运和灌溉补水)需调水量要求的前提下,利用济淮水量过程不均匀性,2030 年、2040 年巢湖生态引水可引水量分别约为 52.6 亿 m^3、60.0 亿 m^3,如表 1、表 2 所示。

考虑巢湖、引排江河道防洪要求和控制,2030 年、2040 年巢湖生态引水安全可引水量分别约为 9.77 亿 m^3、8.67 亿 m^3,如表 1、表 2 所示。

表 1 1956~2010 年巢湖生态引水安全引江量成果(2030 年) (单位:万 m^3)

年份	引江济淮需调水量	巢湖生态引水		年份	引江济淮需调水量	巢湖生态引水	
		可引江水量	安全可引水量			可引江水量	安全可引水量
1956	252 000	548 883	120 344	1984	257 934	542 949	111 526
1957	169 902	630 981	114 043	1985	43 841	757 042	129 280
1958	350 683	450 200	102 320	1986	453 171	347 712	63 434
1959	389 789	411 094	61 891	1987	47 689	753 194	140 238
1960	203 509	597 374	111 317	1988	406 044	394 839	87 210
1961	498 497	302 386	46 326	1989	53 671	747 212	129 438
1962	376 055	424 828	86 580	1990	174 089	626 794	102 332
1963	155 935	644 948	126 523	1991	148 910	651 973	114 257
1964	39 193	761 690	138 366	1992	473 042	327 841	57 820
1965	401 078	399 805	80 684	1993	64 469	736 414	127 887
1966	680 299	120 584	12 779	1994	450 452	350 431	45 208
1967	517 075	283 808	50 977	1995	537 103	263 780	60 038
1968	435 528	365 355	63 939	1996	278 423	522 460	102 284
1969	141 664	659 219	126 094	1997	312 952	487 931	59 054
1970	224 823	576 060	132 002	1998	187 272	613 611	106 520
1971	235 483	565 400	105 308	1999	549 616	251 267	46 344

续表 1

年份	引江济淮需调水量	巢湖生态引水		年份	引江济淮需调水量	巢湖生态引水	
		可引江水量	安全可引水量			可引江水量	安全可引水量
1972	101 103	699 780	139 286	2000	255 711	545 172	97 840
1973	300 039	500 844	79 866	2001	499 999	300 884	14 247
1974	356 443	444 440	111 149	2002	174 885	625 998	116 201
1975	192 148	608 735	133 969	2003	42 534	758 349	139 574
1976	339 036	461 847	55 160	2004	131 097	669 786	127 089
1977	266 030	534 853	120 597	2005	168 524	632 359	130 893
1978	736 991	63 892	0	2006	44 620	756 263	133 037
1979	318 457	482 426	89 637	2007	76 062	724 821	138 696
1980	217 120	583 763	130 771	2008	170 045	630 838	130 286
1981	381 212	419 671	59 652	2009	118 889	681 994	134 241
1982	295 613	505 270	91 985	2010	133 180	667 703	123 115
1983	264 216	536 667	113 174	多年平均	274 439	526 444	97 688

表 2　1956~2010 年巢湖生态引水安全引江量成果(2040 年)　(单位:万 m³)

年份	引江济淮需调水量	巢湖生态引水		年份	引江济淮需调水量	巢湖生态引水	
		可引江水量	安全可引水量			可引江水量	安全可引水量
1956	314 231	683 095	116 163	1984	329 662	667 664	105 103
1957	257 119	740 207	82 164	1985	89 919	907 407	120 807
1958	448 652	548 674	96 354	1986	593 223	404 103	53 355
1959	499 045	498 281	53 941	1987	94 428	902 898	135 531
1960	289 654	707 672	99 888	1988	526 031	471 295	83 372
1961	657 311	340 015	30 561	1989	156 543	840 783	103 065
1962	457 298	540 028	83 790	1990	260 983	736 343	77 268
1963	227 341	769 985	117 637	1991	208 501	788 825	107 091
1964	65 937	931 389	133 471	1992	641 454	355 872	44 520
1965	513 545	483 781	61 506	1993	180 575	816 751	105 457
1966	851 832	145 494	9 007	1994	616 007	381 319	22 523
1967	621 463	375 863	44 270	1995	705 848	291 478	51 926
1968	570 473	426 853	55 748	1996	325 156	672 170	98 276

续表 2

年份	引江济淮需调水量	巢湖生态引水		年份	引江济淮需调水量	巢湖生态引水	
		可引江水量	安全可引水量			可引江水量	安全可引水量
1969	196 250	801 076	121 594	1997	472 434	524 892	35 158
1970	301 917	695 409	126 955	1998	247 746	749 580	96 332
1971	344 565	652 761	94 770	1999	709 352	287 974	33 834
1972	136 611	860 715	134 495	2000	339 522	657 804	93 997
1973	470 043	527 283	67 828	2001	658 900	338 426	7 926
1974	435 746	561 580	103 584	2002	299 976	697 350	99 887
1975	251 557	745 769	127 702	2003	67 096	930 230	134 523
1976	589 375	407 951	36 782	2004	227 028	770 298	104 219
1977	380 192	617 134	112 589	2005	224 356	772 970	114 191
1978	897 328	99 998	0	2006	139 584	857 742	115 077
1979	442 540	554 786	70 024	2007	126 632	870 694	133 352
1980	310 656	686 670	110 192	2008	227 829	769 497	120 211
1981	537 338	459 988	47 619	2009	209 217	788 109	121 484
1982	426 917	570 409	88 017	2010	217 434	779 892	118 180
1983	345 189	652 137	107 283	多年平均	377 010	620 316	86 738

淮河 75%来水保证率下巢湖相机引水过程概化如图 2 所示。

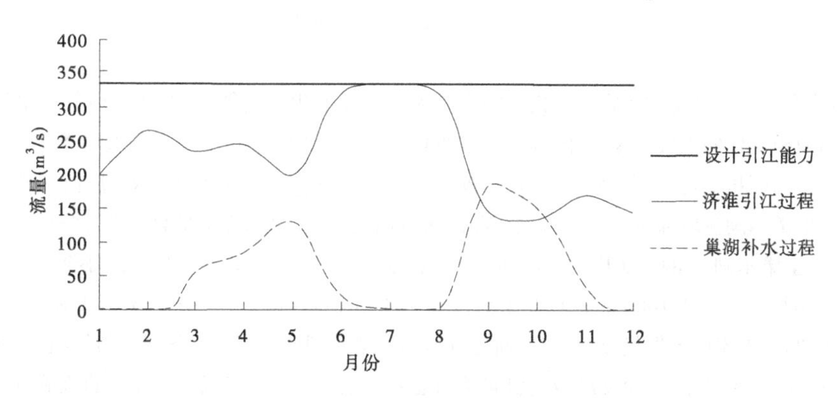

图 2 淮河 75%来水保证率下巢湖相机引水过程概化示意图

6 补水效果分析

在强化污染点源控制、污水提标处理、尾水深度净化、面源污染控制等措施的基础上，再辅以经常性生态引水，对巢湖 TN、TP、氨氮、COD 均有比较明显的改善效果，西部湖区可基本在Ⅳ类水之内，中部湖区可稳定在Ⅳ类水，东半湖区能达到Ⅲ类水质标准，较无生态引水情况基本能提升1个水质级别左右。

7 结论和建议

巢湖生态引水在依托引江济淮江湖水量交换条件，扩大巢湖水环境容量，改善江湖连通性、改善湖区水质与控制富营养化等方面具有积极的作用。

根据引江济淮工程开发建设任务的主次之分，以及引江流量规模确定的条件，引江济淮工程引江调度运用，首先须保障供水、航运用水，其次要满足灌溉补水，巢湖生态引水只可相机补水，不能超出批准的引江济淮工程流量规模。

参考文献

[1] 安徽省水功能区质量通报[R].合肥：安徽省水利厅，2016.

[2] 安徽省长江水系重点水域渔业资源调查报告汇编[R].合肥：安徽省人民政府水产局区划办公室，1985.

[3] 引江济淮工程项目建议书[R].合肥：安徽省水利水电勘测设计院，2014.

[4] 引江济淮工程可行性研究报告[R].合肥：安徽省水利水电勘测设计院，2016.

基于遥感的达里诺尔湖面积变化及其归因分析

王钰　李海莲

（青海大学　西宁　810016）

摘要：达里诺尔流域是内蒙古高原内陆河东部流域重要的生态功能区，为研究引起达里诺尔湖湖泊面积变化的主要气象因子，本文以1984～2017年的多时相Landsat影像为数据源，从湖泊的动态面积变化、气象因子等方面对湖泊的变化过程及其产生的生态效应进行研究，并结合达里诺尔湖流域邻近几个气象站观测的区域温度、蒸发量和降雨量数据进行分析。结果表明，达里诺尔湖1984～2017年湖面面积不断减小，面积由270.169 km^2 减小到198.679 km^2，平均每年减小2.166 km^2；近60年来，达里诺尔湖流域降水量波动较小，气温显著增高，且直至2001年流域蒸发量显著上升，通过分析达里诺尔湖流域湖泊面积变化与气温、降水量和蒸发量的关系显示：直至2001年，引起湖泊萎缩的主要原因是气温升高导致的流域蒸发量显著增多，2001年之后造成湖泊面积减小的主要气象因子是气温的显著上升。

关键词：湖泊面积　气象因子　生态效应　Mann-Kendall突变检验

作者简介：王钰（1998—），女，安徽安庆人，本科，主要从事生态水文相关工作。

1 概 述

近30年来,中西部地区气候条件和区域水文环境变化显著,内陆湖泊作为干旱区的水源供给地对气候变化和人类活动影响具有高度敏感性,现代湖泊区域环境演化不仅与人类的生存发展息息相关,在维系流域生态平衡等方面也发挥着不可替代的作用。通过应用遥感技术探究达里诺尔湖湖泊面积变化时发现,达里诺尔湖湖泊面积不断减小,这对达里诺尔湖的生物多样性以及湖泊生态系统稳定性产生了消极影响。

所谓"良禽择木而栖",达里诺尔湖由于其地势好,光照条件充足,水面广阔,人烟稀少,顺应时相变化,每年都会有大量从西伯利亚到中国东南沿海一带往返迁徙的珍稀鸟类途经此地,在此地栖息繁衍,所以在这里能看见黑鹳、丹顶鹤等多种具有珍贵经济价值和生态价值的鸟类。这些鸟类通过捕食湖中鱼类为生,并在湖边对幼鸟进行训飞以备迁徙之需,故达里诺尔湖是东北亚最重要的候鸟集散地之一;又由于达里诺尔湖是封闭式苏打型半咸水湖,湖泊含盐量高、碱度大。生活在远离现代工业污染的华子鱼,适应了达里诺尔湖碱性湖水的生存环境,可在碱度53.57 mmol/L、pH值高达9.69的恶劣水域环境中生存,每年春季洄游贡格尔河产卵,再回到湖里生长,所以达里诺尔湖的特殊水域环境也为瓦氏雅罗鱼、达里诺尔湖高原鳅这些耐盐碱的特殊鱼类提供了适宜的生长环境。此外,达里诺尔湖是一个以保护珍惜鸟类及其赖以生存的湖泊,湿地、草原、沙地、林地等多种生态系统为主的综合性国家自然保护区。因此,对于达里诺尔湖湖泊面积萎缩的研究对达里诺尔流域的生态效应有着重要意义。

然而,基于遥感影像针对湖泊面积的提取手段比较丰富,应用较为广泛的技术手段包括单波段阈值分析法、谱间关系法、水体指数法和分类后提取法等四类。李鹏等在鄱阳湖天然湖面遥感监测及其与水位关系研究中,对比分析了水体指数法和谱间关系法两种主要的水体提取方法,并利用水体指数法提取了天然湖体水面面积,揭示了不同水位下鄱阳湖天然湖体水面的空间扩展过程与特征,通过对比分析最终总结出水体指数法的提取精度优于谱间关系法;翟新源同样运用水体指数法在对矿区地积水、塌陷地积水提取中实现了对目标地物的精确提取;还有学者在探讨气象因素和冰川消融对湖泊面积变化的影响中,应用水体指数法对湖泊面积变化进行了详细的研究,进而分析总结出湖泊面积增加与冰川消融密切相关。

本文将基于近30年来的遥感影像,结合ENVI、ARCGIS等遥感手段,运用水体指数法对达里诺尔湖面积变化进行定量研究,结合流域内气象站的降水蒸发等数据,分别从达里诺尔湖流域近30年来的温度、降水量和蒸发量三个气候因子对湖泊面积变化的影响进行相关性拟合和线性分析,详细研究达里诺尔湖湖泊面积变化的主要驱动因子。

2 研究区概况及数据

2.1 研究区概况

达里诺尔湖的地理坐标为43°13′~43°23′N, 116°26′~116°45′E,位于内蒙古赤峰市克什克腾旗西部,是在构造下陷形成构造湖的基础上受到了玄武岩流堰塞而形成的湖泊,属于构造堰塞湖,湖泊形状似海马,又因为湖泊地处高原,故又称高原内陆湖。岗更诺尔湖和多伦诺尔湖分别位于达里诺尔湖畔的东西两侧，三个湖泊被牦来河、贡格尔河和沙里河串在一起，形成高原湖泊群。截至 2017 年，达里诺尔湖湖区面积约为 198.67 km^2，海拔范围 1 224~1 458 m；东浅西深，平均深度 6.4 m，最大深度 13 m。

达里诺尔湖水域是温带大陆性气候，典型的气候特征为冬冷夏热，年温差大，四季分明，降雨集中且年降雨量较少，大陆性强。湖区地处大陆深处，由于受到北部大兴安岭以及东部燕山等山脉的阻挡，太平洋的水蒸气很难到达并形成降水，同时由于受到青藏高原以及喜马拉雅山脉的阻挡，印度洋的水蒸气也难以到达并形成降雨，所以该地区气候干燥，年蒸发量大于年降雨量。

达里诺尔水域的高原湖泊群均属内流河，水量小，泥沙少，河流两岸大多经发育形成草甸。流域内降雨量增多会导致湖泊附近的地下水位升高，引起土壤返盐。当气温升高，大部分的水分通过蒸腾、蒸发作用散失，而盐分则滞留在土壤中，危害农作物生长，导致湖泊呈现出盐碱性，故湖水属于封闭式半苏达型盐水湖，含盐量高、碱度大，其中钙镁多、钾钠少、硫酸盐少，以及磷含量低等是湖水的最主要特点。

2.2 数据来源

为了精确计算达里诺尔湖湖泊面积变化，本文主要以 landsat8 OLI-TIRS 和 landsat4-5 TM 采集到的数据为主要数据源（见表 1），且选取的各期遥感影像清晰度高，云覆盖率低于 10%，数据来源于地理空间数据云。

表 1　landsat8 OLI-TIRS 和 landsat4-5 TM 采集到的数据

数据标识	传感器类型	日期（年-月-日）	云量（%）
LT51240301984300HAJ00	Landsat4-5 TM	1984-10-26	0.20
LT51240301989265HAJ00	Landsat4-5 TM	1989-09-22	0.29
LT51240301994215HAJ01	Landsat4-5 TM	1994-08-03	6.06
LE71240301999285SGS00	Landsat7 ETMSLC-on	1999-10-12	0.08
LT51240302004227BJC00	Landsat4-5 TM	2004-08-14	0.08
LT51240302006280IKR00	Landsat4-5 TM	2006-10-07	0
LT51240302010243IKR00	Landsat4-5 TM	2010-08-31	0
LC81240302013299LGN01	Landsat 8 OLI_TIRS	2013-10-26	4.52
LC81240302015257LGN00	Landsat 8 OLI_TIRS	2015-09-14	0.04
LC81240302016292LGN00	Landsat 8 OLI_TIRS	2016-10-18	0.10
LC81240302017278LGN00	Landsat 8 OLI_TIRS	2017-10-05	0.33

2.3 Landsat 卫星传感器特征

2.3.1 TM 传感器

TM 传感器共有 7 个波段，地面分辨率 30 m，TM6 的热红外波段空间分辨率可达到 120 m，重返周期 16 d。

2.3.2 OLI 传感器

Landsat8 携带的传感器，OLI 被动地感应地表反射的太阳辐射以及热辐射。它有 9

个波段,与 ETM+相比,OLI 传感器增加了一个蓝色波段(0.433~0.453 μm)和一个短红外波段(1.360~1.390 μm)。蓝色波段主要用于海岸带的观测,短红外波段由于其对水汽的强吸收特征可用于云检测。

在所有遥感影像数据中,Landsat 数据可以说是应用最为广泛的,landsat 凭借其高频次的重访周期,逐渐完善的波段信息以及越来越高的空间分辨率,在进行各类信息提取时成为大家首选的主要数据源,甚至还可作为校正其他影像数据的几何基准。

2.4 提取方法

从地理空间数据云上获取 Landsat 系列影像数据,在 ENVI 中对图像进行初步预处理,由于不同地物所得到的波段不同,运用水体指数法对水体进行提取:"(b2 * 1.0-b4)/(b2+b4) gt0"将栅格文件转化成矢量文件,之后通过 ArcGIS 软件计算所提取的湖泊面积,从而得到各所选年份的达里诺尔湖湖泊面积,通过初步观测分析得到达里诺尔湖的湖泊面积变化趋势。具体步骤如图 1 所示。

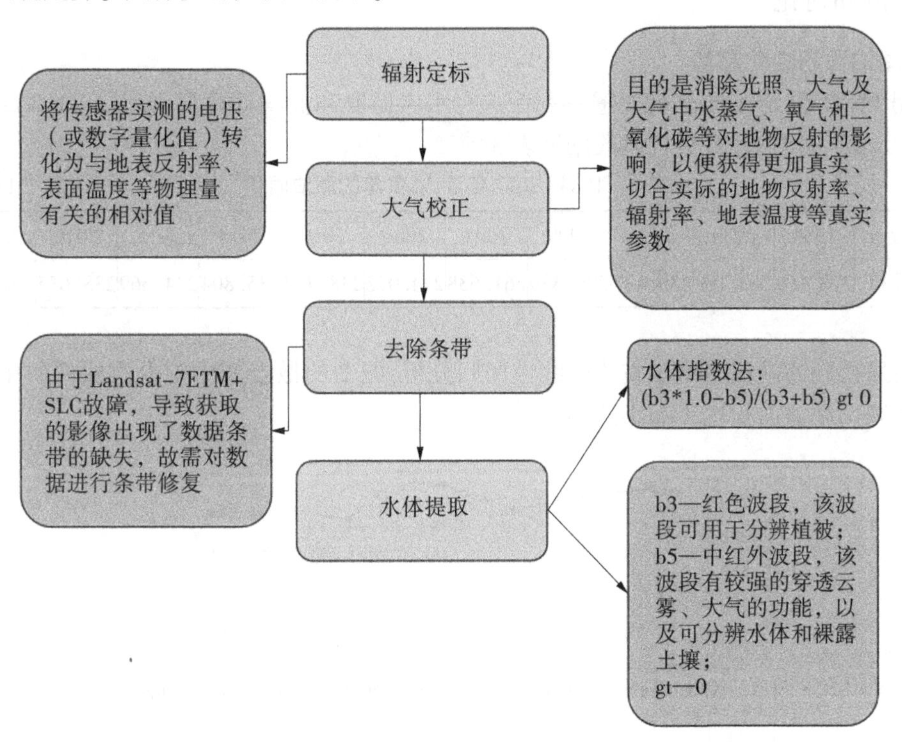

图 1 从地理空间数据云上获取 landsat 系列影像数据具体步骤

2.5 气象数据

本文将基于达里诺尔湖周围的多个国家气象站(54102 锡林浩特,54115 林西,54208 多伦)监测的近 60 年的气温、降雨量和蒸发量等气象数据进行对比分析(气象数据来源于中国气象数据网),三个国家气象站的地理环境现状资料如表 2 所示。

表 2　三个国家气象站的地理环境现状资料

区站号	54102	54115	54208
站点名称	锡林浩特	林西	多伦
地理位置	位于锡林郭勒草原中部，东南与赤峰市克什克腾旗接壤	位于赤峰市北部，大兴安岭区南段	位于锡林郭勒盟的南端阴山北麓东端，北与赤峰市克什克腾旗接壤
经纬度坐标	116.07°E，43.57°N	118.02°E，43.38°N	116.28°E，42.11°N
高程(m)	1 003	799.5	1 245.4

3　分析和讨论

3.1　湖泊面积变化趋势

用 ENVI 和 ArcGIS 软件对遥感影像进行水体提取和面积计算后，统计出 1984~2017 年近 30 多年的湖泊面积，具体数据见表 3。

表 3　1984~2017 年近 30 多年的湖泊面积　　（单位：km^2）

年份	1984	1989	1994	1999	2004	2006	2010	2013	2015	2016	2017
湖泊面积	270.169	260.168	239.417	275.339	261.638	224.072	238.757	235.804	234.669	235.635	198.679

对所得到的湖泊面积做整体的线性回归分析，图 2 的散点图中拟合直线的斜率基本可以反映出湖泊面积逐年缩小的趋势。

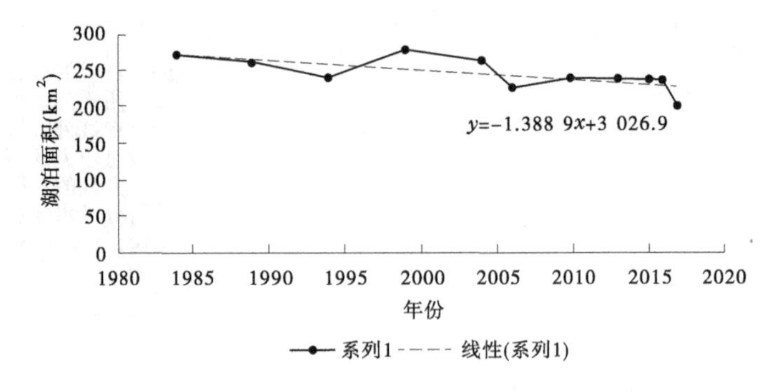

图 2　1984~2017 年湖泊面积变化趋势

3.2　影响因子分析

3.2.1　分析方法

本文采用世界气象组织推荐使用的 Mann-Kendall 检验方法对降水、蒸发和气温等要素时间序列趋势变化进行趋势分析。Mann-Kendall 检验最先由 Mann 和 Kendall 提出，其优势在于不需要样本遵循一定的分布规律，也不受少数异常值的干扰，适用于气象因子和水文因子的非正态分布数据分析。

采用 Mann-Kendall 检验法进行趋势分析，对时间序列 $X=\{x_1, x_2, \cdots, x_n\}$ 构造统计量 S，

$$S = \sum_{k=1}^{n-1} \sum_{j=k+1}^{n} \mathrm{sgn}(x_j - x_k) \tag{1}$$

式中：n 为数据序列长度；sgn 为 Matlab 软件的内置函数。

当 $x_j-x_k>0$ 时，sign 函数返回值为+1；当 $x_j-x_k=0$ 时，sgn 函数返回值为 0；当 $x_j-x_k<0$ 时，函数返回值为-1。

若时间序列中各个数据相互独立且服从正态分布，则统计量 S 的均值为 0，方差为

$$Var(S) = \frac{n(n-1)(2n+5)}{18} \tag{2}$$

当 $n>10$ 时，按式(3)将统计量 S 标准化：

$$Z = \begin{cases} (S-1)/\sqrt{Var(S)} & (S>0) \\ 0 & (S=0) \\ (S+1)/\sqrt{Var(S)} & (S<0) \end{cases} \tag{3}$$

当 $Z<0$ 时，表示序列有单调减小的趋势；当 $Z>0$ 时，表示序列有单调增加的趋势。计算 Z 值服从 N (0, 1) 分布下的显著性水平 α，若 $Z<Z_{\alpha/2}$，则认为变化趋势不显著；反之，变化趋势显著。

采用 Mann-Kendall 检验法进行突变情况分析时，通过对有 n 个样本量的时间序列 X 构造秩序列：

$$S_K = \sum_{i=1}^{k} r_i \quad (k = 2,3,\cdots,n) \tag{4}$$

其中：当 $x_i>x_j$ 时，$r_i=+1$；当 $x_i \leqslant x_j$ 时，$r_i=0$；$j=1, 2, \cdots, i$。

在时间序列随机独立的假定下，定义统计量 UF_k：

$$UF_k = \frac{S_k - E(S_k)}{\sqrt{Var(S_k)}} \tag{5}$$

在序列相互独立且相同连续分布时，可由下式算出累计数 S_k 的均值 $E(S_k)$ 和方差 $Var(S_k)$：

$$\left.\begin{aligned} E(S_k) &= k(k-1)/4 \\ Var(S_k) &= k(k-1)(2k+5)/72 \end{aligned}\right\} \tag{6}$$

时间序列 X 逆时序排列重复上述过程，可使得 $UB_k=-UF_k(k=n, n-1, \cdots, 1)$，$UB_1=0$。若 $UF_k>0$，表明序列呈上升趋势，$UF_k<0$ 则表明序列呈下降趋势；当它们超过临界直线时，表明上升或下降趋势显著，超过临界线的范围确定为出现突变的时间区域。若 UF_k 和 UB_k 两条线出现交点，且交点在临界线之间，那么交点的时刻便是突变开始的时间。

3.2.2 结果与分析

对三个国家气象站所监测到的近 60 年的气象数据，包括气温、降雨量和蒸发量取平均值，然后对三个气象因子的变化趋势和突变情况进行分析。

年平均气温变化趋势见图 3，突变点检验见图 4。经计算，年平均气温系列的 Z 值为 1.42，在显著性水平 $\alpha=0.05$ 时，$Z<Z_{\alpha/2}$，表明年平均气温增加趋势不明显。

从图 4 的年平均气温系列的 *UF*、*UB* 曲线中可以看出，从 1975 年开始，*UF* 位于 $\alpha=0.05$ 的置信区间以外且始终大于 0，说明从 1958 年开始年平均气温整体呈上升趋势，且上升趋势显著。

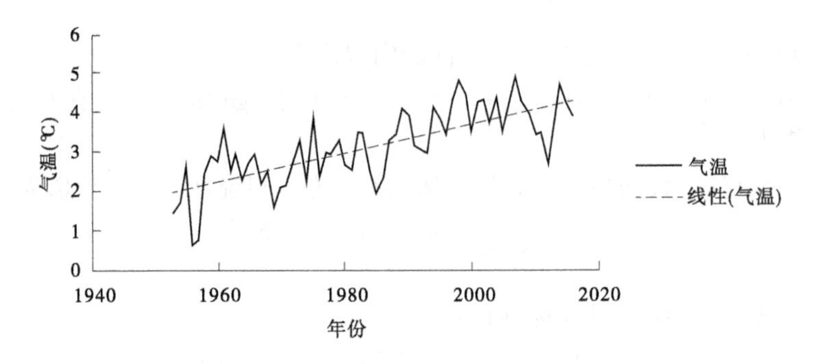

图 3　达里诺尔湖 1953~2016 年气温变化趋势

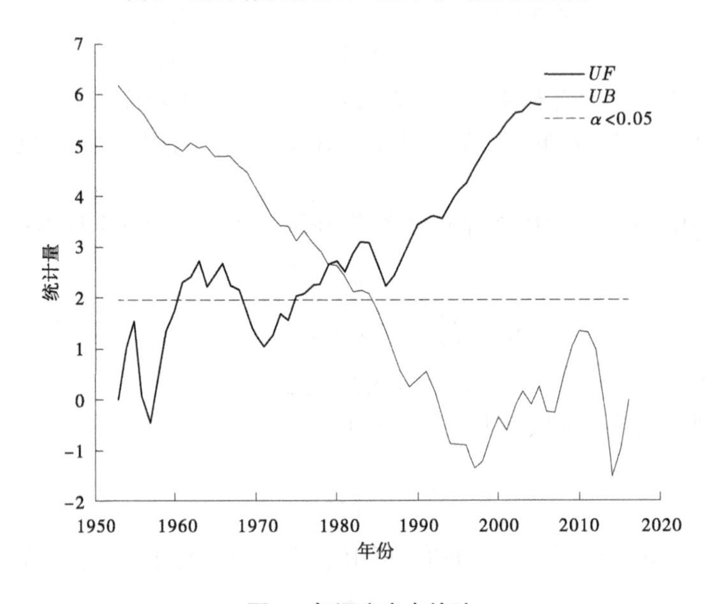

图 4　气温突变点检验

运用 Mann-Kendall 检验法对近 60 年的年降水系列的变化趋势和突变情况进行分析，年降水量变化过程见图 5，突变点检验见图 6。

经计算，降水系列的 Z 值为-1.68，在显著性水平 $\alpha=0.05$ 时，$Z<Z_\alpha/2$，表明降水系列在显著水平 0.05 下减小趋势不显著，也可认为无显著趋势变化。

从图 6 中的 M-K 突变检验曲线可以看出，*UF* 曲线和 *UB* 曲线有 15 处交点，说明达里诺尔湖流域降水系列的突变点主要发生在 1964~1973 年、1979~1982 年、1992~1994 年以及 2015 年。

甄志磊等研究认为，近来年温度的增高导致流域内年蒸发量增大是达里诺尔湖萎缩的重要驱动要素之一，年蒸发量的变化趋势如图 7 所示，突变点检验见图 8。经计算，蒸发系列的 Z 值为-2.62，在显著性水平 $\alpha=0.05$ 时，$Z>Z_\alpha/2$，表明蒸发系列在显著水平 0.05 下存在显著减小的趋势。

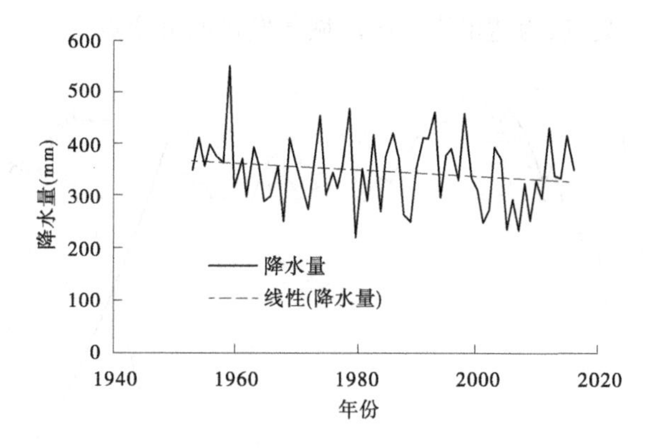

图 5 降水变化过程

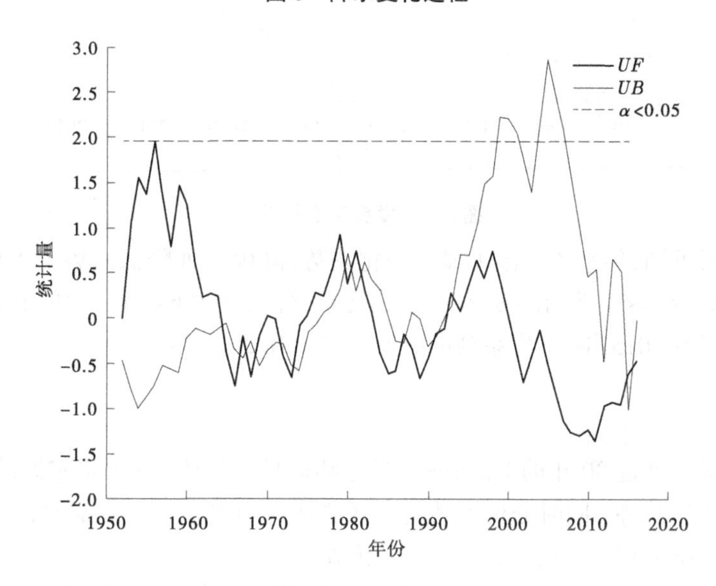

图 6 降水突变点检验

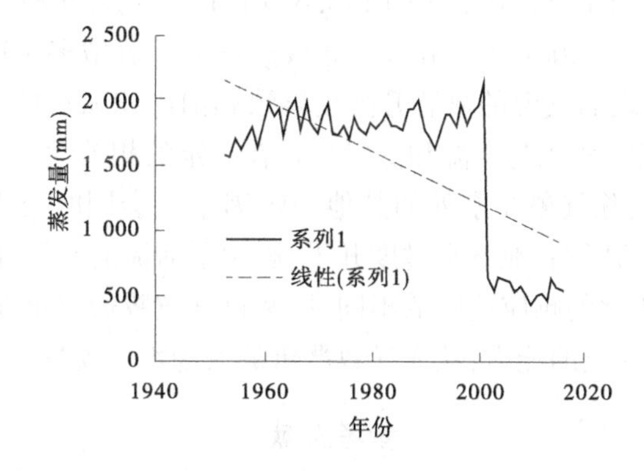

图 7 蒸发量变化过程

从图 8 可见,截至 2001 年,年蒸发量的 *UF* 和 *UB* 曲线几乎全部位于 $\alpha=0.05$ 的置信区间以外,说明蒸发量的上升趋势显著。自 2008 年之后,*UF* 小于零,蒸发量减少。湖泊蒸发量在 2006 年有一交点,为达里诺尔湖流域蒸发量的突变点。

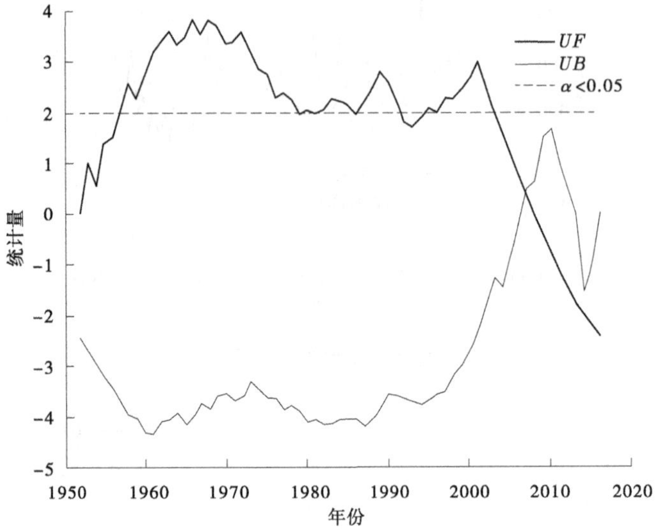

图 8　蒸发突变点检验

从以上分析可知,年平均气温无显著变化趋势,降雨系列降低趋势也不显著,而蒸发系列存在显著减少趋势。降雨系列有多个突变点,分别在 1964~1973 年、1979~1982 年、1992~1994 年以及 2015 年,蒸发系列的突变点发生在 2006 年。

4　结　论

应用达里诺尔湖近 30 年的 Landsat 卫星遥感资料, 提取了达里诺尔湖的水体并计算其多年的面积变化趋势, 同时分析了其周围气象站点的多个气象要素的长期变化, 探求它们与达里诺尔湖面积变化的关系, 主要结论如下:

(1)基于对 1984~2017 年的遥感影像的处理可知,湖泊面积整体呈下降趋势,面积由 1984 年的 270.169 km^2 下降到 2017 年的 198.679 km^2,平均每年减少 2.166 km^2。

(2)经对比分析,直至 2001 年气温升高导致蒸发量显著增多是造成湖泊面积萎缩的主要气象因子,2001 年之后气温的显著升高是导致湖泊面积减小的主要气象因子。整体而言, 达里诺尔湖面积的变化与气温和蒸发量存在一定的相关性。

(3)值得注意的是,除气象要素外的其他一定因素也会同时对青海湖的面积造成影响,分别为受人为因素的影响,地下水过度开采,影响了河流的水源补给;湖泊周围的复杂地形引起湖泊对水量变化的响应速度的不同,以及过度放牧造成草地退化,降低了草原生态系统涵养水源,保持水土的能力,从而导致严重的人为水土流失,使湖泊面积萎缩。

参考文献

[1] Li Y W, Han T C . Situation of lakes water resources and major environmental problems in Inner Mongolia [J]. Inner Mongolia Environmental Protect, 2000,12(2):17-21.

[2] Hu J R, Jiang F Q, Wang Y J, et al. On the importance of research on the lakes in arid land of China[J].

Arid Zone Research, 2007, 24(2):137-140.

[3] Yang G S, Ma R H, Zhang L, et al. Lake status, major problems and protection strategy in China[J]. J Lake Sci, 2010, 22(6) :799-810.

[4] 齐景伟,安晓萍,孟和平,等. 达里诺尔湖瓦氏雅罗鱼资源现状及合理利用探讨[J]. 水生态学杂志,2011,32(1):71-77.

[5] 陆家驹,李士鸿. TM 资料水体识别技术的改进[J]. 遥感学报,1992,7(1):17-23.

[6] Horwitz H M, Nalepka R F, Hyde P D, et al. Estimating the proportions of objects within a single resolution element of a multispectral scanner[C]// I 7th International Symposium on Remote Sensing of Environment Michigan[s. n] , 1971:1307-1320.

[7] Haralick R M, Wangs, Shaplro L G, et al. Extraction of drainage networks by using the consistent labeling technique[J]. Remote Sensing of Environment, 1985,18 (2):163-175.

[8] 刘建国. 陆地卫星 MSS 图像地表水域信息的机柱识别提取[J]. 遥感学报,1984,4(1):19-28.

[9] McFeeterss K. The use of the normalized difference water index (NDWI) in the delineation of open water feature s[J]. International Journal of Remote Sensing,1996,17(7):1425-1432.

[10] 徐涵秋. 利用改进的归一化差异水体指数(MNDWI)提取水体信息的研究[J]. 遥感学报,2005,9(5):589-595.

[11] Feyisa G L, Meilby H, Fensholt R, et al. Automated water extraction index:A new technique for surface water mapping using Landsat imagery[J]. Remote Sensing of Environment, 2014,140(1):23-35.

[12] Roknik, Ahmad A, Selamat A, et al. Water feature extraction and change detection using multitemporal-Landsat imagery[J]. Remote Sensing, 2014 ,6(5):4173-4189.

[13] 李鹏,封志明,等. 鄱阳湖天然湖面遥感监测及其与水位关系研究[J]. 自然资源学报,2003(9).

[14] 翟新源,杨苏新. 基于多源遥感影像的矿区塌陷地积水提取与时空演变[J]. 中国资源综合利用,2013.

[15] 王松涛,金晓媚,等. 阿牙克库木湖动态变化及其对冰川消融的响应[J]. 人民黄河,2016,38(7):64-67.

[16] Zhen Z L,Li C Y,Li W B,et al. Characteristics of environmental isotopes of surface water and ground water and their recharge relationships in Lake Dali Basin[J]. Journal of Lake Science,2014,26(6):916-922.

[17] Liu Z J. Tests of hydrodynamics and hydrogen and oxygen stable isotopes in Lake Dalinuoer[D]. Hohhot inner Mongolia Agricultural University, 2015.

[18] Zhen Z L, Zhang S, Shi X H, et al. Research on the evolution of Dali lake area based on the remote sensing technology[J]. China Rural Water and Hydro power, 2013, 7:6-9.

[19] 丁晶,高荣松,邓育仁. 随机水文学[J]. 四川水力发电,1984(2):128-129.

[20] 杨向权,肖静. 基于 Mann-Kendall 的海南岛降水变化趋势及突变分析[J/OL]. 中国防汛抗旱:1-4[2019-03-25].

[21] 张燕,隋传国,张瑞瑾,等. 基于 Mann-Kendall 法的中国海洋环境质量变化趋势分析[J]. 环境污染与防治,2019, 41(2):201-205.

[22] 蔡涛. 基于 Mann-Kendall 方法的大凌河中上游 1956—2016 年降水变化特性分析[J]. 人民珠江,2018,39(11):83-88.

[23] 毕远杰. 基于 Mann-Kendall 的汾河水库年径流量变化研究[J]. 水资源开发与管理,2018(8):53-55.

[24] 宋兵. 基于 Man-Kendall 检验的王瑶水库降水、径流变化趋势及突变分析[J]. 陕西水利, 2018(3):77-78,81.

北京市南水北调工程密云水库调蓄工程调度方案研究

邵 青 徐晓熠 袁敏洁 王有卿 贾天云

(北京市南水北调调水运行管理中心 北京 100195)

摘要:密云水库调蓄工程主要作用是南水北调中线工程通水初期将多余来水调入密云水库调蓄,增加北京市的水资源战略储备,做好密云水库调蓄水资源调度管理工作,能够让南水北调来水得到合理的利用和储备,有效地减少弃水造成的浪费,目前密云水库调蓄工程运行时间较短,对调度运行管理方面还有着很多的问题,本文通过对现状供水情况分析,提出密云水库调蓄工程运行水位及调度方案,为有效的进行泵站联合调度运行,合理配置各泵站控制水位以及输水流量,进一步为密云水库调蓄工程调水运行提供保障和建议。

关键词:密云水库调蓄工程 调度方案 水资源调度管理

1 工程概况

南水北调中线工程是解决我国北方地区水资源严重短缺,实施我国水资源优化配置的特大型基础设施项目,总干渠全长 1 276 km。工程建设的任务是修建由丹江口陶岔取水口至末端团城湖明渠的输水总干渠,2008~2014 年将河北省西大洋、王快、岗南、黄壁庄等水库的水调向北京,为北京提供应急水源创造条件,2014 年后将丹江口水库的优质水源安全、可靠地输送到终点团城湖,向北京市提供生活、工业用水。南水北调中线工程的实施,对提高北京市城市供水保证率、顺利承办 2008 年奥运会、从根本上解决日益严重的北京水资源供需矛盾、改善生态环境、保证首都社会稳定和可持续发展等方面有着十分重要的意义。

目前,北京市南水北调中线干线工程、西四环暗涵、永定河倒虹吸、团城湖—第九水厂一期工程、东干渠工程、南干渠工程、大宁调蓄水库、团城湖调节池、亦庄调节池一期、南水北调来水调入密云水库调蓄工程及通州支线工程等一系列南水北调配套工程已建成通水,城市供水基本形成了“环路”供水格局,在保障城市供水安全方面将发挥不可替代的作用。

北京市南水北调配套工程布置图见图 1。

密云水库调蓄工程由团城湖取水,分别经团城湖—怀柔水库段 6 级泵站提升,通过京

作者简介:邵青(1986—),男,北京人,本科,主要从事调度管理工作。

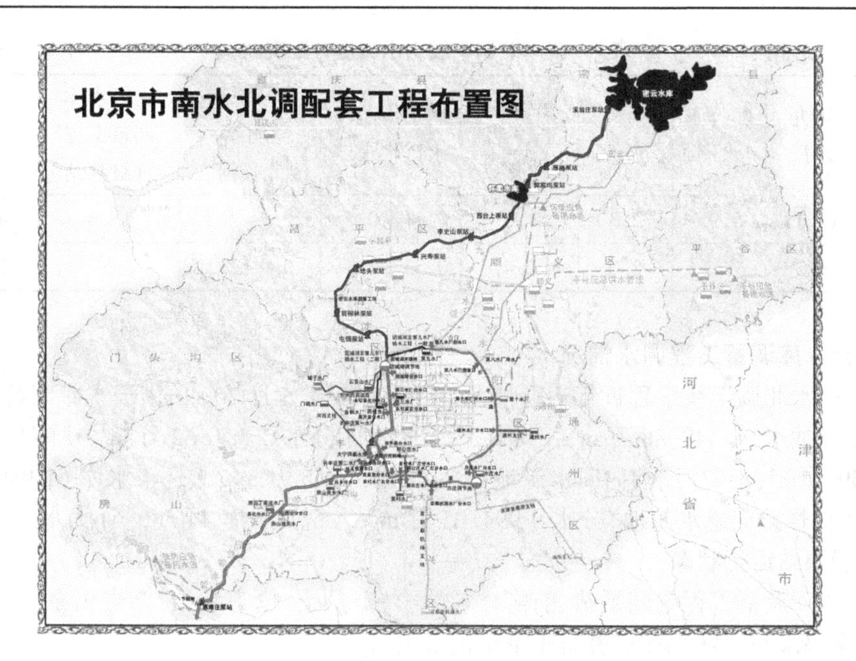

图 1　北京市南水北调配套工程布置图

密引水渠反向输水至怀柔水库;经怀柔水库调节后,一部分水回补密怀顺地下水源地,另一部分水通过怀柔水库—密云水库段 3 级泵站将水通过白河发电隧洞送入密云水库。输水线路总长 103 km,总扬程 132 m。

工程主要内容包括:新建 9 级泵站,新建雁栖泵站—溪翁庄泵站段 DN2 600 PCCP 输水管道 22 km,改造损坏的京密引水渠渠道及渠系建筑物,加固密云水库白河发电隧洞、走马庄隧洞;新建调度中心及 3 个管理所、7 个现地管理站。

密云水库调蓄工程的意义主要有五点:一是南水北调来水与北京市用水过程不匹配,利用密云水库调蓄,可提高城市供水的可靠性和稳定性。二是通水初期将南水北调多余来水调入北京市,利用密云水库调蓄,可加强北京市的水资源战略储备。三是工程建成后,可解决密云水库近年来水量及供水量逐年减少、供水功能逐年下降的问题,同时解决密云水库目前蓄水量少、不能满足补偿调节要求的问题。四是可扩大北京市南水北调供水范围,实现了除延庆外其他区(县)新城均可使用南水北调来水。五是为实现五大水系联通、改善生态环境创造了条件。

2　现状供水情况

2.1　2017 年调水情况

根据南水北调干线工程近年运行情况,非冰期进京流量不超过 43 m^3/s,来水流量分配见表 1。其中,密云水库调蓄工程的水量分配包括桃峪口分水 0.23 m^3/s,小中河分水 7.5 m^3/s,入怀柔水库 6.5 m^3/s,雁栖河分水 4.2 m^3/s;冰期进京流量不超 23.5 m^3/s。

表 1　南水北调中线来水流量分配现状　　（单位：m^3/s）

用水户	第九水厂	郭公庄水厂	第三水厂	田村山、长辛店等水厂	城子水厂	通州水厂	颐和园昆明湖+北长河	密云水库调蓄工程首级泵站	合计
非冰期	13.33	5.95	2.3	2.53	0.61	0.55	0.9~2.2	15.5	41.67
冰期	9.2	3.2	2.0	2.4	0.53	—	0.9~2.2	—	19.53

2.2　密云水库调蓄工程调水情况

根据南水北调干线工程近年运行情况，截至2019年5月20日，密云水库调蓄工程首级泵站累计抽水96 448.88万m^3。其中，十三陵水库分水2 781.62万m^3；桃峪口水库分水923.59万m^3；小中河（潮白河水源地）分水24 355.55万m^3；入怀柔水库61 989.48万m^3；雁栖河（怀柔应急水源地）分水9 994.05万m^3；入密云水库44 580.61万m^3。

2.3　各级泵站运行状态

密云水库调蓄工程屯佃泵站、前柳林泵站、兴寿泵站、埝头泵站、李史山泵站、西台上泵站、郭家坞泵站、雁栖泵站、溪翁庄泵站正常供水。

3　充水阶段

充水阶段主要是针对密云水库调蓄工程冬修期过后，为使各泵站达到正常启泵条件而进行的充水过程。

3.1　团城湖—怀柔水库段

根据充水水源不同，分两种情况进行充水：若中线干线来水不足，为保证第九水厂供水量，可考虑将怀柔水库作为充水水源，实行正向输水充水；若中线干线来水充足，则直接利用南水北调来水作为充水水源，实行反向输水充水。

（1）正向输水充水。

开启峰山口节制闸，渠道沿线节制闸全部打开，向京密引水渠团城湖—怀柔水库段渠道充水。关闭前柳林节制闸，利用怀柔水库来水给前柳林泵站至西台上泵站段渠道充水。

充水流量按小流量控制，结合放水时间及各泵站充水水位，各泵站站后满足起泵水位要求后，按顺序依次关闭节制闸。具体为：

当前柳林泵站站后水位达到50.50 m时，关闭埝头节制闸；当埝头泵站站后水位达到51.60 m时，关闭兴寿节制闸；兴寿泵站后池设立翻板闸，当兴寿泵站站后水位达到52.10 m时，兴寿泵站就已满足启泵条件，关闭李史山节制闸；当李史山泵站站后水位达到52.89 m时，关闭西台上节制闸；此时西台上泵站站前水位经计算约为53.00 m，利用技术供水使站后底坎充满水，西台上泵站即满足启泵条件。

（2）反向输水充水。

利用南水北调来水作为充水水源，实行反向输水充水。

屯佃泵站到西台上泵站段渠道有部分剩余水量。此时屯佃节制闸处于关闭状态，前后池水位均为49.21 m。根据水利规划设计院资料，屯佃泵站充水水位为49.00 m，已达到起泵要求，故可开机向屯佃泵站后级渠段抽水充水。

关闭前柳林节制闸,当前柳林泵站站前水位达到起泵要求时,关闭埝头节制闸,前柳林泵站开启单台机组运行;当埝头泵站站前水位达到起泵要求时,关闭兴寿节制闸,埝头泵站开启单台机组运行;当兴寿泵站站前水位达到起泵要求时,关闭西台上节制闸;当西台上泵站站前水位达到起泵要求时,西台上泵站开启单台机组运行;此时李史山泵站根据前后池水位,适时关闭李史山节制闸,开启单台机组运行。

3.2 怀柔水库—密云水库段

当前怀柔水库进水闸处于开启状态,水库水位与渠道水位持平,团城湖—怀柔水库段充水时水库水位降低,因此怀柔水库—密云水库段采取利用密云水库作为水源正向输水充水方式。

(1)主要建筑类开关准备工作:从上至下,溪翁庄泵站连通渠节制闸关闭,溪翁庄泵站引渠进水闸开启,溪翁庄泵站泵前检修闸开启。

(2)PCCP 管道充水:PCCP 管道长度约 22 km,充水总量为 10.8 万 m^3。将密云水库水源通过溪翁庄泵站旁通管(或白河电站放水)引至七孔桥节制闸前的调节池内,当水深达到 20 cm 后,再向 PCCP 管道充水,充水流量不大于 1.0 m^3/s,充水时间约为 33 h。

(3)雁栖泵站至郭家坞泵站段充水:本段渠道长度约为 8 km,关闭怀柔水库进水闸、北台上倒虹吸出口节制闸;PCCP 管道充水完毕后,可加大流量至 5 m^3/s 对明渠段充水,当郭家坞泵站站后水位达到 60.89 m 时,明渠段充水完毕。

(4)对怀柔水库进行充水:如怀柔水库水位不满足郭家坞泵站站前最低水位要求,则需通过前 6 级泵站运行向怀柔水库补水。

4 调度方案

密云水库调蓄工程各泵站后池水位达到启泵要求后方可运行。根据渠道过流能力,团城湖—怀柔水库段正常运行流量区间为 5.5 ~7.5 m^3/s(1 台机组)、11 ~15 m^3/s(2 台机组)、15~20 m^3/s(3 台机组);怀柔水库—密云水库段正常运行流量为 10 m^3/s(2 台机组)。

4.1 团城湖—怀柔水库段

团城湖—怀柔水库段经屯佃泵站、前柳林泵站、埝头泵站、兴寿泵站、李史山泵站、西台上泵站共 6 级泵站,沿京密引水渠反向提水。

(1)渠道充水结束后,各级泵站进、出口水位均已达到开机标准,此时按照屯佃泵站、前柳林泵站、埝头泵站、兴寿泵站、李史山泵站、西台上泵站的顺序逐级开机运行。

(2)京密引水渠沿线与前 6 级泵站配套的屯佃节制闸、前柳林泵站节制闸、埝头泵站节制闸、兴寿泵站节制闸、李史山泵站节制闸、西台上跌水节制闸均关闭,其他原渠道节制闸开启,保证输水渠道畅通。

(3)前 6 级泵站的进水检修闸开启。

(4)李史山泵站小中河分水闸关闭。当需经小中河分水回补潮白河地下水时,开启李史山泵站小中河节制闸,并根据分水流量调控闸门开度。

(5)调度运行过程中前 6 级泵站应及时通过单双机切换,严格控制各自前后池运行水位,防止发生渠道满溢及渠道水位低于最低运行水位情况。

(6)实际调度过程中,多以站后水位进行控制,以防止发生渠道满溢事故等。同时,为避免水泵进水侧水位过低,造成水泵通流部件的气蚀损坏和振动,进水侧水位应满足水泵对进水淹没深度的要求。

(7)根据前期调度运行经验及甩站运行试验,在满足前柳林泵站控制运行水位情况下,屯佃泵站可甩站过水,以节约经济成本。

(8)调度过程中遵循渠道输水流量相匹配原则,各站根据具体情况调节运行机组台数或机组叶片角度进行流量调节,不允许随意开启真空破坏阀。每次流量调节幅度不宜过大,以防止各站水位发生急剧变化。

4.2 怀柔水库—雁栖泵站段

怀柔水库—雁栖泵站段主要经郭家坞泵站沿 8 km 京密引水渠进行反向输水。

(1)关闭北台上倒虹吸出口闸和怀柔水库进水闸,其他原渠道节制闸开启。

(2)渠道沿线分水闸及泄洪闸关闭。

(3)当需向密怀顺地下水源地进行补水时,开启雁栖河分水闸并根据分水流量调控闸门开度。

(4)郭家坞泵站控制运行水位见表 2。

4.3 雁栖泵站—白河电站调节池段

雁栖泵站—白河电站调节池段主要经 22 km 单排 DN2 600 PCCP 管道进行输水。

(1)雁栖泵站引水渠进水闸开启,泵前检修闸开启。

(2)雁栖泵站两条旁通管调流阀关闭,泵站出水总管检修阀开启。

(3)PCCP 管道上 3 处检修阀开启,3 处排空阀关闭。

(4)七孔桥节制闸关闭。

(5)雁栖泵站控制运行水位见表 2。

表 2 九级泵站控制运行水位

泵站名称	控制部位	控制水位(m)		说明
		最低水位	最高水位	
调节池水位		48.5	49.5	
屯佃泵站	站前	48.90	49.30	
	站后	49.37	49.82	
前柳林泵站	站前	48.75	49.64	
	站后	50.35	50.69	
埝头泵站	站前	49.42	50.43	
	站后	51.48	51.80	
兴寿泵站	站前	50.53	51.44	
	站后	51.62	52.55	

续表 2

泵站名称	控制部位	控制水位(m)		说明
		最低水位	最高水位	
李史山泵站	站前	51.30	52.30	
	站后	52.55	53.34	
西台上泵站	站前	51.92	53.10	
	站后	56.23	60.10	
郭家坞泵站	站前	57.50	59.20	
	站后	60.49	61.23	
雁栖泵站	站前	59.85	60.80	
	站后	—	—	
溪翁庄泵站	站前	91.50	92.50	
	站后	132.00	151.00	

4.4 白河电站调节池—密云水库段

(1)白河电站停止运行。

(2)溪翁庄泵站根据运行要求,在满足启泵条件时开机。

(3)白河电站调节池水位控制在92~92.5 m。

(4)溪翁庄泵站控制运行水位见表2。

5 应急调度

当密云水库调蓄工程在调度过程中发生机组故障、水位超高、水质污染等突发事故时,调度模式由各站自主调度改为调度科统一调度。应急调度坚持预防为主、预防与应急管理相结合的原则,贯彻以人为本、安全第一、统一指挥、分级负责、快速反应、协同应对的方针,确保工程设备设施和人员的安全,有效避免和减少灾害损失。

5.1 突发事件导致入京流量减小或停止供水

当因机组故障及其他突发事件导致南水北调中线来水入京流量减小或停止供水时,应立即联系相关单位,相互配合,共同保证调度安全。

(1)当收到上级调度单位关于减小或停止向密云水库反向输水的调令时,根据当前各站水情信息,逐级减小流量或停机。

(2)联系现地管理单位,告知全线减小流量或停止向怀柔水库、密云水库供水等信息。

5.2 单个泵站断电或机组故障停机

当任一泵站出现机组断电或故障紧急停机时,应立即启用备用机组。为了尽量减小对工程运行的影响,启泵反应时间不宜超过0.5 h。启用备用泵期间应密切观测事故泵站及相邻泵站的运行水位,计算渠道水面线变化趋势,根据水面线变化趋势确定调蓄时间,及时调节各站机组叶片角度、变频器或机组台数。

泵站管理所应及时准确判断故障时间,若无法在调蓄时间内恢复运行,为防止下游泵站出现进水池抽空及上游泵站和渠道出现渠水漫溢等情况,及时联系上级调度管理单位,协调减小来水量或全线停机事宜,必要时开启渠道相应节制闸进行渠道退水,确保工程河道渠系的安全。

6 结 论

(1)本调度方案可满足密云水库调蓄工程全线泵站调度运行要求。

(2)密云水库调蓄工程1~6级泵站、7~9级泵站可以根据团城湖明渠末端闸、怀柔水库水位情况启动运行。

(3)密云水库调蓄工程各级泵站应严格按照控制水位运行,避免超设计水位运行,造成渠道调水安全隐患。

长距离大流量埋地压力箱涵输水新技术研究

张丹青　赵玉强

(安徽省水利水电勘测设计院　合肥　230022)

摘要:泵站后接长距离的现浇钢筋混凝土压力箱涵输水在目前国内尚无先例;对于现浇钢筋混凝土结构,如何确保高于常规运行状态下的耐压安全、防渗安全;同时确保泵站机组事故情况下的运行安全,对压力箱涵的设计提出了更高、更新的要求。本文针对安徽省淮水北调工程固镇站长距离埋地压力箱涵输水技术的研究,解决了诸多较为复杂的技术难题,取得了成功的应用,具有对未来类似工程设计上的引领作用。

关键词:长距离　大流量　压力箱涵　输水新技术　研究

1 研究背景

1.1 概述

国家社会经济的发展需要,对水资源的利用需求日益提高;为解决地区之间水资源分配的不平衡矛盾,跨区域、跨流域的大型引调水工程日益增多,也带来了设计上的新问题。

在安徽省淮水北调工程这一跨区域的大型调水工程设计中,调水线路总长268.0 km;工程输水线路和输水方式在前期设计工作中均经充分的分析、比较、论证;为节省工程投资,全线基本利用现有河道、沟渠和湖泊输水,且仅需对局部输水沟渠进行扩挖疏浚;但为确保调水线路所经固镇县规划新城区的水质安全,必须在固镇翻水站后采取封闭的

作者简介:张丹青(1964—),女,工程师,主要从事水利工程设计工作。

地下输水形式,线路长度约 6 km。

固镇站为淮水北调工程水源泵站五河站后的第二级翻水站,设计引水流量为 36 m^3/s,设计净扬程 5.5 m,最大净扬程 6.7 m。

长距离引调水工程中,小流量、高扬程一般借助于不同类型的埋地管道输水较为常见,其水力条件好,应用技术成熟,输水安全、可靠且经济;输水管道选材根据耐压等级、管材价格,并结合地形地质条件、施工条件、交通条件、环境气候条件、工程投资等诸多方面,通常有预应力混凝土管(PCP)、球墨铸铁管(DIP)、钢管(SP)、预应力钢筒混凝土管(PCCP)、聚乙烯管(PEP)、玻璃纤维增强塑料夹砂管(FRPMP)等多种形式;但由于是预制构件,其适应的管材口径有局限性;对大流量输水情况,或难以匹配或造价偏高,极不经济。已建工程中,国家大型调水工程南水北调工程为满足大口径输水要求,在国内首次将管径为 DN4 000 的预应力钢筒混凝土管(PCCP)加以应用,现已具备完善的制造工艺、质量安全标准及施工经验,但因其造价上的非可比性,工程应用存在很大局限性。

淮水北调工程由于输水流量大,要求的输水断面大,参照已建工程经验,设计首选大口径的 DN3 800 预应力钢筒混凝土管(PCCP)较为合适,但因其管材价格高,带来的工程投资突破较大,且其运输及安装难度大,施工较为复杂,实施难度也较大,不甚可取。

1.2 新型输水形式的提出

为解决这一问题,鉴于淮水北调工程该段输水线路压力等级不高,地质条件较均一,作为造价较低的钢筋混凝土结构,其是否可予以替代,提出了新的思考。为此,设计对现浇钢筋混凝土箱涵及预制钢筋混凝土箱涵两种结构形式进行了研究取舍,以期达到与压力管道输水同样安全、可靠的目的;最终采用了施工相对便利、更为经济的现浇钢筋混凝土箱涵的创新技术方案。

泵站后接长距离的现浇钢筋混凝土压力箱涵在国内目前尚无先例。对于现浇钢筋混凝土结构,如何确保高于常规运行状态下的耐压安全、防渗安全;同时确保泵站机组事故情况下的运行安全,对压力箱涵的设计提出了更高、更新的要求。

2 研究内容

就淮水北调工程而言,长距离大流量压力箱涵输水需解决较为复杂的诸多技术难题。首先其作为引调水泵站的出水建筑物,与泵站设计相辅相成;需确定经济合理的压力箱涵输水断面及相适宜机组选型;通过压力箱涵水力过渡过程仿真计算分析,确定压力箱涵输水系统与机组的共同安全控制运行措施,使压力箱涵具备在泵站机组不同运用条件下的通气、防水击压力及检修等功能,并同时确保机组自身具备运行稳定的安全功能。其次应解决好结构强度设计、抗渗抗冻耐久性及接缝处理等问题,适应各种基础地质条件,解决其与道路、河渠等交叉建筑物布置等问题,并宜兼顾施工要求,达到设计与施工的有利结合,从而实现该工程安全、可靠又经济的目标。

2.1 经济合理的压力箱涵输水断面及相适宜的机组选型

压力箱涵输水断面与泵站设计相辅相成,断面的合理确定关乎泵站机组选型,涉及两者的相关投资及泵站的运行费用,存在着断面是否经济的问题。根据长距离输调水工程经验总结,长距离输水管道断面的经济流速一般为 1.5~2.5 m/s;鉴于压力箱涵为钢筋混凝土结构,其耐压能力低于常规管道,宜尽量减小水头损失,以降低箱涵内压力;同时在过渡过程工况下,过渡过程中的压力波动与水流速度有很大的关系,故不宜采用较大的流速;设计按箱涵断面流速不大于 1.5 m/s 控制,结合钢筋混凝土结构受力特性,并利于改善外压条件、施工条件等方面考虑,确定箱涵输水断面为 3.5 m×3.5 m(宽×高),设 2 孔。根据泵站规划参数、压力箱涵布置及水泵装置布置,计算水泵扬程为 10.9~13.2 m;据此选择性能较好的 TJ11-HL-06 水力模型进行了水泵装置模型试验,泵站安装 4 台套 1950HLQ13.2-12.8 型立式全调节混流泵,配套电机功率为 2 200 kW;在单机设计流量为 12.2 m^3/s 时,效率 85.5%。水泵采用刚度大、稳定性好的钢筋混凝土井筒式安装形式,采用水力条件较好的弯肘形钢筋混凝土进水流道,直管式出水方式。考虑固镇站为梯级引水泵站,为了有效调节水泵运行工况,保证水泵在高效区运行,便于其与各级泵站之间的流量调配,水泵叶片采用了全调节,设内置旋转式叶片角度机械全调节机构。

2.2 压力箱涵输水系统与泵站机组的共同安全控制运行措施

因水泵机组运行情况多变,长距离压力箱涵作为泵站的出水建筑物,设计除需考虑泵站机组正常开、关机和正常运行荷载变化等运行工况外,更须考虑机组事故断电工况下的运行安全;由此产生的水力过渡过程将引起箱涵系统压力和机组转速的变化,从而影响箱涵输水系统及机组运行的安全稳定性。因而必须进行各种工况下的水力过渡过程计算分析,为压力箱涵设计及水泵机组控制运行提供科学的理论依据。主要分析应包括:

(1)水泵在特征扬程范围内正常开启和关闭时,水泵出口断流装置的开关时间特征值,作为选择水泵出口断流装置的形式以及开、关程序设计的依据。

(2)水泵机组在事故断电时,机组可能出现的最大反转速是否满足设计要求。

(3)各种工况下的箱涵沿程压力线分布,以确定是否设置调压设施,以及进气阀、排气阀的位置及口径、数量。

(4)各种工况下的箱涵内最大水击压力,以对其进行结构强度设计;箱涵沿线主要位置,如水泵出口、箱涵中心、箱涵隆起点的最大压降值,以便复核箱涵的稳定性。

在机组事故断电工况下,要求其出口断流装置瞬时关闭,以避免机组出现飞逸转速;但本工程因压力箱涵距离长,承受高压的能力较差,同时又需要防止箱涵内压降到大气压以下发生液体汽化,或者液柱分离现象,以及液体重新聚合产生弥合性水锤,从而导致箱涵结构发生破坏。这说明在机组事故断电的水力瞬变过程中,机组及压力箱涵对断流装置瞬时关闭时间的要求存在一定矛盾。泵站的常规出水控制方式一般设水力自控拍门结合事故备用钢闸门;为保护机组,拍门瞬时关闭时间一般不大于 5 s,但对长距离箱涵将造成负压过大,很难满足设计要求。

分析研究中提出了长距离输水工程布设空气阀群的水力过渡过程仿真计算的新方法,解决了空气阀模型中气体质量流量的导数不连续,导致计算稳定性差的难题。通过压力箱涵水力过渡过程仿真计算分析,对泵站的出水控制方式进行了改进,将水力自控拍门改为快速工作钢闸门,利用安全系数高、启闭时间可控的液压设备进行控制,适当延长瞬时关闭时间至 10~60 s。经过渡过程计算,机组最大飞逸转速为额定转速的 81%,确保了机组自身运行稳定安全;在压力箱涵起点设置一座 7.0 m×7.6 m(长×宽)的调压井,2 孔共用;沿线根据 6 m 长箱涵布置的纵向起伏变化,设置 7 处 DN300 组合式空气阀,每处每孔箱涵设 2 只,使压力箱涵最小水压降为-2.5~0 m,最大水击压力为 17.3 m;满足了压力箱涵在泵站机组各种工况下的运行安全。根据运行管理需要,另设置必要的检修井、分水阀等设施。

根据仿真计算分析,机组启闭及事故断电时,水泵出口液控闸门线性开启及关闭瞬时时间大于 10 s,且事故断电时小于 60 s 的情况下,能够保证压力箱涵输水系统与泵站机组的共同运行安全;箱涵内压最大值及调压井高度受机组瞬时启动工况控制,内压最小值受机组事故断电工况控制。

2.3 提出压力箱涵特有的强度及抗渗耐久性控制要求

根据水力过渡过程仿真计算分析,箱涵内压设计为 0.1~0.2 MPa;将混凝土强度等级提高为 C35,并提出混凝土抗渗等级为 P8,以确保输水安全可靠性、结构耐久性。

根据相关设计规范,按承载能力极限状态及正常使用极限状态进行箱涵结构设计。计算荷载包括结构自重、水重、内水压力、土压力、扬压力、汽车荷载等;选取各种工况下对应不利荷载组合处的箱涵断面,采用弹性地基上的平面框架进行结构内力计算,最终以最大内力值进行设计控制。箱涵壁厚采用 0.7~0.8 m,结构配筋率为 0.34%~0.41%,在经济配筋率范围内;裂缝计算宽度不大于 0.2 mm,均满足设计要求。

2.4 提出适应基础地质条件及安全可靠的接缝处理方式

钢筋混凝土箱涵的接缝处理最为关键,也是此输水形式中的薄弱环节,处理不好,不仅会引起渗漏,而且直接影响输水安全。根据相关设计规范的规定,利用该工程较为有利的地质条件,最大限度地设置钢筋混凝土的分缝长度,以期尽量减少接缝数量,并同时适应结构及地基沉降变形。设计中沿输水长度一般每 20 m 左右设置一道变形缝,缝宽 30 mm;为确保分缝部位的止水效果,防止内水外渗,影响结构安全,在伸缩缝中埋设两道止水,洞壁表面设钢板压橡皮止水,中间埋设一道止水铜片;缝内嵌闭孔泡沫板,外套钢筋混凝土包箍,效果良好。

2.5 压力箱涵遇特殊地形交叉处理方式

压力箱涵经过河渠处,采用倒虹吸的布置形式穿越,以满足现状河渠的过水要求;考虑避免河渠水流冲刷影响破坏结构,穿越河渠处箱涵顶最小覆土厚度控制不小于 2.0 m,并对箱涵穿越纵向轴线两侧各一定范围内的河渠底面及两侧边坡进行护砌。在穿越公路处,为减小公路荷载,对回填土利用水泥土改良,采取分层铺设土工格栅、提高压实度等措施,确保箱涵的结构稳定、安全。除遇特殊地形外,压力箱涵沿线尽量采用直线布置,以减小水头损失;作为标准化断面,可实现实施中的现场机械化施工,既确保了工程质量,又加快了施工进度。

3 研究成果

长距离大流量引调水工程中,采用现浇钢筋混凝土箱形结构的输水形式,目前国内尚无先例;在设计和施工方面均具有一定的创新和挑战,大大降低了工程造价。

该技术很好地解决了与管道输水同样需解决的耐压、抗渗、稳定、防渗接缝处理、基础适应性、遇特殊地形交叉处理等一系列技术难题,亦避免了管道易存在的防腐问题,提高了结构耐久性;通过压力箱涵水力过渡过程仿真计算分析,对涉及压力箱涵输水安全的调压井、空气阀等关键设施进行了系统布局;沿程并需设置必要的检修、分水等管理设施;压力箱涵作为泵站的出水建筑物,结合机组的安全运行要求,进一步对泵站出水口的断流设施及控制方式进行优化改进,在泵站各台机组出水口除设置快速事故备用钢闸门保护外,首次尝试采用液控可调的快速工作钢闸门替代水力自控拍门,通过对工作闸门及事故闸门液压启闭设备的精准控制,以同时满足压力箱涵防水锤和泵站机组防飞逸转速的安全运行要求,项目技术具有不可替代性。这一创新成果已成功通过了淮水北调工程初期的运行检验,运行良好,具有对未来类似工程设计上的引领作用。

滇中输水渠-隧系统事故工况下明满流过渡滞后特性及影响因素仿真研究

朱哲立　管光华　毛中豪

(武汉大学 水资源与水电工程科学国家重点实验室　武汉　430072)

摘要:滇中调水工程中的隧洞具有距离长、部分事故闸排水能力不足等特点,在事故工况下可能出现无压明流至有压满流的过渡过程,其响应速度对工程的安全运行、调度具有重要意义。本文以海东隧洞段为研究对象,构建明满流过渡数值仿真模型,选取不同初始流量进行仿真,分析事故工况下隧洞明满流过渡过程的水力响应特征。结果显示,在设定的事故工况下,当初始流量从 40 m^3/s 增加至设计流量 135 m^3/s 时,隧洞出口闸前断面从第 11.4 小时出现有压流提前至第 1.2 小时出现有压流,且有压流分界面向上游推进速度从 0.4 m/s 增至 8.6 m/s。可见,初始流量越大,隧洞越容易出现有压流,且有压流向上游推进的速度越快,隧洞更早达到稳定状态。本文的研究成果可为滇中调水工程及其他长距离渠-隧系统应急预案的制定提供参考。

关键词:滇中调水　事故工况　明满流过渡　水力响应

1　引　言

我国目前正在规划、建设中的大型调水工程(如滇中调水工程、甘肃引洮调水工程以及鄂北调水工程)中隧洞、倒虹吸、暗渠等封闭式输水建筑物在渠系长度中的占比越来越高。

滇中调水工程跨越丽江、大理、楚雄、昆明、玉溪、红河六个市(自治州),多年平均调水量 34.03 亿 m^3,输水总干渠总长 664.2 km,其中隧洞总长 611.9 km,占干线全长的

作者简介:朱哲立(1996—),男,湖北武汉人,硕士研究生,主要从事灌排系统自动化研究工作。

92.13%。与明渠相比,隧洞中水力特性更加复杂。一般在隧洞设计时会保留一定的净空率以维持无压流的状态,但在事故工况下仍有转变为有压流的可能性,而水流的压力有可能产生额外的压力和振荡,从而对周围的山体造成破坏,引起工程事故。因此,对于封闭式输水建筑中明满流过渡过程的研究具有重要意义。

40年来,一直有学者在研究明满流过渡过程。1978年,Wiley和Streeter出版的著作《Fluid Transients》中就对明满流过渡过程进行了探讨。2006年,Vasconcelos等在研究下水道明满流过渡过程时提出双组分压法。2007年,Bourdarias等提出了管道内自由面与压力流耦合模型的有限体积格式。2015年,Franceca等利用在圆形有压管道内部突然开启闸门的方式进行混合流态转换实验,并将实验结果与普莱斯曼窄缝法模型及双方程模型数值计算进行对比,结果显示模型在处理流态转换时不能充分捕捉管道内的瞬时压力波动。在国内,2008年穆祥鹏将虚拟流量法与隐式差分法相结合,构建了有压管道充水操作的数学模型,对有压管道在充水过程中的水力特性进行了分析和研究。2010年,陈杨采用普莱斯曼格式辅以删减对流加速度项法和普莱斯曼窄缝法建立了一套能够处理缓流、急流、跨临界流和明满流的数学模型。2016年,陈桂友采用有限体积法,运用计算流体力学数值模拟软件FLUENT对引水隧洞进口段进行了数值模拟。

目前的研究多是以有压管道为研究对象,鲜有在滇中调水工程这种长距离输水渠-隧系统中的应用。本文旨在针对长距离输水渠-隧系统,用普莱斯曼窄缝法对其事故工况下有压流与无压流两种流态的过渡过程进行模拟,研究其水力特性,为滇中调水工程及其他长距离渠-隧系统应急预案的制定提供参考。

2 普莱斯曼窄缝法

明渠非恒定流的基本方程和有压非恒定流的基本方程十分相似,如果将明渠流的水深改为有压流的水头 H,并且假设压力波的波速 a 满足式(1),则两组公式得到统一化,有压流和无压流可以用同一组控制方程来表达。

$$a = \sqrt{g\frac{A}{B}} \tag{1}$$

为此Cunge提出了可以在管道顶端假想存在一条极窄的缝隙,缝隙的宽度为

$$B_{sl} = \frac{gA}{a^2} \tag{2}$$

当管道内计算断面的水头高于管顶时,窄缝法内的水位就可以表征该断面的水头,而相应的重力波在窄缝内的传播速度为

$$a = \sqrt{g\frac{A}{W_{sl}}} \tag{3}$$

式(3)与该水头下的水击波速相同。对于矩形断面的管道,水面宽度 B、过水面积 A 与管道内水位关系如图1~图4所示。

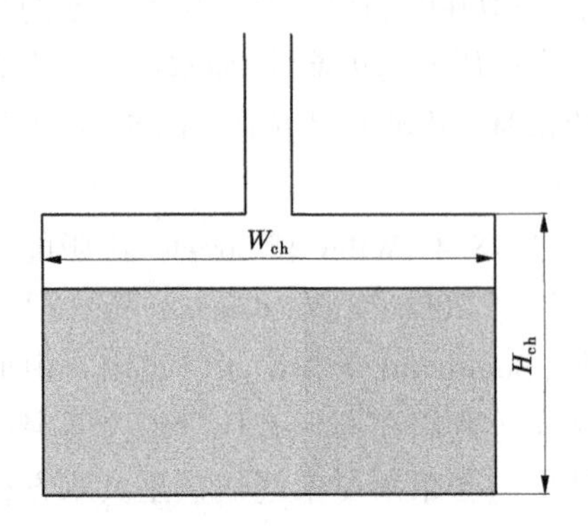

图 1　无压流状态管道内水体

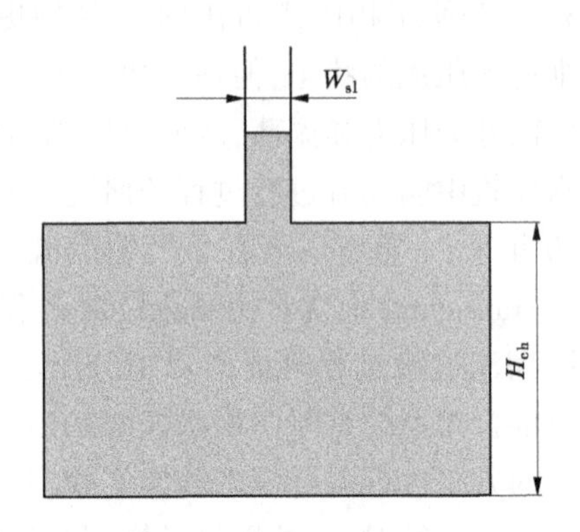

图 2　有压流状态管道内水体

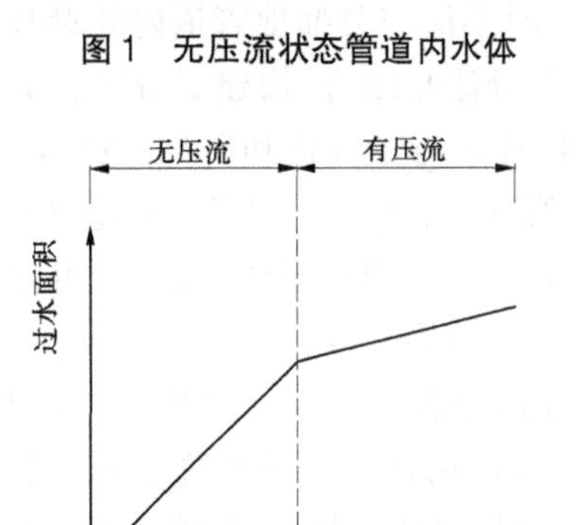

图 3　过水面积与水深示意图

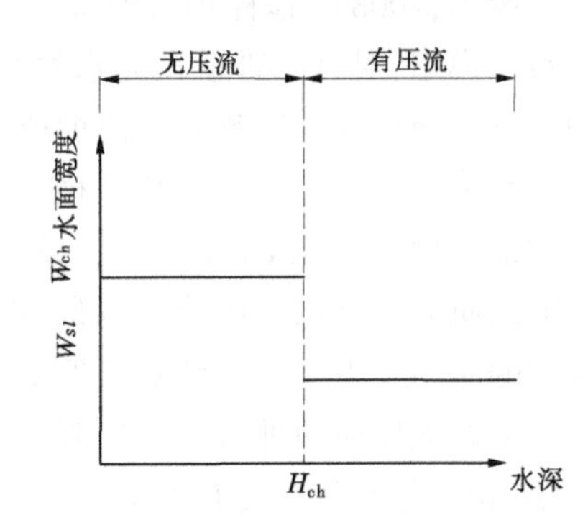

图 4　水面宽度与水深示意图

本文仿真算法中的圣维南方程组表达式如下：

$$\left.\begin{aligned} g\frac{\partial H}{\partial x}+\frac{\partial v}{\partial t}+v\frac{\partial v}{\partial x}+g(S-S_0)=0 \\ v\frac{\partial H}{\partial x}+\frac{\partial H}{\partial t}+\frac{A}{B}\frac{\partial v}{\partial x}=0 \end{aligned}\right\} \tag{4}$$

式中：g 为重力加速度，m/s^2；x 为沿水流方向距离，m；v 为控制体沿水流方向的速度，m/s；t 为时间，s；S 为水力坡度；S_0 为底坡；H 在无压流状态下即水深大小，在有压流状态下即压力水头大小，m；A 为过水断面面积，m^2；B 在无压流状态下为水面宽度，在有压流状态下为窄缝宽度，m。

3　模型参数

3.1　典型段的选取

选取滇中调水工程中的海东隧洞为典型段进行仿真研究，对应滇中调水工程桩号为 116+624～140+277，表 1 为仿真建模采用的参数。

表 1　仿真隧洞段建模参数

渠底起点高程(m)	渠底终点高程(m)	总长度(m)	底坡 i	断面形式	糙率	渠道设计流量(m^3/s)	渠道加大流量(m^3/s)	下游目标水深(m)	最大水深(m)
1 978.492	1 972.857	23 643	1/4 200	2R 马蹄形	0.014	135	162	6.892	9.46

为更加结合工程实际,研究渠-隧系统调度过程中的水力响应瞬变特性,需对海东隧洞工程段的实际调度情况进行分析,表 2 为海东隧洞及下游旬头倒虹吸段的基础数据。

表 2　仿真渠段基础数据

建筑物	设计流量(m^3/s)	桩号	矩形底宽(m)	矩形高度/圆形直径	建筑物长度(m)	糙率	槽数	分退水闸设计流量(m^3/s)	名称
海东隧洞	135	116+624	9.46	9.46	15	0.014	1		海东节制闸兼事故闸
		122+003	9.46	9.46	5 379	0.014	1		海东隧洞中段
		140+267	9.46	9.46	18 264	0.014	1		海东隧洞下段
		140+277	9.46	9.46	10	0.014	1		海东隧洞出口渐变段末端
旬头倒虹吸	125	140+282	9.46	8.40	5	0.014	1		海东隧洞出口事故闸
		140+312	9.46	8.80	30	0.014	1		旬头倒虹吸进口连接段
		140+317	9.46	8.80	5	0.014	1		旬头倒虹吸进口检修闸
		140+357	14.00	0	40	0.014	1		旬头倒虹吸进口连接段
		140+361	14.00	2.00	4	0.014	1	7.50	旬头倒虹吸分水闸
		140+365	14.00	2.00	4	0.014	1	19.00	旬头倒虹吸退水闸
		140+371	28.00	4.00	6	0.014	1		旬头倒虹吸进水池
		140+377	28.00	4.00	6	0.014	5	2.00	旬头倒虹吸进口事故闸
		140+635	28.00	4.00	516	0.014	5	2.00	旬头倒虹吸管身
		140+641	28.00	4.00	6	0.014	5	2.00	旬头倒虹吸出口检修闸

与海东隧洞事故工况响应特性紧密相关的,是隧洞进口的海东节制闸、海东隧洞出口事故闸及旬头倒虹吸进口事故闸。当旬头倒虹吸下游出现事故,需紧急关闭进口事故闸时,为了防止海东隧洞出口与旬头倒虹吸进口之间的明渠段漫流,需要同时紧急关闭隧洞出口的事故闸,此时海东隧洞进口闸门不关闭,仍以原流量下泄,这种工况为最不利工况。

在隧洞出口与倒虹吸进口段之间，有分水闸和退水闸可以排出流量为 26.5 m^3/s，故实际事故发生时，隧洞出口事故闸流量紧急调节到 26.5 m^3/s 及以下，可保证隧洞与倒虹吸中间明渠过渡段的安全。

3.2　仿真工况的选取

事故发生时，隧洞出口事故闸下泄流量需紧急降至 26.5 m^3/s 及以下才能保证安全，此时对应闸门开度为 0.4 m。令隧洞进口闸门不动作，出口事故闸在仿真的第 1 小时开度瞬变为 0.4 m，设置不同的初始流量（30 m^3/s、40 m^3/s、50 m^3/s、75 m^3/s、100 m^3/s、125 m^3/s、135 m^3/s）进行仿真计算。

以初始流量 50 m^3/s 为例，给出海东隧洞下游到上游 5 个典型断面的流量、水深变化曲线，其他初始流量工况变化曲线与此相似，其中当初始流量为 30 m^3/s 时不出现有压流，如图 5～图 8 所示。

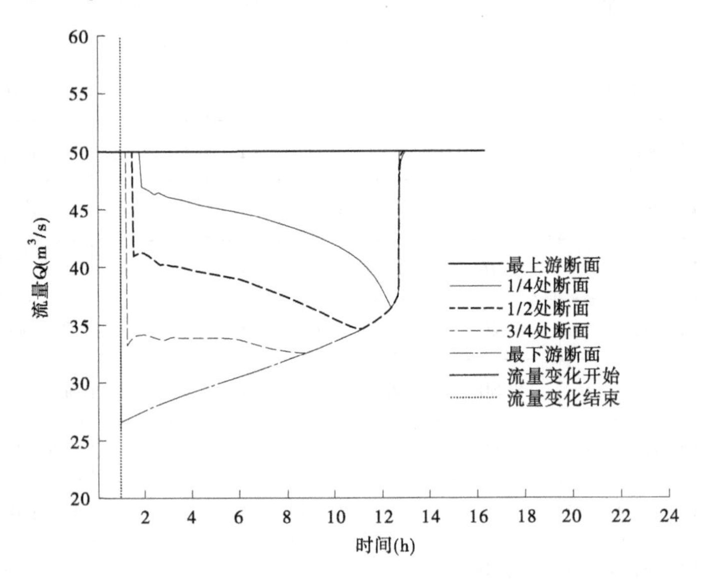

图 5　初始流量为 50 m^3/s 时各断面流量变化过程线

4　仿真结果分析

根据仿真结果可以看到，当事故工况发生时，紧急关闭隧洞出口事故闸至一定开度是无法保证出流量始终为 26.5 m^3/s 的，其原因在于紧急关闸后，闸前水位急剧上涨，闸前断面最先可能出现有压流，随着闸前压力水头的上升，闸孔下泄流量也逐步增长，直至和隧洞入流流量相平衡。若想保证隧洞与倒虹吸之间明渠段的安全，应该同步调节上游闸门流量至 26.5 m^3/s，或将隧洞出口事故闸完全关闭。表 3 给出了各初始流量工况下隧洞 5 个典型断面的有压流出现时间及系统最终的稳定时间。

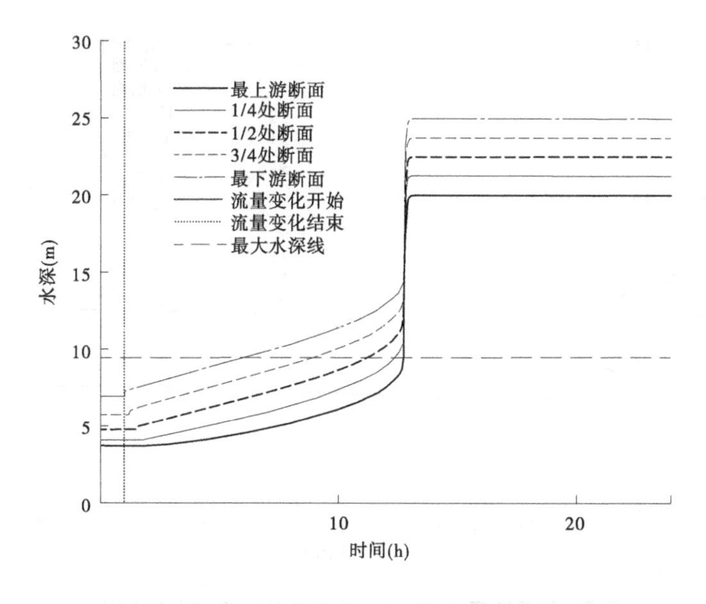

图6　初始流量为 50 m^3/s 时各断面水深变化过程线

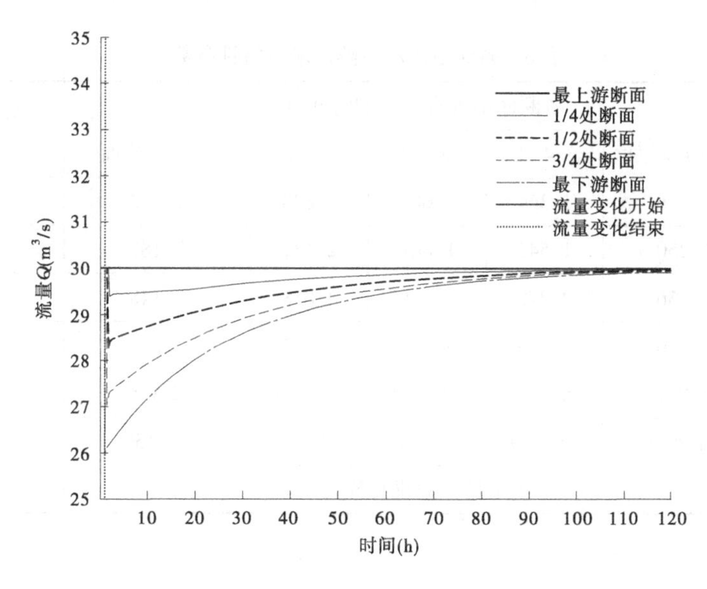

图7　初始流量为 30 m^3/s 时各断面流量变化过程线

4.1　不同初始流量对闸前断面出现有压流时间的影响

表3给出了不同流量工况下的各断面出现有压流的时间，可以看到最下游断面(出口事故闸闸前断面)最先出现有压流，并且初始流量越小，闸前断面越晚出现有压流，如图9所示。当初始流量小到一定程度，如30 m^3/s，隧洞中将不会发生明满流交替现象，如图8所示。分析其原因在于，正常调度下，运行流量越小，隧洞沿程的水面线越低，隧洞净空率越大(见图10)。当发生事故紧急关闭出口闸门至一定开度时，上、下游流量差越小，最下游断面越晚出现有压流。当初始流量小到一定程度时，隧洞的空气体积足够大，以致在上下游流量平衡之前隧洞仍未被充满，隧洞始终处于无压状态。

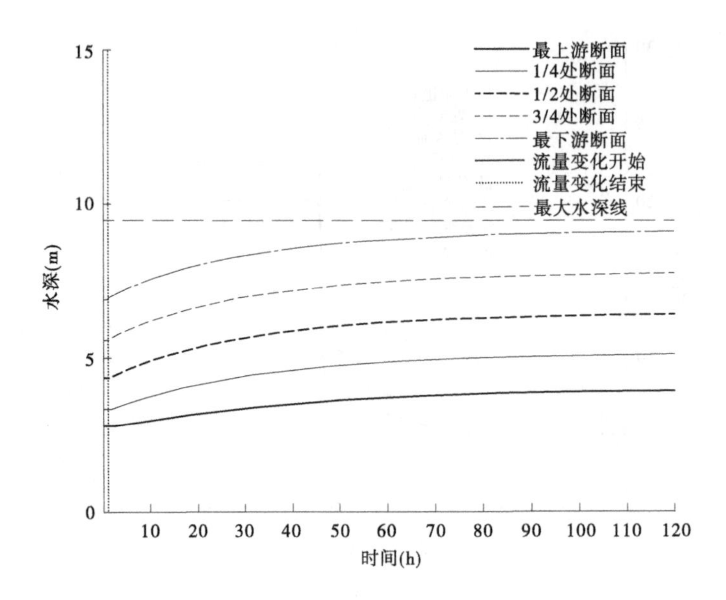

图 8　初始流量为 30 m^3/s 时各断面水深变化过程线

表 3　各流量工况下隧洞响应特性参数

初始流量 (m^3/s)	各断面出现有压流的时间(h)					流量平衡时间 (h)
	最下游断面	3/4 处	1/2 处	1/4 处	最上游断面	
135	1.156	1.369	1.600	1.833	1.922	3.28
125	1.250	1.542	1.861	2.131	2.187	3.36
100	1.656	2.278	2.786	3.058	3.148	4.18
75	2.656	3.803	4.636	5.083	5.210	5.85
50	6.011	8.944	11.130	12.370	12.690	13
40	11.420	18.010	23.710	27.730	29.150	29.40
30	未出现明满流交替现象					100

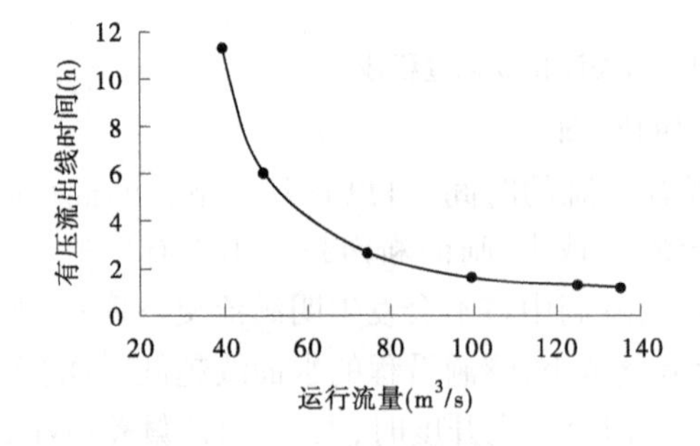

图 9　最下游断面出现有压流时间—初始流量关系曲线

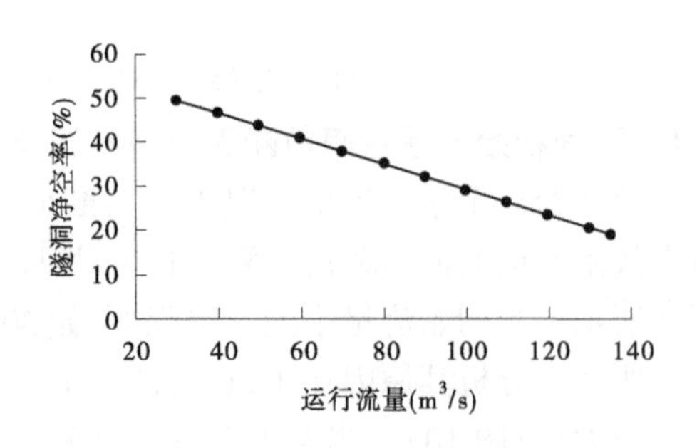

图 10　下游常水位下隧洞净空率随运行流量的变化曲线

4.2 有压流推进速度分析

以初始流量 75 m^3/s 的工况为例研究有压流向上游推进速度的变化规律，在仿真过程中存储从下游至上游每个计算断面出现有压流的时间，并绘制有压流向上游的推进曲线，如图 11 所示。从图中可以看出，有压流向上游推进的速度是逐渐增大的。经分析，当闸前断面出现有压流后，随着有压流不断地向上游推进，隧洞沿程水位也在不断地抬高，断面净空率持续减小。在隧洞上、下游流量差以及断面间距变化不大的情况下，因为断面净空率和无压段长度的减小，有压流抵达下一断面所需要的补充蓄量就越小，充水时间也就越短，因此有压流向上游推进的速度呈逐渐增大的趋势，并在靠近隧洞入口的时候骤增。

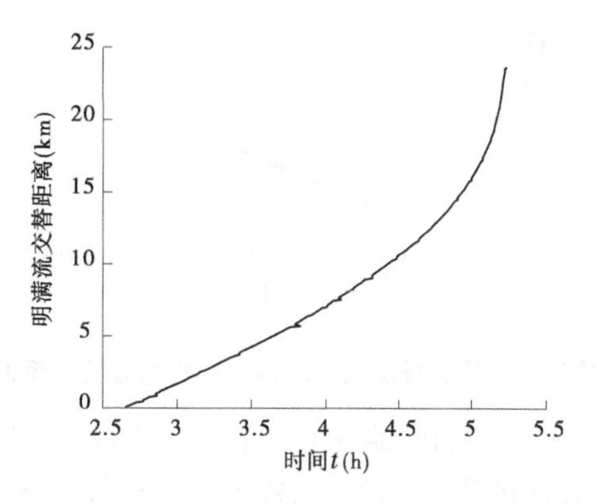

图 11 有压流向上游的推进曲线

4.3 不同初始流量对有压流推进平均速度的影响

图 12 给出了不同初始流量与有压流推进的平均速度的关系，可以发现，有压流向上游推进的平均速度与初始流量大致呈线性关系。原因在于，根据式(5)，$\bar{v}$ 的大小主要和 $L/\Delta V$ 以及 Q 的大小有关，不同流量工况下，虽然最下游断面出现有压流时隧洞沿线的水面线差异较大，即隧洞中的 ΔV 差异较大，但是蓄量的基数很大，反应到曲线斜率 $L/\Delta V$ 上的影响较小，由此可以认为对于长距离渠-隧系统，有压流推进的平均速度与运行流量大致呈线性关系。

$$\bar{v} = \frac{L}{\Delta T} = \frac{L}{\Delta V}(Q - 26.5) \tag{5}$$

式中：$\bar{v}$ 为有压流推进的平均速度，m/s；L 为隧洞长度，m；ΔT 为有压流从最下游断面推进至最上游断面所用的时间，s；ΔV 为最下游断面出现有压流时隧洞的可充水蓄量(空气体积)，m^3。

4.4 不同初始流量对隧洞达稳定状态所需时间的影响

根据仿真结果，可以看到初始流量越小，隧洞达稳定状态所需的时间越长。当初始流量为 30 m^3/s 时，隧洞始终处于无压状态，上、下游流量在 100 h 后才会平衡，大大超过了有压状态下的稳定时间，这一现象与有压流水力波动传递速度远大于无压流的理论相符合。图 13 给出了初始流量为 40~135 m^3/s 时稳定时间的变化曲线，可以看到初始流量越大，隧洞越早稳定。分析其主要原因在于，初始流量越大，闸前断面越早出现有压流，并且有压流向上游推进的速度越快，全洞被充满所需的时间越短，有压状态下水力波动传递速度较快，隧洞更早稳定。

5 结论与展望

本文选取滇中调水工程中的海东隧洞段作为研究对象，以不同的初始流量，模拟事故工况下隧洞中的明满流响应特性，得到以下主要结论：

(1)隧洞出口事故闸门紧急关闭时，最下游断面最先出现有压流，且初始流量越大，最下游断面出现有压流时间越早。

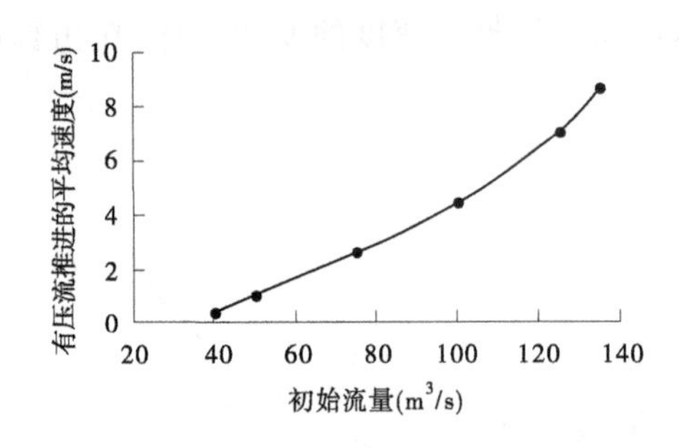

图 12　有压流推进的平均速度—初始流量关系曲线

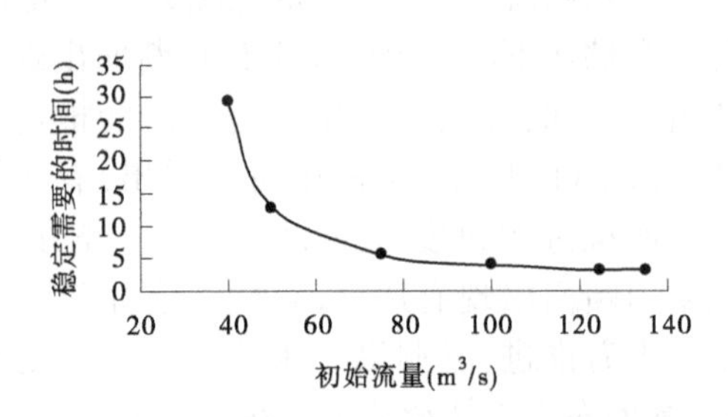

图 13　稳定时间—初始流量关系曲线

(2)隧洞尾端发生有压流后,随着明满流交界面向上游推进,沿程水面线逐渐抬高,交界面抵达下一断面所需要的补充蓄量就越小。在上、下游流量差变化不大的情况下,充水时间也就越短。因此,有压流向上游推进的速度随时间呈递增趋势。

(3)对于长距离隧洞,事故工况下有压流推进的平均速度与初始流量大致呈正相关关系。

本文初步研究了事故工况下隧洞的明满流响应特性,但整体研究存在着一定局限性:

(1)本文只针对滇中调水工程中海东隧洞进行了仿真,所得结论与其实际工程方案关系密切,对其他隧洞段或其他工程不一定适用。

(2)本文对事故工况下的流量边界做了简化处理,实际过程下隧洞无压-有压复杂流态下的流量模型及隧洞外部开敞渠道漫顶后的水力计算对本过渡过程亦有影响。

(3)模型采用有限差分法进行计算,无法准确捕捉明满流交界面处的瞬时压力波动。

由于以上等多方面原因,目前只能得到一些定性的结论,更为精细的过渡过程将是下一步工作的重点。

参考文献

[1] Wylie E B, Streeter V L. Fluid transients[M]. Journal of Fluids Engineering, 1978.

[2] Vasconcelos J G, Wright S J, Roe P L. Improved Simulation of Flow Regime Transition in Sewers: Two-Component Pressure Approach[J]. Journal of Hydraulic Engineering, 2006, 132(6): 553-562.

[3] Bourdarias C, Gerbi S. A finite volume scheme for a model coupling free surface and pressurised flows in pipes[J]. Journal of Computational and Applied Mathematics, 2007, 209(1): 109-131.

[4] Aureli F, Dazzi S, Maranzoni A, et al. Validation of single-and two-equation models for transient mixed flows[J]. A Laboratory Test Case, 2015: 440-451.

[5] 穆祥鹏. 复杂输水系统的水力仿真与控制研究[D]. 天津:天津大学, 2008.

[6] 陈杨, 俞国青, Yang C, 等. 明满流过渡及跨临界流一维数值模拟[J]. 水利水电科技进展, 2010(1): 80.

[7] 陈桂友, 赵青, 穆仁会, 等. 引水隧洞进口明满流数值模拟[J]. 南水北调与水利科技, 2016(4): 163.

[8] Cunge J A, Wegner M. Intégration numérique des équations d'écoulement de barré de Saint-Venant parun schéma implicite de différences finies[J]. La Houille Blanche, 2010, 1964(1): 33.

长距离输水渠系运行方式比较及其过渡模式研究

姚　雄

（南水北调中线干线工程建设管理局　北京　100038）

摘要：本文分析比较了长距离输水渠系不同运行方式下的动态响应特性，以及多渠池串联渠系不同恒定流状态下的蓄量变化特点，研究了在通过最大恒定流量设计的常规输水渠道系统中应用等体积运行方式的水位流量约束条件，提出了长距离输水渠道系统在不同运行方式之间切换的过渡运行模式，并选取南水北调中线京石段应急供水工程作为典型渠系进行了模拟仿真，增加了输水渠道系统根据不同流量需求选择不同运行方式的灵活性。

关键词：输水渠系　响应特性　运行方式　过渡模式　南水北调

1　引　言

一个有效的输水渠道自动控制系统必须针对渠道自身水力学特点及功能，选择合适的控制运行方式，它直接关系渠道的调蓄水量，对渠道运行的响应特性和稳定性影响较大。根据渠池内水面支枢点位置的不同，渠道有下游常水位、等体积、上游常水位等几种典型运行方式。不同的运行方式将产生不同的水面线，因此渠道超高、渠池长度、渠系建筑物高度等都成为运行方式选择的直接约束条件。

要在同一个渠道系统的不同流量、水位状态下采用完全不同的控制运行方式，有必要设计一个合理有效的运行过渡模式，以保证渠系安全平稳运行。本文首先分析比较了输水渠道不同运行方式下的动态响应特性，以及多渠池串联渠系不同恒定流状态下的蓄量变化特点，研究了在常规输水渠道系统中应用等体积运行方式的水位流量限制条件，基于作者研究实现的渠系控制蓄量运行方式，提出了长距离输水渠系在不同运行方式之间切换的过渡运行模式，并在典型输水渠系进行了计算机模拟仿真，增加了输水渠道系统运行方式选择的灵活性。

2　不同运行方式动态响应特性分析

下游常水位运行方式适于和以供给型为主的上游运行概念相结合。很多渠道的运行设计采用这种方式，一方面渠道尺寸设计可按传统的最大流量设计，另一方面它与传统的供给型渠道系统结合较为有效。当渠段上游端流量变化时，渠段内蓄量变化趋势与水面

作者简介：姚雄（1980—），男，湖北黄陂人，博士，教高，主要从事工程管理及渠系自动化运行控制方面的研究。

线变化趋势相一致，下游水深易于保持稳定。但当这种方式与以需求型为主的下游运行概念结合时，就会显示出缺点，渠段下游末端的流量变化引起水深向最终稳定的水面线相反方向变化，即下游端产生的蓄量变化趋势与所要求的蓄量正好相反（见图1），上游端被迫需要超量补偿下游端出流的变化，直到达到新的稳定流状态。该方式对于下游需水变化响应速度较慢，下游端的流量变化必须相当小且变化缓慢才能避免大的水位波动。

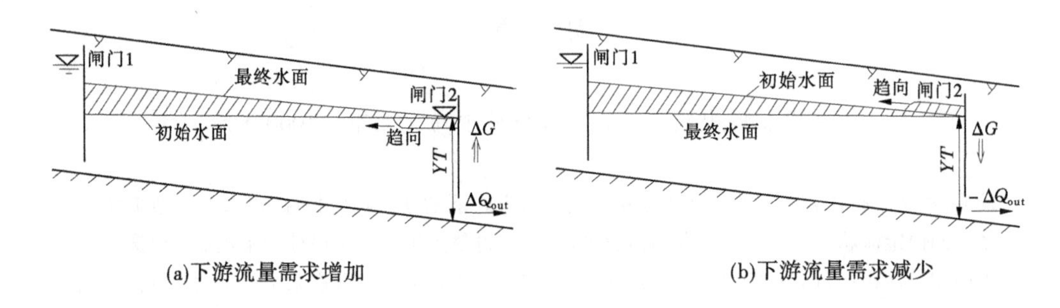

(a)下游流量需求增加　　(b)下游流量需求减少

图1　下游常水位运行对下游流量变化响应

等体积运行方式可用于供给型渠道，对于需求型渠道也同样适用。等体积运行方式的主要优点便是能迅速改变整个渠系的水流状态，不论是下游流量需求增加还是下游流量需求减少，渠池蓄水量变化的趋势与水面线的变化方向始终一致（见图2），且渠池两端在初始时刻就已具备一定的可消耗水体或可用蓄水容积，因此等体积运行方式具有良好的下游运行动态响应特性。

上游常水位运行方式也特别适合与需求型概念的下游运行渠道系统结合，该运行方式的下游运行响应特性与等体积运行渠道的下游段类似（见图2），渠段下游末端产生的流量变化不论是流量增加还是流量减少，其引起的渠道水深变化始终是向达到新的稳定流水面线所需要的方向发展。由于该运行方式要求渠道堤顶水平，大多数渠道无法采用。但当渠道在低于最大过流能力运行时，则可以考虑采用这种运行方式。

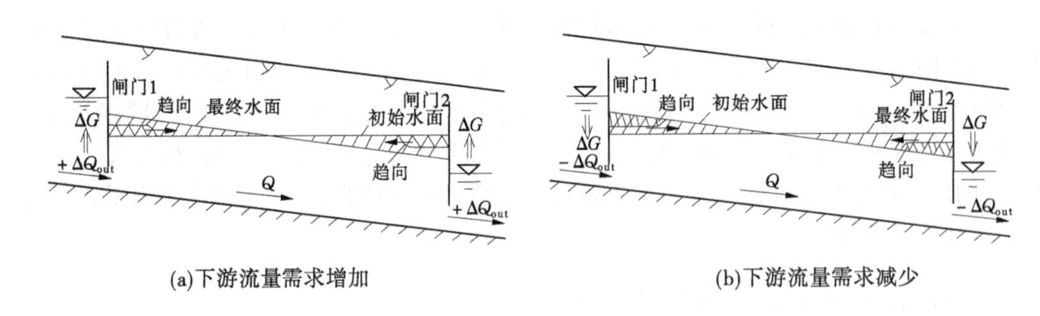

(a)下游流量需求增加　　(b)下游流量需求减少

图2　等体积运行对下游流量变化响应

3　多渠池串联渠系恒定流状态蓄量分析

3.1　下游常水位运行蓄量分析

下游常水位运行方式可按传统方法根据设计流量设计渠道尺寸，渠道超高可以达到最小，从而降低工程建设费用，但如果在多渠池串联的长距离输水渠道系统中采用该运行方式（见图3），当渠道输水状态变化时，由于需上游补充或需排泄到渠池下游的楔形水体体积巨大，系统的稳定时间会很长，下游端的流量变化必须相当小且变化缓慢才能避免水位波动剧烈或产生弃水。

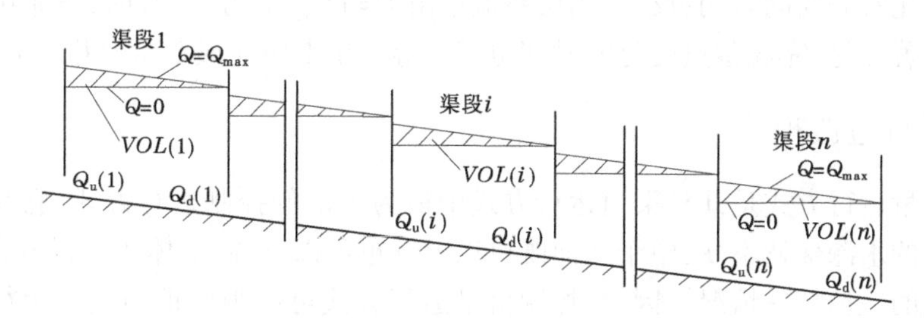

图3　多渠段串联渠系下游常水位运行

假设渠道恒定流水面线为直线，则当渠系流量由 $Q=0$ 变为 $Q=Q_{max}$ 时，整个渠系需增加的蓄量为$\sum_{i=1}^{n} VOL(i)$；反之，当渠系流量由 $Q=Q_{max}$ 变为 $Q=0$ 时，整个渠系需减少的蓄量为$\sum_{i=1}^{n} VOL(i)$。如果不考虑渠系中间分水口门的作用，那么整个渠系蓄量的改变是渠首段入渠流量和渠尾段出渠流量差随时间的积累而逐渐形成的，对于长距离输水渠系，这些蓄量的变化相当可观，是影响系统稳定时间的主要因素。同时，当下游需水流量增大时，渠系水体蓄量需要增大，渠系上游需加快入渠流量增大的速度，以补充蓄量，这将使渠系对于下游需水改变反应缓慢，水流稳定困难；当下游需水流量减小时，渠系水体蓄量需要减小，渠系上游需加快入渠流量减小的速度，以减少蓄量，这同样会造成水流稳定困难，并有可能造成弃水。

3.2　等体积运行蓄量分析

等体积运行方式也称同步运行法，当输水流态变化时，渠池楔形蓄量的变化出现于渠池中间支枢点的两侧（见图4），支枢点上游一半为需上游补充或需排泄到下游侧的“被动”楔形水体，下游一半为可供下游直接利用或可存储多余水量的“主动”楔形水体。即便是多渠池串联的长距离输水渠道系统，其自身就可通过两种不同性质的楔形水体相互补充维持蓄量平衡，稳定性好，无弃水，但在传统设计方法的基础上，渠段下游需增加一定的超高。

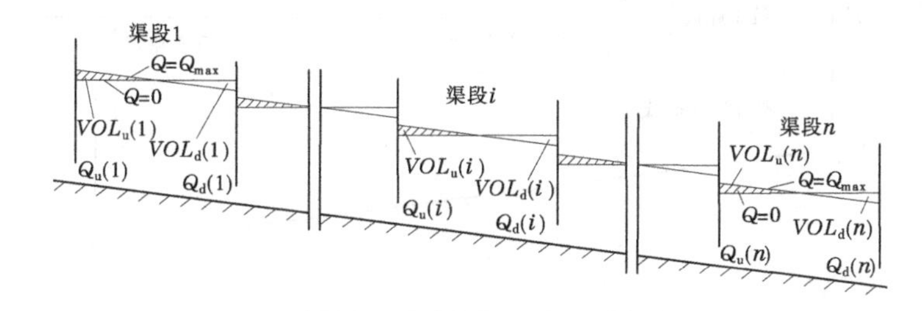

图4　多渠段串联渠系等体积运行

假设渠道恒定流水面线为直线，则当渠系流量由 $Q=0$ 变为 $Q=Q_{max}$ 时，整个渠系需增加的蓄量为$\sum_{i=1}^{n} VOL_u(i)$，整个渠系需减少的蓄量为$\sum_{i=1}^{n} VOL_d(i)$。渠系总体蓄量变化 $VOL=$

$\sum_{i=1}^{n} VOL_{u}(i)-\sum_{i=1}^{n} VOL_{d}(i)\approx 0$。所以,多渠段串联渠系采用等体积运行方式,基本不会因为串联渠段数的增加而增加整个渠系蓄水量的变化,完成蓄量变化的时间基本等于单渠段完成蓄量变化所需要的时间;反之,当渠系流量由 $Q=Q_{max}$ 变为 $Q=0$ 时,渠系中总蓄水量也不会有显著变化,完成蓄量变化的时间也基本等于单渠段完成蓄量变化所需要的时间。

4 渠系运行过渡模式

控制蓄量运行方式是几种渠道运行方式中最为灵活的控制运行方式,它并不要求水面上任何点的水深保持不变,整个水面既可以上升也可以下降,等体积运行方式是控制蓄量运行方式的一种特殊情况。因此,控制蓄量运行方式可以很好地与其他运行方式衔接过渡。该方法需采用能处理大量数据并做出复杂控制决策的中央监控系统,并且要求具有较大渠道断面,但对于南水北调中线总干渠这样的大型输水渠道系统,这些要求能够满足。因此,可研究利用控制蓄量运行方式作为长距离输水渠系下游常水位与等体积或上游常水位运行方式之间的过渡运行模式。

4.1 常规渠道多方式运行约束条件

按照一般的渠道运行准则,渠道正常运行期间,除水位降速不应超过允许的下降速度外,渠池水深也不允许长时间维持在渠道超高区内。在渠道运行方式从下游常水位运行方式过渡到等体积或上游常水位运行方式时,必须为采用等体积或上游常水位运行方式而预留足够的渠堤超高及衬砌高度,以适应新的运行方式下流态变化引起的水位抬升。

采用单一的等体积运行方式控制的渠道系统,渠堤超高设置要求如图 5 所示,渠堤上半段可统一设置为最小超高;渠池下半段为可变超高,堤顶水平设置,以保证即便在零流量时,下半段渠堤超高也能不小于最小超高值。根据这一超高设置原则,可以确定下游常水位转换到等体积运行的过渡模式(控制蓄量运行)下的水位限制条件:

$$Z_{min} \leqslant Z_0 - \frac{1}{2} l \times i \tag{1}$$

式中:Z_{min} 为过渡运行模式的限制水位,m;Z_0 为渠道设计流量下恒定流状态水位,m;l 为渠长,m;i 为渠道底坡。

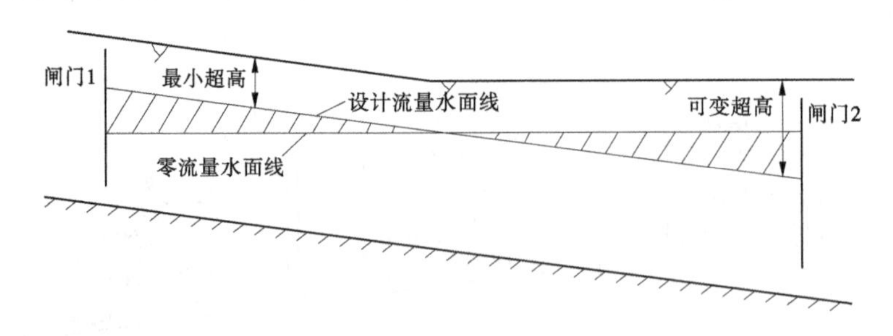

图 5 等体积运行超高设置

在满足水位限制条件后,可以保证通过控制蓄量运行方式过渡,渠池水位下降到限制水位以下后,渠系再采用等体积运行方式,即便渠系下游流量需求变为零,此时的零流量水面线最高也只是与下游常水位运行方式的零流量水面线重合,可保证零流量水面线上的渠堤最小超高不小于设计流量下的最小超高(见图6)。

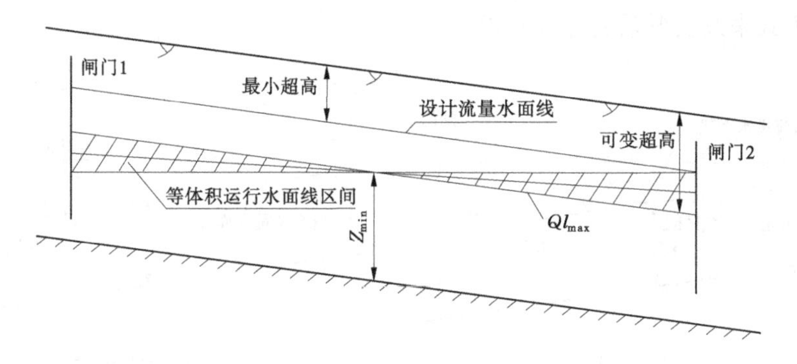

图6 等体积运行水面线区间(Z_{min} 取最大值)

为了能够在下游流量需求增大时(等体积运行已不能满足要求),从等体积运行方式尽快过渡到下游常水位运行方式并满足下游流量需求,一般在满足上述水位设置条件的前提下,尽量选择较大的控制蓄量运行限制水位。设控制蓄量运行方式的限制水位为满足水位限制条件的最大值 $Z_{min}=Z_0-\frac{1}{2}l\times i$,对应的渠道恒定流流量为 Ql_{max},下游最终的流量需求为 $Q^T=Q_u^T+Q_{out}^T$,等体积运行时下游流量需求必需满足流量限制条件:

$$Q^T = Q_u^T + Q_{out}^T \leqslant Ql_{max} \quad (2)$$

式中:Q_u^T 为渠系下游出流量,m^3/s;Q_{out}^T 为渠系分水口的取水流量,m^3/s。

根据不同的渠道参数,Ql_{max} 占设计流量 Q_{max} 的比值会有不同,其主要影响因素为渠段长度和底坡,渠段越长,底坡越陡,Ql_{max} 相对越小。南水北调中线总干渠渠段一般长20~30 km,底坡一般为1/20 000~1/25 000,经计算 Ql_{max} 与 Q_{max} 的比值一般可维持在70%以上。

4.2 渠系运行过渡模式

按通过最大恒定流量设计的常规输水渠道系统,在输送设计流量时需按下游常水位方式运行控制,但当常规输水渠系中需要输送的流量能满足式(2)表示的流量限制条件,且用水户在渠池水位下降后仍能从下游或渠侧分水口取水时,可以使渠道在下游流量需求减小的过程中按控制蓄量运行,适当降低渠池水位获得等体积或上游常水位运行所需的附加超高,在较低水位条件下可采用新的渠道运行方式输送不超出流量限制条件的水量。当下游流量需求增大,且超出上述流量限制条件时,可以再次用控制蓄量运行方式作为过渡运行模式,在流量需求增大的过程中,提高渠池水位,让渠道系统过渡到下游常水位运行方式下运行,以满足下游较大的流量需求。

在需水流量减小的同时,渠池蓄量增加(水位上升);在需水流量增加的同时,渠池蓄量减少(水位下降),将其称为渠系运行过渡模式一,如图7(a)所示。在需水流量减小的同时,使渠池蓄量减少;在需水流量增加的同时,使渠池蓄量增加,将其称为渠系运行过渡模式二[见图7(b)]。过渡模式一与过渡模式二主要差别是出、入渠池的流量差相反,流量变化导致的蓄量变化方向也相反。有了以上两种渠系运行的过渡模式,即可根据渠系的流量需求变化情况,结合实际渠系运行需要,灵活转变渠道的运行方式。在新的运行方式下渠道系统运行的输水能力将发生变化，下游流量需求应与之相适应；否则，需要再次利用过渡模式来改变渠系的运行方式。

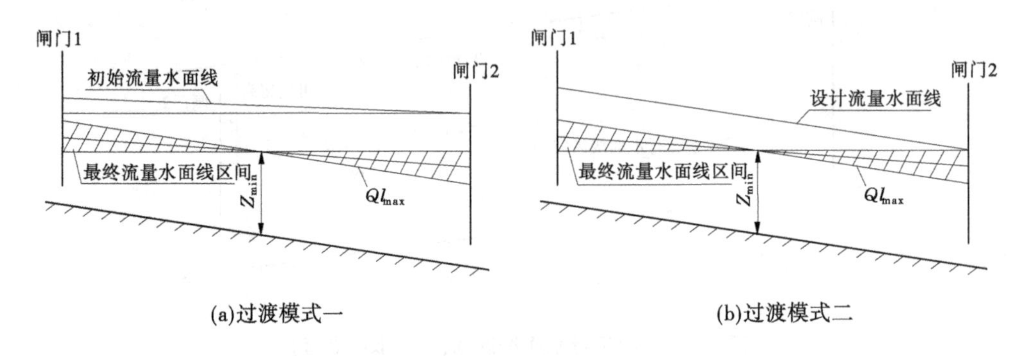

图 7　渠系运行过渡模式

5　典型渠系运行控制仿真

南水北调中线京石段应急供水工程古运河暗渠进口节制闸(970+379)至北拒马河暗渠进口节制闸(1197+669)，输水线路全长 227.29 km。整个渠道系统由节制闸分成 13 个渠段，起点渠段设计流量 170 m^3/s，终点渠段设计流量 50 m^3/s，沿程包括 12 个分水口，倒虹吸、渡槽、暗渠、隧洞等建筑物若干。建立该渠道系统运行控制模型，模拟仿真渠系下游流量需求减少，渠系从下游常水位运行到等体积运行的整个过程。假设渠系最上游端水深保持不变，将各渠池过渡运行模式下的最低限制水位 Z_{min} 设置为渠池初始流量水面线中点加权水位以下 0.5 m，参与运行的 4 个分水口及渠系下游端的流量变化过程如图 8 所示，其余分水口流量设为零。仿真计算出节制闸门动态响应过闸流量变化过程见图 9，靠近渠系上游侧的渠池 4 的水位变化过程见图 10。

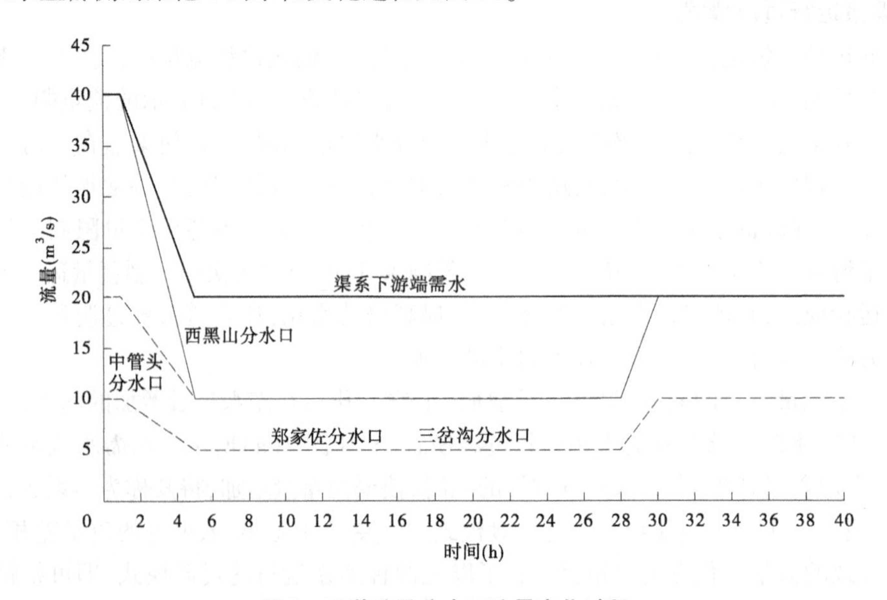

图 8　下游端及分水口流量变化过程

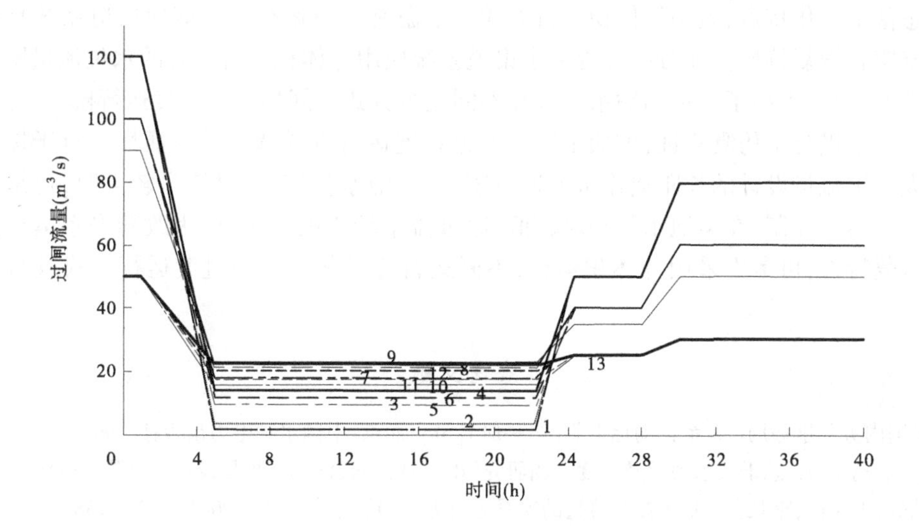

图 9　过闸流量变化过程

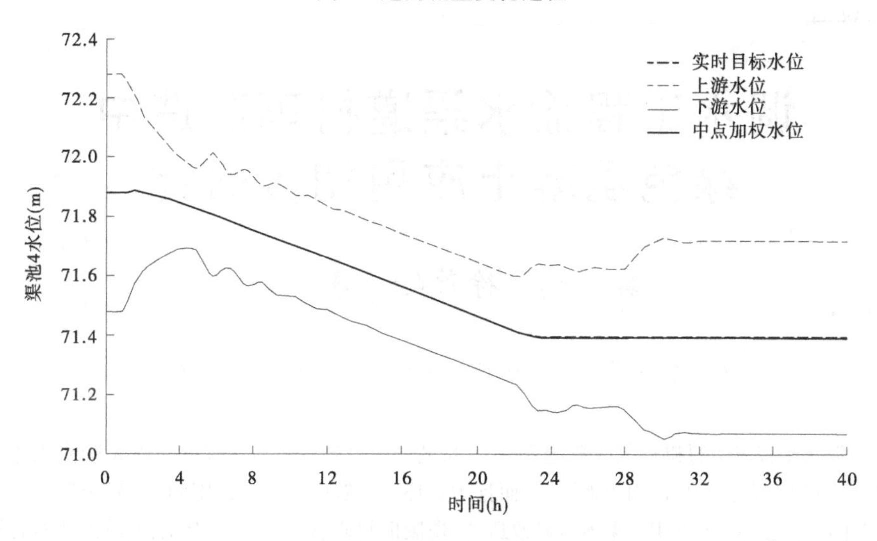

图 10　渠池 4 水位变化过程

仿真结果表明,用本文提出的渠系运行过渡模式,当下游需水流量减小时,通过减少蓄量、降低水位,为下阶段等体积运行控制创造条件,在新的运行方式下渠系很好地满足了下游逐渐增加的流量需求,并保持蓄水体积不变。由闸门的过闸流量变化过程可知,闸门控制过程经历了三个阶段:过渡运行模式下,闸门先超量关小,消耗渠池蓄量;一段时间后逐渐开大,在新的蓄水量下达到流量平衡;当下游流量需求再次发生变化时,闸门再次动作,实现渠系等体积运行。不论是在过渡运行模式还是处于等体积运行状态,渠系都能得到有效控制,所有渠池中点加权水位变化平稳,渠池上、下游端水位波幅也很小。

6　结　论

本文通过分析比较不同渠道运行方式的动态响应特性,以及多渠池串联渠系的恒定流状态蓄量变化特点,表明等体积运行方式较下游常水位运行方式能使渠道系统具有更好的响应和恢复特性。在分析常规输水渠道系统应用等体积运行方式的水位流量限制条件基础上,研究提出了长距离输水渠系在不同运行方式之间切换的过渡运行模式,并在典型输水渠系进行了仿真验证,增加了输水渠道系统运行方式选择的灵活性。对于按照通过最大恒定流量设计的长距离输水渠道系统,在渠池水位较高、过流量较大时,可采取下游常水位运行控制,在渠池水位相对较低、通过流量较小的情况下,为改善渠系运行的响应和恢复特性,可考虑采用等体积运行,不同运行方式之间利用过渡运行模式进行有效衔接。

参考文献

[1] 美国内务部垦务局. 渠系自动化手册(第一册)[M].北京:中国水利电力出版社,1996.
[2]文丹, 刘子慧. 总干渠水力学及调度专题研究[R]. 武汉:长江勘测规划设计研究院, 2005.
[3] 姚雄,王长德,李长菁. 基于控制蓄量的渠系运行方式[J].水利学报,2008(6):733-738.
[4] 姚雄,王长德,丁志良,等. 渠系流量主动补偿运行控制研究[J].四川大学学报(工程科学版),2008(5):38-44.

调水工程输水渠道衬砌改造中绿色混凝土应用初步研究

韩 鹏 徐茂岭 李 琨

(山东省调水工程运行维护中心 济南 250010)

摘要:调水工程渠道衬砌修复改造过程中,大量的废旧衬砌板作为建筑垃圾被填埋处理,不仅消耗大量的人力、物力,占用土地资源,而且污染环境、破坏生态。使用废旧衬砌板制造再生骨料生产绿色混凝土再用于渠道衬砌改造,实现废旧衬砌板的回收利用,减少对天然石材资源的开采,同时降低建筑垃圾处理所需的费用和所占用的生态资源,既绿色又环保,具有较好的经济效益和生态效益。通过对再生骨料生产过程的分析,对再生骨料的成本进行初步测算,研究调水工程绿色混凝土应用的可行性,并对当前研究存在的问题提出对策。

关键词:渠道衬砌 改造 绿色混凝土

1 引 言

山东省引黄济青工程自1989年通水至今已经运行30余年,部分渠段在水位变幅区因冻胀破坏,造成混凝土衬砌板坍塌,裂缝严重,杂草丛生;部分地下水位高、渠道水位变

本研究受山东省水利科研与技术推广项目科研专项经费项目资助,任务书编号SDSLKY201814。

作者简介:韩鹏(1982—),男,山东肥城人,本科,主要从事工程建设管理工作。

幅大的渠段，衬砌渠坡上的排水设施因淤积阻塞排水效果差，造成扬压力过大，渠道衬砌破坏，导致渠道运行维护成本高、难度大，同时糙率加大，制约了渠道过流能力，影响正常通水运行还产生大量的废弃混凝土衬砌板。渠道现状见图1~图3。尤其在2015年至今胶东地区发生持续、严重干旱的情况下，对受水区的用水安全产生了制约，增加了工程运行的时间和成本，实施渠道衬砌改造修复是必要、可行的工程措施。根据初步设计(2014年批复)，引黄济青渠道衬砌修复改造过程中，将拆除衬砌板约24万m^3，如直接简单作为建筑垃圾进行处理，会造成资源浪费和生态环境破坏。对废旧混凝土衬砌板进行处理和再利用，是保护环境、节约资源的最好途径。前期，山东省调水工程运行维护中心在引黄济青改扩建工程中根据工程现状直接复用约30%废旧混凝土衬砌板，但仍有70%的需要处理。为进一步在渠道衬砌改造过程中贯彻绿色、可持续发展的理念，山东省调水工程运行维护中心开展了废旧混凝土衬砌板再生骨料生产绿色混凝土的有关研究。

图1 输水渠道衬砌常年运行现状(一)

图2 输水渠道衬砌常年运行现状(二)

图3 输水渠道衬砌常年运行现状(三)

2 研究背景

国外对绿色混凝土研究较早，早在第二次世界大战结束后，日本、苏联、美国、德国、英国等都开始了对废混凝土进行有效处理和再生利用的研究工作。日本、美国、德国等因为经济实力和科技优势明显，研究并逐步成型了再生骨料及绿色混凝土的应用技术，有的国家还制定了相应的技术标准，并得到了大范围的推广应用。

我国对绿色混凝土的开发研究晚于工业发达国家,但随着城市化进程的加快和国家对生态环境保护重视程度的增加,政府也鼓励再生骨料和绿色混凝土的研究和应用,2010年国家质量监督局发布了国家标准《混凝土用再生粗骨料》(GB/T 25117—2010),再生骨料和绿色混凝土研究利用也越来越广泛,并形成了多处绿色混凝土使用示范工程。但当前的研究主要集中在建筑、市政和交通等工程领域的再生骨料利用。

水利工程尤其是调水工程中再生骨料和绿色混凝土的研究和利用仍处于起步状态,但随着我国调水工程数量、规模的进一步扩大和调水工程运行投产时间的增加,再生骨料和绿色混凝土的应用也将越来越广泛。

3　研究的主要内容

结合2015年开始实施的引黄济青改扩建工程,山东省调水工程运行维护中心选定改扩建工程东营段渠道衬砌改造工程开展绿色混凝土预制衬砌的试验,主要考虑该段所处区域天然骨料贫乏,废旧混凝土衬砌板存量大,实施试验可以部分减少外购的骨料,实现废旧混凝土衬砌板再利用。2018年,山东省调水工程运行维护中心组织山东省水利科学研究院(研究协作单位)、山东省青州市水利建筑总公司(施工单位)、山东省水利勘测设计院(设计单位)及山东省水利工程建设监理公司(监理单位)开展了现场试验,先后完成了再生骨料的生产、性能测试、绿色混凝土配合比试验、绿色混凝土衬砌板的现场预制等工作(因引黄济青改扩建工程工期受胶东四市供水情况制约,目前未进行铺设施工),主要完成以下研究内容。

3.1　再生骨料的生产

废旧混凝土衬砌板通过破碎、清洗、筛分等程序后制成再生骨料。在这个过程里一般需要进行多次的破碎和筛分,但本次试验废旧混凝土衬砌板由于尺寸较小,只进行一次破碎,而为了提高破碎产物的成品率,需要进行多次筛分。本项研究中主要使用1416(破碎箱体宽1.4 m,高1.6 m)锤式破碎机(具有破碎比大、生产能力高、产品均匀、过粉现象少、单位产品能耗低、结构简单、设备质量轻、操作维护容易等特点)进行破碎。根据渠道衬砌改造工程需要,设置三种规格的筛板筛分生产10~20 mm的粗骨料、5~10 mm的细骨料和5 mm以下的再生砂,流程如图4所示。

旧混凝土衬砌板预制配合比中骨料最大粒径为40 mm,破碎后生产的再生骨料中粒径20 mm以上的极少。

3.2　再生骨料及绿色混凝土产品的性能

由于设备选型合理,生产的粗骨料内基本不混杂水泥屑,表面基本不附着粉末(见图5)。

废旧混凝土衬砌板破碎生产的细骨料所检测指标除细度模数外,其他检测指标符合《水工混凝土施工规范》(DL/T 5144—2001)的相关要求,细度模数可通过增加破碎次数满足要求(本次主要研究10~20 mm的再生骨料制作绿色混凝土,未进行进一步的破碎),详细指标见表1。

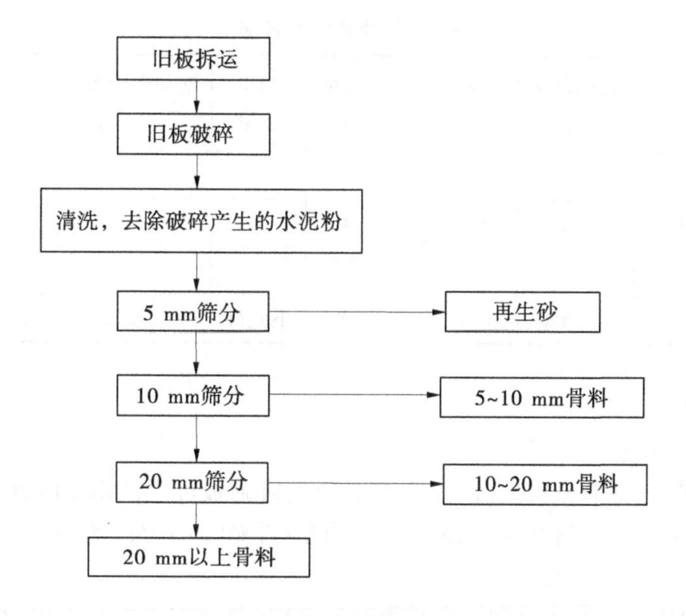

图 4　再生骨料生产流程

图 5　再生骨料

表 1　再生细骨料检测

检测项目	表观密度（kg/m³）	堆积密度（kg/m³）	泥块含量	石粉含量（%）	细度模数	饱和面干吸水率（%）
检测结果	2 610	1 380	无	1.2	2.97	1.41
DL/T 5144—2001	≥2 500	—	不允许	6~18	2.4~2.8	—

粗骨料所检测指标符合 DL/T 5144—2001 的相关要求，检测指标见表 2。

使用再生骨料的绿色混凝土配合比试验试块（设计标号 C30P6F150）28 d 龄期抗压强度为 38.6 MPa，工程现场预制试块 28 d 龄期抗压强度达到 36.9 MPa，抗冻和抗渗均满足要求。

表 2　再生粗骨料检测

石子粒径级（mm）		表观密度（kg/m^3）	含泥量（%）	压碎指标（%）	泥块含量	饱和面干吸水率（%）	针片状含量（%）
检测结果	5～20	2 640	0. 25	12. 4	无	3. 6	0
DL/T 5144—2001		≥2 550	D20≤1. 0	≤20	不允许	≤2. 5	≤15

3. 3　经济性评价

3. 3. 1　产品产出效率

根据现场测定，每单位质量（t）的废旧混凝土衬砌板可以产出 10～20 mm 再生骨料 34. 3%、5～10 mm 再生骨料 9. 82%、5 mm 以下的再生砂 29. 63%，20 mm 以下可利用再生骨料综合产出率为 73. 75%。

对比该部分废旧混凝土衬砌板当时预制配合比（每立方米混凝土中：水泥 282 kg、砂 650 kg、20～40 mm 骨料 723 kg、5～20 mm 骨料 592 kg、水 145 kg）中骨料的使用情况，骨料再生率约为 89. 78%。

3. 3. 2　生产成本分析

通过对破碎混凝土旧板生产再生骨料过程中使用的机械、材料等计算，全部再生骨料的生产费用约为 30 元/t，仅计 10～20 mm 再生骨料时为 63 元/t。同期工程周边的天然粗骨料单价约为 70 元/t（110 元/m^3，1 500 kg/m^3）。在满足性能的条件下，破碎生产再生骨料的费用优于购买天然骨料的费用。若在做好环境保护、生态保护措施的前提下，临近废旧混凝土衬砌板生产地进行破碎生产，可利用渠道水源、减少运输距离，成本还可进一步下降。

另外，结合旧板复用利用（30%复用），旧板利用率可以达到 81. 6%，仅剩余不到 20%破碎残余需要进行处置，较大地降低了废旧混凝土衬砌板处置所需的经济成本。

从经济上分析是可行的。

3. 4　生态效益评价

（1）降低了天然骨料的开采利用。天然骨料资源有限，石材的开采不仅损坏山体植被，造成水土流失，破坏生态环境，而且产生的粉尘、废水对生态环境也有破坏作用。通过废旧混凝土衬砌板生产再生骨料，既避免因开采天然骨料造成的环境破坏问题，又可在骨料生产方面实现可持续、绿色发展。

（2）降低了处置废旧衬砌板所需的土地资源。废旧混凝土预制板如作为建筑垃圾进行填埋处置，占用土地资源，污染环境。按照我国当前建筑垃圾处理现状计，每万吨建筑垃圾占地 2. 5 亩，引黄济青该扩建产生的废旧衬砌板处置需占用土地 150 亩。通过再生骨料生产结合旧板复用可以减小土地占用面积，保护生态环境。

（3）避免废旧衬砌板乱堆乱放造成的环境污染。废旧混凝土衬砌板乱堆乱放造成的环境污染问题主要表现在风化后产生的粉尘颗粒方面。废旧混凝土衬砌板长时间裸露

(见图6),受风化作用,逐渐破碎生成粉尘颗粒,对大气和水造成污染。通过再生骨料生产,可以从源头减少这方面的环境污染。

图6 破碎前临时堆放的废旧混凝土衬砌板

从生态效益、保护生态环境上分析是必要的。

4 下一步研究内容

(1)在工程中对绿色混凝土预制衬砌进行应用检验。

(2)根据引黄济青改扩建工程现场情况增加再生骨料的应用方式。

(3)完善再生骨料生产流程,对再生骨料生产所需占地、水、电、机械等进行优化,提出再生骨料及绿色混凝土生产与渠道衬砌改造工程相结合的最优方案。

5 小 结

调水工程渠道衬砌改造中使用再生骨料和绿色混凝土预制衬砌是可行的,可以有效地降低预制衬砌的成本,降低对天然骨料资源的开采利用,保护土地资源,保护生态环境。结合引黄济青改扩建工程研究再生骨料和绿色混凝土的应用,形成合理的利用方案进行推广应用,给我国众多调水工程的改建、扩建等提供了可持续、绿色发展新的思路和可参考借鉴的方案。

参考文献

[1] 胡幼奕. 建筑废弃混凝土再生利用成为砂石骨料行业的使命[J]. 混凝土世界,2015(8):22-29.

[2] 李秋义,全洪珠,秦原. 再生混凝土性能与应用技术[M]. 北京:中国建材工业出版社,2010.

[3] 李国华. 从建筑垃圾填埋场到综合性公园的蜕变——以深圳市大沙河公园为案例[J]. 城市建设理论研究,2012(7):1-4.

[4] 钟志强 孔德宇. 浅析深圳市建筑废弃物现状及减量化措施[J]. 住宅与房地产,2018(9):45-49.

[5] 石发恩, 朱萌萌, 柯瑞华, 等. 废弃混凝土资源化研究进展[J]. 有色金属科学与工程, 2014(6):120-124.

[6] 母倩雯. 采石场诱发矿山环境问题治理研究[J]. 黑龙江科技信息,2016(5):52.

[7] 梁浩,叶青. 常州市武进区推进建筑垃圾资源化利用的实践与思考[J]. 建设科技,2014(16):37-39.

二维边界拟合坐标水深平均水动力模型及其在水文计算中的应用

赵鸣雁[1] 杜彦良[2]

(1. 南水北调中线干线工程建设管理局 北京 100038;
2. 中国水利水电科学研究院 北京 100038)

摘要:本文给出了水深平均非恒定二维浅水基本方程,采用SIMPLER算法用边界拟合坐标系统求解,建立了二维边界拟合坐标水深平均水动力模型,并且应用于黄河宁夏河段,较好地分析了新建丁坝13个工况条件下河道水文情势的改变。表明该模型在工程中的实际应用价值,尤其在处理边界几何形状复杂的弯道水流问题时更为有效。

关键词:边界拟合 SIMPLER算法 水文计算 二维浅水基本方程 二维边界模拟合坐标 水深平均水动力模型

1 引 言

河流二维模式是从研究河口、海岸水流泥沙运行开始的,它是由Hensen(1956)最早提出的,用于计算浅水海域的水位变化过程及潮流。目前,河流数学模型已经广泛用于工程实际中,但天然水域流动的复杂性和实际工程情况的不确定性,给河流数学模型的计算处理带来了一系列困难。对于口岸、河口、内河、湖泊、大型水库等水域,水平尺度远大于垂向尺度,水力参数在垂直方向的变化,可用沿水深的平均量表示,因而可采用平面二维数学模型模拟。

在平面二维非恒定流计算中,由于计算区域边界形状的不规则性,一般若使用普通网格坐标系统对天然河段进行计算,必须对计算区域的平面边界进行概化处理,这样计算得到的流场形态就难以准确、真实地反映出河流的实际情况,给水流的数值模拟带来了很大的麻烦和困难。因此,进行数值计算时,最理想的区域形状是各坐标轴与计算区域边界一一相符合的形状,此类坐标即为拟合坐标,又称贴体坐标或附体坐标。它通过坐标变换,能够把物理平面上的复杂区域转化为计算平面上的矩形区域,在规则的计算平面上求解坐标变换后的水流控制方程,然后将计算结果转化到物理区域上。边界拟合坐标系是目前应用比较多的处理复杂边界的方法,正是拟合坐标的出现,使得有限体积法、有限差分法等计算方法的实用性大为提高,计算精度也有了明显的改善。

作者简介:赵鸣雁,女,山东德州人,博士,研究方向为水资源管理及输水调度。

近年来,学者对二维模型做了很多研究,2003 年汤立群等的控制体积法对拟合坐标下的水流连续方程和动量方程进行离散,模拟珠江口黄茅海的二维潮流计算域;2004 年,何国建等以求解拉普拉斯方程组为基础,生成了与边界正交性良好的网格线,并可随意控制网格的疏密程度。2007 年,陈育权在边界拟合坐标系下建立平面二维水流数学模型,并在模型基础上提出了弯道岸线整治的水动力学方法。

本文建立了二维边界拟合坐标水深平均水动力模型,并将模型应用于黄河宁夏段二期防洪工程,计算的区域内原有河道呈弯曲状,未建丁坝,工程新建丁坝 13 个工况条件下,分析比较现状条件下,河道水文情势的改变。针对以上情况,本文采用 SIMPLER 算法用边界拟合坐标系统求解水深平均非恒定二维浅水基本方程,所建模型成功应用于工程实际,工程建成后,河道整治工程将可能改变局部区域的水流流态,但不影响河流断面过流量,对河道地区流量过程不会产生明显的不利影响。

2 二维边界拟合坐标水深平均水动力模型

2.1 模型方程及求解

2.1.1 边界拟合坐标

目前,应用贴体坐标系统来进行流场计算已成为一种时尚,生成贴体坐标的方法也有很多,主要可以分为三大类:其一为代数生成方法。代数生成方法实际上是一种插值方法,是通过一些代数关系式而不是微分方程把物理平面上的不规则区域转换成计算平面上矩形区域的方法。具体的实施方法也很多,最简单的就是规范化的方法。其二为保角变换法。保角变换法的数学基础是复变函数中的解析变换,它是利用复变函数的理论把相当于二维不规则区域变换成矩形区域,而且可得出解析的或部分解析的变换关系式。为使计算平面中的区域变得最简单,常采用正方形区域。其三为解微分方程的方法。通过求解微分方程的边值问题来建立物理平面与计算平面上各点间的对应关系。至于这一边值问题控制方程的类型,待解物理问题本身对此并无任何限定,这就给了我们一定的自由度,即可以按照待解物理问题本身对网格的疏密要求,来选择边值问题的控制方程。

2.1.2 坐标变换

对于二维问题,一般选择下列两个 Possion 方程并给以适当的边界条件进行坐标变换:

$$\begin{cases} \xi_{xx} + \xi_{yy} = P(\xi,\eta) \\ \eta_{xx} + \eta_{yy} = Q(\xi,\eta) \end{cases} \text{在区域内}$$
$$\begin{cases} \xi = \xi(x,y) \\ \eta = \eta(x,y) \end{cases} \text{在边界上} \tag{1}$$

式中:ξ、η 为变换坐标系;x、y 为物理坐标系。

式(1)函数 P、Q 的作用是调整物理平面中曲线网格的形状、疏密程度和正交性。J. E. Thmpson 等建议的 P、Q 为指数函数形式:

$$
\begin{cases}
p(\xi,\eta) = -\sum_{i=1}^{n} a_i \mathrm{sgn}(\xi - \xi_i)\exp(-c_i|\xi - \xi_i|) - \sum_{i=1}^{n} b_i \mathrm{sgn}(\xi - \xi_i) \\
\qquad \exp\{-d_i[(\xi - \xi_i)^2 + (\eta - \eta_i)^2]^{\frac{1}{2}}\} \\
Q(\xi,\eta) = -\sum_{i=1}^{n} a_i \mathrm{sgn}(\eta - \eta_i)\exp(-c_i|\eta - \eta_i|) - \sum_{i=1}^{n} b_j \mathrm{sgn}(\eta - \eta_i) \\
\qquad \exp\{-d_i[(\xi - \xi_i)^2 + (\eta - \eta_i)^2]^{\frac{1}{2}}\}
\end{cases}
\tag{2}
$$

式中:ξ_i、η_i 为预先选定的 ξ、η 坐标。

以(ξ,η)为独立变量,(x,y)为因变量的微分方程推导如下:

因为存在逆变换

$$
\begin{cases}
x = x(\xi,\eta) \\
y = y(\xi,\eta)
\end{cases}
\tag{3}
$$

推导得出

$$
\begin{cases}
\alpha = \xi_x^2 + \xi_y^2 \\
\beta = \xi_x\eta_x + \xi_y\eta_y \\
\gamma = \eta_x^2 + \eta_y^2
\end{cases}
\tag{4}
$$

式(4)就是拟合坐标生成的控制方程在计算平面上的表达式。

2.1.3　拟合坐标系下的基本方程及定解条件

2.1.3.1　基本方程

利用以上推导的转换关系,分别代入物理平面上的控制方程,即可求得二维水流、水质基本方程在拟合坐标系统(ξ、η)平面上的形式。

$$
\frac{\partial(H\phi)}{\partial t} + \frac{\partial(HU\phi)}{\partial \xi} + \frac{\partial(HV\phi)}{\partial \eta} = \frac{\partial}{\partial \xi}(\alpha\mu H\phi_\xi + \beta\mu H\phi_\eta) + \frac{\partial}{\partial \eta}(\beta\mu H\phi_\xi + \gamma\mu H\phi_\eta) + S(\xi,\eta)
\tag{5}
$$

其中:

$$
\left.
\begin{aligned}
U &= u\xi_x + v\xi_y \\
V &= u\eta_x + v\eta_y \\
Z &= h + Z_b
\end{aligned}
\right\}
\tag{6}
$$

U、V 可视为计算平面上的流速分量。不同的微分方程 ϕ 和 S 的对应关系见表1。

表1　不同方程的 ϕ 和 S

方程	变量	
	ϕ	S
连续性方程	1	0
ξ 方向动量系数	U	$\frac{\tau_{sx}-\tau_{bx}}{\rho}-(gHZ_\xi\xi_x+gHZ_\eta\eta_x)+fhv$
η 方向动量系数	V	$\frac{\tau_{sy}-\tau_{by}}{\rho}-(gHZ_\xi\xi_y+gHZ_\eta\eta_y)+fhu$

2.1.3.2 定解条件

(1)初始条件。

为了使方程有适定解,必须有边界条件和初始条件,初始条件往往只影响达到稳定的时间,而不影响计算的结果,因此初始条件往往取为常数。

$$U(\xi,\eta,0)=U_0(\xi,\eta) \qquad V(\xi,\eta,0)=V_0(\xi,\eta)$$
$$Z(\xi,\eta,0)=Z_0(\xi,\eta) \qquad c(\xi,\eta,0)=c_0(\xi,\eta)$$

(2)边界条件。

在数值计算中,边界条件往往决定了计算结果的优劣,因此边界条件的选择很关键。

流场边界条件如下:

岸边界:$U=V=0$

上下游水边界:上游水位过程 $Z_1(t)$

下游水位过程 $Z_2(t)$,$\frac{\partial U}{\partial \xi}=\frac{\partial Z}{\partial \xi}=0$

左边水边界:$\frac{\partial U}{\partial \eta}=0, V=0$。

2.2 基本方程的离散及求解

本文利用有限体积法离散计算平面上的方程。利用有限体积法对控制方程进行离散,具有概念清晰、计算简单的特点,并能严格地保证物理量的守恒关系。在(ξ,η)平面上的计算网格取交错网格。

得到满足连续方程的离散形式:

$$a_P\phi_P = a_E\phi_E + a_W\phi_W + a_N\phi_N + a_S\phi_S + b \tag{7}$$

式中:a_E、a_W、a_N、a_S 为影响系数,取值取决于所采用的格式,各种格式的函数 $A(|P|)$ 可按所需要的离散格式在表 2 中选择。

表 2 各种离散格式的函数 $A(|P|)$

离散格式	$A(\|P\|)$
中心差分	$1-0.5\|P\|$
上风	1
混合	$\max(0, 1-0.5\|P\|)$
幂函数	$\max(0, (1-0.5\|P\|)^5)$
指数	$\|P\|/(\exp(\|P\|)-1)$

对于本文采用的混合格式,有:

$$\left.\begin{aligned}
&a_E = D_e A(|P_e|) + \max(-F_e, 0)\\
&a_W = D_w A(|P_w|) + \max(F_w, 0)\\
&a_N = D_n A(|P_n|) + \max(-F_n, 0)\\
&a_S = D_s A(|P_s|) + \max(F_s, 0)\\
&a_P^0 = h_p^0/\Delta t\\
&a_P = a_E + a_N + a_W + a_S + a_P^0 - S_P\\
&b = S_C + a_p^0\phi_p^0 + [\beta\mu H\eta\phi_\eta]_w^e + [\beta\mu H\phi_\xi]_s^n\\
&A(|P|) = [0, 1 - 0.5|P|]; P = F/D
\end{aligned}\right\} \tag{8}$$

式中：F 为交界面上的对流强度；D 为交界面上的扩散率；P 为 Pelect 数；

$$\begin{cases} D_e = (\mu H\alpha)_e \\ D_W = (\mu H\alpha)_w \\ D_n = (\mu H\alpha)_n \\ D_s = (\mu H\alpha)_s \end{cases};\quad \begin{cases} F_e = (HU)_e \\ F_w = (HU)_w \\ F_n = (HU)_n \\ F_s = (HU)_s \end{cases}。$$

计算平面上通用控制方程的离散形式与物理平面上的对应部分相类似，原则上，物理平面上采用的一些方法都可用于计算平面。

本文计算中采用了 SIMPLER 算法来求解控制方程。SIMPLER 算法是 Patankar 于 1980 年提出的 SIMPLE 算法的改进。其基本思路是：P' 只用来修正速度，压力（水位）场的改进则另谋更合适的方法。此外，在 SIMPLE 算法中，为了确定离散方程的系数，一开始就假定了一个速度分布，所以与这一速度分布相协调的压力场，即可由动量方程计算而得，不必再单独假定一个压力场。

采用 SIMPLER 算法用边界拟合坐标系统求解水深平均非恒定二维浅水方程组的计算步骤如下：

（1）生成计算网格，计算物理平面上不规则区域与计算平面上规则区域内节点之间的对应关系。

（2）在 $t=0$ 时，置初始速度场 u、v，并计算动量离散方程的系数。

（3）根据已知（或假定）的流速计算假拟速度 $\hat{U}$、$\hat{V}$。

（4）求解压力（水位）方程。

（5）把解出的水位 Z 作为 Z^*，求解动量方程得流速 u^*、v^* 和相应的 U^*、V^*。

（6）根据 U^*、V^* 求解压力（水位）校正方程，得压力校正值 Z'。

（7）利用 Z' 修正速度，但不修正水位。

（8）利用修正后的速度，重新计算动量方程的系数，返回第（3）步，重复上述过程，直到计算收敛。

（9）进入下一个时间层次的计算，令 $t=t+1$，返回第（3）步，重复上述过程，直至得到稳定解。

3　在水文中的应用

本文计算的区域内原有河道呈弯曲状，未建丁坝，本工程新建丁坝 13 个工况条件下，分析比较现状条件下,河道水文情势的改变。

模型计算河道长度为 5.03 km,计算采用非均匀的曲线网格,在河道的宽度和河长方向上,根据工程建设采用局部加密的方法,丁坝建设周边区域网格密度为 5 m×5 m 的网格。计算的正交网格见图 1。为分析水流的变化,选取河道上不同断面 5 个,分别是距离丁坝群起始的上游 400 m 处,丁坝建设的起始断面、丁坝群的中部断面、丁坝群的尾部断面、距离丁坝群末端的下游 400 m 处,具体位置见图 1(b)。

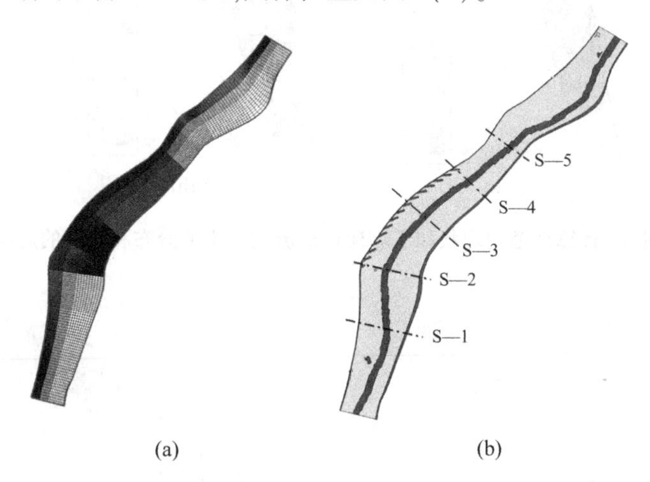

图 1 模型计算网格及河道上断面设定位置

计算的两种工况的河道地形,河道中泓及丁坝位置和个数见图 2。

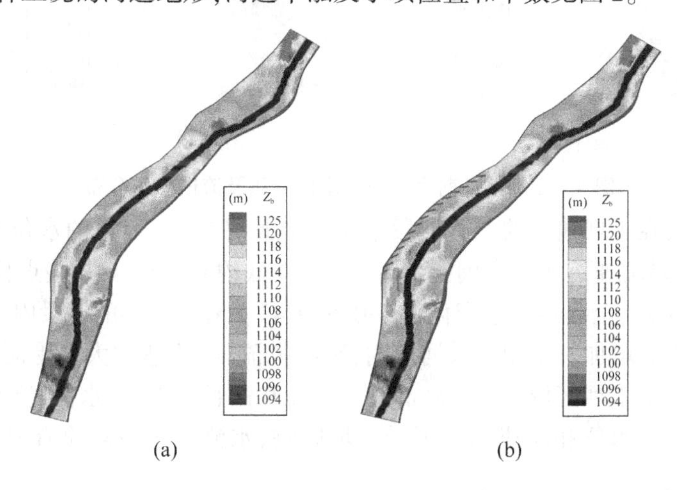

图 2 计算工况的地形图

模型采用恒定流的计算边界条件进行计算。分布计算现状条件下无丁坝及丁坝建设后的情景,流速大小在河道内的分布及流线走向见图 3。

由图 3 可见,丁坝建设后,主河道内的流速大小分布基本未发生变化,但是在丁坝群的周围,流速明显减小。丁坝建设前后全河道水位及流速和建设前的差值分布见图 4。

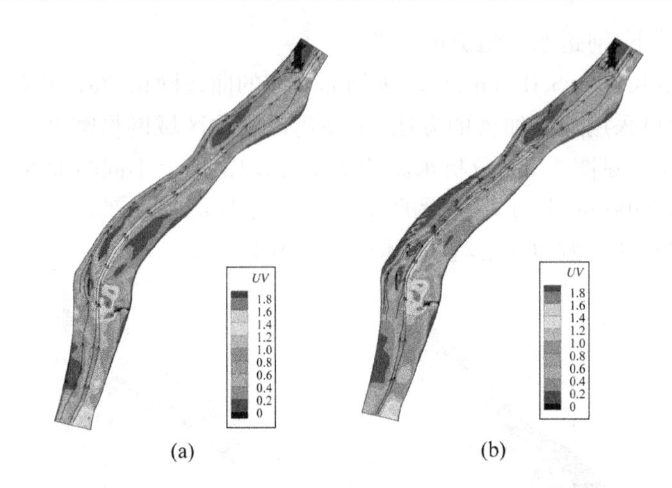

图 3　计算河道内现状和丁坝建设后流速大小的分布和流线的走向

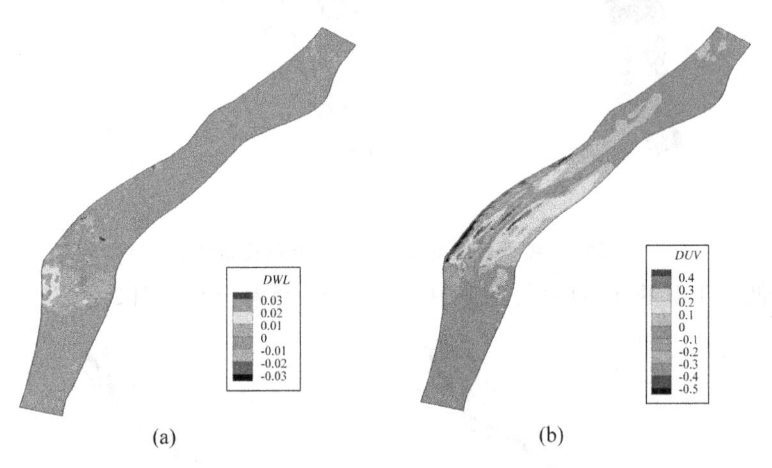

图 4　丁坝建设前后全河道水位变化及流速变化分布

由图 4 可见,在丁坝建设的上游河段水位略有抬升,但全河道的水位变化不超过±3 cm。丁坝背流区域流速远小于主河道流速,流速降低约 0.5 m/s,某些点位上流速增大,最大不超过 0.4 m/s,全河道流速变化在(-0.5,0.4)。有丁坝群的河段内,河道由于束窄作用,水流流速略有增加。丁坝伸入河道内,某些挑流处,流速增大。受河道走势变化的影响,沿水流方向上丁坝区域上游 400 m 和下游 400 m 长范围内,水位、流速等略有变化,在此之外的范围内,水位和流速基本不受丁坝影响,水流基本恢复原有河道的流向和流速。

选定丁坝上下游的 5 个断面,做出流速沿河宽方向上的分布,如图 5 所示。

图 6 显示,由于丁坝的建设,河道的左岸流速减小很多,但丁坝的外流区域流速增大。丁坝右岸流速影响较小。丁坝建设群上下游 400 m 范围外,流速分布基本没有变化。选定的 5 个断面的平均流速见图 6。

图 6 中,选取断面 2、3、4 分别为丁坝建设的起始、中部和尾部断面,平均流速变化较断面 1 和断面 5 大,断面 2 和断面 3 的平均流速分别增加 0.015 m/s 和 0.01 m/s ,断面 4 的平均流速减小 0.053 m/s,断面 1 和断面 5 平均流速基本没有变化。

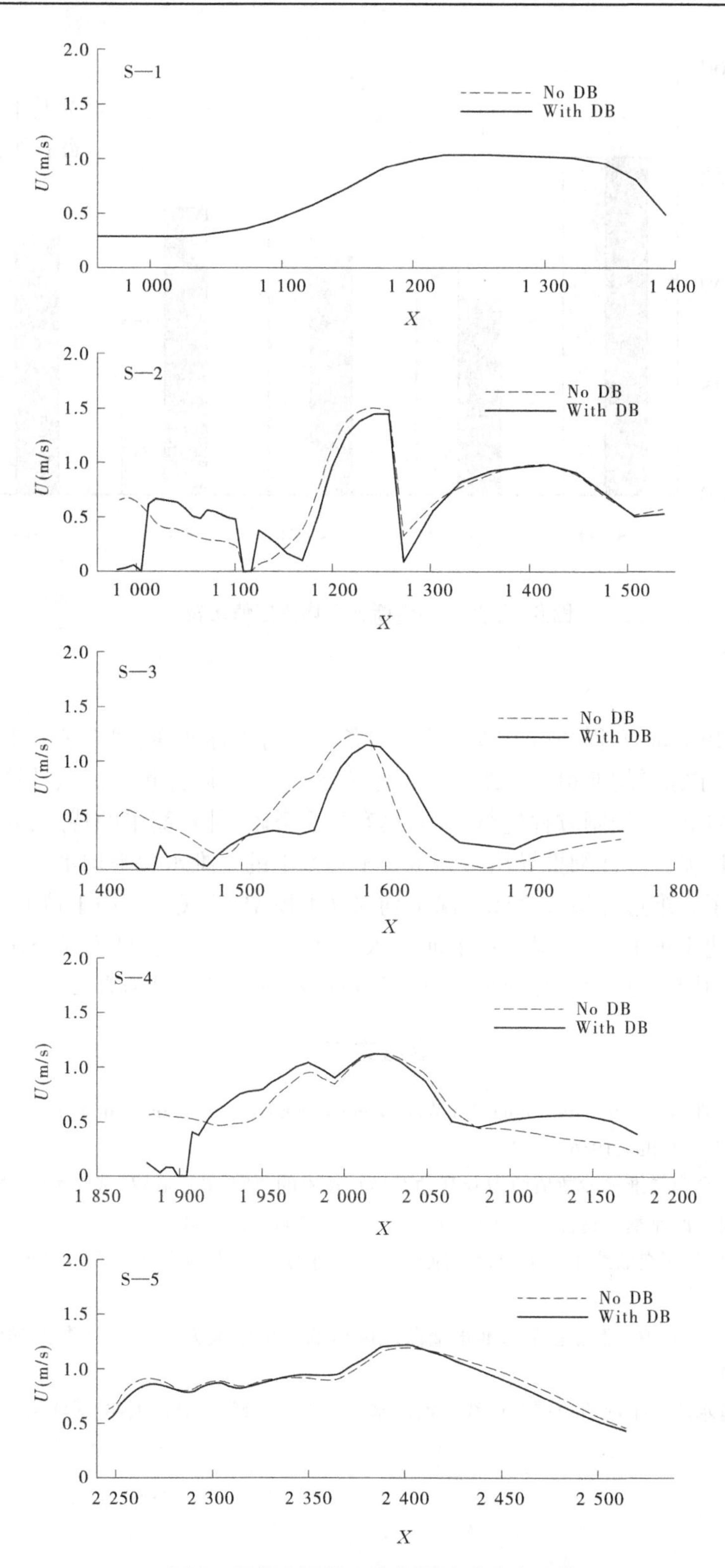

图5　丁坝上下游5个断面流速分布比较

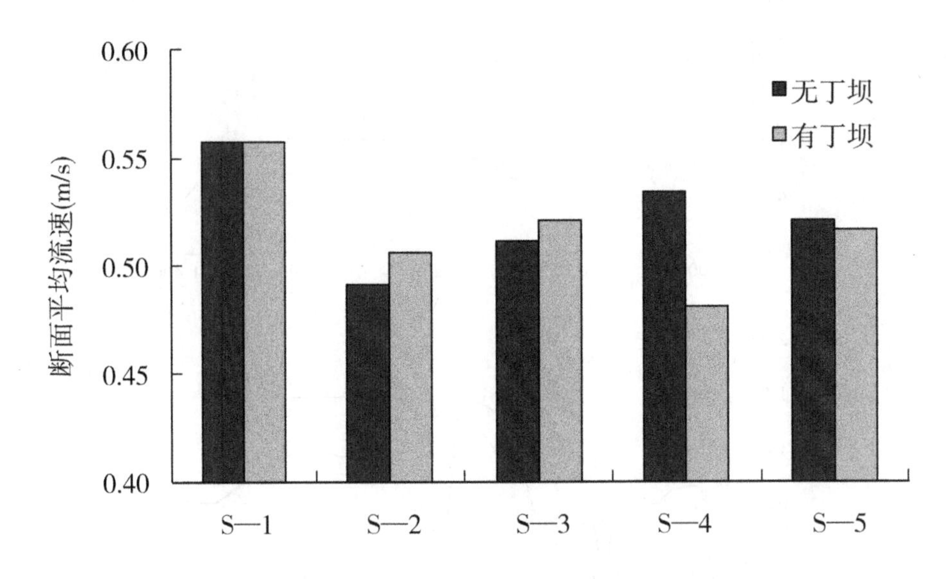

图6 丁坝上下游断面平均流速值比较

4 结 语

本文采用 Possion 方程并给以适当的边界条件进行坐标变换,建立了二维边界拟合坐标模型,建立了水深平均非恒定二维浅水基本方程,利用有限体积法离散计算平面上的方程,利用有限体积法对控制方程进行离散,具有概念清晰、计算简单的特点,并能严格地保证物理量的守恒关系。详细推导出边界拟合坐标系下的二维水深平均水动力模型。

本文建立了二维边界拟合坐标水深平均水动力模型,并成功应用于黄河宁夏河段,较好地分析了新建丁坝13个工况条件下河道水文情势的改变。表明该方法在工程中的实际应用价值,尤其在处理边界几何形状复杂的弯道水流问题时更为有效。

参考文献

[1] Hansen ,W. Theorie Zur Errechnung des Wasserstandes undder Stromungen in Randmecren NEBSTAnwendun gen[J]. Tellus,1956,8(3).

[2] 徐林春. 河道平面二维水沙数值模拟及其动态显示技术的研究[D]. 武汉:武汉大学,2004.

[3] 刘月琴. 弯曲型河流基本特性研究进展[J]. 人民珠江,2003(2):1-4.

[4] 汤立群,金忠青. 正交曲线坐标下河口二维潮流过程计算[J]. 水动力学研究与进展,2003(2):196-204.

[5] 何国建,汪德,刘晓波. 定点边界二维正交曲线网格的数值生成方法[J]. 河海大学学报,2004,32(2):140-143.

[6] 陈育权. 弯道水流二维数值模拟及岸线整治的水动力学方法研究[D]. 天津:天津大学,2007.

改进差分进化算法在中长期发电优化调度中的应用

李向阳　麦紫君　曾祥云

(水利部珠江水利委员会珠江水利综合技术中心　广州　510611)

摘要:为适应水电中长期发电交易市场,构建了以发电效益最大为目标的中长期优化调度模型。针对梯级水库群中长期优化调度的可行域边界和优化效率问题,提出一种改进差分进化算法(IJADE),在初始解生成、变异和修正环节对传统差分进化算法(DE)进行改进。经过李仙江梯级水库群的模拟应用,IJADE 比 DE 有更强的寻优与收敛能力,梯级发电效益增加 7.23%,是中长期优化调度可供选择的计算方法。

关键词:中长期　发电优化调度　差分进化算法　梯级水库群

1 引　言

流域梯级水库群联合优化调度是一类多约束、强耦合、非线性优化问题。传统动态规划方法被广泛用于求解水库群联合调度、水库厂内经济运行等优化问题,针对当前离散精度收敛于全局最优解,但随着电站规模扩大会引起“维数灾”问题,对 M 个电站的梯级水库群优化调度在 T 周期内的计算规模达 $k^M+(T-2)k^{2M}+k^M$,求解效率较慢。在厂网分离的电力市场改革背景下,梯级水电站运行的调整效率很大程度上影响水资源利用率和水电站效益。在实际问题求解中一方面衍生出离散微分动态规划、逐次逼近动态规划等改进方法和并行计算方法,另一方面遗传算法、差分进化算法、粒子群算法等智能算法以其求解效率高、适应性广等特点逐步应用于梯级优化调度问题中。

差分进化(DE)是在 1995 年提出的,通过变异、交叉、选择步骤,利用种群个体间竞争与合作而产生的相互关系引导算法搜索并最终达到收敛的智能算法。相较于传统方法,其连续随机寻优能提高求解精度、快速获得较优解,但也存在容易陷入局部最优解、结果具有随机性、约束处理能力不强等问题。一些学者对 DE 做了进一步研究,根据算法的进化特点对变异步骤进行改进并采用自适应参数调整方式和策略,增强全局搜索能力。

为进一步挖掘算法潜力,本文围绕中长期发电调度问题特性提出一种改进差分进化算法(IJADE),在初始解生成、变异、修正环节对 DE 进行改进,经李仙江梯级水库中长期发电优化调度模拟计算,效果较好。

作者简介:李向阳(1978—),男,浙江东阳人,博士,主要从事水利规划研究工作。

2　数学模型

2.1　目标函数

本文以梯级水库群年发电效益最大为研究目标，以预报入库流量、时段初末水位为已知条件，目标函数表达式见式(1)。

$$E = \max \sum_{t=1}^{T} \sum_{m=1}^{M} (k_m Q_{t,m} H_{t,m}) P_t \tag{1}$$

式中：E 为梯级年发电效益；T 为时段总数；M 为梯级电站总数；k_m 为电站 m 的综合利用系数；$Q_{t,m}$、$H_{t,m}$ 分别为电站 m 在 t 时段的发电流量和平均水头；P_t 为 t 时段平均预测电价。

2.2　约束条件

(1)水量平衡约束：

$$V_{t,m} = V_{t-1,m} + (I_{t,m} - Q_{t,m})\Delta t \tag{2}$$

(2)水力联系约束：

$$I_{t,m+1} = Q_{t-\tau,m} + B_{t,m+1} \tag{3}$$

(3)水位约束：

$$Z_{t,m}^{\min} \leqslant Z_{t,m} \leqslant Z_{t,m}^{\max} \tag{4}$$

(4)下泄流量约束：

$$Q_{t,m}^{\min} \leqslant Q_{t,m} \leqslant Q_{t,m}^{\max} \tag{5}$$

(5)电站出力约束：

$$N_{t,m}^{\min} \leqslant N_{t,m} \leqslant N_{t,m}^{\max} \tag{6}$$

式中：Δt 为调度时段长度；$V_{t,m}$、$I_{t,m}$、$Q_{t,m}$ 分别为电站 m 在 t 时段的蓄水量、入库流量和下泄流量；$B_{t,m+1}$ 为电站 $m+1$ 在 t 时段的区间入流；$Z_{t,m}$、$Z_{t,m}^{\max}$、$Z_{t,m}^{\min}$ 分别为电站 m 在 t 时段的水位及其上、下限；$Q_{t,m}$、$Q_{t,m}^{\max}$、$Q_{t,m}^{\min}$ 分别为电站 m 在 t 时段的出库流量及最大、最小下泄流量；$N_{t,m}$、$N_{t,m}^{\max}$、$N_{t,m}^{\min}$ 分别为电站 m 在 t 时段的出力及其上、下限。

3　模型求解

3.1　差分进化算法

传统 DE 包括变异、交叉、选择步骤，基本思想是对规模为 N 的种群通过将随机生成的初始种群 X_0 中任意两个个体的向量差与第三个个体求和进行变异和交叉，通过贪婪选择将更优个体迭代 K 代，不断进化寻优，对第 k 代种群中的第 i 个个体，其变异、交叉步骤如式(7)、式(8)所示。

$$v_{i,k} = x_{r_1,k} + F(x_{r_2,k} - x_{r_3,k}) \tag{7}$$

$$u_{i,k} = \begin{cases} v_{i,k}^{j} & rand() \leqslant CR, j = rand(1,N) \\ x_{i,k}^{j} & \text{其他} \end{cases} \tag{8}$$

式中：$v_{i,k}$、$u_{i,k}$ 分别为第 k 代第 i 个变异、交叉后的个体；j 为问题维度；F、CR 为缩放因子和交叉因子；r_1、r_2、r_3 为互不相等[1,N]的随机数；$rand()$为[0,1]的随机数。

3.2 改进策略

3.2.1 寻优廊道

在应用于优化调度问题时，DE 以时段数为问题维度 j，以电站正常蓄水位和死水位表征问题寻优上下界，对于有汛限水位控制和水位变幅要求的电站，扩大了多余寻优范围，影响寻优效率。在固定电站时段初末蓄水位、已知入库预报流量、水位流量变幅约束的前提下，本文分别从调度时段初、末推求寻优廊道，取二者交集获得寻优边界，对第 t 时段的电站 m，从时段初推求廊道式(9)，从时段末的推求同理，此处不再赘述。其中，$Z_{t,m}^{\text{up}}$、$Z_{t,m}^{\text{down}}$ 分别为廊道上、下限，$\Delta\overline{Z}_m$、$\Delta\underline{Z}_m$ 分别为水位上涨和消落变幅，$\Delta Z(Q_m^{\max})$、$\Delta Z(Q_m^{\min})$ 分别为在前一时段水位基础上最大、最小下泄流量对应的水位变幅。

$$\begin{cases} Z_{t,m}^{\text{up}} = \min\{Z_{t,m}^{\max}, Z_{t-1,m}^{\text{up}} + \Delta\overline{Z}_m, Z_{t-1,m}^{\text{up}} + \Delta Z(Q_m^{\min})\} \\ Z_{t,m}^{\text{down}} = \max\{Z_{t,m}^{\min}, Z_{t-1,m}^{\text{down}} - \Delta\underline{Z}_m, Z_{t-1,m}^{\text{down}} - \Delta Z(Q_m^{\max})\} \end{cases} \tag{9}$$

3.2.2 均匀初始解

初始种群的质量影响算法的收敛和寻优效果，DE 在问题可行域内随机生成初始解集，为提高算法的全局搜索能力和初始种群多样性，本文采用均匀初始解生成策略，如式(10)所示，其中 $x_{i,0}^{\max}$、$x_{i,0}^{\min}$ 分别对应于寻优廊道的上、下限。

$$x_{i,0} = \begin{cases} x_{i,0}^{\min} & ,i = 1 \\ x_{i,0}^{\min} + \dfrac{(x_{i,0}^{\max} - x_{i,0}^{\min})(i-1)}{N-1} & ,1 < i < N \\ x_{i,0}^{\max} & ,i = N \end{cases} \tag{10}$$

3.2.3 变异策略

考虑到搜索方向应一定程度指向当代种群最优解，且适当保留较劣解的多样性，参考 JADE 引入淘汰解集 A 和自适应 F_i 和 CR_i 并进行逐代更新，变异策略表示为式(11)，将式(8)中的 CR 替换为 CR_i 表示为交叉策略，式中 $x_k^{p,best}$ 为 k 代种群中随机选择适应度前 $100p\%$ 的个体，p 通常取 5%。而为在初始迭代中充分保留解的多样性避免陷入局部最优解，本文利用 p 随迭代次数逐步减小来压缩随机范围并固定选取适应度第 $100p\%$ 的个体，见式(12)。

$$v_{i,k} = x_{i,k} + F_i(x_k^{p,best} - x_{i,k}) + F_i(x_{r_1,k} - x_{r_2,k}) \tag{11}$$

$$p = (0.2 - 0.02)(K - k + 1)/K \tag{12}$$

3.2.4 局部混沌搜索

在后期连续 n 代寻优未得到改善时，为及时跳出局部最优，在当前最优解 $x_{i,k}^{best}$ 附近生成小范围寻优域$[\overline{x},\underline{x}]$，进行 G 次局部混沌搜索并求出适应度，若所得适应度优于当前最优解则替换个体。$x_{i,k}^{g}$ 更新见式(13)，其中 c^g 为由 tank 映射生成的混沌系列。

$$x_{i,k}^{g} = \underline{x} + c^g(\overline{x} - \underline{x}), c^{g+1} = \begin{cases} (x_{i,k}^{best} - \underline{x})/(\overline{x} - \underline{x}) & ,g = 0 \\ \mu c^g & ,c^g < 0.5 \\ \mu(1 - c^g) & ,\text{其他} \end{cases} \tag{13}$$

3.2.5 弹性边界修正策略

为避免将变异后超出寻优廊道的个体约束至廊道边界，使大量个体聚集在边缘，降低可行解的多样性，将越界个体按式(14)回弹至廊道内。

$$v_{i,k}=\begin{cases}Z_{t,m}^{\text{up}}-rand()(v_{i,k}-Z_{t,m}^{\text{up}}), & v_{i,k}>Z_{t,m}^{\text{up}}\\ Z_{t,m}^{\text{down}}+rand()(Z_{t,m}^{\text{down}}-v_{i,k}), & v_{i,k}<Z_{t,m}^{\text{down}}\end{cases} \tag{14}$$

3.3 算法流程

(1)电站特征初始化。初始化梯级水库群特征参数、水位库容曲线、水位流量曲线和水力电力约束条件等。获取电网电价曲线、各站坝前各时段预报来水与区间入流，设置各站初末水位。

(2)IJADE 参数初始化。对迭代次数、种群规模、问题维度、自适应缩放、交叉因子等参数初始值进行设置并根据寻优廊道策略均匀生成初始种群。根据中长期发电优化调度问题，IJADE 以水位表征个体，将种群个体设置为 M 行 T 列的矩阵，M、T 分别为水电站个数和调度时段数。

(3)种群更新。计算自适应参数变异因子 F_i、p 和交叉因子 CR_i 值，根据变异策略与自适应缩放因子对初始化种群进行变异操作，得到第 k 代变异种群 V_k 并进行弹性约束修正，根据交叉因子 CR_i 进行交叉操作得到第 k 代种群 U_k。

(4)选择操作。根据式(1)以当前个体各电站水位对应的梯级总发电效益为个体适应度，选择适应度较大的个体进化至下一代并更新淘汰集合 A。

(5)混沌搜索。对种群中个体适应度进行排序，若连续 n 代种群最优适应度相同，则按式(13)进行局部混沌搜索。

(6)转至步骤(3)，重复上述操作，直至计算至设定最大寻优代数 K，记录最优个体。

IJADE 算法流程见图 1。

4 试例研究

在电力体制改革不断深化以及云南水电汛期消纳困难的大背景下，发电侧上网竞争激烈，急需在发电的各个时段和环节进行优化。为验证算法可行性与有效性，以李仙江水库群年发电效益最大为目标、各站正常蓄水位为初末水位、云南省网 2017 年月平均电价为预测电价进行试例模拟研究，崖羊山入库流量采用多年平均入库流量，其余水库区间流量为多年平均入库流量与上游入库差值。水电站特征参数如表 1 所示。算法初始参数赋值 $N=100$，$K=1\ 000$，$M=6$，$T=11$；DE 算法中 F、CR 取固定值，分别为 0.3、0.4。

计算结果如表 2、表 3、图 2~图 5 所示。在优化结果方面，由表 2 可知，联合优化调度各站发电量较多年平均有显著提升，充分利用了水库间的水力联系。图 2 可直观看出在枯期电价较高时，IJADE 算法适当提高了枯期发电量，优化得出的发电量为 63.12 万 kW·h、发电效益为 10.23 亿元，比 DE 算法分别提高 4.82%、7.23%。由图 3 可详细看出两种算法下各站的出力、时段末水位情况，其中 DE 表示为带′的图例，可知两种算法都能较好地满足末水位、汛限水位要求。

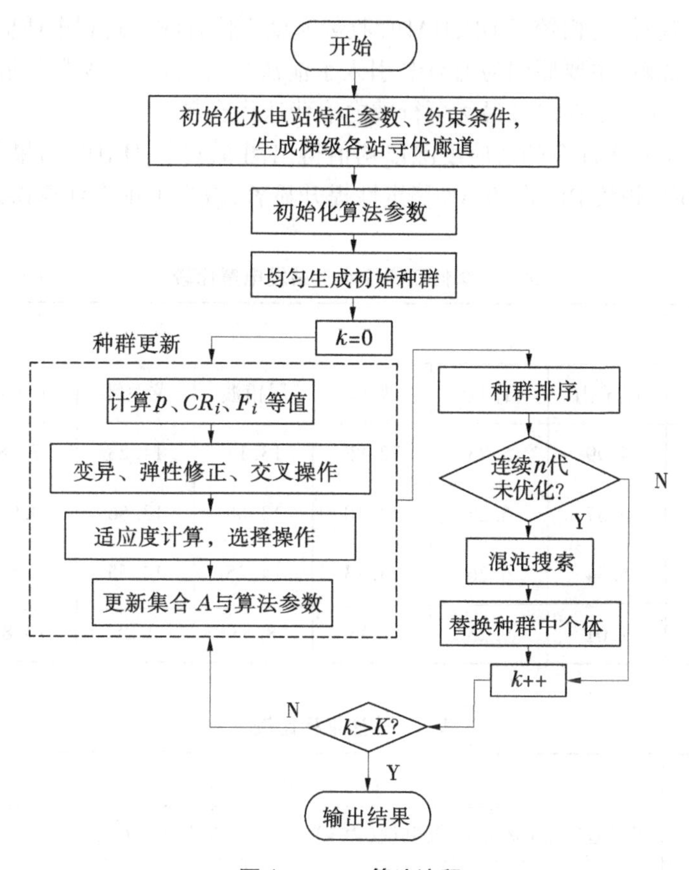

图1 IJADE 算法流程

表1 李仙江梯级水电站特征参数

特征参数	电站名称					
	崖羊山	石门坎	龙马	居甫渡	戈兰滩	土卡河
正常蓄水位(m)	835	756	639	522	456	368
汛限水位(m)	818	740	—	516	453	365
死水位(m)	818	740	605	514	446	365
调节库容(亿 m^3)	1.34	0.8	3.34	0.48	0.87	0.12
装机容量(万 kW)	12	13	28.5	28.5	24	16.5

在改进性能方面，比较算法的各项指标得出表3，将两种算法迭代过程(1 000代)中的适应度全局归一化处理(最大值为1，最小值为0)得出图4，可看出虽然种群数目和迭代次数相同，但由于采用了均匀初始解生成策略和寻优廊道策略，保留初始解多样性的同时压缩了搜索空间，IJADE 在初始解较 DE 有明显优势，初代适应度提升7.59%。

由图 4 可直观看出，相较于 DE，IJADE 收敛速度更快且收敛过程中适应度稳定提高，不易陷入局部最优解，主要原因为 IJADE 引入了淘汰集合、自适应参数和混沌搜索，增加了个体的差异性，避免了在局部最优可行域内浪费迭代次数。

对试例进行 100 次计算的适应度除以均值得出图 5，可见 IJADE 结果与均值的差值在±0.000 5%以内，相较 DE 的±0.3%稳定性提升显著，减少了单次计算误差对整体结果的影响。

表 2　李仙江梯级水电站发电量比较　　　　（单位：亿 kW · h）

比较指标	电站						
	崖羊山	石门坎	龙马	居甫渡	戈兰滩	土卡河	梯级
单站多年平均	4.99	5.73	12.85	13.13	14.23	7.48	58.41
DE	5.37	6.25	13.18	13.68	13.66	8.08	60.22
IJADE	5.34	6.26	14.13	14.25	14.55	8.59	63.12
IJADE 增幅(%)	7.01	9.25	9.96	8.53	2.25	14.84	8.06

表 3　算法指标比较

算法	比较指标			
	初代适应度(亿元)	发电量(万 kW · h)	发电效益(亿元)	算法耗时(s)
DE	9.09	60.22	9.54	1.619
IJADE	9.78	63.12	10.23	1.728
IJADE 增幅(%)	7.59	4.82	7.23	6.73

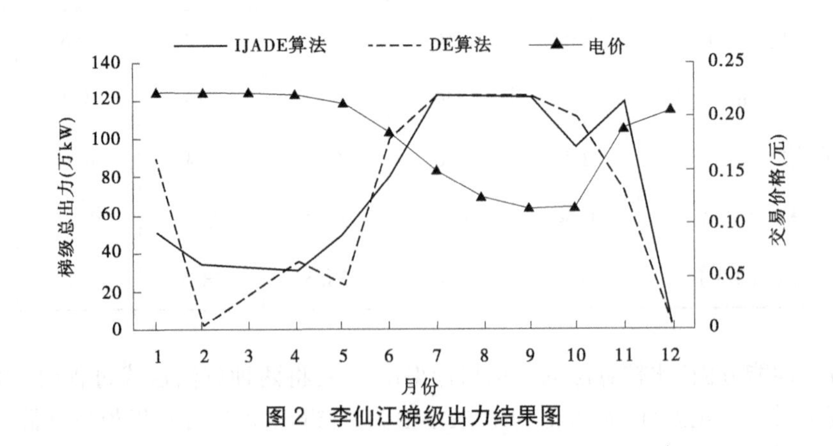

图 2　李仙江梯级出力结果图

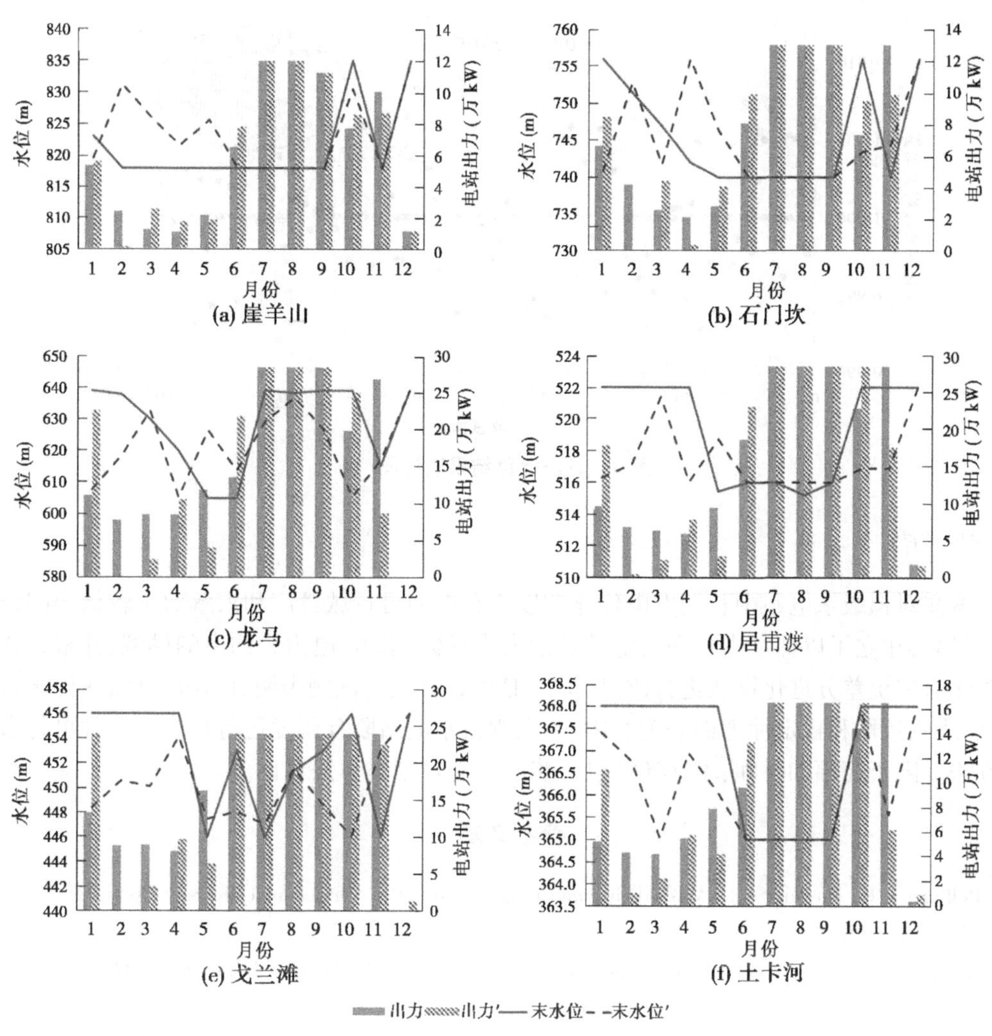

图3 李仙江梯级各电站详细出力结果图

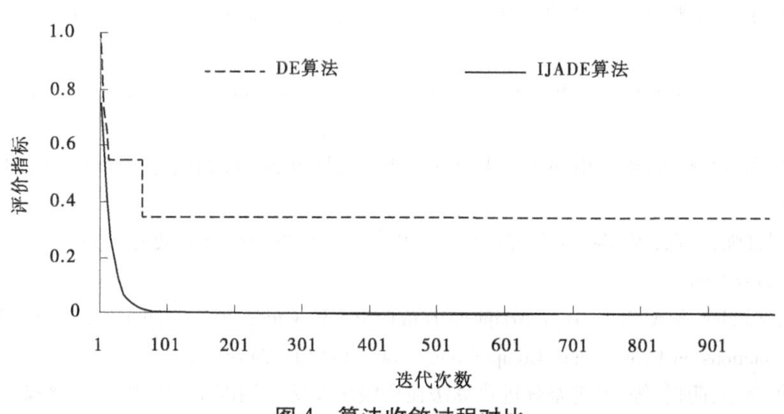

图4 算法收敛过程对比

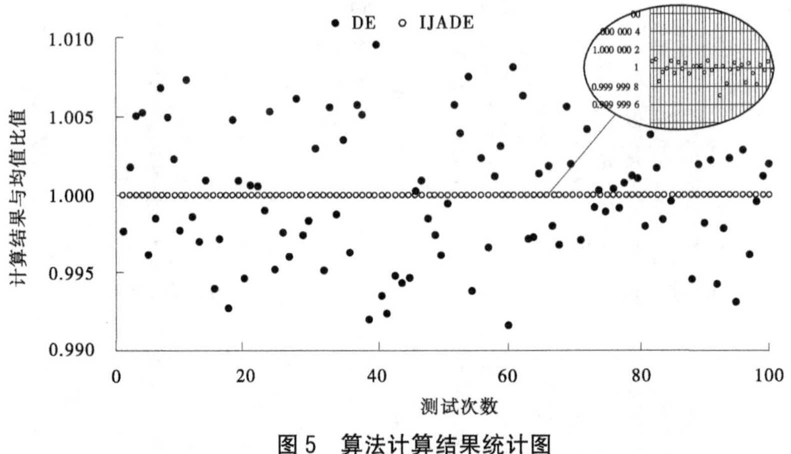

图 5　算法计算结果统计图

5　结　语

本文对梯级水电站中长期发电优化调度中存在的可行域较广和求解效率较低等问题进行研究,建立了以梯级中长期发电效益最大为目标,水力、电力为约束的模型,并根据调度实际对传统差分进化算法进行改进,提出 IJADE 算法。试例表明,IJADE 算法在优化效果、算法收敛性和稳定性方面表现突出,为大规模水电站联合调度运行提供了一种可行求解方法。限于篇幅和时间,本文还需进一步与动态规划类算法对比。

参考文献

[1] Bellman R E, Dreyfus S E. Applied dynamic programming[M]. Princeton University Press, 1962, 15(2): 155-156.

[2] Howard R A. Dynamic programming and markov process[J]. Mathematical Gazette, 1960, 3(358): 120.

[3] 王森,马志鹏,李善综,等. 梯级水库群优化调度并行动态规划方法[J]. 中国农村水利水电,2017(11):204-207.

[4] 陈立华,梅亚东,董雅洁,等. 改进遗传算法及其在水库群优化调度中的应用[J]. 水利学报,2008(5):550-556.

[5] Rainer Storn,Kenneth Price. Differential Evolution-A Simple and Efficient Heuristic for global Optimization over Continuous Spaces[J]. Journal of Global Optimization,1997,11(4).

[6] 周建中,吴巍,卢鹏,等. 响应电网负荷需求的梯级水电站短期调峰调度[J]. 水力发电学报,2016,35(6):1-10.

[7] 马志鹏,周耀强,王森,等. 混合粒子群算法在水库中长期发电优化调度中的应用[J]. 人民珠江,2018,39(9):82-86.

[8] Zhang J., Sanderson A C. JADE: Adaptive Differential Evolution With Optional External Archive[J]. IEEE Transactions on Evolutionary Computation, 2009,13(5): 945-958.

[9] 郑慧涛,梅亚东,胡挺,等. 改进差分进化算法在梯级水库优化调度中的应用[J]. 武汉大学学报(工学版),2013,46(1):57-61.

合肥市水中长期供求布局与保障方案研究

黄　军

（安徽省水利水电勘测设计院　合肥　230088）

摘要：为积极应对合肥市水供求面临的新形势、新问题和新挑战，基于《合肥市主体功能区规划》提出的国土空间布局，重点部署今后一段时期水资源配置能力空间布局，制订重点区域水资源调配与供求保障方案，规划节水供水重点工程。通过合肥市水中长期供求布局与规划研究，对促进合肥市人口、经济、资源、生态环境相均衡，建成水资源合理配置和高效利用体系，全面提升水资源对经济社会发展和生态文明建设的保障与支撑能力具有重要作用。

关键词：水中长期　供求平衡　保障方案　总体布局

合肥市是安徽省省会，是全省的政治、经济、文化中心，也是合肥都市圈中心城市和长三角城市群副中心城市。新中国成立以来，合肥市开展了大量水利基础设施建设，在防洪排涝、农业灌溉、城乡供水等方面发挥了巨大的作用，有力支撑和保障了全市经济社会发展。随着依托黄金水道推动长江经济带发展战略和合肥市主体功能区规划实施，新的经济社会发展战略部署和国土空间开发格局对水资源调配、供水安全保障以及水生态环境改善提出了更高的要求。但合肥市地处江淮丘陵区，地下水资源匮乏，其当地水资源主要为降水产生的地表径流，水资源禀赋条件并不优越，江淮分水岭两侧地区资源型缺水严重，南部沿巢周边地区存在不同程度的水质型缺水，为资源型和水质型缺水并存的城市。随着人口的增长和经济规模的不断扩大，水需求不断增长，水资源、水环境和水生态承载压力不断加大，水供求形势十分严峻，保障水安全的任务十分艰巨。

1　问题与形势

（1）当地水资源相对短缺，干旱年份供需矛盾突出。合肥市现状人均水资源量仅为全省平均水平的1/2，遇中等干旱年份，全市河道外经济社会缺水量为2.38亿m^3，遇特殊干旱年份，缺水量将增加至12.21亿m^3。随着新型工业化、城镇化和农业现代化全面快速发展，干旱年份水资源供需矛盾将更加突出。

（2）水资源时空分布不均，与经济社会发展不相适应。市域水资源年内年际分布明显不均衡，开发利用难度较大；空间分布上具有南多北少、区域间不均衡的特征，江淮分水岭两侧地区资源型缺水严重，水资源承载能力与承载负荷不均衡的问题尤为突出。

（3）农业用水效率不高，灌区节水水平有待进一步提高。合肥市现状万元GDP用水量和万元工业增加值用水量均低于全国、全省平均水平。但区域灌溉面积较大，农业节水

作者简介：黄军（1989—），男，安徽合肥人，工程师，主要从事水利工程规划、水资源管理等工作。

改造任务较重，农业节水灌溉面积仅占总灌溉面积的18%，灌区节水水平有待进一步提高。

(4)污水排放量持续增长，难以满足清洁水源需求。城镇化和工业化发展使得合肥市城镇生活污水及工业废水大幅增加，但污水处理设施和配套管网建设相对滞后，城市建成区初期雨水直排季节性加重河湖污染。农村生活污水和农业面源污染问题日趋突出。巢湖及部分支流水质污染状况依然严峻，难以满足日益增长的城乡生活用水对清洁水源的需求。

(5)城镇生活供水水源单一，供水安全风险较大。合肥市城市生活供水主要依赖董铺、大房郢两座水库，不足时依靠淠河灌区补给是目前唯一的途径，供水安全保障难度较大，风险较高。巢湖市现状以巢湖为其唯一的城市供水水源，市域大部分乡镇无应急备用水源，对城镇供水安全构成一定威胁。

2 水中长期供求平衡分析

2.1 未来用水需求态势

(1)保障新型工业化和城镇化发展将使刚性用水需求持续增长。预测至2030年，即使在采取强化节水措施情况下，合肥市城镇居民生活、工业、建筑业和第三产业等用水需求仍将保持年均3.0%左右的速度增长。

(2)保障粮食安全需要维持一定的农业用水。合肥市域涉及淠史杭和驷马山两座大型灌区及沿巢多座中型灌区，气候条件和灌溉农业的特点决定了农业用水仍将维持一定的比重。在水土资源约束加剧的条件下，既要保障农业灌溉用水、提高用水保证程度，又要协调灌区内新增的刚性用水需求，还要退减部分挤占的生态环境用水，对农业供水方式、调配方式、用水模式等将提出新的要求。

(3)生态文明建设对保障生态用水、改善人居环境提出更高要求。随着生态文明建设的推进和群众生活水平的提高，为满足居民对优美水生态环境的需求，至2030年需通过节水、调整用水结构、再生水利用、水源置换等措施，使生态受损严重的河流河道内生态环境用水全部得到退还。结合引江济淮工程建设，调引长江水量4.98亿m^3用于改善巢湖水生态环境。此外，还需通过人工措施增加河道外生态环境建设用水1.90亿m^3。

2.2 未来水供求平衡分析

在充分考虑工业、城镇生活、农业各领域节水的情况下，至2030年全市多年平均河道外水资源需求总量将控制在35.65亿m^3，年均增长0.86%。为满足新增的合理用水需求，需通过当地水源的进一步挖潜优化，非常规水源工程建设和境外调水工程建设，完善当地水与外调水、新鲜水与再生水联合调配，蓄引提、大中小配置工程相结合的供水网络，全面构建合肥市“依托皖西、保障生活；利用巢湖、发展生产；沟通长江、服务城市”的供水安全保障体系。

3 水中长期供求总体方案

对照合肥市建设长三角世界级城市群副中心和打造“大湖名城，创新高地”的愿景，满足全面促进资源节约、优化主体功能区开发格局、大力推进生态文明建设等要求，针对合肥市现状面临的水供求紧平衡的形势，未来一段时期，必须立足合肥市基本市情水情，以水资源承载能力为约束，全面推进节水型社会建设，通过深入实施创新驱动发展战略、实施产业转型升级、全面强化节约用水、合理配置水资源等综合措施，实施水供求调控，促进人口、资源、环境相均衡，保障经济社会可持续发展。

4 不同区域水供求保障方案

4.1 区域总体布局

基于《合肥市主体功能区规划》，按照合肥市国土空间总体布局、经济社会发展形势，结合区域水资源环境承载状况、水资源配置方案及供水基础设施建设等具体情况，重点提出优化及重点发展区(核心优化区、新型城镇化与新型工业化集聚发展区)、农业发展区、生态涵养区的水供求保障布局和方案。

4.2 优化及重点发展区

4.2.1 水供求现状及需求

该区主要包括合肥市主城区及长丰、庐江、巢湖部分城镇化、工业化重点开发地区，国土面积占全市的45.59%。该区人口总量占全市的近80%，经济总量占全市的90%以上，是全市经济和人口高度集聚的地区，也是经济发展的增长极和人口的重要承载区。2015年，该区总用水量18.30亿m^3，生活和工业等刚性用水比例超过该区总用水量的51%。预测至2030年，该区多年平均用水量达到23.08亿m^3，其中刚性用水增加5.53亿m^3。

4.2.2 水供求保障方案

(1)城镇节水。为保障和支撑区域供水安全，该区应以城镇节水、产业结构调整升级为重点。加快创建节水型城市、县域节水型社会达标县、节水型企业、节水型小区、节水型工业园区等节水载体。以发展绿色高效的战略性新兴产业为重点，加快区域产业布局调整、供水结构优化，加大非常规水源利用，实现节水减排。

(2)饮水安全保障。至2030年，该区生活用水量将达到6.77亿m^3，较现状增加2.28亿m^3。实施水源地功能调整与优化配置，形成“一线(引江济淮)、两湖(巢湖、瓦埠湖)、三库(董铺、大房郢、众兴)、四渠(淠河总干、龙河口供水、驷马山引江、舒庐干渠)、多点(乡镇独立供水系统水源)”的供水水源工程格局，科学谋划、全面构建优化及重点发展区供水安全保障的工程体系。合肥市水资源配置工程规划布局见图1。

(3)工业供水保障。优化及重点发展区集聚了合肥市主要的工业园区，预测至2030年区内工业集群工业用水量达到8.16亿m^3，约占全市工业总用水量的90%以上。本着“优水优用”的原则，规划对合肥市主城区内工业用水采用分质供水方式，对水质要求高的工业用水由市政公共管网提供，其他工业用水由分质水厂或企业自建水厂提供。

4.3 农业发展区

4.3.1 水供求现状及需求

该区主要分布于江淮分水岭和沿江平原地区，占全市国土面积的28.89%，是全市重要的“菜篮子”“米袋子”。保障农业稳定高效供水及提高区内饮水安全保障能力是该区水供求保障的重点。2015年该区总用水量7.89亿m^3，其中农业用水量占区域总用水量

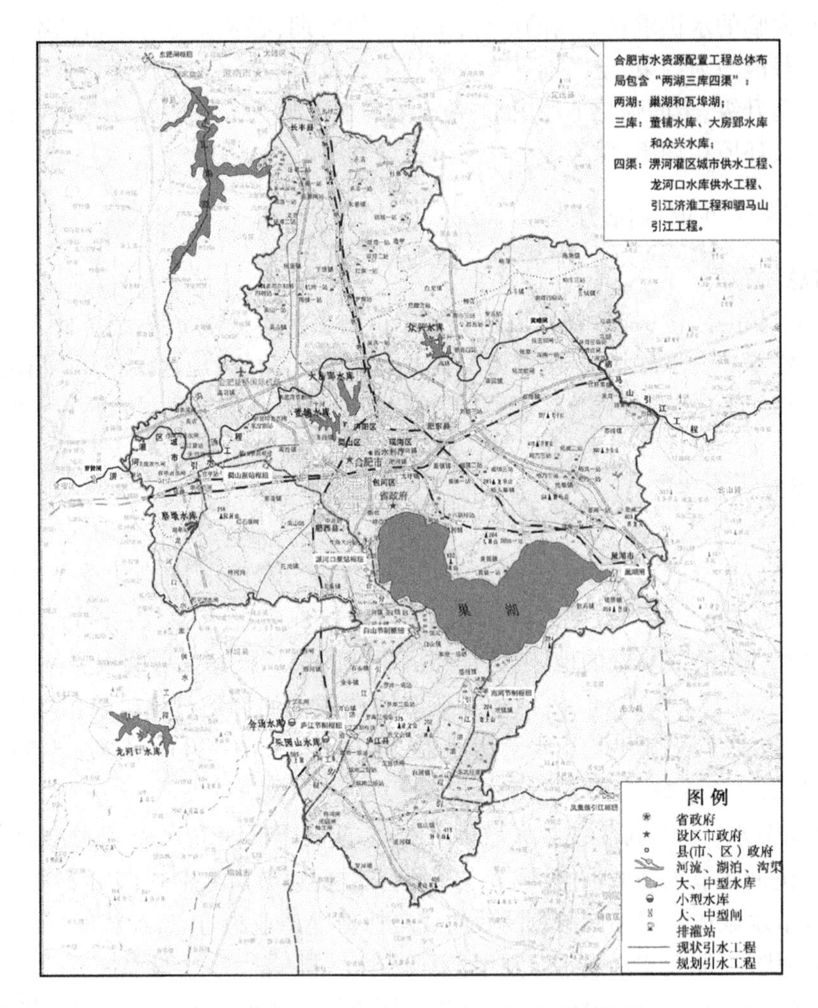

图1　合肥市水资源配置工程规划布局示意图

的比例超过90%。至2030年该区多年平均用水量将稳步增长至8.03亿m^3,农田灌溉用水量基本保持稳定。

4.3.2　水供求保障方案

(1)灌区节水。继续实施淠史杭、驷马山、沿巢等大中型灌区续建配套与节水改造,发展农业高效节水,优化调整灌溉水源等措施,保障中等干旱年份农业生产有稳定、可靠的水源,同时转化部分农业用水为城市用水,促进水资源向高效用水户持续转化,全面建成现代灌区。

(2)饮水安全保障。农业发展区现状城镇饮水水源较为分散,水厂规模小。结合优化及重点发展区饮水安全保障的实施和未来规模化供水需求,因地制宜采取多种措施,解决区内饮水安全问题,按照"水质良好、水量充沛、便于卫生防护"的原则新建或优化调整水源地,提高该区供水安全和供水保障率。

（3）农业供水布局优化调整。在保障灌区农业用水的基础上，通过对淠史杭尾部灌区进行合理调度，在上游水源不足以供城市生活的年份或时段，通过优化调度，增加下游提水泵站提水量供农业灌溉，释放上游水库清洁水源供城市生活，提高城市供水保障能力。规划对滁河干渠、舒庐干渠以及瓦东干渠尾部共50多万亩的灌区进行农业灌溉水源的优化配置与调度。

4.4 生态涵养区

4.4.1 水供求现状及需求

生态涵养区主要分布于巢湖沿岸、重要城乡饮用水源地周边和山区，占全市国土面积的25.52%。该区是合肥市提供优质生态产品和生态屏障的区域，环巢湖生态建设的核心区，重要的城乡饮用水源地，水源涵养和生物多样性维护的重点区，人与自然和谐相处的示范区。2015年该区总用水量5.16亿 m^3，预测至2030年该区多年平均用水量将稳步降低至4.54亿 m^3。

生态涵养区水供求保障重点应以节水控源减排、水源地涵养与保护、河湖湿地生态修复为主要措施，保障重要的城乡饮用水源地供水水质安全，在满足区内供求平衡、维护市域重要生态屏障水生态功能不衰退的基础上，为优化及重点发展区提供可靠的水源。

4.4.2 水供求保障方案

（1）重要水源地及输水廊道保护。加快董大水库、众兴水库、磨墩水库等湖库型水源地，杭埠河及白石天河等河流型水源地安全保障，实施水源地安全保障达标建设，加强对饮用水源地的保护。完善饮用水源地监测预警机制。结合灌区节水改造、引江济淮及环巢湖生态保护项目实施，加强对淠河总干渠、滁河干渠、引江济淮小合分线等输水渠道，西河、兆河等输水河道的保护，实施入河排污口综合整治、截污导污、面源治理等水生态保护与修复工程。

（2）环巢湖水生态修复。按照"顶层设计、分区布局、综合治理、分步实施"的工作步骤，加快环巢湖地区生态保护与修复工程建设。结合全面推行河长制工作要求，加快环巢湖重污染河道综合治理，推进引江济巢、污泥处置、污水处理、污染控制、生态修复等工程建设，实现巢湖水环境持续改善。构建以"经济结构调整、城镇污水处理、工业污染治理、农业清洁生产、环湖河流截污、岸线湿地修复、河湖生态补水和水源涵养保护"为重点的水环境综合治理与水生态修复体系。

5 结 语

基于合肥市现状水资源开发利用面临的形势与问题，分析了合肥市未来10~20年用水需求态势，进行了未来水供求平衡分析。结合引江济淮工程、淠河引水工程、龙河口引水工程及驷马山引水工程等跨流域跨区域调水工程，提出合肥市水中长期供求总体方案。针对《合肥市主体功能区规划》提出的国土空间布局，从水供求现状及需求方面进行了分析，制订了不同区域水资源调配与供求保障方案，规划节水供水重点工程，为合肥市建设水资源合理配置和高效利用体系，全面提升水资源对经济社会发展和生态文明建设的保障与支撑能力提供支撑。

参考文献

[1] 合肥市城市总体规划(2011—2020年)[R]. 合肥:合肥市人民政府,2016.
[2] 合肥市主体功能区划[R]. 合肥:合肥市发展和改革委员会,2016.
[3] 合肥市水资源综合规划(2013—2030年)[R]. 合肥:安徽省水利水电勘测设计院,2015.
[4] 引江济淮工程初步设计报告[R]. 合肥:安徽省水利水电勘测设计院,中水淮河规划设计研究有限公司等,2017.
[5] 合肥市城市空间发展战略及环巢湖地区生态保护修复与旅游发展规划[R]. 合肥:中国城市规划设计研究院,2012.
[6] 合肥市水资源保护规划[R]. 合肥:安徽省水利水电勘测设计院,2017.

黄河上中游农业节水潜力分析

崔　洋

(黄河勘测规划设计研究院有限公司　郑州　450003)

摘要:黄河上中游是我国节水的重点地区,其中农业节水是重中之重。通过近年来水资源节约利用的规模及水平,评述了黄河流域内节水的现状;从西北旱区生态文明、绿色发展及技术经济方面,分析了黄河上中游地区未来农业节水潜力的制约因素,认为干旱地区的节水要遵循科学合理、因地制宜的原则,并提出有关建议,以科学预测黄河上中游地区的节水潜力。

关键词:节水潜力分析　黄河上中游　农业

习近平总书记提出的"节水优先、空间均衡、系统治理、两手发力"新时期治水方针,把节水放在首位,体现了对水资源持续利用和保护的重视。黄河上中游的青海、甘肃、宁夏、内蒙古、陕西、山西等省(自治区)是我国重点节水的地区,其中农业节水是重中之重。但是该区属干旱半干旱区,具有独特的生态环境系统。如何深刻把握我国基本国情水情和经济发展新常态,深化节水潜力的研究论证,是科学预测黄河流域缺水形势的重要支撑。

1　黄河流域节水现状

黄河流域水资源贫乏,供需矛盾突出,节水是维持流域近期经济社会发展的重要保障。通过2012年的用水量、用水结构及与节水密切相关的综合用水指标、节水灌溉面积等数据,与流域历史状况、其他地区和规划目标进行纵向、横向的比较,反映了黄河流域及上中游地区节水的成效及水平。

1.1　现状用水量及用水效率

2012年,黄河流域内农业用水量占总用水量的比例为69.0%,工业用水量占总用水量的比例为15.5%,生活用水量占总用水量的比例为12.7%,生态用水量占总用水量的

作者简介:崔洋,男,陕西三原人,本科,研究方向为水利工程移民问题。

比例为2.8%，见表1。黄河流域内2012年有关用水指标见表2。

表1 黄河流域内用水量调查统计(2012年) (单位:亿 m^3)

区域	农业			工业	生活					生态环境	总用水量
	农田灌溉	林牧渔	小计		城镇居民	农村居民	牲畜	建筑业、第三产业	小计		
黄河流域	263.0	20.6	283.6	63.5	23.7	12.3	5.6	10.7	52.3	11.6	411.0
上中游地区	224.3	17.5	241.8	48.5	19.4	9.1	4.6	8.8	41.9	8.7	340.9

表2 黄河流域内现状用水情况(2012年)

区域	人均用水量(m^3/人)	万元GDP用水量(m^3/万元)	城镇居民用水量[L/(人·d)]	万元工业增加值用水量(m^3/万元)	工业用水重复利用率(%)	农田实灌定额(m^3/亩)	农田灌溉水利用系数
黄河流域	352	139	118	46	68.6	385	0.52
上中游地区	372	154	118	46	69.5	424	

1.2 黄河上中游地区农业灌溉节水现状

2012年，黄河上中游地区有效灌溉面积7 332.0万亩，节水灌溉面积为3 700万亩，节水灌溉率(简称节灌率)为50.5%。其中，农田有效灌溉面积6 453.3万亩，节水灌溉面积3 007.6万亩，最大的为内蒙古自治区824.6万亩；农田节灌率为46.6%，最高的为山西省63.1%；实际灌溉平均定额424 m^3/亩，最小的为山西省248 m^3/亩；灌溉水利用系数0.52，最高的为甘肃省0.59。

1.3 用水水平分析

与历史情况、其他区域和规划目标的比较分析表明，1980年以来黄河流域节水力度不断增强，用水效率大幅提高，黄河流域水资源节约取得显著的成效，见表3、表4。

表3 黄河流域内不同年份用水量及用水结构

年份	用水量(亿 m^3)					用水结构(%)				
	农业	工业	生活	生态	合计	农业	工业	生活	生态	合计
1980	298.3	27.2	17.5		343.0	87.0	7.9	5.1		100.0
2012	283.7	63.5	52.3	11.6	411.1	69.0	15.5	12.7	2.8	100.0

1980~2012年，黄河流域内总用水量增加了68.1亿 m^3，农业用水量占总用水量的比例由87.0%减小到69.0%，下降了18.0%；与此同时，农田有效灌溉面积增加了1 796.4万亩，工业用水、生活用水及生态用水均有不同比例的增加。说明农业节水效果明显，节约水量不但可以满足灌溉面积发展的需求，且逐步向工业等其他用水户转移。

从表4可看出，1980~2012年，黄河流域人均用水量减少了68 m^3；万元GDP(2000年不变价)用水量减少了3 604 m^3，减少了16%；万元工业增加值用水量减少了831 m^3，减少了 95%；农田实际灌溉定额减少了 157 m^3/亩，减少了 29%。

表 4 有关用水指标对比分析

区域或成果	年份	人均用水量（m^3/人）	万元 GDP 用水量（m^3/万元）	城镇居民用水量［L/（人 · d）］	万元工业增加值用水量（m^3/万元）	农田实际灌溉定额（m^3/亩）
黄河流域	1980	420	3 743	63	877	542
黄河流域	2000	382	638	101	233	449
黄河流域	2012	352	139	118	46	385
黄河上中游地区	2012	372	154	118	46	424
黄河流域（水资源综合规划）	2020	412	127	115	53	379
全国	2012	454	186	216	109	404
海河区	2012	252	80	135	28	216
淮河区	2012	326	131	149	46	246
长江区	2012	454	171	252	143	443

黄河流域 2012 年的人均用水量、万元 GDP 用水量、城镇居民用水量、万元工业增加值用水量、农田实际灌溉定额均低于全国水平，大部分也低于海河、淮河和长江片区。黄河上中游地区人均用水量为 372 m^3，万元工业增加值用水量为 46 m^3，分别为 2012 年全国平均水平的 82%与 42%。

与《黄河流域水资源综合规划》的规划目标相比，2012 年黄河流域人均用水量、万元工业增加值用水量已低于 2020 年规划预测的水平。《黄河流域综合规划（2012—2030年）》提出，到 2020 规划水平年黄河流域农田灌溉水利用系数提高到 0.56，黄河上中游地区节水面积 4 948 万亩，灌区节约水量 33.7 亿 m^3。2012 年黄河流域农田灌溉水利用系数已提高到 0.52，上中游地区工程节水灌溉面积增加到 3 700 万亩，农业用水由规划现状年 2007 年的 272.4 亿 m^3 下降到 2012 年的 241.8 亿 m^3，减少了 30.6 亿 m^3。

综上所述，通过工程、技术、经济、管理等多种措施与手段，加之最严格的水资源管理制度的约束，黄河流域水资源节约利用取得显著的成效。有关节水指标低于全国水平和相邻流域，2012 年距 2020 年尚余 8 年，就已接近或达到规划的节水目标。

2 节水挖潜需要注意的问题

虽然黄河流域用水效率有较大幅度提高，但预测分析进一步的节水潜力，必须将节水体系纳入该区的自然历史、生态环境、经济社会的大系统中全面评价，认真总结经验教训，分析探索有关问题，把握住当地的自然条件、经济社会背景，处理好与建设生态文明、推动社会绿色发展、保护农耕文明、传承农耕文化及技术经济方面的关系。

2.1 与生态系统稳定的关系

黄河上中游地区大部分属干旱、半干旱气候，兰州至河口镇区间年均降水量为 261.8 mm，多年平均水面蒸发量为 800~2 300 mm。该区干旱的自然条件决定了农业灌溉与生态系统密不可分的联系，引水灌溉的水量仅极少部分被农作物所耗用，大部分参与自然水循环的过程，是联系气候、岩土、生物的纽带，影响着自然环境的演变。例如，农田下渗水量控制地下水的分布，维持周边生物的生存；农田蒸发形成的汽态水，是干旱地区大气中湿度和降水的关键因子。

黄河上中游地区是中华文明的发源地，旱区农业历史悠久，先民们经过长期的探索和实践，创造了和自然生态系统相依相存的农耕文明，以农业灌溉为主体形成适宜人类居住的人工绿洲，即人工生态子系统。历经长期的动态制衡、相互适应和内部调节，已形成结构合理、功能完善、效益高、平衡稳定的新生态系统。应考虑维持绿洲生态子系统稳定对节水程度的约束，寻找用水效率和节水影响的平衡点，才能测算合理的节水潜力，以免影响大生态系统的平衡。据中国科学院植物所等单位的实地调研分析，在降水量小于 200 mm 的灌区，必须保持较大的灌溉水量和途径补充地下水，以维持 1.5~2.5 m 的地下水位才能保障绿洲内植被的生长，有些措施过度的节水灌区已出现林草枯死的现象。

黄河流域严重缺水、水资源已过度开发，长期以来，国民经济用水挤占河道内生态水量，仅河口镇以上河段就挤占生态水量 21.5 亿 m^3，严重影响河流生态系统的良性维持。从维持河流生态系统的稳定上讲，节约的国民经济用水水量，应优先回补河流的生态水量。

2.2 与社会绿色发展的关系

人工环境是人类社会发展的推动力量，人工绿洲的水环境是西北旱区人类赖以生存和经济社会发展的命脉。党的十八大报告提出全面建成小康社会，社会的主要矛盾是人民日益增长的美好生活需要和不平衡不充分发展之间的矛盾。在社会建设中，要求实施重大生态修复工程，实现森林覆盖率提高，生态系统稳定性增强，人居环境明显改善。这些都需要水资源保障，对于黄河上中游的旱区，修复生态的用水，风沙防护林的用水，提高人民身体健康的用水，改善人居环境的用水都将呈大幅增长的趋势。2001 年，西安市用水冲洗街道引发争议，被称作浪费用水之举，现今却在北方城市的尘霾治理环境保护中被广泛采用，说明社会在发展，观念也在更新，社会建设中的水资源需求会越来越多。

2015 年国家实行了“全面二胎”的新人口政策，原水资源综合规划预测人口用水零增长的基础已被改变，随着黄河流域人口的持续增长，水资源的需求也会持续增加。人口增长形势下的社会绿色发展，必须在生态系统稳定的基础上保障粮食安全，需要汲取传统农耕精华，保护传统的农耕文明，发扬拓展农耕文化。若缺乏全面系统的规划，未能统筹协调相关自然与人工生态各要素综合平衡发展，将会适得其反。例如，地膜覆盖技术节水的同时，地膜污染日趋严重，残膜造成土壤结构破坏，污染地下水，毒害田间生物，形成“白色污染”。

引黄灌区一家一户的土地生产经营制度，使得社会管理成本倍增，将影响节水工程建设及管理甚至失控。首先，节水统一规划、统一建设、统一管理的规模化发展道路的障碍重重；节水成本付出和收益不相对称，用水户缺乏主动性，造成节水设备闲置；基于成本和地方利益，节水的检测、监控系统不尽完善有效，造成黄河大系统和灌区小系统数据上的矛盾，尚不能准确地反映水资源利用的实际情况，影响客观的总结、分析、评价节水的效果。

2.3 与技术经济的关系

黄河上中游地区大型灌区较多，有的超大型灌区输配水系统包括总干渠、干渠、分干渠、支渠、斗渠、农渠、毛渠七级渠道，渠系长度大，供水系统复杂。即使各级渠道渠系水利用系数均按 0.9、田间水利用系数按 0.85 考虑，灌溉水利用系数则只有 0.41，仍低于《节水灌溉工程技术规范》(GB/T 50363—2006)大型灌区灌溉水利用系数达到 0.5 以上的要求。

黄河是世界上输沙量最大、含沙量最高的河流，当所含泥沙大于 0.1 kg/m^3、可溶固体物大于 2 kg/m^3 时，滴管系统堵塞严重。由于处理难度大，运行成本高，一定程度上制约了滴灌、微灌等高效节水措施的大面积推广。

黄河河套部分灌区还存留秋浇淋盐保墒的传统灌水制度，巴彦淖尔市水科所 19 年的试验结果表明，内蒙古河套灌区秋浇引水量约占全年引水量的 29.0%，排水量约占全年排水量的 37.5%，却排出达全年 45.7%的盐量，且秋浇排引盐比为 0.67，远高于作物生育期排引盐比 0.32。取消秋浇，灌区有害盐分排引比降低，有害盐分累积量呈增加趋势，造成有害盐分增加，说明秋浇淋盐是当地根据实际情况维持水盐平衡的有效措施。

黄河上中游位于西部地区，经济社会发展落后于东中部地区，经济承受能力低。基于农业投入的压力，部分灌区存在弃灌少灌的现象，扬水灌区尤甚。如尊村、东雷一期扬水灌区，现状实际灌溉水量仅 165~195 m^3/亩，难以满足作物正常生长所需要的水量，已无节水潜力可挖。现状余留的未改造灌区工程建设条件差，需要采用高效节水技术，增加了资金投入，运行期管理维护费用也高。结合黄河流域上中游各省(自治区)新增节水面积的建设条件，匡算农业节水亩均投资 2 419 元，单方水投资为 25.5 元，后期节水工程运行维护费用也会抬高灌溉水价，未来农业节水的任务更加艰巨，风险也更大。

3　结论与建议

黄河流域的节水取得显著的成效，但该区域其他地区有着迥然不同的地理环境和社会情态，进一步的节水将面临生态、社会和技术经济方面的制约，必须因地制宜，运用自然科学、技术科学和社会科学的知识，进行全面的、系统的、综合的研究，构建科学的节水体系，才能以水资源的可持续利用维持经济社会的可持续发展。

建议将节灌体系置于生态、社会系统中，进行系统、全面、综合的科学研究，识别人工绿洲水循环和气候演变的基本规律，区域需水规律与生态平衡的关系，在分析生态系统能量、物质循环规律与调控的基础上，提出合理的灌溉措施和定额。分析研究节水改造中的有关问题，研制适宜当地条件，低成本高质量，结构合理、先进管用、开放兼容、自主可控的节水技术和设施；优化节水措施，在节约资源的同时，提供绿色环保、健康安全、环境友好的农业节水产品。构建地表与地下、个体与区域、地方与中央全方位的灌溉节水监测系统，建立节水工作稽查、奖惩制度，全面严格节水评价工作。

参考文献

[1] 黄河上中游地区节水潜力研究[R]. 郑州：黄河勘测规划设计有限公司，2017.

[2] 李红寿，汪万福，张国彬，等. 极干旱地区土壤与大气水分的相互影响[J]. 地球科学与环境学报 2010(2)：1.

[3] 西北地区水资源配置、生态环境建设和可持续发展战略研究项目综合报告[R]. 中国工程院西北水资源项目组，2003.

[4] 王立祥，王龙昌. 中国旱区农业[M]. 南京：江苏科技出版社，2009.

基于 CiteSpace 的水安全研究的可视化分析

贡 力 杨铁群 吴梦娟 王 鸿

(兰州交通大学 土木工程学院 兰州 730070)

摘要:为探知水安全研究的历史、现状和趋势,以 CNKI 数据库 1997~2016 年水安全文献数据为对象,运用 CiteSpace 可视化分析软件对水安全领域的研究文献进行全面系统的分析处理。通过对文献关键数据的聚类、积累、扩散、转换等进程形成直观的知识图谱来探析水安全研究领域的核心作者群、主要研究机构以及挖掘研究的热点,明晰水安全领域的研究现状与未来发展趋势。研究表明,针对水安全问题研究者众多,但高产作者却相对较少;研究水安全领域的机构发文数量相对来说较少,需加强机构间的协同合作;关键词聚类显示,在水安全研究和实践的过程中,其主要方向是水资源安全、气候变化对水生态环境安全影响、水质安全等方面。可以得出运用 CiteSpace 软件进行共现分析,可以清晰地了解水安全领域研究的历史、现状、预测未来的发展趋势。

关键词:水安全 CiteSpace 知识图谱 CNKI

1 引 言

近年来,水问题的日益突出使得水安全问题成为国内外专家和学者研究的热点领域,同时引起了各国政府的关注和重视,纷纷投入了大量的人力、物力去研究水安全问题。水安全是指人类生存可持续发展必需的、健康的原始自然水资源能够与社会经济进行相互互动,能够持续地维系流域中人与自然生态环境的健康发展,确保免受与水相关的威胁。针对水安全问题的研究,起步于 20 世纪 70 年代,在联合国第一次环境与发展大会上首次提出:石油危机之后,下一个就是水危机;1991 年,在瑞典的斯德歌尔摩召开了第一次国际水讨论会,提出要用创新思想解决 21 世纪水安全问题;2000 年,海牙世界部长级会议以“21 世纪水安全”为题,首次提出了“世界水展望”的观点,把“提供水安全”作为 21 世纪的重要战略目标,并分析总结了我们将面临的主要挑战以及各国落实行动迎接挑战的相应措施;2008 年,杨光明等通过分析中国水安全存在问题及其表现形式,提出了确保我国社会经济可持续发展的 9 条水安全策略;2009 年,王淑云等总结了目前水安全评价的主要方法,即层次分析法、模糊综合评价法、模糊物元模型法、投影寻踪法等;靳春玲采用开创性 PSR 模型对城市水安全评价进行研究;2014 年,贡力采用 WPI 对城市水安全进行

基金项目:国家自然科学基金项目(51669010);甘肃省自然基金(17JR5RA105);甘肃省“十三五”教育科学规划课题(GS[2017]GHB0382,GS[2016]GHB0233)。

作者简介:贡力(1977—),男,江苏丹阳人,教授,主要从事水安全及水利工程项目管理研究工作。

了评价研究；2015年，张楚汉等提出我国当前水安全情势和未来中长期需重点关注的六个方面的重大科技问题。水是人类生存发展的基础，对社会、经济、文化、环境、生态协调发展具有重要的保障作用。因此，不仅需要从水科学领域对水安全进行研究，还需要从经济学、社会科学、环境科学、安全科学以及地理学等方面进行理论研究，从而更加深入剖析水安全概念的内涵和外延特征。

水安全问题主要体现在水资源承载力不足、水环境破坏、水质污染严重、洪涝灾害等，直接影响到人类健康安全、经济安全、生态安全、粮食安全乃至国家安全。可见，对水安全问题的研究探索应成为重中之重的课题。因此，为了明晰水安全问题的研究前沿动向，快速把握水安全领域的发展趋势，对该领域现有的研究成果进行全面系统地梳理是十分必要的。本文基于CNKI、CSSCI数据库，运用CiteSpace可视化软件，通过对水安全领域的研究文献进行聚类、积累、扩散、转换等进程来明晰水安全领域的研究现状、热点、前沿及发展趋势，以期为水安全的研究发展提供一定的借鉴与帮助。

2　数据和方法

2.1　数据来源

本文的研究数据取自CNKI数据库，为了更加全面准确地反映水安全研究领域的研究进展，将检索文献的发文时间设定为1997年1月1日至2016年12月31日，期刊来源类别限定为核心期刊、EI来源期刊和CSSCI来源期刊。为了使数据更具代表性和权威性，实行“三步走”战略准则，第一步，以“水安全”为主题词进行检索，进行初步精确检索文献为816篇；第二步，在初步检索出文献中删除期刊卷首语、各院校博士招生、征稿等无关条目，整理后得739篇文献；第三步，将删减后所得的有效数据以Refwoks格式导出，并以可用的download_＊＊＊. txt格式保存文件。

2.2　分析方法与工具

CiteSpace是以Java为平台的一款信息可视化的动态多元分析工具，通过聚类视图可以达到“一图谱春秋，一览无余；一图胜万言，一目了然”的目的，能够快速了解该领域的研究热点、前沿动向与发展趋势。本文选用CiteSpace. v. 5. 1. R4. SE. 作为分析工具，时间选定为1997~2016年，时间分区设为每年一个分区，分别以作者、机构和关键词为节点，进行可视化分析生成共现图谱，同时对数据的客观性进行比较分析。

3　文献产出分析

文献的产出数量是衡量领域研究进展的重要指标之一。根据图1可以看出，1997~2016年CNKI和CSSCI数据库文献数量年度分布状况及各年累计发文量的变化情况。1997~2016年水安全领域平均每年论文发表情况很不均匀，20年中平均每年发文数量为37篇；1997~1999年每年仅发表1篇论文，说明这段时间在我国水安全问题未真正引起重视，人们还没有意识到水安全对于经济、社会、生态发展的重要性；在2000年以“21世纪水安全”为题的海牙世界部长级会议的召开后，水安全开始引起各界专家和学者的重视；到了2000~2004年年均发文量达7篇，发文量有了明显的提升；到2005~2009年论文发表数量急剧上升，平均发文量达40篇左右。随着社会的进步和经济条件的改善，水安全的研究逐步进入了高速发展阶段,可以看出到了 2010~2016 年,年平均发文量为 70.7 篇。充分说明水安全研究的重要性越发明显,已经引起了更多专家和学者的关注,逐渐成为安全领域的研究热点。

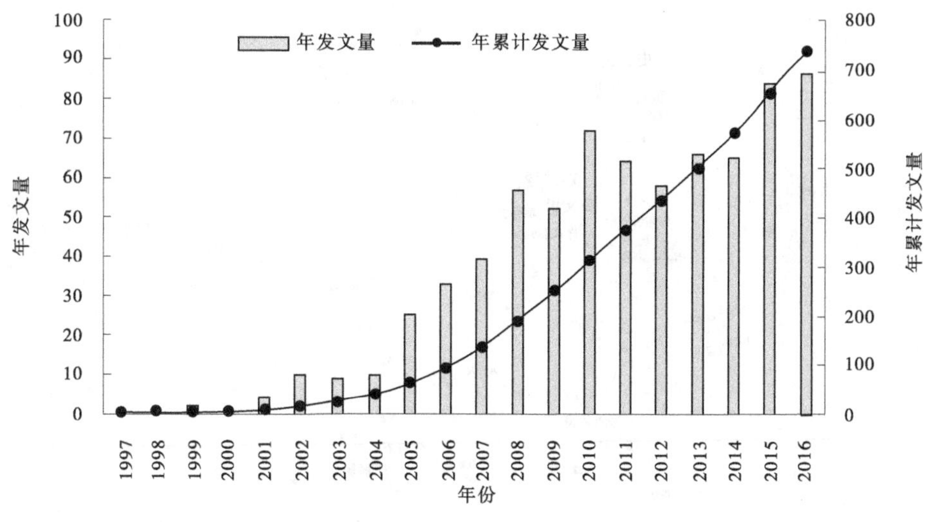

图 1 1997~2016 年水安全发文量及累计发文量

4 作者共现分析

从作者共现分析的图谱上可以直观地了解研究领域的核心作者群及相互之间的合作关系。图 2 为作者共现图谱,由图可知模块值(Q 值) 为 0. 929 5>0. 3,平均轮廓值(S 值) 为 0. 675 7>0. 5,这两个指标综合表明该图谱绘制效果较为合理。图中共有 87 个节点,83 条连线,网络密度为 0. 022 2,其中节点的大小代表该作者发文的多少。共有 87 位作者纳入共现图谱,出现频次为 222 次,其中高产作者的发文量如图 3 所示。可以看出,发表论文不少于 5 篇的作者共有 7 人,结合图 2 可以发现水安全研究作者的基数大,但高产作者较少,作者间的合作脉络较为清晰,但进行深入检索,同一研究团队的作者大多源于同一科研机构,因而图 3 呈现出了百家争鸣、多点开花的景象。图 2 所示的集中作者群分别是:云南师范大学旅游与地理科学学院的刘新有、史正涛、黄英,北京市水科学技术研究院水资源研究所的吴文勇、刘洪禄、郝仲勇、许翠平,中国科学院地理科学与资源研究所的王中根、李宗礼、刘晓洁和华北水利水电学院郝秀平及水利部水利水电规划设计总院李原园强强联手合作研究等。

5 机构的共现分析

在 CiteSpace 软件中选择"Time Slicing"时间切片值为 1 年,将 1997~2016 年的数据分割成 20 个时段进行分析,节点类型为 Institution,阈值选择 Top50,运行后生机构合作图谱图,如图 4 所示。模块值(Q 值) 为 0. 882 7>0. 3,平均轮廓值(S 值)为 0. 730 6>0. 7,则该图谱绘制效果比较理想。图 4 中节点圆环的大小与该科研机构论文的产出数量成正

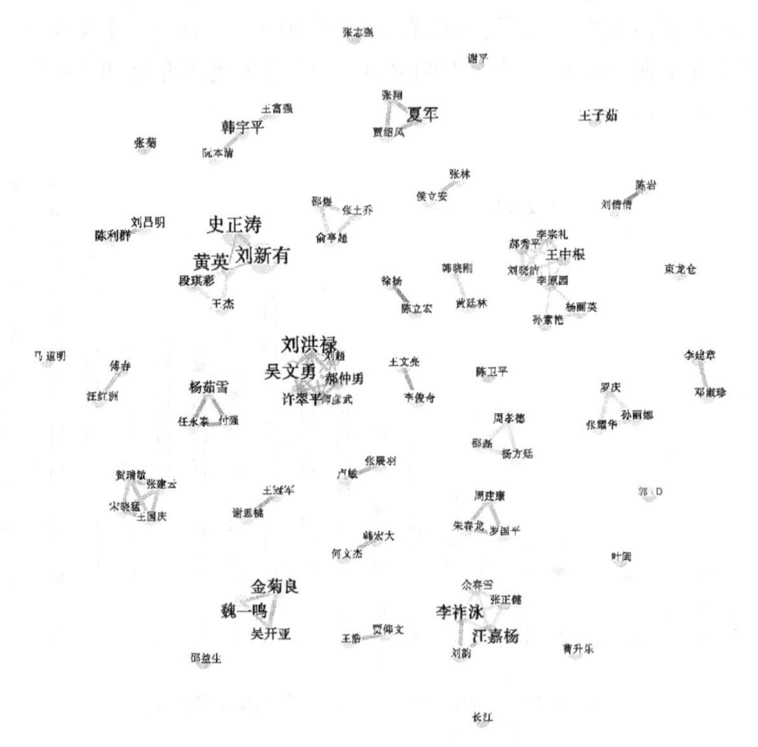

图 2　水安全研究作者共现图谱

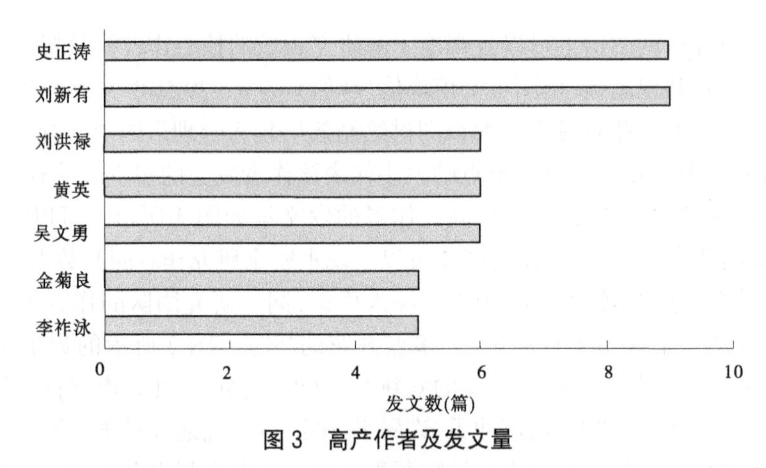

图 3　高产作者及发文量

比,其中标签字号的大小代表中心性。结果显示,共有 65 个节点,28 条连线,网络密度为 0. 013 5,且各机构的合作图谱生长树枝杈稀疏,说明国内在该领域的研究团体中各科研机构之间一般自立门户,没有形成良好的合作生态链,整体上该领域各研究团体较为分散。

水安全领域的科学研究机构发文量大于 5 篇的机构如表 1 所示。从表 1 可以看到,11 个机构中,中国科学院地理科学与资源研究所是发文最多的机构,其出现频次为 16 次;其次是武汉大学水资源与水电工程科学国家重点实验室、中国水利水电科学研究所、云南师范大学旅游与地理科学学院和河海大学水文水资源与水利工程科学国家重点实验

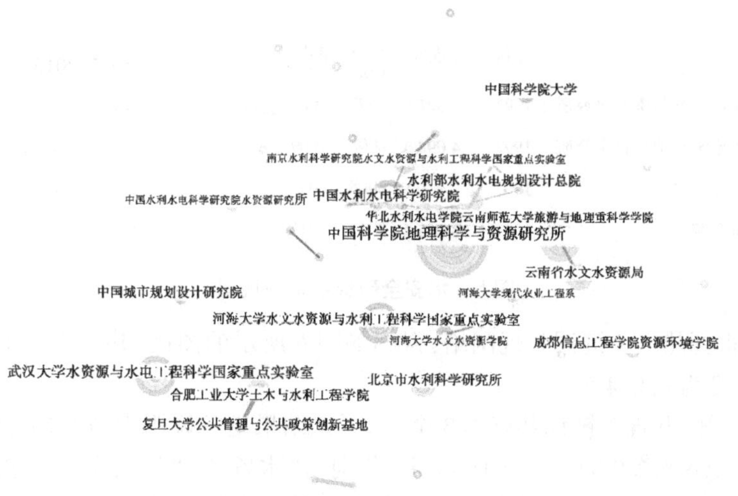

图 4 水安全研究机构共现图谱

室，发文频次均为 9 次。排名前 11 的发文机构的发文量占总发文量的 11.5%。由表 1 和图 5 可知，研究水安全领域的机构发文数量相对来说较少，水安全研究广泛铺开，形成百花齐放的局面，但各机构之间应加强相互合作，使该领域能更好、更快、更全面地发展。

表 1 1997~2016 年发文篇数 5 篇以上的机构

发文数	突现性	产出机构
16	5.32	中国科学院地理科学与资源研究所
9		武汉大学水资源与水电工程科学国家重点实验室
9	4.91	云南师范大学旅游与地理科学学院
9		中国水利水电科学研究所
9		河海大学水文水资源与水利工程科学国家重点实验室
6	3.2	云南省水文水资源局
6		北京市水利科学研究所
6	3.05	华北水利水电学院
5		合肥工业大学土木与水利工程学院
5		南京水利科学研究院水文水资源与水利工程科学国家重点实验室
5		水利部水利水电规划设计总院

6 “水安全”的研究热点

关键词往往是科学文献主题的高度概括，通过提炼水安全的关键词，采用可视化的形式挖掘出该领域的研究热点及发展趋势。在软件中将“Node Type”参数选择为 Keyword，时间切片为 5 年，每个时间切片“Selection Criteria”阈值选择为 Top50，连线强度选择

机械	年份	突现性	开始年份	结束年份	1997~2016
中国科学院地理科学与资源研究所	1997	5.321 5	1997	2006	
云南师范大学旅游与地理科学学院	1997	4.098 3	2008	2009	
云南省水文水资源局	1997	3.2	2008	2009	
华北水利水电学院	1997	3.045 4	2010	2011	

图5 水安全研究机构突现图

Cosine,运行得到热点关键词共现网络,得到如图6所示的图谱,共有143个节点,249条连线,网络密度为0.024 5。

由图6可知,共现关键词共有143个,为了使结果更具说服力,除去表达标识性不强的关键词,出现频次≥9的关键词有14个,分别为“水资源”“气候变化”“指标体系”“水安全评价”“城市水安全”“水环境”“水安全”“可持续发展”“水质”“再生水”“水安全保障”“用水安全”“水安全问题”和“灌溉”等内容是水安全领域的研究的热点内容,见表2。

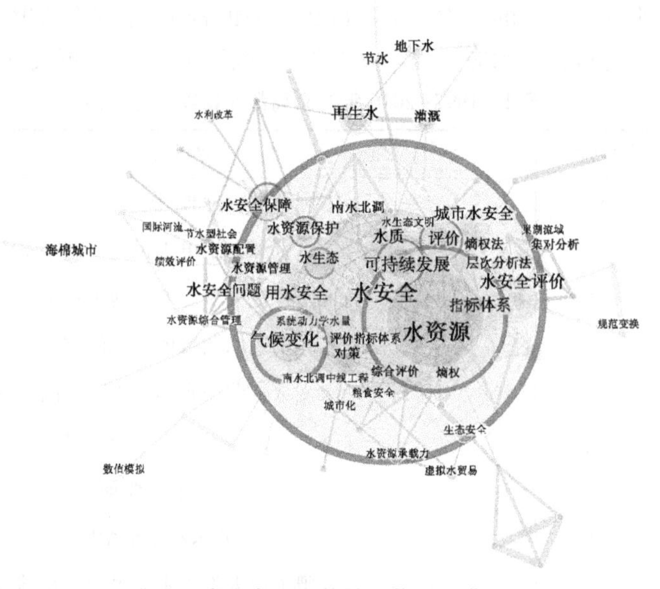

图6 水安全研究关键词共现图谱

使用关键词标记关键词聚类,形成如图7所示的9项聚类。在水安全研究和实践的过程中,其主要方向是对水资源安全、气候变化对水生态环境安全影响、水质安全、再生水安全和水灾害安全风险评价及针对水安全现状提出相适应的水利改革等方面。

7 结论与展望

本文利用CiteSpace可视化分析软件,对1997~2016年CNKI收录的有关水安全的研究科技文献进行比较分析,探析水安全研究的核心作者群、主要研究机构以及研究的热点,明晰水安全领域的研究现状与未来发展趋势。分析结果表明:

表 2 水安全研究主要关键词及中心性列表

序号	频次	中心性	关键词
1	125	0.65	水安全
2	55	0.27	水资源
3	25	0.25	气候变化
4	18	0.04	指标体系
5	14	0.04	城市水安全
6	14	0.05	水安全保障
7	13	0.02	水环境
8	12	0	再生水
9	12	0.09	水质
10	11	0.01	水安全评价
11	10	0.08	水安全问题
12	10	0.04	用水安全
13	9	0.01	可持续发展
14	9	0.04	灌溉

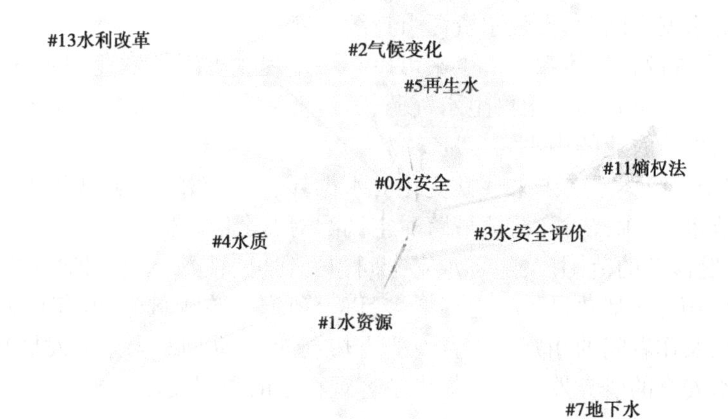

图 7 共现词聚类图

(1)文献产出方面。国内水安全研究领域已经初步形成了较为完整的研究网络。在2000年荷兰海牙签定《21世纪水安全海牙宣言》之后,各国专家和学者掀起了对水安全研究的狂潮,文献的产量也呈现持续、稳步、快速的增长趋势,推动水安全问题的研究不断走向广泛和深入。可以发现,水安全研究,既有作为研究基础的关键节点文献,又有可以表现研究发展脉络的共引连线,该研究为后续水安全学科的延续与发展打下了非常可靠的研究基础。

(2)作者共现分析方面。针对水安全问题研究者众多,但高产作者却相对较少,从事水安全研究的主要作者有刘新有、史正涛、黄英、吴文勇和刘洪禄等。研究团队基本上由本机构的作者组成,也从侧面反映出水安全问题已经引起各专家和学者广泛的关注与重视,对水安全问题进行深入研究已呈现出井喷之势。

(3)机构共现分析方面。水安全的研究机构主要是各大院校的水利研究所和国家重点实验室,其中中国科学院地理科学与资源研究所、武汉大学水资源与水电工程科学国家重点实验室及云南师范大学旅游与地理科学学院是影响力和发文量较高的机构,目前我国对水安全的研究还有待进一步深入和创新,各机构应加强合作、促进交流,解决好不断涌现出的新的水安全问题。

(4)关键词共现聚类分析方面。此项分析体现了水安全领域研究的主要问题和前沿方向如下:

①建立安全运行体系。采用多元统计技术等科学方法识别影响流域水质的可能因素,分析不同地区水质差异,为水环境的保护和水生态的修复提供可靠依据。

②建立多种高效评价体系。在关于水安全的评价中多采用熵权法,应开创性地提出新思路、新方法解决水安全问题,并建立合理的水安全评价体系。

③建立安全技术控制体系。针对水资源短缺、水环境恶化、水灾害频发、水生态破坏问题提出科学高效的治理控制措施。

④建立安全监测和预警。水安全研究具有复杂性、地域差异性特点,提出各地区相适应评价指标体系、模型与方法、城市应急水源地建设、突发性水污染安全事件的应急预案等,切实解决好水安全问题,实现水资源可持续发展。

⑤建立安全资源替代体系。再生水可以在一定程度上缓解农业用水的供需矛盾、减轻水环境污染,为了更好地利用再生水资源,需对再生水农田灌溉的环境安全及影响机制进行深入探究,保障农业的用水安全。

⑥建立安全保障体系。未来气候变化对水循环、水生态的影响以及建立相应的水资源供需预测、节水、开源、治污、跨流域跨时空调配的安全保障体系。

水安全问题涉及的范围广,随着水安全问题受到越来越多专家和学者的重视,相应的研究成果层出不穷,文献数量也在迅猛增多,以上研究对该领域近 30 年的研究文献的产出现状,各机构及作者间的相互合作以及研究热点、前沿动向和未来的发展趋势进行了清晰的梳理,为水安全的研究发展脉络提供了客观科学的数据支撑。

参考文献

[1] 陈绍金. 水安全概念辨析[J]. 中国水利, 2004(17):13-15.
[2] 杨光明,孙长林. 中国水安全问题及其策略研究[J]. 灾害学,2008(2):101-105,111.
[3] 21 世纪水安全——海牙世界部长级会议宣言[J]. 中国水利, 2000(7): 8-9.
[4] 王淑云,刘恒,耿雷华,等. 水安全评价研究综述[J]. 人民黄河,2009(7):11-13.
[5] 靳春玲,贡力. 基于 PSR 模型的城市水安全评价研究[J]. 安全与环境学报,2009,9(5):104-108.
[6] 贡力,靳春玲. 基于水贫困指数的城市水安全评价研究[J]. 水力发电学报,2014,33(6):84-90.

[7] 张楚汉,王光谦.我国水安全和水利科技热点与前沿[J].中国科学:技术科学,2015,45(10):1007-1012.
[8] 邱德华.区域水安全战略的研究进展[J].水科学进展,2005(2):305-312.
[9] Zeitoun M, Lankford B, Krueger T, et al. Reductive and Integrative Research Approaches to Complex Water Security Policy Challenges[J]. Global Environmental Change, 2016,39(7):143-154.
[10] Young G, Demuth S, Mishra A, et al. Hydrological sciences and water security: An overview[J]. Proceedings of the International Association of Hydrological Sciences,2015,366(1):1-9.
[11] 沈清基.基于水安全与水生态智慧的人类诗意栖居思考[J].生态学报,2016(16):4940-4942.
[12] 王鑫雨,张青松,陈文勇.基于CiteSpace的农业机械化研究的可视化分析[J].中国农机化学报,2017,38(2):145-149,158.
[13] 林玲,陈福集.基于CiteSpace的国内网络舆情研究知识图谱分析[J].情报科学,2017,35(2):119-125.
[14] 王梓懿,沈正平,杜明伟.基于CiteSpace Ⅲ的国内新型城镇化研究进展与热点分析[J].经济地理,2017(1):32-39.
[15] 陈悦,陈超美,刘则渊,等. CiteSpace知识图谱的方法论功能[J].科学研究,2015(2):242-253.
[16] 王远坤,夏自强,曹升乐.水安全综合评价方法研究[J].河海大学学报(自然科学版),2007(6):618-621.
[17] 郭永龙,武强,王焰新,等.中国的水安全及其对策探讨[J].安全与环境工程,2004(1):42-46.
[18] 李雪松,李婷婷.水安全综合评价研究——基于中国2000—2012年宏观数据的实证分析[J].中国农村水利水电,2015(3):45-49.
[19] 秦腾,章恒全.农业发展进程中的水环境约束效应及影响因素研究——以长江流域为例[J].南京农业大学学报(社会科学版),2017(2):134-142,154.
[20] 赵全勇,李冬杰,孙红星,等.再生水灌溉对土壤质量影响研究综述[J].节水灌溉,2017(1):53-58.
[21] 夏军,石卫.变化环境下中国水安全问题研究与展望[J].水利学报,2016,47(3):292-301.

基于非恒定流仿真的单渠道PI控制参数寻优算法研究

张雨萌　管光华　廖文俊

(武汉大学 水资源与水电工程科学国家重点实验室　武汉　430072)

摘要:在渠系自动化控制系统开发过程中,因渠系系统具有非线性、耦合性等特点,传统PI控制参数优化算法得到的参数寻优效果并不理想,为寻求高效的PI控制参数寻优算法,本文对其进行探讨。传统的优化算法采用均匀网格法选取PI控制参数,在复杂的多渠段大型渠系上存在寻优效率低的问题。本文探索复合梯度法和复合粒子群法进行PI控制参数的寻优,并对寻优过程中存在的初值不稳定等问题进行研究。仿真结果表明,本文所提出的复合寻优算法能较好地解决寻优初值不稳定及寻优效率低下的问题,在初步设计控制参数时具有一定的参考价值。

关键词:渠道控制　PID算法　参数寻优　梯度算法　粒子群算法

作者简介:张雨萌(1996—),女,内蒙古乌兰察布市人,工学硕士,主要从事灌排自动化研究工作。

1 引　言

渠系自动化运行在我国大型输配水工程以及大量的灌区渠道系统皆有较好的应用前景，是水利信息化、自动化、智能化的重要环节。渠道控制系统是由输水渠道、节制闸、电机及相关的控制逻辑、算法组合而成的一个整体，主要目的是通过采集水位、流量等信息进行实时控制，以消除渠系水位偏差、提高渠系响应速度。渠系控制性能主要受其控制算法决定，PID 算法因原理较为简单、鲁棒性较强，已经在渠道控制系统中有了一定的应用。在该算法控制器参数确定时，基于经典控制理论的设计方法、模型所得结果往往不够理想，甚至出现控制失稳的情况。目前，对于渠道控制系统 PI 控制参数的寻优大多采用网格法，反观其他领域的参数寻优发现：1994 年李建武等提出的制冷空调系统 PI 参数的整定即采用网格法进行参数寻优；2004 年刘晓毅等提出基于 BP 神经网络的控制器参数寻优；2012 年曹崇群等提出了改进 PSO 对于原动机仿真系统的应用；2017 年李恒等提出了运用改进的萤火虫算法进行参数寻优。这些算法中的很多可以解决诸如渠系自动化控制参数寻优这样的非线性且无法用函数表达式描述的问题。本文采用仿真模型来率定和优化控制器，旨在通过学习其他领域 PI 参数的选取方法，将其运用于渠道控制系统中。以期能够较快地取得较好的 PI 控制参数，使渠道达到控制目标，安全可靠地保障渠道系统高效运行。

2 PID 控制逻辑及其参数寻优

PID 算法又叫作比例积分微分算法。此处的应用原理为：传感器实时监控下游水位，将该水位与预定的常水位做比较，将两者之间的差记为误差值 $e(t)$。然后将该误差值进行比例积分微分的线性组合计算，找到一个输出的闸门开度 $u(t)$ 作为控制器输出变量。

$$u(t) = K_p\left[e(t) + \frac{1}{T_i}\int_0^t e(t)\,\mathrm{d}t + \frac{T_D\mathrm{d}e(t)}{\mathrm{d}t}\right] \tag{1}$$

式中：K_p 为比例项因子；T_i 为积分项因子；T_D 为微分项因子；$e(t)$ 为水位误差值，m；$u(t)$ 为闸门开度，m。

其中，比例项是为了减少水位的误差值；积分项是为了减少水位的稳态误差；微分项是为了加快闸门的动作量。本文只考虑比例项和积分项，故进行的是比例因子和积分项因子的双变量寻优。

3 网格法寻优及优化目标

网格法是 PID 参数寻优最为经典的算法，其优点在于只要计算时间足够长，取足够密的网格进行寻优，就一定可以得到性能指标较好的一组控制参数。本文先以经典网格法进行寻优，将其作为一个比较对象与其他 PI 控制参数寻优算法在运算效率、控制效果上做比较，进而评判其他算法是否有效或更优。

本文参考 ASCE 提出的基于水位误差变化幅度、渠系达到稳定所需时间、闸门动作量等关键性控制目标的性能指标，包括最大绝对误差（maximum absolute error，MAE）、稳态误差(steady-state error, STE)、绝对值误差积分(integral of absolute magnitude of error, IAE)、绝对流量变化积分(integrated absolute discharge change, IAQ)、绝对闸门开度积分(integrated absolute gate movement, IAW)等。本文采用较为传统的ISE(水位误差平方积分)作为寻优指标。

综合参考其他文献,本文的 K_p、T_i 的取值范围为(0,1 000)。采取参数计算步长为20,对 K_p、T_i 进行(0,1 000)内的单渠池寻优,需计算 50×50 共 2 500 个性能指标,共耗时约 16.22 个小时[用于运算的电脑配置如下:Intel(R) Xeon(R) Gold5118CPU,2 处理器,32 GB 内存]。若再从中选取区间进行加密,需要起码一周的时间才能得到理想的控制参数,所付出的时间代价十分大。

4 复合梯度法寻优

4.1 梯度法

梯度法是数学中较为经典的算法,广泛应用于军事、工业等方面的寻优。它利用负梯度方向是下降最快的方向的原理进行寻优,其迭代公式见式(2)。

$$y(k+1) = y(k) + a_0 \times p(k) \tag{2}$$

式中:a_0 为步长;$p(k)$为目标值 y 对于变量的负导数;k 为寻优次数。

4.2 复合梯度法及其寻优效果

本文将寻优分为两部分,即随机二分法寻找初值及梯度法寻优,称为复合梯度法。程序简图见图 1。首先是为了适应梯度法的初值敏感性,先在一定范围内随机生成梯度法的初值。不断以二分方法缩小逼近最优范围直到找到符合预期值的梯度法初值。其次进行梯度法运算,以负梯度方向为最快速下降方向为基础,不断逼近最优的 PI 参数。

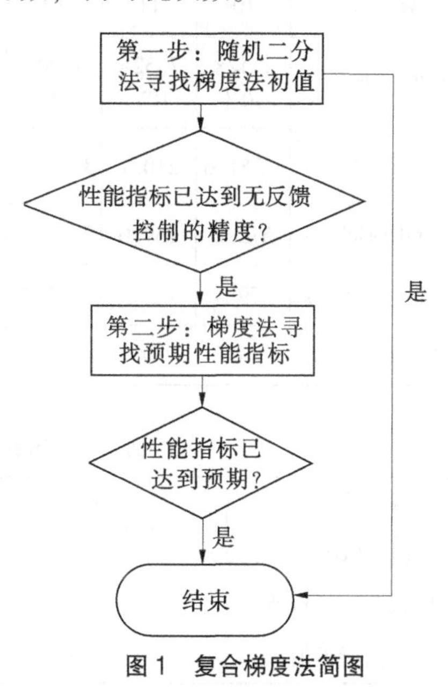

图 1 复合梯度法简图

程序设计为当型循环,采取 *MPIEC*(第 i 次的最小性能指标和第 i-1 次最小性能指标的差)和 *MPIEL*(第 i-1 次的最小性能指标和第 i-2 次最小性能指标的差)作为循环条件,当两者都达到较小的程度,取预期性能指标精度的 1/10,认为寻优进入了一个较小值的平缓区域,则停止循环,并将性能指标达到预期值作为结束循环的另一个条件。

运用式(3)和式(4)时,将其中 a_0、b_0 采用控制数量级的方法,使得加数第二项的数量级近似比加数第一项的数量级少一个。经过多次验算,该方法较其他方法更加有效稳定。

$$K_p(i) = K_p(i-1) + a_0 \times I - K \tag{3}$$

$$T_i(i) = T_i(i-1) + b_0 \times I - T \tag{4}$$

式中:i 为第 i 次;a_0、b_0 为步长;$I\text{-}K$、$I\text{-}T$ 为 ISE 对 K_p、T_i 的负的偏导数。

本文选取 15 组运算结果罗列如表 1 所示。为显示梯度法寻优的良好效果,选取单次寻优的 3 个阶段所对应的控制参数(见表 2),绘制不同阶段的寻优效果。3 个阶段的流量对比过程、闸门开度过程以及下游水位误差过程见图 2~图 4。从图中可以看出,控制效果越来越好,水位误差越来越小,稳定时间越来越短。

表 1　梯度法时间及循环次数统计

梯度算法序号	1	2	3	4	5	6	7	8	9
取得的 ISE	5.41×10^{-7}	6.51×10^{-7}	3.21×10^{-7}	3.42×10^{-7}	2.15×10^{-7}	3.17×10^{-7}	3.42×10^{-7}	7.52×10^{-7}	4.00×10^{-7}
所用总时间(s)	998.3	2 863.4	6 561.0	3 324.3	1 130.2	2 161.8	1 351.6	169.0	3 067.5
二分所用时间(s)	398.5	581.6	5 410.5	445.8	1 130.2	955.5	572.2	169.0	258.6
梯度法所用时间(s)	599.8	2 281.8	1 150.5	2 878.5	0	1 206.3	779.4	0	2 809.0
梯度法循环次数	7	28	11	16	0	3	16	0	6
梯度算法序号	10	11	12	13	14	15	平均时间	最大时间	最小时间
取得的 ISE	3.42×10^{-7}	7.52×10^{-7}	4.00×10^{-7}	8.93×10^{-7}	3.42×10^{-7}	3.21×10^{-7}			
所用总时间(s)	1 351.6	210.1	3 067.5	6 933.5	3 152.3	6.56×10^{3}	2 403.0	6 561.0	169.0
二分所用时间(s)	572.2	169.0	2 585.5	639.8	730.7	5 275.2			
梯度法所用时间(s)	779.4	41.1	482.0	6 293.7	2 421.6	1 285.8			
梯度法循环次数	16	0	6	46	11	11			

表 2　不同寻优阶段对应的控制参数

寻优阶段	K_p	T_i	Tstable
随机初始值	75	618	210
梯度二分法所得值	3	618	270
梯度法所得值	0.396 6	0.482 3	1 050

5　复合 PSO 算法(粒子群算法)寻优

采用均匀网格法及随机二分梯度法进行参数寻优时,前者寻优效率太低,后者一般只可以解决局部最优问题。PSO 算法是解决全局寻优问题的经典算法,具有自身的结构较容易、需要的种群数量少、迭代次数少、收敛速度快,且不需要求一次或者二次导数、可进行多参数寻优、易于编程等优点。

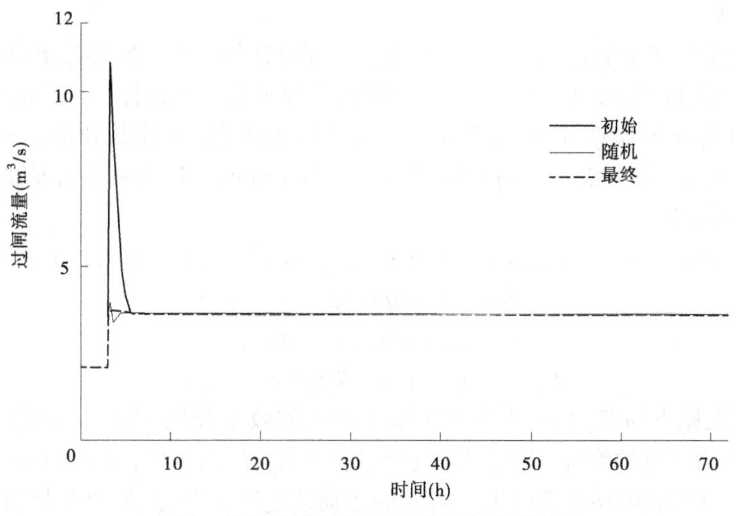

图 2 寻优阶段效果对比图之流量过程线

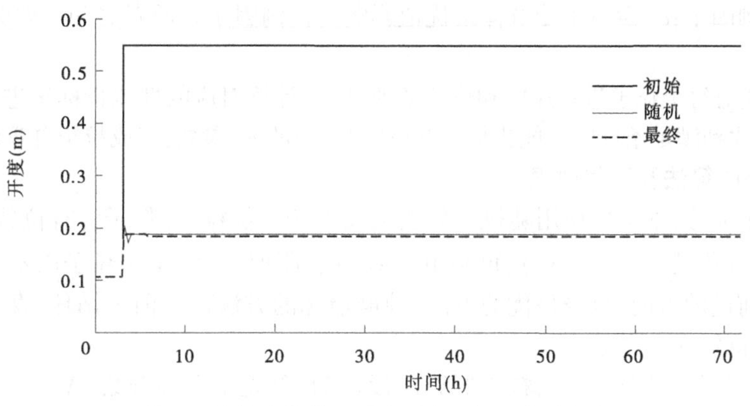

图 3 寻优阶段效果对比图之闸门开度过程线

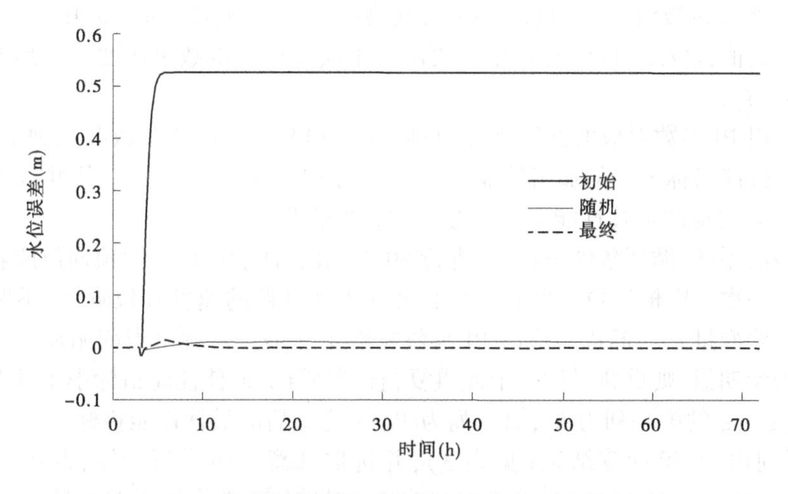

图 4 寻优阶段效果对比图之下游水位误差过程线

5.1　PSO 算法

PSO 算法即粒子群算法,是基于鸟群觅食原理设计的。先一次性撒下许多粒子,随机生成 N 行 D 列的位置和速度数组。通过计算每个粒子的评价指标,可以筛选出此时的全局最优点。再进行 M 次迭代,对每个粒子的位置和速度进行一定规律的运算。该运算公式有许多不同的公式,考虑了不同方面的问题。本文选取了较为基础经典的一种计算方法,见式(5)~式(7)。

$$v(i,:) = w \times v(i,:) + c_1 \times rand \times abs(y(i,:) - x(i,:)) + c_2 \times rand \times abs(pg - x(i,:)) \tag{5}$$

$$x(i,:) = x(i,:) + v(i,:) \tag{6}$$

$$K_p(i) = x(i,1);\quad T_i(i) = x(i,2) \tag{7}$$

式中:N 为初次撒下的点,本文认为初次撒下的点的效率较低,迭代计算的效率较高,故初选 $N=20$;D 为计算的维度,本例的研究变量仅有 K_p、T_i 两个值,故 $D=2$;w 为惯性权重,认为粒子下一时刻的运动速度受上一时刻的运动速度所影响,此处取常规值 0.6;M 为迭代次数,是根据 PSO 算法的核心原理进行迭代计算的,故取 $M=50$;c_1 为粒子受自身最优值影响的比例因子;c_2 为粒子受群体最优值影响的比例因子。两者之和一般为 4,目前两者均取为 2。

按此公式对每个粒子进行速度和位置的改变,并计算对应的性能指标来进行评判。不断循环,直至找到满足条件的性能指标,并筛选出对应的 PI 参数,完成粒子群算法寻优。

5.2　复合 PSO 算法及寻优效果

参考 5.1 部分,本文先使用随机二分法生成 N 个寻优粒子(粒子含有位置:K_p、T_i 值;速度:下一步寻优的方向和步长),再利用 PSO 算法原理,使得 N 个粒子以不同的权重沿着上一时刻前进的方向、自身最优的方向、种群最优的方法进行前进循环,直到找到符合预期性能指标的 PID 参数。

随机二分法设计同梯度法,粒子群算法设计为:首先定义种群数($N=20$)、粒子维数($D=2$)、自身最优值学习因子($c_1=2$)、群体最优值学习因子($c_2=2$)、迭代次数($M=50$)。先随机生成 N 个二位数组 $x(i,n)$ ($i=1 \sim n$),其物理意义为:随机生成 20 组 K_p、T_i,并用 $x(i,1)$ 储存 K_p 的值;$x(i,2)$ 储存 T_i 的值。再随机生成 N 个二维数组速度 v,以后期改变对应的第 i 组 K_p、T_i 值。

计算每一组 PI 参数对应的性能指标,并将当前 20 组 K_p、T_i 值参数存入到 y 矩阵里,从中选择对应性能指标最小的那组性能参数对应的 PI 参数存入全局最佳性能指标对应 PI 参数值 pg 里,对应的最佳性能指标值存入到 c 变量里。

再执行当前循环,循环条件为:迭代进行 50 次以内、性能指标达到预期值或者寻优进入平滑区域。一次一次根据粒子群算法核心公式更新鸟群的速度和位置,并不断以更小的性能指标赋给变量 c,不断以对应的 PI 参数赋给变量 pg。若跳出当前循环后发现性能指标没有达到预期值,则重新寻优。依此重复,直到鸟群的最佳性能指标小于预期值。最终的位置为 pg,pg 的第一列为 K_p,第二列为 T_i。c 为最后的最佳性能指标。

同样,罗列出 15 组计算结果(见表 3),并选取任意一组进行绘图,此组寻优得到 $ISE = 3.421\,3\times10^{-7}$,$K_p = 6.749\,2$,$T_i = 57.134\,6$。对应的下游水位误差线见图 5,可见最终达到了稳定,控制结果也较为良好。闸门开度过程线见图 6。流量过程线见图 7。

表 3　PSO 算法时间及循环次数统计

PSO 算法序号	1	2	3	4	5	6	7	8	9
取得的 *ISE*（无反馈控制时为 4.32×10^{-5}）	3.18×10^{-7}	3.20×10^{-7}	3.98×10^{-7}	3.21×10^{-7}	3.38×10^{-7}	3.43×10^{-7}	3.98×10^{-7}	7.52×10^{-7}	3.15×10^{-7}
所用总时间(s)	1 210.5	1 979.3	2 024.5	793.2	237.1	5 776.1	28 629.3	29 771.0	24 894.0
二分所用时间	1 006.1	1 723.4	2 024.5	401.0	237.1	4 850.8	28 629.3	21 444.0	20 285.0
粒子群所用时间	204.4	255.9	0	392.2	0	925.3	0	8 327.0	4 609.0
粒子群循环次数	2	2	0	2	0	2	0	4	3
PSO 算法序号	10	11	12	13	14	15	平均时间	最大时间	最小时间
取得的 *ISE*	3.42×10^{-7}	5.45×10^{-7}	6.51×10^{-7}	3.21×10^{-7}	8.93×10^{-7}	3.42×10^{-7}			
所用总时间(s)	3 152.3	962.1	3 352.0	7 100.8	6 933.5	3 152.3	1.06×10^{4}	29 771	237.06
二分所用时间	730.7	472.1	494.2	5 712.6	639.8	730.7			
粒子群所用时间	2 421.6	490.0	2 857.8	1 388.2	6 293.7	2 421.6			
粒子群循环次数	16	7	28	11	2	16			

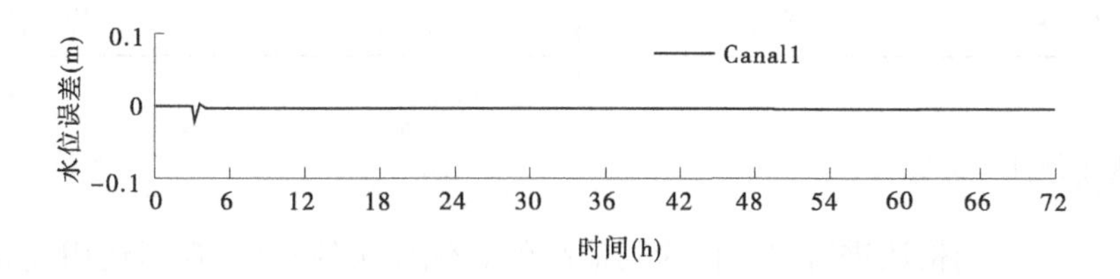

图 5　下游水位误差过程线

6　复合梯度法与复合 PSO 算法比较

本文以复合梯度法与 PSO 算法寻优的各 15 组算例进行相同寻优精度下寻优时间的对比，结果见表 4。

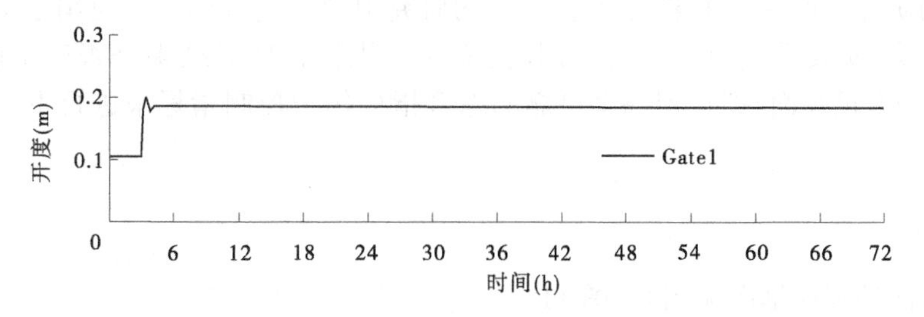

图 6　闸门开度过程线

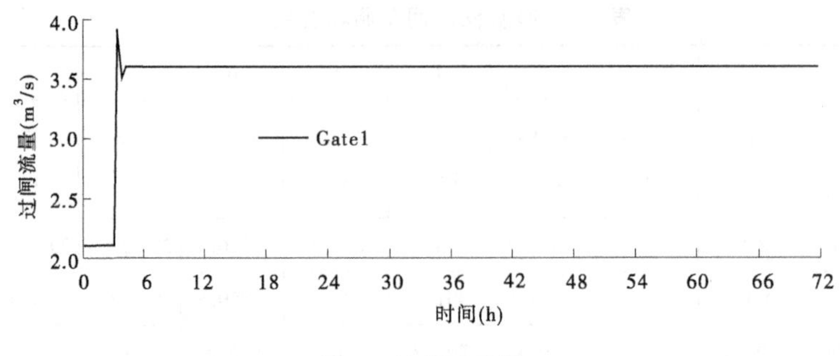

图 7　流量过程线

就其用时来说,两种算法的效率较均匀网格法均得到很大程度的提高,但总体来说,复合梯度法较复合粒子群算法更高效一些。两者对于初值的选取都较敏感,都需要先使用随机二分法初步寻找主体算法初始值。两者的收敛性都较好,寻优一段时间均能找到良好的控制参数。

表 4　两种算法寻优时间比较

项目	平均时间(s)	最大时间(s)	最小时间(s)
PSO 算法	10 600	29 771	237.06
梯度法	2 403.006	6 561	169.005 4
较好的算法	梯度法	梯度法	梯度法

7　结论及展望

本文运用均匀网格法进行寻优作为其他高效寻优算法的对比,探索运用复合梯度法与复合粒子群算法,通过基于非恒定流仿真的单渠道控制 PI 参数寻优,得到了以下结论:

(1)复合梯度法和复合 PSO 算法都能较好地实现渠道控制系统 PI 控制参数高效寻优,相比目前采用的网格法在寻优效率上都有很大的提升。同时,复合梯度法较复合 PSO 算法寻优效果更好,效率更高。

(2)两种复合寻优算法都可以较好地解决寻优初值不稳定及寻优效率低下等问题,在初步进行控制器设计时,具有一定的参考价值。

本文的研究算例仅为单渠池,在接下来的研究中拟将复合梯度法应用于多渠池复杂工况进行寻优,使其更具有实用性。同时,应探讨优化目标对结果是否产生影响,运用 ISE 寻优是否太过片面,拟找到一个可靠的综合指标作为控制指标来进行下一步的寻优工作。

8　附　图

两种算法的程序框图见图 8~图 11。

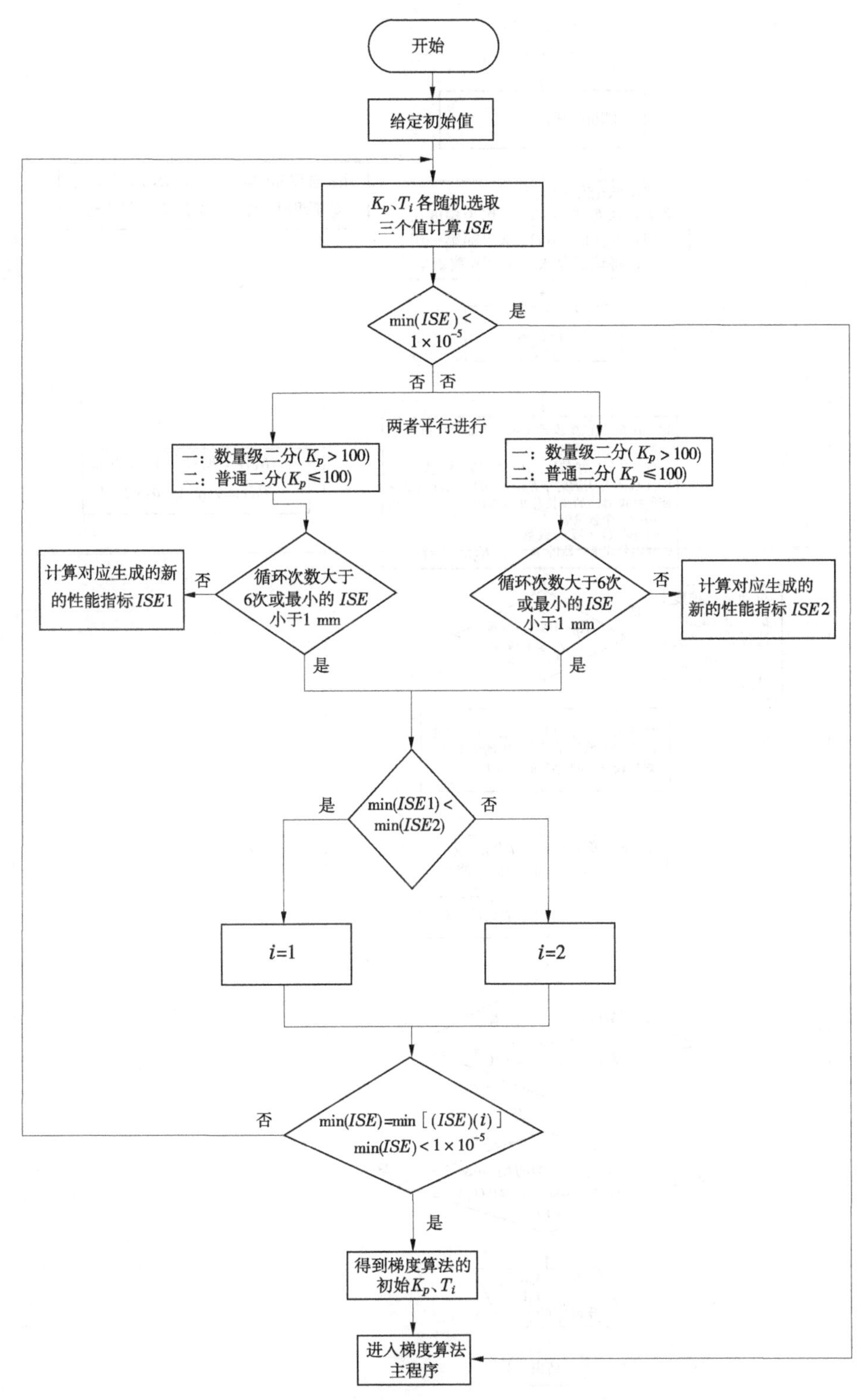

图 8　复合梯度法随机二分寻找初始值详图

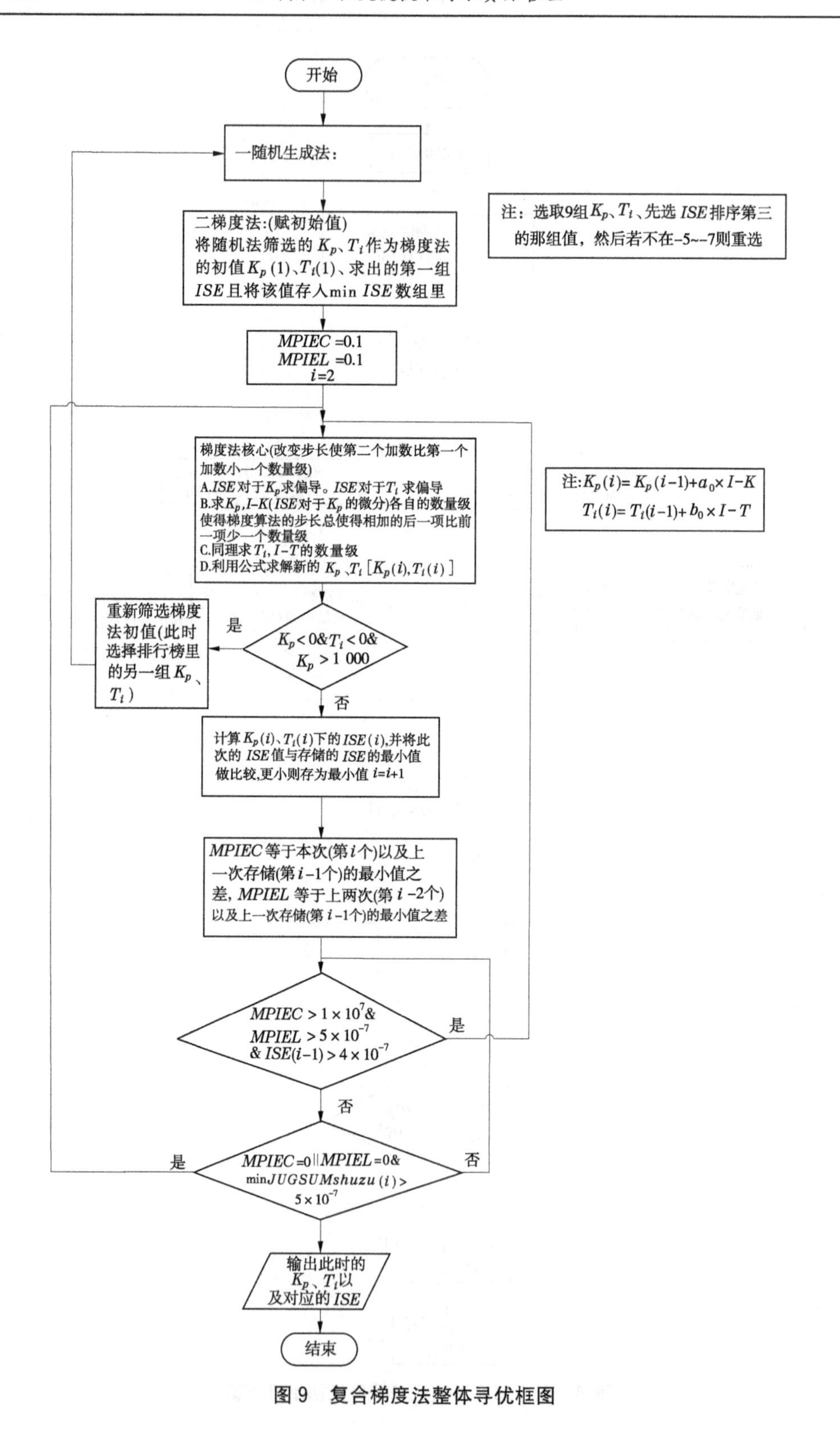

图 9　复合梯度法整体寻优框图

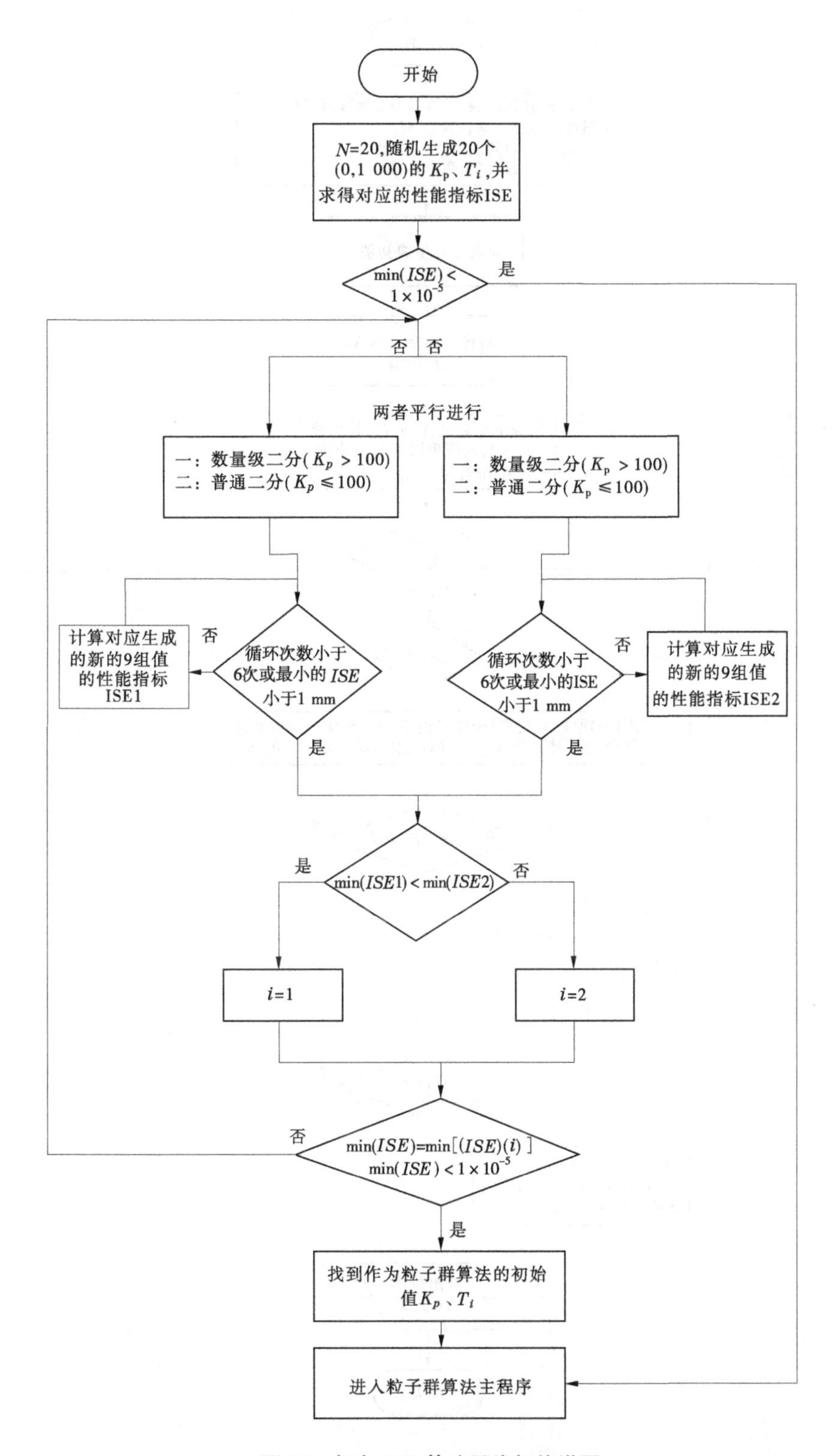

图 10　复合 PSO 算法寻找初值详图

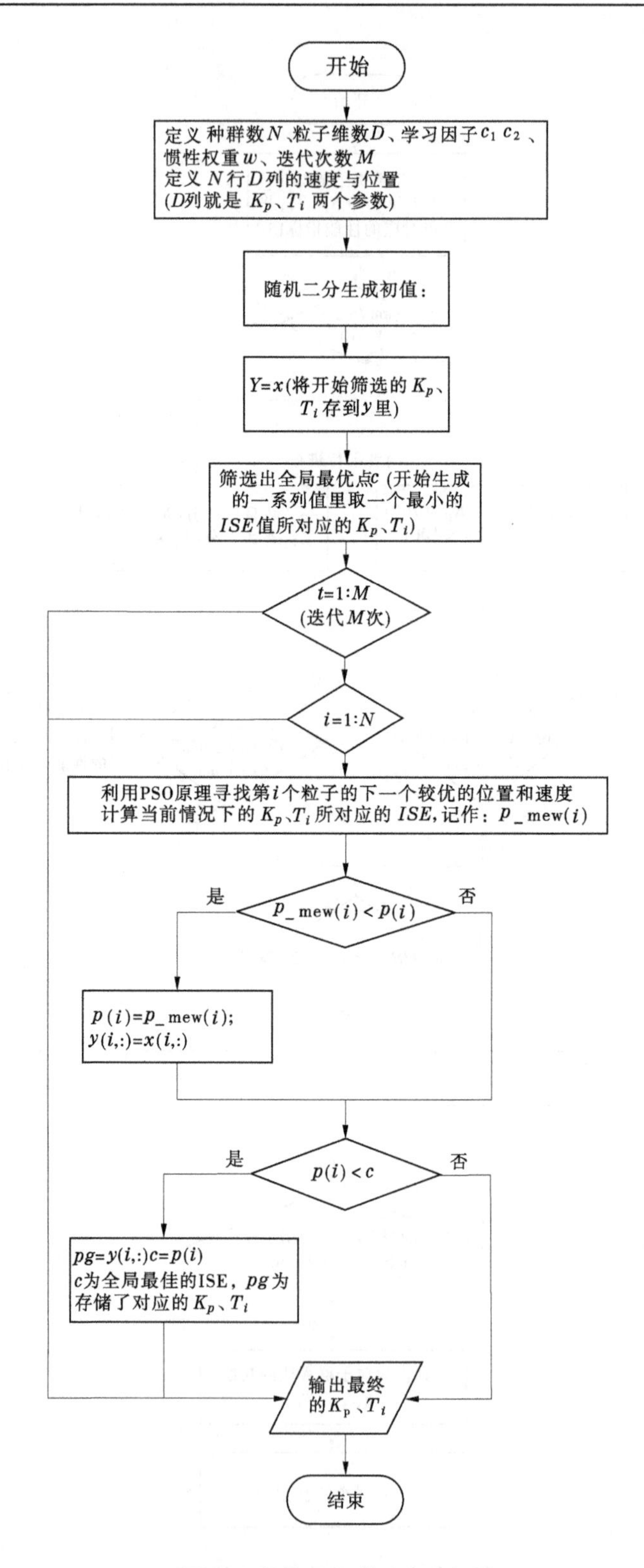

图 11　复合 PSO 算法程序框图

参考文献

[1] 刘国强.长距离输水渠系冬季输水过渡过程及控制研究[D].武汉:武汉大学, 2013.
[2] 管光华, 钟锞, 廖文俊, 等. 基于无量纲性能指标的渠系控制器参数优化[J].农业工程学报, 2018, 34(7):90-99.
[3] 曹文平, 李伟华, 王利鑫, 等. 人工蜂群算法在飞轮充电控制系统中的应用研究[J].华东电力, 2011,39(9):1500-1504.
[4] 何学明, 苗燕楠, 罗再磊. 基于教与学优化算法的PID控制器参数寻优[J].计算机工程, 2015,41(8):313-316.
[5] 石丽莉, 夏克文, 戴水东, 等. 改进的PSO算法对断路器储能弹簧的优化设计[J].计算机应用, 2018:1-9.
[6] 李恒, 郭星, 李炜. 基于改进的萤火虫算法的PID控制器参数寻优[J].计算机应用与软件, 2017,34(7):227-230.
[7] 费景高. 具有实现误差的共轭梯度算法[J].计算数学, 1980(3):250-260.
[8] 王雷. PSO算法优化BP神经网络[J].科学技术创新, 2018(34):38-39.
[9] 魏海坤, 李奇, 宋文忠. 梯度算法下RBF网的参数变化动态[J].控制理论与应用, 2007(3):356-360.
[10] 崔巍, 陈文学, 穆祥鹏. 明渠运行控制算法研究综述[J].南水北调与水利科技, 2009,7(6):113-117.
[11] 黄凯, 管光华, 刘大志, 等. 串联渠系PID改进积分与微分环节仿真研究[J].灌溉排水学报, 2017(2):1-11.
[12] Performance of Historic Downstream Canal Control Algorithms on ASCE Test Canal 1[J].2013.
[13] Clemmens A J. Test cases for canal control Algorithms[J]. Journal of Irrigation and Drainage Engineering, 1998(1):23-30.
[14] Moulay E, Léchappé V, Plestan F. Properties of the sign gradient descent algorithms[J]. Information Sciences,2019:492.
[15] Ltaief, Ali, Taieb, et al. PID-PSO control for Takagi-Sugeno Fuzzy model: International Conference on Control[C]//Decision and Information Technologies, Hammamet(TN)2013: 86-91.
[16] 王东风,孟丽.粒子群优化算法的性能分析和参数选择[J].自动化学报,2016,42(10):1552-1561.

基于 Mike 21 的码头阻水规律研究

左 丽[1] 李 乔[1] 冀荣贤[2] 刘雪瑶[3] 盛 东[4]

(1.南水北调中线干线工程建设管理局 北京 100038;
2.南水北调中线干线工程建设管理局 河南分局 郑州 450000;
3.河海大学 水文水资源学院 南京 210024;
4.湖南省水利水电科学研究院 长沙 410000)

摘要:码头的修建,改变了天然状态下的水流运动,对河道行洪造成影响。利用 Mike 21 中的水动力模块,通过对局部地形与局部糙率进行修正、调整对码头加以概化处理,模拟新建码头前

作者简介:左丽(1979—),女,高级工程师,硕士研究生,主要从事输调水管理及技术相关工作。

后河道主要水利要素的变化情况。采用单一变量法,改变阻水率由 0.1%增加至 6%,分析研究阻水率变化引起的最大壅水高度及流速变化率的变化情况。结论表明:最大壅水高度、流速变化率均与阻水率呈一次线性相关,阻水率每增大 1%,最大壅水高度增加 0.014 9 m,流速变化率增加 1.610 3%。

关键词:Mike 21　码头　阻水率　最大壅水高度　流速变化率

随着我国市场经济及电商业的发展,物流运输业蓬勃发展。水、陆、空各种航运方式快速发展,内河水运鉴于其低费用、高载重、高安全等特性,深受各运输公司青睐。为满足水运需要,在满足河道运输能力要求的同时,需在内河河道上建设码头。河流数值模拟是在现今计算机技术高速发展的前提下,在流体力学、水力学、河床动力学、河床演变学等诸多学科的基础上,通过计算机技术模拟水流运动状态的一门学科,鉴于其可视性强、涉及面广、操作简单等特点,具有广阔的应用前景。目前,大批商业洪水模拟软件兴起,例如 Mike Flood、Sms、Flunt 等。河道二维数值模拟主要用于模拟研究河道水流平面流速分布及底部河床变化等,通过研究水流、泥沙在二维平面上的变化情况来实现。码头基地周围的波浪和潮流的存在造成冲刷,降低了沿海环境和河流的结构稳定性。新建码头,必然会对其水下地形、河道糙率、过流宽度等造成影响,改变了原始自然状态下水流的运动流态及水流的内部结构,造成局部壅水、局部流速过快等,增大了两岸冲刷,对河道行洪能力造成影响,更对河堤和码头自身的稳定性造成影响。目前,我国对码头影响评价多以经验公式为主,少有通过模型计算研究,且少数研究也是将码头通过桥梁支墩等形式概化,作为桥梁研究其对水流运动的影响,并不符合码头实际情况,计算结果与实际存在较大偏差,结果不具有说服力。

本文通过 Mike 21 生成非结构化网格对研究区河道概化,由 mesh-generator 生成的 mesh 格式文件模拟地形的变化,通过改变码头阻水面积进而改变码头阻水率,研究其对河道最大壅水高度及水流流速变化率的影响,为码头工程设计提供理论指导。

1　Mike 21 的应用

1.1　码头概况

本次研究码头为湖南岳阳南方水泥有限公司专用码头,用于该公司进口原料及成品水泥输运装卸。该码头工程拟建于湖南省岳阳市岳阳县鹿角镇杨茂村,位于东洞庭湖右岸,地处岳阳县城荣家湾镇以西 12 km,岳阳市以南 30 km,长沙以北 128 km 处。码头拟采用浮码头形式,设计泊位长 200 m,泊位前后各设 1 艘趸船以抛锚系留,泊位上游段用于成品水泥出口,下游段用于原料进口,两艘趸船通过钢引桥连接。码头前沿布设在 15.0~17.0 m 等高线处,距离岸边 346~392 m。码头类别为二类,设计标准为 20 年一遇洪水。

1.2　河道概况

研究区河道位于湖南省境内,为湘江、资江、沅江、澧水四大水系的重要行洪通道,并将东、南洞庭湖相连。水位低于 26 m 时,南洞庭湖横岭湖出湖水道、湘江入湖水道、汨罗江等来水通过新墙河口汇入东洞庭湖;水位较高时,东、南洞庭湖湖面相接,发生漫滩现象。拟建码头处位于汨罗江入口以下 21 km,新墙河入口以上 6 km 处,河道淤积严重,多处河段出现沙洲，且沙洲外圈均已修筑堤防。沙洲地面高程 25~29 m，洲长 2.6~12 km，宽 800 m 左右，中洲最宽处达 5.5 km，下洲宽约 700 m，头部位于码头上游约 1 700 m，尾部向下游延伸 7.0 km，与右岸堤防相距 1.5 km。

1.3 模型介绍

DHI 是一个本部位于丹麦的独立的咨询、科研机构，是全球水合作中心的咨询机构，开发了诸多水模拟软件。Mike 21 是 DHI 公司开发的 Mike 软件包中的一部分，主要用于河渠水流、蓄滞洪区、河口、海洋等的水量、水质、泥沙及水流活动情况的二维模拟，包括水动力、泥沙、生态等模块。Mike 21 由三个模块组成，分别针对矩形网格、非结构化网格和正交曲线网格，网格使用十分灵活，在模拟弯曲岸线的情况时具有显著优势，可以在浅水区及工程所在区对地形网格进行加密，且因具有运行稳定、计算结果可靠、步骤简单、后期处理功能强大等优点而得到广泛青睐。

此次研究主要使用 Mike 21 水动力模块。当水流的水平方向尺度远远大于垂直方向尺度时，在垂直方向上的水利参数变化远小于水平方向的水利参数变化，将流动控制方程沿水深进行积分且对水深进行平均，将水流三维运动概化为二维自由运动，其运动遵循连续性方程及动量方程，且遵循静水压力假设及布辛涅斯克假设。基本方程为

二维水流连续方程

$$\frac{\partial h}{\partial t}+\frac{\partial h\bar{u}}{\partial x}+\frac{\partial h\bar{v}}{\partial y}=hS \tag{1}$$

二维水流运动方程

$$\frac{\partial h\bar{u}}{\partial t}+\frac{\partial h\bar{u}^2}{\partial x}+\frac{\partial h\bar{u}\bar{v}}{\partial y}=f\bar{v}h-gh\frac{\partial \eta}{\partial x}-\frac{h}{\rho_0}\frac{\partial p_a}{\partial x}-\frac{gh^2}{2\rho_0}\frac{\partial \rho}{\partial x}+\frac{\tau_{sx}}{\rho_0}-\frac{\tau_{by}}{\rho_0}-\frac{1}{\rho_0}\left(\frac{\partial S_{xx}}{\partial x}+\frac{\partial S_{xy}}{\partial y}\right)+\frac{\partial}{\partial x}(hT_{xx})+\frac{\partial}{\partial y}(hT_{xy})+hu_sS \tag{2}$$

$$\frac{\partial h\bar{v}}{\partial t}+\frac{\partial h\bar{v}^2}{\partial y}+\frac{\partial h\bar{u}\bar{v}}{\partial x}=f\bar{u}h-gh\frac{\partial \eta}{\partial y}-\frac{h}{\rho_0}\frac{\partial p_a}{\partial y}-\frac{gh^2}{2\rho_0}\frac{\partial \rho}{\partial y}+\frac{\tau_{sy}}{\rho_0}-\frac{\tau_{by}}{\rho_0}-\frac{1}{\rho_0}\left(\frac{\partial S_{yx}}{\partial x}+\frac{\partial S_{yy}}{\partial y}\right)+\frac{\partial}{\partial x}(hT_{yx})+\frac{\partial}{\partial y}(hT_{yy})+hv_sS \tag{3}$$

式中：$\bar{u}$、$\bar{v}$ 为平均流速；η 为河底高程，m；d 为净水深，m，h 为水深，m；$h=\eta+d$；f 为科氏力系数，$f=2\Omega\sin\varphi$，Ω 为科里奥利参数；p_a 为大气压，kg/m/s^2；ρ 为水的密度，kg/m^3；T_{xx}、T_{xy}、T_{yx}、T_{yy} 为横向应力；S_{xx}、S_{xy}、S_{yx}、S_{yy} 为辐射应力分量；τ_{sx}、τ_{sy} 为风应力；S 为点源流量；u_s、v_s 为源项流速。

横向应力 T_{ij} 包含湍流摩擦、黏滞摩擦及差异平流，可由流速梯度下涡粘公式计算得出：

$$T_{xx}=2A\frac{\partial \bar{u}}{\partial x},T_{yy}=2A\frac{\partial \bar{v}}{\partial y},T_{xy}=A\left(\frac{\partial \bar{u}}{\partial y}+\frac{\partial \bar{v}}{\partial x}\right),T_{yx}=A\left(\frac{\partial \bar{u}}{\partial x}+\frac{\partial \bar{v}}{\partial y}\right) \tag{4}$$

2 模型构建与验证

研究河道连接东、南洞庭湖，为湖南四大水系重要的行洪通道，过水断面宽度在高水

位时可达几十千米，经综合考虑码头可能影响范围，此次模拟计算选取水位 25.0 m 时拟建码头位置以上 0.5 km 至以下 2.5 km 段水域进行模型计算，分析码头工程建设前后最大壅水高度及河道流场变化情况。计算所用地形采用 2009 年 12 月实测水下地形资料，工程河段内深泓位于江心洲右侧附近，河底主要为细砂，岸边为黏土与细砂混合，河床稳定性较强。河堤右岸为丘陵地形，水下高程在 38 m 以上，岸边无堤防。码头水下地形图见图 1。

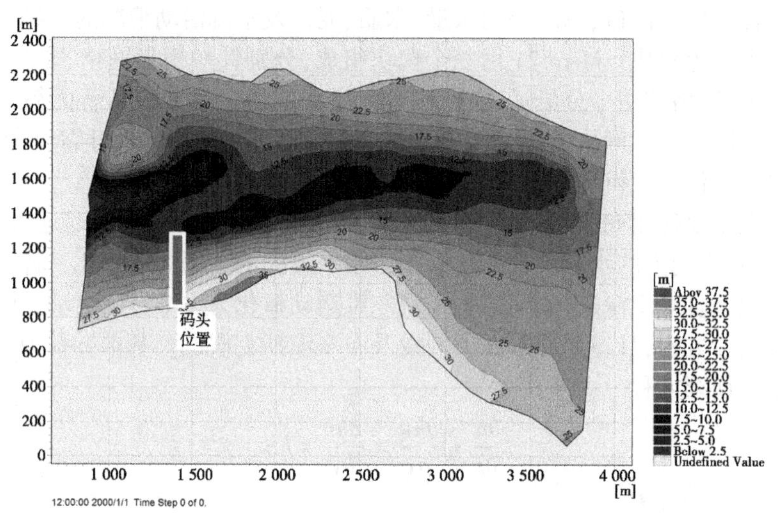

图 1　码头水下地形图

二维数值模拟采用有限体积法模拟，相对于有限差分法，有限体积法进行连续方程及动量方程计算时具有更好的守恒性，对于间断解和急流等结果更为准确，精度选用一阶精度就已足够。Mike 21 网格剖分时采用三角形网格，并进行调整使网格三角形呈正三角形形式以提高模型精度，对拟建码头区域局部适当加密，按照选取的模型范围，共划分 1 447 个网格单元及 789 个计算节点。网格剖分图见图 2。

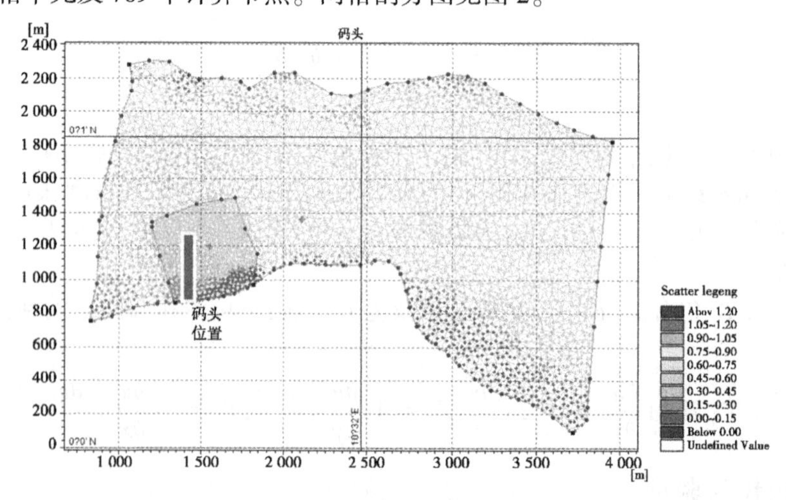

图 2　模型网格剖分图

二维水动力模型率定最主要的参数为河道糙率系数,通过改变河道糙率系数来反映实际水流过程中的阻力作用。此次计算确定河道主槽糙率为0.017~0.022,滩地糙率为0.028。据上游营田、鹿角水位站同步观测水位资料及下游岳阳水位站观测流量计算河道比降,并以此作为上、下游边界进行二维数学模拟计算。模型中的码头概化采用局部修正的方法,对码头拟建区的地形及河道糙率进行调整,以真实概化出码头建成后对自然水体水流运动造成的影响。

《湖南岳阳南方水泥有限公司专用码头工程防洪评价报告》就1996年及1998年典型洪水进行壅水计算,洪水最大壅水高度为0.000 2~0.000 4 m,码头前沿局部区域水流流速增加的最大值为0.003 m/s,模型计算中水位壅高最大值为0.000 2 m,码头建设前后,流场变化很小,码头上游流速增加最大值为0.003 m/s,码头下游流速减小最大值为0.006 m/s,与原报告结果基本一致。则此概化二维模型可用来研究和确定码头阻水情况,结果对码头阻水分析研究具有一定的指导意义。

板梁式码头的修建,使原始河道过水断面减小,造成局部壅水,对正常行洪造成阻碍,且由于断面突然减小,根据曼宁公式,局部流速会增大,但具体如何增大目前尚未有理论说明。码头阻水率、最大壅水高度和流速变化率三者作为码头设计评价三大要素,能综合反映出码头建造后水利条件的变化情况:最大壅水高度反映工程处壅水的长度、范围等情况;流速变化率反映对河床、堤防等冲刷影响情况。在这三大控制要素中,最大壅水高度和流速变化率均由阻水率变化引起。为研究板梁式码头建造后对以上两方面的影响,利用以上模型通过改变不同阻水率来分析研究工程对最大壅水高度及流速变化率的影响,并分析其相关性。

3 阻水率与最大壅水高度

阻水面积是码头设计时的重要参数,码头阻水构件与水流流向正交时,阻水面积为码头阻水构件与水流接触的横断面面积;码头阻水构件与水流流向斜交时,阻水面积为码头阻水构件与水流接触的面积在垂直于水流方向上的投影。阻水率为阻水面积与河道实测断面面积之比,阻水率增大使得局部出现壅水,其大小直接影响河道行洪能力。

通过以上 Mike 21 模型,采用单一变量法计算,选取阻水率为自变量,通过改变阻水面积以改变板梁式码头阻水率,其余条件均不发生变化,从而得到各不同阻水率条件下的最大壅水高度,计算结果见表1。

根据表1计算结果,发现随着阻水率的增大,最大壅水高度也随之增大,且呈现出一定规律,将阻水率作为自变量(x),最大壅水高度为因变量(h),绘制相关关系图,见图4,通过线性拟合发现其存在线性关系:

$$h = 0.0149x \tag{5}$$

式中:x 为阻水率;h 为最大壅水高度,m。

由图4可以看出,最大壅水高度与阻水率呈一次线性相关,阻水率每增加1%,其最大壅水高度增加0.014 9 m。各省对阻水率要求有所不同,此次研究区位于湖南省,据《湖南省涉河桥梁水利技术规定》规定,根据码头所在河道堤防级别不同,阻水率要求不同。

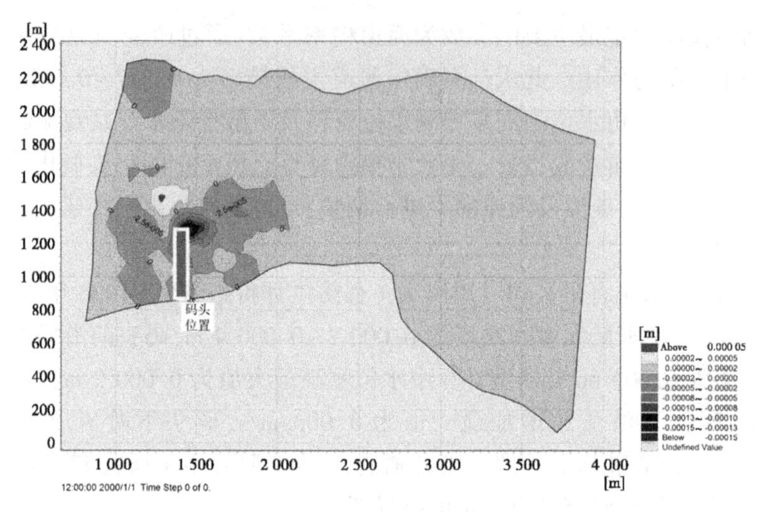

图 3　建码头前后水位壅高等值线

当码头所建处河道堤防为Ⅰ、Ⅱ级时,码头阻水率不得高于3%;对码头所建处河道堤防为Ⅲ级或堤防Ⅲ级以下以及未建堤防的情况,其码头阻水率不得高于5%。由表1及图4可知,码头阻水率为3%时,产生的最大壅水高度为0.044 5 m;码头阻水率为5%时,产生的最大壅水高度为0.074 1 m。因此,确定码头所建处河道堤防为Ⅰ、Ⅱ级时,产生的最大壅水高度不得高于0.05 m;码头所建处河道堤防为Ⅲ级或堤防Ⅲ级以下以及未建堤防的情况,产生的最大壅水高度不得高于0.08 m。

表1　不同阻水率条件下相应最大壅水高度

阻水率(%)	最大壅水高度(m)	阻水率(%)	最大壅水高度(m)
0.1	0.000 2	2.0	0.028 0
0.2	0.001 9	2.2	0.031 2
0.3	0.002 8	2.5	0.036 0
0.4	0.004 3	2.8	0.040 2
0.5	0.005 2	3.0	0.044 5
0.6	0.006 3	3.3	0.048 1
0.7	0.007 2	3.5	0.053 0
0.8	0.009 0	3.8	0.058 7
0.9	0.010 1	4.0	0.061 2
1.0	0.011 3	4.2	0.063 2
1.1	0.013 4	4.5	0.066 9
1.2	0.015 2	5.0	0.074 1
1.5	0.020 1	5.5	0.082 2
1.8	0.025 3	6.0	0.090 6

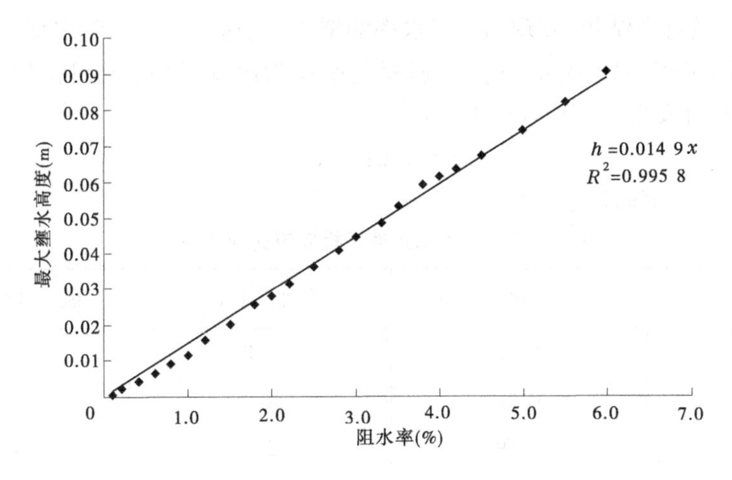

图 4 阻水率与最大壅水高度相关关系图

4 阻水率与流速变化率

码头的建设在局部减小天然河道过水断面面积、增大壅水高度的同时使得断面平均流速增大,局部水流结构发生变化,增大对岸边及堤防的冲刷,从而对岸坡稳定性造成影响,直接影响河道行洪安全。随着阻水率的增加,流速也呈增加趋势,且发现流速变化速率随之加快,流速变化率不仅可以表现出阻水率变化后水流运动的情况,更能反映出水流运动的趋势。建码头前后流场变化见图 5。

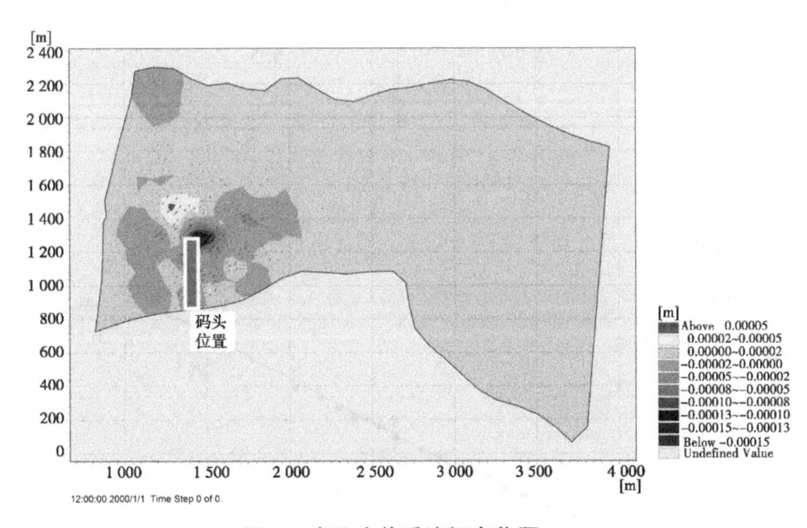

图 5 建码头前后流场变化图

通过 Mike 21 模型,采用单一变量法计算,选取阻水率为自变量,通过改变阻水面积以改变码头阻水率,其余条件均不发生变化,计算得不同阻水率条件下的流速变化率,计算结果见表 2。

根据表2中的计算结果,发现随着阻水率的增大,流速变化率也随之增大,且呈现出一定规律,将阻水率作为自变量(x),流速变化率作为因变量(v),绘制相关关系图,见图6,通过线性拟合发现其存在线性关系:

$$v = 1.6103x \tag{6}$$

式中:x 为阻水率;v 为流速变化率。

表2　不同阻水率条件下相应流速变化率

阻水率(%)	流速变化率(%)	阻水率(%)	流速变化率(%)
0.1	0.32	2.0	3.49
0.2	0.41	2.2	3.84
0.3	0.59	2.5	4.17
0.4	0.84	2.8	4.57
0.5	1.03	3.0	4.86
0.6	1.23	3.3	5.22
0.7	1.42	3.5	5.63
0.8	1.57	3.8	5.98
0.9	1.83	4.0	6.32
1.0	2.01	4.2	6.68
1.1	2.21	4.5	7.01
1.2	2.43	5.0	7.98
1.5	2.79	5.5	8.81
1.8	3.12	6.0	9.51

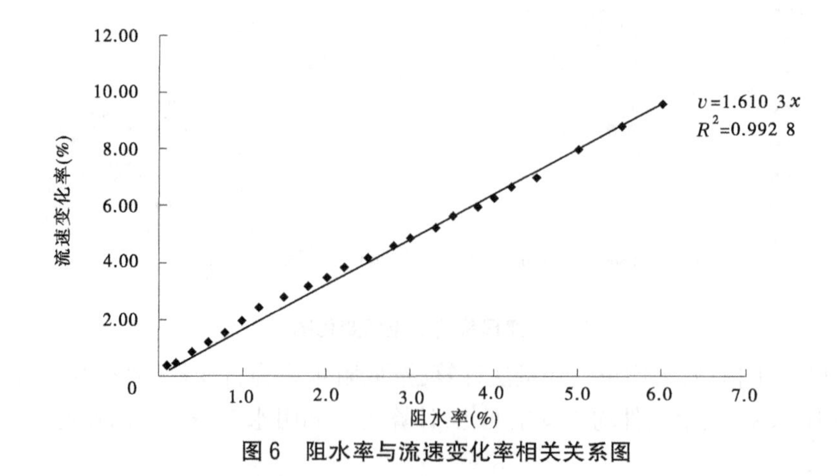

图6　阻水率与流速变化率相关关系图

由图6可以看出,流速变化率与阻水率呈一次线性相关,阻水率每增加1%,其流速变化率增加1.610 3%。目前,码头水利要素规定尚未对最大允许流速变化率做出相应规范。由表2及图6可知,根据码头阻水率相关要求,码头所建处河道堤防为Ⅰ、Ⅱ级时,码头阻水率不得高于3%,此时计算得最大流速变化率为4.86%;对码头所建处河道堤防为Ⅲ级或Ⅲ级以下以及未建堤防的情况,其码头阻水率不得高于5%,计算得流速变化率最大为7.98%,因此可以得出对Ⅰ、Ⅱ级河道,码头建成后最大流速变化率为5%;Ⅲ级及以下河道则流速变化率不得超过8%。

5 总 结

论文利用Mike 21的水动力模块模拟了研究区河道码头布设时在不同阻水率条件下对最大壅水高度、流速变化率等水利控制要素的影响,结果表明:

(1)随着阻水率的增大,湖南岳阳南方水泥有限公司专用码头最大壅水高度也随之增大且阻水率与最大壅水高度呈一次线性相关,$h=0.014\ 9x$。

(2)根据湖南省对码头水利要素的规定,确定湖南岳阳南方水泥有限公司专用码头所建处河道堤防为Ⅰ、Ⅱ级时,产生的最大壅水高度不得高于0.05 m;码头所建处河道堤防为Ⅲ级或Ⅲ级以下以及未建堤防的情况,产生的最大壅水高度不得高于0.08 m。

(3)随着阻水率的增大,流速变化率也随之增大,且湖南岳阳南方水泥有限公司专用码头阻水率与流速变化率呈现一次线性相关,$v=1.610\ 3x$,其中,x为阻水率;v为流速变化率。

(4)根据湖南省对码头水利要素的规定,确定码头所建处河道堤防为Ⅰ、Ⅱ级时,流速变化率最大不得超过5%;码头所建处河道堤防为Ⅲ级或Ⅲ级以下以及未建堤防的情况,最大允许流速变化率不得超过8%。

参考文献

[1] Azimi H, Bonakdari H, Ebtehaj I, et al. Evolutionary Paretooptimization of an ANFIS network for modeling scour at pile groups in clear water condition[J]. Fuzzy Sets and Systems, 2017, 319:50-69.

[2] 徐新华. 防洪评价报告编制导则制定研究[D]. 南京:河海大学, 2006.

[3] 李坡. MIKE 21在码头桩基“群桩”效应分析中的应用[J]. 科技推广与应用, 2017(4): 27-28.

[4] 梁云, 殷峻暹, 祝雪萍, 等. MIKE 21水动力学模型在洪泽湖水位模拟中的应用[J]. 水电能源科学, 2013, 31(1): 135-137.

[5] 郭凤清, 屈寒飞, 曾辉, 等. 基于MIKE 21 FM模型的蓄洪区洪水演进数值模拟[J]. 水电能源科学, 2013,31(5): 34-37.

[6] 任志杰, 王振奥, 陆海建. Mike 21软件桩群概化方法在高桩码头中的应用[J]. 水运工程, 2017(10):118-124.

[7] 许婷. MIKE 21 HD计算原理及应用实例[J]. 港工技术, 2010, 47(5):1-5.

[8] 徐帅, 张凯, 赵仕沛. 基于MIKE 21模型的地表水影响预测[J]. 环境科学与技术, 2015, 38(6P): 386-390.

基于 Vensim 模型的水资源承载能力分析
——以永春县为例

付　军[1]　鞠向楠[1]　吴佳敏[2]　侯　坦[3]

(1. 南水北调中线干线工程建设管理局 河南分局　郑州　450000;
2. 南水北调中线干线建设管理局 渠首分局　南阳　473000;
3. 河海大学 水文水资源学院　南京　210024)

摘要:水资源承载能力通常是指在可持续发展原则下,在一定经济技术水平下,在一定的生活福利标准下,一个区域的水资源可利用量所能支撑的最大人口规模。本文利用 Vensim 软件构建水资源承载力估算模型,以人均生活耗水量、万元 GDP 耗水量为变量,计算永春县的水资源承载力,便于分析水资源承载力与用水效率之间的动态关系。结论表明,提高用水效率可以显著延长水资源可利用量的发展时间,提高水资源承载能力。

关键词:水资源承载力　Vensim 模型　永春县

水资源承载力通常是指在可持续发展原则下,在一定经济技术水平下,在一定的生活福利标准下,一个区域的水资源可利用量所能支撑的最大人口规模。1989 年,新疆水资源软科学课题研究组第一次对新疆水资源及其承载能力和开发战略对策进行了研究;曲耀光等也率先开展了新疆乌鲁木齐河水资源承载力研究。国家"九五"科技攻关项目"西北地区水资源开发利用与生态环境保护"标志着水资源承载力研究成为热点。目前,研究水资源承载力的方法多种多样,其中最主要的研究方法有常规趋势法、综合评价法、多目标分析法及系统动力学法。常规趋势法是基于统计分析、选择单项或多项指标,反映区域水资源现状和阈值的简便方法,用工业用水效率、中水回用率、人均水资源占有量等来衡量区域水资源承载力的现状和潜力,指标具有直观、简便的特点,但存在评价指标单一化、忽略了各个指标之间的相互关系等明显的缺点。综合评价法是通过选定指标与评价标准,采用某种评价方法,进行综合评价计算的,但该方法指标选择多是根据专家的经验主观确定的,对于评价体系的建立和评价方法还有待丰富。多目标分析法是选定水资源承载能力的目标如人口、经济等,设置目标主要约束条件,统筹各目标使其效益最大化,目标函数的确立及降维算法选择是一个难点和重点。系统动力学法是一种以反馈控制理论为基础,以计算机仿真技术为手段,研究动态复杂问题的定量方法。该方法结合定性与定量分析,集成了系统分析、综合与推理,分析速度快,而且具有系统的观点。

本文利用系统动力学法,构建基于系统动力学的水资源承载力模型——Vensim 模型,通过模拟预测社会经济、生态、环境和水资源系统多变量、非线性、多反馈与复杂反馈

作者简介:付军(1978—),男,高级工程师,本科,主要从事输调水管理及技术相关工作。

等过程,把经济社会、资源与环境在内的大量复杂因子作为一个整体,模拟当地水资源随时间推移而发展变化情况,对一个区域的水资源承载能力进行动态计算。

1 研究区概况

永春县位于福建省东南部、晋江东溪上游,是泉州市下辖的一个县。位于东经117°41′55″~118°31′9″,北纬25°13′15″~25°33′45″。东邻仙游,南接南安、安溪,西连漳平,北与德化、大田交界。

2015年永春县年降雨量1 800.5 mm,折合年水量26.441亿m^3。2015年永春县地表径流量21.753亿m^3。全县2015年水资源总量为11.907亿m^3,总用水量2.576亿m^3,水资源开发利用还留有较大空间。

对永春县水资源承载能力进行评估,分析各影响因子对水资源承载能力的影响,有利于科学合理地分配水资源,提高水资源利用效率,增加经济产值,促进水资源的可持续利用和发展。

2 研究方法

2.1 Vensim 模型原理

系统动力学的本质是一阶微分方程组。一阶微分方程组描述了系统各状态变量的变化率对各状态变量或特定输入等的依存关系。根据实际系统的情况和研究的需要,在系统动力学中进一步考虑了促成状态变量变化的几个因素,将变化率的描述分解为若干流率的描述。这样处理使得物理、经济概念明确,不仅利于建模,而且有利于寻找平衡系统的控制点。

Vensim模型即是基于系统动力学原理的计算机模型。本文利用Vensim软件构建水资源承载力估算模型,以人均生活耗水量、万元GDP耗水量为变量,模拟当地水资源的发展利用趋势,分析在不同变量条件下水资源可供发展的年限及可支撑的人口水平,便于分析水资源承载力与用水效率之间的动态关系。

2.2 Vensim 模型构建

永春县水资源承载力系统Vensim模型的主要状态变量见表1。

表1 Vensim模型的主要状态变量

变量	参数
状态变量	水资源可利用量W、国内生产总值GDP、人口P
速率变量	人口增长率、GDP增长率、水资源开发率
辅助变量	万元GDP耗水量Q_{GDP}、工业用水量W_{GDP}、人均生活耗水量Q_1、生活耗水量W_P、GDP增长量、人口增长量、水资源补给量

各变量逻辑关系如下:

$$W = W_P + W_{GDP} \tag{1}$$

$$W_P = P \times Q_1 \tag{2}$$

$$W_{GDP} = GDP \times Q_{GDP} \tag{3}$$

式中:W 为扣除生态和农业用水的水资源可利用量,亿 m^3;GDP 为国内生产总值;P 为当地常住总人口,万人;W_P 为生活耗水量,亿 m^3;W_{GDP} 为工业用水量,亿 m^3;Q_1 为人均生活耗水量,m^3/万元;Q_{GDP} 为万元 GDP 耗水量,m^3/万元。

用这一模型可以很方便地讨论水资源承载力与用水效率之间的动态关系。

模型中的水资源可利用量是指扣除生态和农业用水量后的水资源量,仅用作工业用水量和生活用水量两个部分。水资源可利用量与当地的降水径流、跨区域调水有关。扣除生态和农业需水后,全县现状年水资源可利用总量为 2.68 亿 m^3。

工业用水量指的是产生一定量 GDP 所消耗的水量,由万元 GDP 耗水量与 GDP 相乘而得。万元 GDP 耗水量在一定的技术发展阶段内,作为一个常量;随着科技水平的进步,用水效率的提高,万元 GDP 耗水量会逐渐下降。GDP 作为衡量一个地区发展水平的主要标志,受到市场、政策、资源等多方面因素的影响,本模型中将其概化为以恒定速率GDP 增长率逐年稳定增长。永春县现状水平年的 GDP 为 306.8 亿元。

生活耗水量由人口与人均生活耗水量相乘而得。不考虑城镇与农村人口生活用水的差异,将人均生活耗水量作为一个统一的常量,且随着生活的进步与节水意识的增强,用水效率提高,人均生活耗水量逐渐下降。本模型中人口按照当地的人口自然增长率进行估算,见表 2。

表 2 永春县人口自然增长预测 (单位:万人)

发展年限(年)	当地人口	发展年限(年)	当地人口	发展年限(年)	当地人口
0	51.13	16	55.38	32	59.98
1	51.39	17	55.65	33	60.28
2	51.64	18	55.93	34	60.58
3	51.90	19	56.21	35	60.88
4	52.16	20	56.49	36	61.19
5	52.42	21	56.78	37	61.49
6	52.68	22	57.06	38	61.80
7	52.95	23	57.34	39	62.11
8	53.21	24	57.63	40	62.42
9	53.48	25	57.92	41	62.73
10	53.74	26	58.21	42	63.04
11	54.01	27	58.50	43	63.36
12	54.28	28	58.79	44	63.68
13	54.56	29	59.09	45	64.00
14	54.83	30	59.38	46	64.32
15	55.10	31	59.68	47	64.64

对于一定的水资源可利用量,改变人均生活耗水量、万元 GDP 耗水量,模型中水资源可供发展的年限也随之改变,可供发展人口也不相同,水资源承载能力随之改变。

水资源承载力系统 Vensim 模型流图见图 1。

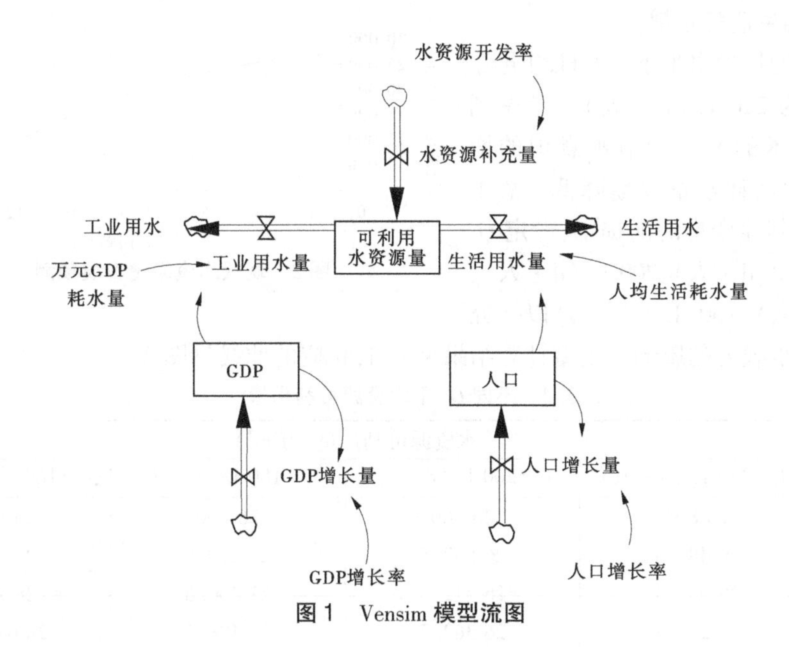

图 1 Vensim 模型流图

3 结果与分析

3.1 现状水资源承载力预测

在一定的水资源可利用量下，应用上述模型计算不同情景下的水资源承载力，其中 Q_{GDP} 表示万元 GDP 耗水量(m^3/万元)，Q_1 表示人日均生活耗水量[L/(d·人)]。根据永春县现状年的发展情况，Q_1 初始值为 220 L/(d·人)，Q_{GDP} 初始值为 75 m^3/万元。永春县现状水资源承载能力预测见表 3。

表 3 永春县现状水资源承载能力预测

发展年限(年)	水资源可利用量(万 m^3)	发展年限(年)	水资源可利用量(万 m^3)
0	26 800	8	18 456
1	26 484.3	9	16 458.6
2	25 963.9	10	14 243.6
3	25 237.4	11	11 809.4
4	24 303.1	12	9 154.26
5	23 159.4	13	6 276.5
6	21 804.8	14	3 174.4
7	20 237.5	15	—

注：表格中“—”表示水资源可利用量小于 0，即水资源可利用量全部消耗完。

由图 2 中曲线可知，在现阶段水资源利用效率下，水资源可利用量逐年减少，直至为 0。目前的水资源可利用量可以维持当地发展 14 年，到第 15 年，水资源可利用量小于 0，水资源可利用量耗尽。根据表 2，到第 14 年可供支撑的人口数量为 54.83 万人。

3.2 人日均生活耗水量

在当前的技术水平下，人日均生活耗水量 Q_1 为 220 L/(d · 人)。考虑到随着节水技术的发展和节水意识的增强,人日均生活耗水量逐渐降低。故本次在不改变其他变量的前提下,设定 Q_1 分别为 220 L/(d · 人)、200 L/(d · 人)、180 L/(d · 人)、160 L/(d · 人)以探究其对水资源承载力的影响。模型计算结果见表 4,相应的曲线见图 3。

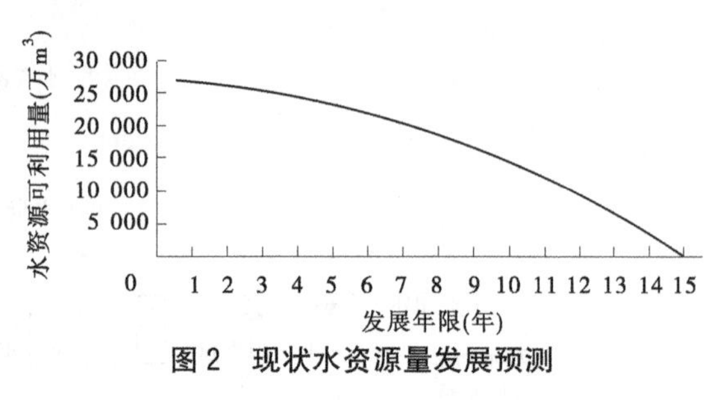

图 2 现状水资源量发展预测

表 4 不同 Q_1 下水资源可利用量

发展年限	水资源可利用量(万 m³)			
(年)	Q_1 = 220 L/(d · 人)	Q_1 = 200 L/(d · 人)	Q_1 = 180 L/(d · 人)	Q_1 = 160 L/(d · 人)
0	26 800	26 800	26 800	26 800
1	26 484.3	26 857.5	27 230.8	27 604
2	25 963.9	26 712.3	27 460.6	28 209
3	25 237.4	26 362.7	27 488.1	28 613.4
4	24 303.1	25 807.3	27 311.5	28 815.8
5	23 159.4	25 044.4	26 929.4	28 814.4
6	21 804.8	24 072.4	26 340.1	28 607.8
7	20 237.5	22 889.7	25 542	28 194.3
8	18 456	21 494.7	24 533.5	27 572.3
9	16 458.6	19 885.8	23 313	26 740.2
10	14 243.6	18 061.2	21 878.8	25 696.4
11	11 809.4	16 019.3	20 229.3	24 439.2
12	9 154.26	13 758.5	18 362.7	22 967
13	6 276.5	11 277	16 277.5	21 278
14	3 174.4	8 573.15	13 971.9	19 370.7
15	—	5 645.22	11 444.2	17 243.2
16	—	2 491.46	8 692.71	14 894
17	—	—	5 715.64	12 321.1
18	—	—	2 511.28	9 523.06
19	—	—	—	6 497.94
20	—	—	—	3 244.01
21	—	—	—	—

注:表格中“—”表示水资源可利用量小于 0,即水资源可利用量全部消耗完。

由图 3 中曲线可知,对于 Q_1 = 200 L/(d · 人)、180 L/(d · 人)、160 L/(d · 人),水资源可利用量随着时间推移先增加后减少至零。这是由于在发展初期人口和 GDP 较小,生活用水量和工业用水量之和小于每年可以提供的水资源量,水资源可利用量有富余。随着人口的增加和 GDP 的提高,生活用水量和生产用水量也逐渐增加,每年的水资源可利

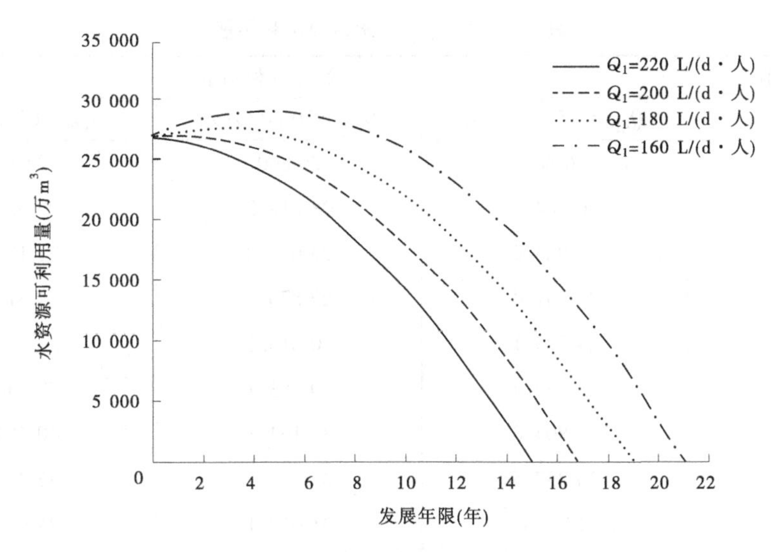

图 3 Q_1 对可利用水资源总量的影响

用量不足以支撑生活用水和生产用水,因此水资源可利用量逐渐消耗完。

随着人日均生活耗水量 Q_1 的减少,每年水资源可利用量减少到零的时间逐渐延长,即相同的可利用水资源总量可以支持该地区发展时间更久。由表 4 可知,Q_1 为 220 L/(d · 人)时,每年可利用水资源总量可供当地发展 14 年;Q_1 为 200 L/(d · 人)时,可供当地发展 16 年;Q_1 为 180 L/(d · 人)时,可供当地发展 18 年;Q_1 为 160 L/(d · 人)时,可供当地发展 20 年。

人日均生活耗水量 Q_1 的降低,延长了水资源可供发展年限,随着发展年限的延长,当地人口按照人口自然增长率增加,水资源承载力逐年增加。根据表 2,对于 $Q_1 = 220$ L/(d · 人)、200 L/(d · 人)、180 L/(d · 人)、160 L/(d · 人),相应的水资源承载力分别为 54.83 万人、55.38 万人、55.93 万人、56.49 万人。

因此,对于当前的人日均生活耗水量 Q_1 水平,当地的水资源可利用量可以保证当前的人口发展而有富余,同时也表明,减少人日均生活耗水量,可以有效地提高水资源承载能力,以利于水资源可持续发展。

3.3 万元 GDP 耗水量 Q_{GDP}

在当前的技术水平下,永春县万元 GDP 耗水量 Q_{GDP} 为 75 m³/万元,考虑到随着科学的发展、节水技术的进步,万元 GDP 耗水量 Q_{GDP} 也会随之降低,故本次在不改变其他变量的前提下,设定 Q_{GDP} 分别为 75 m³/万元、70 m³/万元、65 m³/万元以探究其对水资源承载力的影响。不同 Q_{GDP} 下水资源可利用量见表 5,相应曲线见图 4。

由图 4 中曲线可知,$Q_{GDP} = 75$ m³ 时,随着万元 GDP 耗水量 Q_{GDP} 的减少,水资源可利用量减少到零的时间逐渐延长,即相同的可利用水资源总量可以支持该地区发展时间更久。由表 5 中的数据可知,Q_{GDP} 为 75 m³/万元时,水资源总量可供当地发展 14 年;Q_{GDP} 为 70 m³/万元时,可供发展 23 年;Q_{GDP} 为 65 m³/万元时,可供发展 36 年。

表 5　不同 Q_{GDP} 下水资源可利用量　　（单位：万 m^3）

发展年限（年）	水资源可利用量		
	$Q_{GDP}=75\ m^3/$万元	$Q_{GDP}=70\ m^3/$万元	$Q_{GDP}=65\ m^3/$万元
0	26 800	26 800	26 800
1	26 484. 3	28 018. 3	29 552. 3
2	25 963. 9	29 044. 2	32 124. 5
3	25 237. 4	29 876. 3	34 515. 2
4	24 303. 1	30 513. 1	36 723. 1
5	23 159. 4	30 953. 1	38 746. 8
6	21 804. 8	31 194. 8	40 584. 9
7	20 237. 5	31 236. 7	42 235. 8
8	18 456	31 077. 1	43 698. 3
9	16 458. 6	30 714. 7	44 970. 8
10	14 243. 6	30 147. 8	46 052
11	11 809. 4	29 374. 8	46 940. 2
12	9 154. 26	28 394. 2	47 634. 1
13	6 276. 5	27 204. 4	48 132. 2
14	3 174. 4	25 803. 7	48 433
15	—	24 190. 5	48 534. 8
16		22 363. 3	48 436. 4
17		20 320. 3	48 136
18		18 059. 9	47 632. 1
19		15 580. 4	46 923. 2
20		12 880. 2	46 007. 7
21		9 957. 51	44 884
22		6 810. 65	43 550. 6
23		3 437. 89	42 005. 7
24		—	40 247. 9
25			38 275. 4
26			36 086. 6
27			33 679. 8
28			31 053. 4
29			28 205. 7
30			25 135

注：表格中“—”表示水资源可利用量小于 0，即水资源可利用量全部消耗完。

续表 5

发展年限(年)	水资源可利用量		
	$Q_{GDP}=75\ m^3$/万元	$Q_{GDP}=70\ m^3$/万元	$Q_{GDP}=65\ m^3$/万元
31			21 839.6
32			18 317.6
33			14 567.5
34			10 587.5
35			6 375.67
36			1 930.38
37			—

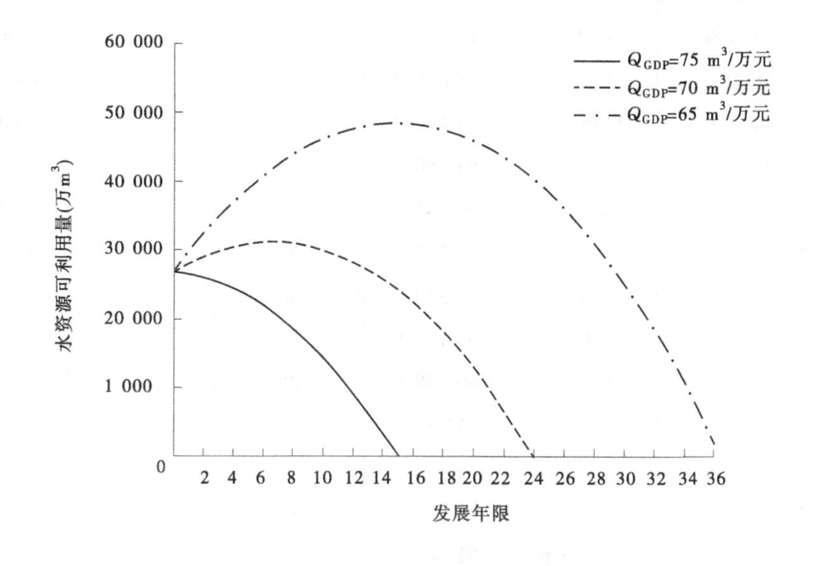

图 4 Q_{GDP} 对水资源承载力的影响

万元 GDP 耗水量 Q_{GDP} 降低,延长水资源可供发展年限,随着发展年限的延长,当地人口按照人口自然增长率增加,水资源承载力逐年增加。根据表 2,对于 $Q_{GDP}=75\ m^3$/万元、70 m^3/万元、65 m^3/万元,相应的水资源承载力分别为 54.83 万人、57.34 万人、61.19 万人。

由计算结果可知,万元 GDP 耗水量 Q_{GDP} 对水资源承载力的限制作用较为显著,根据计算结果,随着万元 GDP 耗水量的降低,水资源承载力逐渐提高。因此,提高生产力发展水平、促进节水设备和工艺的推广,可以有效促进水资源的可持续发展。

3.4 不同 $Q(Q_{GDP},Q_1)$ 组合

同时降低人日均生活耗水量和万元 GDP 耗水量,设计不同的 $Q(Q_{GDP},Q_1)$,预测用水效率降低后永春县的水资源承载力情况,结果见表 6,相应的关系曲线见图 5。

表 6　不同 Q_1 和 Q_{GDP} 组合下水资源可利用量　（单位：万 m^3）

发展年限（年）	水资源可利用量			发展年限	水资源可利用量	
	$Q_1=220$，$Q_{GDP}=75$	$Q_1=200$，$Q_{GDP}=70$	$Q_1=180$，$Q_{GDP}=65$		$Q_1=200$，$Q_{GDP}=70$	$Q_1=180$，$Q_{GDP}=65$
0	26 800	26 800	26 800	22	15 467.9	60 865.2
1	26 484.3	28 391.5	30 298.8	23	12 511.7	60 153.4
2	25 963.9	29 792.5	33 621.2	24	9 329.94	59 232.8
3	25 237.4	31 001.7	36 765.9	25	5 920.86	58 101.7
4	24 303.1	32 017.3	39 731.6	26	2 282.74	56 758.5
5	23 159.4	32 838.1	42 516.8	27	—	55 201.6
6	21 804.8	33 462.5	45 120.2	28		53 429.4
7	20 237.5	33 888.9	47 540.4	29		51 440
8	18 456	34 115.9	49 775.9	30		49 232
9	16 458.6	34 141.9	51 825.3	31		46 803.5
10	14 243.6	33 965.4	53 687.2	32		44 152.9
11	11 809.4	33 584.7	55 360.1	33		41 278.5
12	9 154.3	32 998.4	56 842.6	34		38 178.4
13	6 276.5	32 204.9	58 133.2	35		34 851.1
14	3 174.4	31 202.4	59 230.5	36		31 294.7
15	—	29 989.5	60 132.9	37		27 507.4
16		28 564.5	60 838.9	38		23 487.5
17		26 925.8	61 347	39		19 233.2
18		25 071.7	61 655.6	40		14 742.6
19		23 000.5	61 763.4	41		10 013.9
20		20 710.6	61 668.6	42		5 045.3
21		18 200.3	61 369.7	43		—

注：表格中“—”表示水资源可利用量小于 0，即水资源可利用量全部消耗完。

由图 5 中曲线可知，同时改变人均生活耗水量和万元 GDP 耗水量，可以显著延长可利用水资源的发展年限。当 $Q_1=220$ L/(d · 人)，$Q_{GDP}=75$ m^3/万元时，水资源可利用量可供当地发展 14 年；当 $Q_1=200$ L/(d · 人)，$Q_{GDP}=70$ m^3/万元时，可供当地发展 26 年；当 $Q_1=180$ L/(d · 人)，$Q_{GDP}=65$ m^3/万元时，水资源可利用量可供当地发展 42 年。对应的水资源承载力分别为 54.83 万人、58.21 万人、63.04 万人。

4　结　论

本文利用 Vensim 软件构建水资源承载力估算模型，量化了不同用水效率下的水资源承载力，为永春县的社会经济可持续发展提供理论支持。由模型计算结果可知，减少人日均生

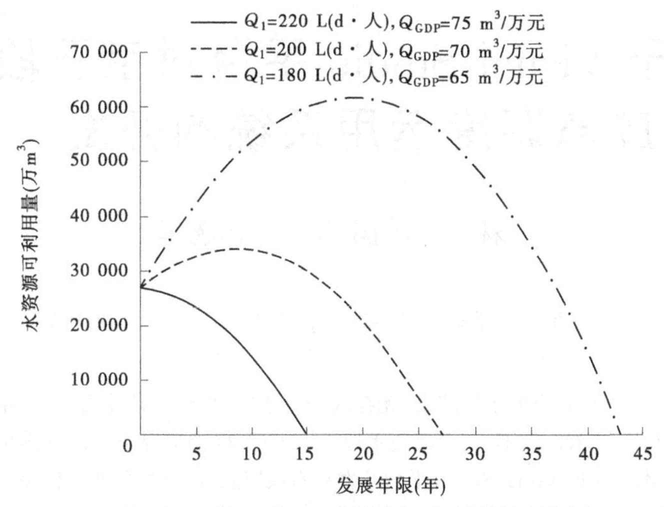

图 5 不同 Q_1 和 Q_{GDP} 组合下水资源可利用量

活耗水量、万元 GDP 耗水量,提高用水效率,可以显著延长水资源可利用量的发展年限,人日均生活耗水量 Q_1 从 220 L/(d · 人)降低到 160 L/(d · 人)时,水资源承载力从 54. 83 万人提高至 56. 49 万人;万元 GDP 耗水量从 75 m^3/万元降低到 65 m^3/万元时,水资源承载力从 54. 83 万人提高至 61. 19 万人;而改变用水效率组合 $Q(Q_{GDP}, Q_1)$,从(75,220)降低到(65,180),水资源承载力从 54. 83 万人提高到 63. 04 万人,水资源承载力显著提高。

参考文献

[1] 王浩,秦大庸, 王建华, 等. 西北内陆干旱区水资源承载能力研究[J]. 自然资源学报,2004, 19(2):151-159.

[2] 新疆水资源软科学课题研究组. 新疆水资源及其承载力的开发战略对策[J]. 水利水电技术, 1989(6):2-9.

[3] 曲耀光. 乌鲁木齐地区水资源及其开发利用程度[J]. 干旱区地理,1991, 14(1):12-17.

[4] 中国水利水电科学研究院. 西北地区水资源合理开发利用与生态环境保护研究[J]. 中国水利,2001(5):9-11.

[5] 袁鹰. 区域水资源承载能力评价方法研究[D]. 北京:中国水利水电科学研究院,2006.

[6] 杨金鹏, 郭金燕, 黄大英,等. 区域水资源承载能力计算与评价方法——以北京市昌平区为例[J]. 水利规划与设计, 2013(3):30-32,35.

[7] 高彦春,刘昌明. 区域水资源开发利用的阈限分析[J]. 水利学报,1997,26(8):73-79.

[8] 李永成. 汀溪水库供水系统水资源承载力探讨[J]. 引进与咨询,2006(5):18-19.

[9] 许有鹏. 干旱区水资源承载能力综合评价研究——以新疆和田河流域为例[J]. 自然资源学报, 1993, 8(3):229-237.

[10] 左其亭. 水资源承载力研究方法总结与再思考[J]. 水利水电科技展,2017,37(3):1-6.

[11] 翟晓丽. 多目标分析法在小区域地下水承载能力评估中的应用[D]. 西安:西南交通大学,2006.

[12] 罗腾飞, 马太玲,孙晶, 等. 基于 Vensim 模型的高校中水回用系统模拟预测[J]. 环境科学与技术, 2010,33(S2):211-214.

[13] 徐伟. 利用 Vensim 动态模拟软件模拟水稻田氮素迁移动态过程[D]. 杭州:浙江大学,2007.

基于 Visual Studio 平台对京石段应急调度运用系统的开发

高　林[1]　夏国华[2]　徐艳军[3]

(南水北调中线干线工程建设管理局　北京　100038)

摘要:南水北调中线工程具有输水线路长、无在线调蓄水库、渠池调蓄能力有限、水力滞后严重等特点,事故工况下,若调控不当,会出现水位迅速上涨,极端情况下有出现漫堤和破坏渠道衬砌的风险。本文通过 Visual Studio 平台开发京石段应急调度程序,通过模拟不同应急策略情况下,沿线各渠池水位涨落特性,不仅可为优化应急预案和制定应急调度策略提供科学依据,也可增强运行调度人员的感性认识,为运行调度人员应急调度方案库的建立和快速、科学应对紧急事件提供技术支撑。

关键词:应急调度　模拟　Visual Studio　京石段工程　调蓄

1　引　言

南水北调中线京石段渠道南起古运河节制闸,末端为惠南庄泵站,总长 228.9 km。沿线 14 道节制闸和 1 座泵站将渠道分为 14 个渠池,同时设置 8 座控制闸、12 座退水闸、13 座分水闸、11 座暗渠/隧洞、3 座渡槽和 17 座倒虹吸。惠南庄泵站自投入运行以来,发生了多次泵站停机事故,导致入京流量骤减,甚至断流。由于中线总干渠缺少在线水库,调蓄能力有限,惠南庄泵站事故停机时,京石段下游渠段面临着水位迅速上涨,甚至漫堤的危急局面。另外,中线总干渠输水距离长,水流惯性大,无法通过紧急减少陶岔渠首入渠流量来应对停泵事故。更为重要的是,北拒马河节制闸处设计流量水位、加大流量水位和预警水位分别是 60.3 m、60.4 m 和 60.5 m,预警水位和设计流量水位相差只有 0.2 m。因此,惠南庄泵站事故停机时,若调度策略失当,极易造成水位快速上涨,有导致北拒马河渠段衬砌破坏的危险。本文以中线总干渠京石段工程为研究对象(上至古运河节制闸,下至惠南庄泵站前池),建立京石段闸控水力仿真模型,开发京石段应急调度运用系统。该系统能够模拟北京段突发事故停泵以及旁通流道开启条件下的入京流量减少情况下,京石段沿线节制闸、控制闸、分水口、退水闸的启闭操作及其引起的水力响应过程。

2　明渠系统非恒定流控制方程及模型建立

无侧向入(出)流明渠非恒定流模型的控制方程可以写成:

$$B\frac{\partial z}{\partial t}+\frac{\partial Q}{\partial s}=0 \tag{1}$$

作者简介:高林(1978—),男,河北邯郸人,工学博士,研究方向为水文水资源及长距离输水工程管理。

$$\frac{\partial Q}{\partial t}+\frac{2Q}{A}\frac{\partial Q}{\partial s}+\left[gA-B\left(\frac{Q}{A}\right)^2\right]\frac{\partial z}{\partial s}=\left(\frac{Q}{A}\right)^2\frac{\partial A}{\partial s}\bigg|_z-gA\frac{Q^2}{K^2} \tag{2}$$

式中:B、z 和 A 分别为水面宽度、水面高程和断面面积;K 为流量模数;s 为流程;$\frac{\partial A}{\partial s}\Big|_z$ 为当水位为常数时,过水断面面积沿程变化率。

明渠非恒定流控制方程可以采用差分方法求解,其中,应用最广泛的是普里斯曼隐式差分格式。差分法的基本思想是将方程中的偏微商用差商代替,把原方程离散为差分方程,并在自变量平面(流程-时间平面)网格上对各节点求数值解。

具体来说是以流程 s 为横坐标,时间 t 为纵坐标,根据原始资料情况、计算精度和稳定性的要求,选取空间步长 Δs 和时间步长 Δt,在自变量 $s\sim t$ 上构成矩形网格,如图 1 所示。

一维非恒定流的离散采用双因子偏心格式,它是普里斯曼格式,为 4 点偏心格式的通用格式。如图 2 所示,网格中的 M 点在网格($[i,i+1][j,j+1]$)内,M 点距已知时刻 j 为 $\theta\Delta t$,距未知时刻 $j+1$ 为 $(1-\theta)\Delta t$;M 点到空间节点 i 的距离为 $\psi\Delta s$,其中,θ 为时间权重系数,一般取(0.5,1],通常取 0.6;ψ 为空间权重系数,当 $\psi=0.5$ 时,即为普里斯曼格式。

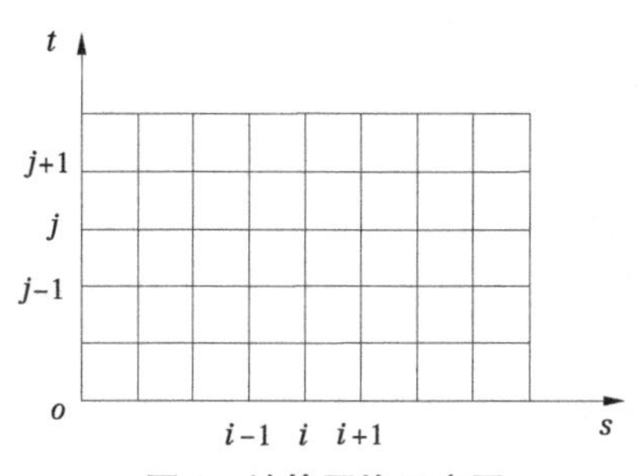

图 1 计算网格示意图

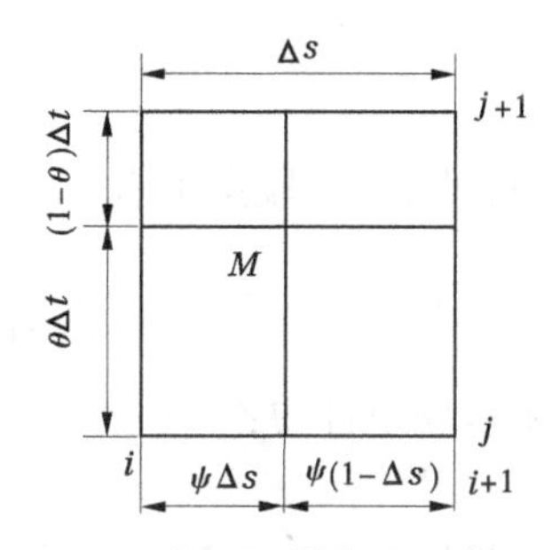

图 2 普里斯曼格式示意图

明渠非恒定流模型控制方程中的变量、变量对时间和空间的偏导数通过下列公式近似计算:

$$f(x,t)\approx\bar{f}=\theta[\psi f_{i+1}^{j+1}+(1-\psi)f_i^{j+1}]+(1-\theta)[\psi f_{i+1}^{j}+(1-\psi)f_i^{j}] \tag{3}$$

$$\frac{\partial f}{\partial s}\approx\theta\frac{f_{i+1}^{j+1}-f_i^{j+1}}{\Delta s}+(1-\theta)\frac{f_{i+1}^{j}-f_i^{j}}{\Delta s} \tag{4}$$

$$\frac{\partial f}{\partial t}\approx\psi\frac{f_{i+1}^{j+1}-f_{i+1}^{j}}{\Delta t}+(1-\psi)\frac{f_i^{j+1}-f_i^{j}}{\Delta t} \tag{5}$$

将式(3)~式(5)代入连续方程式(1)并整理后有:

$$a_{1i}z_i^{j+1}+b_{1i}Q_i^{j+1}+c_{1i}z_{i+1}^{j+1}+d_{1i}Q_{i+1}^{j+1}=e_{1i} \tag{6}$$

式中:$a_{1i}=(1-\psi)B_M$;$b_{1i}=-\theta\frac{\Delta t}{\Delta s}$;$c_{1i}=\psi B_M$;$d_{1i}=\theta\frac{\Delta t}{\Delta s}$;$e_{1i}=\psi B_M z_{i+1}^{j}+(1-\psi)B_M z_i^{j}+(1-\theta)\frac{\Delta t}{\Delta s}(Q_i^{j}-Q_{i+1}^{j})$。

将式(3)~式(5)代入动量方程式(2)并整理后可得:

$$a_{2i}z_i^{j+1}+b_{2i}Q_i^{j+1}+c_{2i}z_{i+1}^{j+1}+d_{2i}Q_{i+1}^{j+1}=e_{2i} \tag{7}$$

式中：$a_{2i}=\theta\frac{\Delta t}{\Delta s}\left[\left(\frac{Q}{A}\right)^2B-gA\right]_M$；$b_{2i}=\left[(1-\psi)-2\frac{\Delta t}{\Delta s}\theta\left(\frac{Q}{A}\right)_M\right]$；$c_{2i}=-a_{2i}$；

$$d_{2i}=\left[\psi+2\frac{\Delta t}{\Delta s}\theta\left(\frac{Q}{A}\right)_M\right];$$

$$e_{2i}=\frac{1-\theta}{\theta}a_{2i}(z_{i+1}^j-z_i^j)+\psi Q_{i+1}^j+(1-\psi)Q_i^j+2\frac{\Delta t}{\Delta s}(1-\theta)\left(\frac{Q}{A}\right)_M(Q_i^j-Q_{i+1}^j)+$$

$$\theta\Delta t\left(\frac{Q}{A}\right)_M^2\frac{\partial A}{\partial s}\bigg|_z^{j+1}+(1-\theta)\Delta t\left(\frac{Q}{A}\right)_M^2\frac{\partial A}{\partial s}\bigg|_z^j-\Delta tg\left(\frac{n^2Q|Q|}{AR^{4/3}}\right)_M$$

给定边界条件，代数方程式(6)和式(7)可解。对于明渠输水系统，当上游流量过程已知时有：

$$Q_1=P_1+R_1z_1 \tag{8}$$

代入第一渠段的两个离散方程中，并假定 z_2 已知，则可求出 z_1 和 Q_2：

$$z_1=l_2+M_2z_2$$

$$Q_2=P_2+R_2z_2$$

对于第2段渠道，假定 z_3 已知有：

$$z_2=L_3+M_3z_3$$

$$Q_3=P_3+R_3z_3$$

类似地，对于第 i 段渠道有：

$$z_i=L_{i+1}+M_{i+1}z_{i+1} \tag{9}$$

$$Q_{i+1}=P_{i+1}+R_{i+1}z_{i+1} \tag{10}$$

设下游边界条件为：

$$a_nz_n+b_nQ_n=e_n$$

回代入最后一段渠道内的公式有：

$$z_n=\frac{e_n-a_nP_n}{a_n+d_dR_n}$$

已知 z_n，根据前面的计算公式可以求出(z_{n-1}，Q_n)。将下标依次递减代入递推表达式，可以依次求得 z_{i-1} 和 Q_i。

式(9)和式(10)为离散方程最终形式，离散方程求解采用追赶法，求解过程可分为两步：第一步，从上游边界条件起，顺次求解(z_i，Q_{i+1})；第二步，从下游边界条件出发，由递推表达式(9)和式(10)依次递减求得(z_{i-1}，Q_i)。

3　对象建模与开发语言

渠道输水系统从结构上看相对比较简单，但是沿程建筑物类型复杂多样，包括渠池、节制闸、控制闸、倒虹吸、渐变段、分水口和退水闸等，其功能也各不相同，包括控制流量/水位、调整水流流态等。建筑物的功能不同，其控制方程也不同。为了提高系统的封装性和可维护性，有必要采用面向对象技术开发京石段应急调度运用系统，即将调度模型分解为多个对象（或组件），每个对象实现系统的一个或多个功能，对象之间通过接口实现消息的传递；根据建筑物的布置情况，创建对象实例，计算对象实例中的水位和流量，遍历各建筑物，即可获得输水渠道的水位和流量信息。

本系统拟采用 C#语言开发。C#是一种安全、稳定、简单、优雅的面向对象编程语言。C#综合了 VB 简单的可视化操作和 C++的高运行效率，以其强大的操作能力、优雅的语法风格、创新的语言特性和便捷的面向组件编程的支持成为.NET 开发的首选语言。

4 主要参数分析

在数值模拟过程中，节制闸的流量系数影响节制闸的开度，并可能影响渠段的计算结果；时间步长和空间步长的选择则影响计算速度和计算精度。本文简要阐述京石段节制闸过闸流量系数率定结果，分析时间步长和空间步长的合理取值范围。

以京石段节制闸为例，其原始数据的率定结果如图 3 所示。从图 3 中可见，放水河节制闸的过闸流量传感器在部分时段内存在系统偏差。结合上、下游节制闸的过程流量测量结果，剔除放水河节制闸不合理的流量测量值，其率定曲线见图 4。由图 4 可见，剔除不合理观测结果后，率定曲线规律性很好。说明采用无量纲计算公式率定节制闸的过闸流量系数，可帮助分析原始数据的合理性，提高流量系数的率定精度。

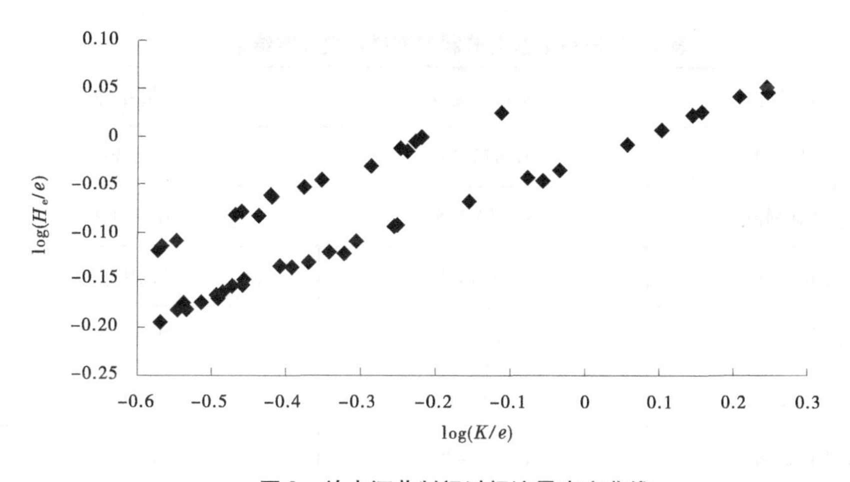

图 3 放水河节制闸过闸流量率定曲线

采用无量纲计算公式率定得到的京石段沿线各节制闸的流量系数如表 1 所示。

5 京石段泵站断电水力特性分析

当惠南庄泵站输水流量在 2 min 内从 45 m^3/s 降低至 0 时，惠南庄泵站前池和北拒马河节制闸上游水位迅速增加(与惠南庄泵站前池水位相比，北拒马河节制闸闸前水位上升时间滞后约 2 min)，上游其他各渠池的水位几乎没有变化。至约 19 min 时，北拒马河节制闸闸前水位上升至警戒水位 60.5 m。至约 22 min 时，惠南庄泵站重新启动，由于渠池内蓄量较大，末端两个渠池水位继续上升；至约 27 min 时，北拒马河节制闸闸前水位升至最高值 60.62 m，随后逐渐降低；至约 32 min 时，水位降低至 60.5 m；至约 50 min 时，水位降低至 60.4 m，比初始水位增加了 0.1 m。惠南庄泵站前池水位在约 25 min 时升至最高值 60.5 m，随后逐渐降低；至约 70 min 时，降低至 60.0 m 左右，较设计水位升高了 0.1 m。

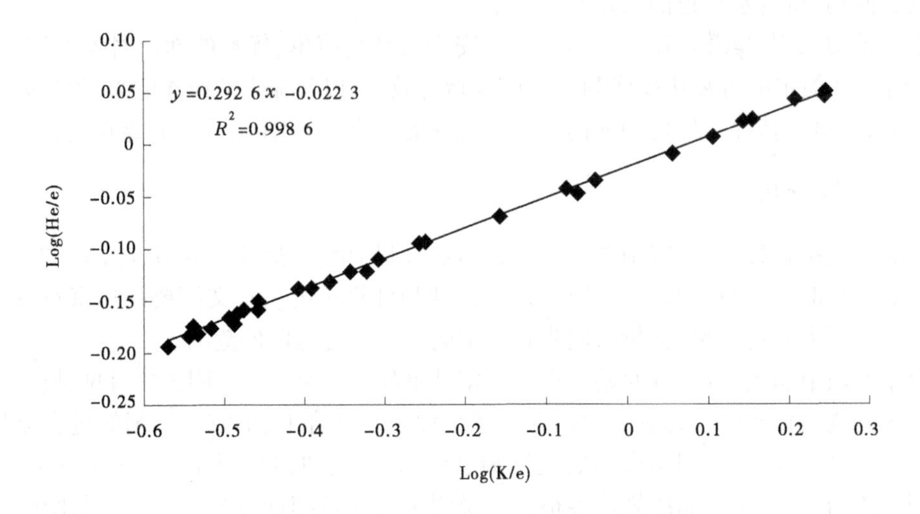

图 4　剔除不合理点后放水河节制闸过闸流量率定曲线

表 1　京石段沿线各节制闸流量系数率定结果

节制闸名称	流量系数 i	流量系数 j
古运河节制闸	0.875 39	0.539
滹沱河节制闸	1.140 775	0.339 7
磁河节制闸	1.048 87	0.290 7
沙河节制闸	1.156 91	0.312 8
漠道沟节制闸	1.109 94	0.307 5
唐河节制闸	1.062 429	0.296 2
放水河节制闸	0.949 95	0.292 6
蒲阳河节制闸	1.165 467	0.313
岗头节制闸	0.797 077	0.220 1
西黑山节制闸	1.123 83	0.302 6
瀑河节制闸	0.784 332	0.255 1
北易水节制闸	0.955 433	0.231 9
坟庄河节制闸	0.980 84	0.283 2
北拒马河节制闸	1.004 385	0.296 2

惠南庄泵站前池为混凝土浇筑,水位迅速上升对结构物影响较小。对于北拒马河上游渠,边坡为混凝土衬砌,警戒水位以上没有衬砌,若水位超过警戒水位,水体进入衬砌背面,容易造成混凝土衬砌的破坏。对于本工况,北拒马河节制闸闸前水位超过警戒水位的时间是 10 min。

惠南庄泵站前池和北拒马河闸前水位变化曲线如图 5 所示。

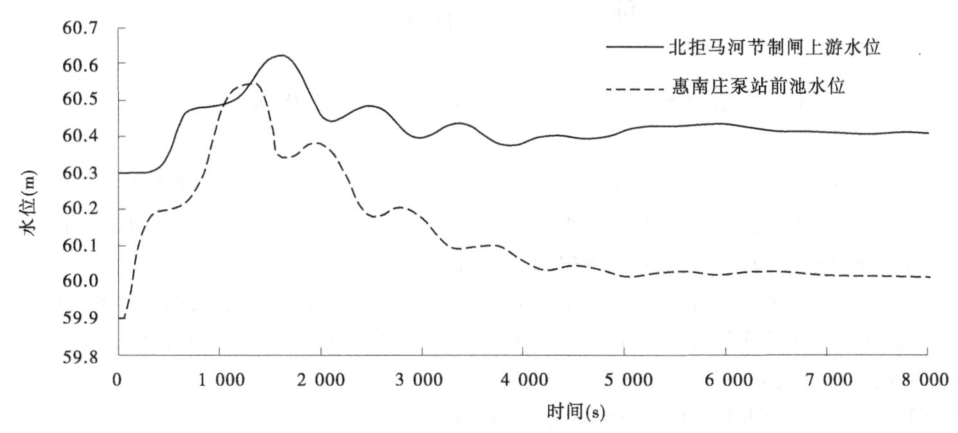

图 5 京石段最后两个渠池末端水位变化曲线

6 结 论

本研究基于 C#语言和 Visual Studio 平台开发了京石段应急调度运用系统,并利用该系统简要分析了惠南庄泵站事故断电情况下京石段渠道内的水力特性,主要结论如下:

(1)过闸流量公式采用无量纲公式,有助于甄别数据的有效性,不仅简化了流量率定过程,也提高了流量的计算精度。

(2)渠道输水过程中,若节制闸开度不变,则渠道内的水位呈波动变化,变化的周期与渠道的容积有关,渠道容积越大,周期越长;反之,周期越短。

(3)惠南庄泵站事故断电时,末端两个渠池的水位会迅速增加,及时开启旁通阀,可控制水位升幅。当惠南庄泵站输水流量为 45 m^3/s,事故断电 20 min 重启时,北拒马河节制闸上游渠池内水位不超过警戒水位,可以不用启用北拒马河退水闸。

参考文献

[1] 李炜. 水力计算手册[M]. 2 版. 北京:中国水利水电出版社,2006.

[2] 穆祥鹏,陈文学,崔巍,等. 弧形闸门流量计算方法的比较与分析[J]. 南水北调与水利科技,2009,10(5):20-22.

[3] 刘之平,吴一红,陈文学. 南水北调中线工程关键水力学问题研究[M]. 北京:中国水利电力出版社,2010.

[4] Ferro V. Simulations flow over and under a gate[J]. Irrig. Drian. Eng., 2000, 126(3): 190-193.

[5] Shahrokhnia M A, M Javan. Dimensionless stage-discharge relationship in radial gates[J]. Journal of Irrigation and Drainage Engineering, ASCE, 2006, 4: 180-184.

基于河长制管理的胶东调水工程综合整治对策研究与实践

孙 博 马吉刚

（山东省调水工程运行维护中心 济南 250100）

摘要：胶东调水工程作为人工渠道，纳入河长制的管理范畴，实现将胶东调水输水干线打造成城乡用水保障要道、经济发展命脉通道、水生态景观干道的远景目标。通过实地调研和总结分析，重点围绕水资源配置、工程运行维护、工程管理、水质保护与执法监管四大任务，对胶东调水工程存在的短板和主要问题进行了全面排查和梳理，分析原因，研究对策，细化方案，落实措施，对加快建立完善管理科学、运营高效、职能清晰、权责明确的工程运行管理体系，确保工程高效、经济、安全运行，具有十分重要的现实意义。

关键词：调水工程 河长制 综合整治对策 管理与运行

1 工程概述

山东省胶东调水工程是一项跨流域、跨地区、保证胶东地区社会经济可持续发展的远距离调水工程，由引黄济青输水干线和胶东地区引黄调水输水干线组成。引黄济青渠首打渔张引黄闸设计流量 120 m^3/s，渠首闸设计流量 38.5 m^3/s，经宋庄、王耨、亭口、棘洪滩四级泵站提水入棘洪滩水库调蓄。棘洪滩入库泵站设计流量 23 m^3/s，水库设计最高蓄水位 14.2 m，总库容 1.58 亿 m^3，相应水面面积 14.5 km^2，设计死水位 6.5 m，死库容 4 780 万 m^3，最大调节库容 1.104 亿 m^3。胶东地区引黄调水工程全线共设 9 级提水泵站、5 座输水隧洞、6 座大型渡槽，以及其他水闸、倒虹吸、桥梁等建筑物 461 座。

2 工程存在的短板和主要问题

结合胶东调水干线工程实际，进行现场排查及调研资料整理分析，从水资源配置、工程运行维护、工程管理、水质保护与执法监管四方面，梳理胶东调水工程目前存在的短板和主要问题。

2.1 水资源配置

2.1.1 水资源短缺，供需矛盾突出

胶东地区水资源贫乏，青岛、烟台、威海、潍坊、东营 5 市人均水资源占有量 327 m^3，不足全国平均水平的 1/7，且降雨时空分布不均，年内降雨多集中在 6~9 月，约占多年平均

作者简介：孙博（1985—），女，工程师，硕士，研究方向为大型调水工程运行管理与维护、调度自动化、通信系统建设等。

降水量的72%，河流雨季流量大，枯季流量小甚至干枯，水资源开发利用难度较大。

2.1.2 地表水开发利用率低，地下水超采加剧了海水入侵

目前，渤海湾地区已成为我国海水入侵严重的地区之一，龙口、莱州、寿光、昌邑等沿海区域均出现海水大面积入侵，地下淡水水质恶化，造成灌溉机井变咸报废、土壤盐渍化、土地生产能力下降、农业生产受阻等，严重影响沿岸人民的生产和生活。

2.1.3 非常规水利用率较低，存在资源浪费

胶东地区再生水回用量及海水利用量较低。据统计，青岛、烟台、潍坊、威海、东营5市2016年城镇生活、工业建筑业及三产废污水排放量为10.58亿m^3，5市再生水回用量仅为2.06亿m^3，其余废污水均排入河道，不仅造成资源浪费，还对受纳水体造成一定的污染。

2.2 工程运行维护

2.2.1 确权划界工作尚未全部完成

我国水法及有关法律法规明确规定，河道、湖泊及水利工程管理范围的土地属国家所有，由水行政主管部门或水利工程管理单位使用管理。但由于历史遗留等原因，工程管理和保护的范围边界不清晰、土地权属不明确。目前，滨州全段及东营天然河道段未进行划界确权；引黄济青青岛段曹家庄管理站渠段（桩号188+010~192+004）及平度管理处双山河管理所段韩家铺西交通桥至双山河倒虹出口（桩号23+931~25+056）渠段土地所有权存在分歧。已完成划界的河段也尚未形成电子化和数字化成果，与国土资源管理数据同步协调程度不够。

2.2.2 存在违法建筑、违法活动

目前，水域岸线管理机制尚不完善，难以有效规范水域岸线利用行为，造成一些渠段违法建筑、违法活动等突出问题较多。违法建筑和违法活动造成岸线乱占滥用，对渠道输水安全、水系生态等造成影响。根据调查，胶东调水工程沿线违法建筑主要为农用房、厂房、民房及其他建筑物等，主要的违法活动有养殖、种植及堆弃垃圾、物料等。

2.2.3 部分工程建设标准低或年久失修，难以满足日常运行要求

部分渠段衬砌工程出现滑坡、塌陷、位移、起鼓、风化等破坏，坡面凹凸不平、勾缝脱落。部分跨渠桥梁栏杆及桥面铺装破损，表面混凝土剥落，钢筋裸露；桥墩位于输水位以下，阻水较严重。部分泵站机电设备老化，存在非常大的安全隐患。工程基础设施组图见图1。

2.3 工程管理

工程管理体系建设远远落后于工程建设，与目前运行任务脱节。2014年为解决黄河引水困难实施了渠首移动泵船引水；2015年胶东地区引黄调水工程建设完成，连续向烟台、威海及工程沿线实施应急调水；2017年3月完成抗旱应急调水工程建设并投入运行。各项工程建设完成后分别采取了临时雇工或者代运行等方式，未建立完善的工程运行管理体制、配备相应的工程管理人员。随着近几年调水任务的加重，远超工程设计规模，2015年至2018年8月，累计引水34.9亿m^3，累计配水28.5亿m^3，其中青岛16亿m^3、潍坊8.65亿m^3、烟台2.02亿m^3、威海1.85亿m^3。从当前胶东社会经济发展和需水情况来看，常年调水已经成为常态化，输水管护工作量加大，工程管理难度升级，相应的人员配备、岗位职责、管理模式等仍沿用旧的管理模式，存在管理水平下降、运行风险加大等问题，原人员和经费已远远不能满足监管职能拓展的要求。

(a) 衬砌工程

(b) 管理道路

(c) 跨渠桥梁

(d) 水闸工程

图 1 工程基础设施组图

2.4 水质保护与执法监管

2.4.1 工程沿线保护范围内仍存在污染风险源

一是工业污染,两岸保护范围内仍存在少量工厂,生产废水和粉碎扬尘可能进入渠道污染水质;二是养殖污染,保护范围内仍存在小型养殖场,养殖废水通过排涝系统汇入渠道;三是垃圾污染,两岸沿线渠堤处堆置大量生活垃圾、建筑垃圾和农业废弃物,污染物质可能经雨水淋滤进入渠道。

2.4.2 存在沿线村民非法取水现象

工程沿线村民私自取水现象较普遍(见图 2),输水量非正常损失较大,影响调水计划完成。受传统观念及法规宣传不到位等因素的影响,存在沿线村民直接从明渠取水用作日常生产生活的现象。

2.4.3 多部门联合执法机制不完善

渠道的管理保护涉及水利、国土、交通、市政、环保等多个部门,存在职能交叉、政出多门、职责不清、多头管理等现象,加上跨行政区联防联控机制不健全,部门间、行业间缺乏有效的沟通协调和统筹机制,在形成执法监管合力方面需进一步加强。

图2 非法取水现象

3 综合整治对策研究与实践

立足胶东调水工程实际,统筹上下游、左右岸,针对胶东调水工程管理保护存在的短板和主要问题,研究提出具有针对性、可操作性的综合整治对策和具体措施,落实好胶东调水工程管理保护责任。

3.1 水资源配置措施

3.1.1 全面推进节水型社会建设

认真贯彻习近平总书记的生态文明思想和"节水优先、空间均衡、系统治理、两手发力"治水方针,全力推动水资源节约、保护和管理取得实效。

(1)切实推进农业节水。以提高灌溉水有效利用系数为核心,加强渠系节水改造,推广喷灌、微灌、低压管道输水灌溉等高效节水技术;积极推行灌溉用水总量控制、定额管理,加强灌区监测与管理信息系统建设,实现精准灌溉。

(2)扎实推进工业、服务业和城乡生活节水。加快推进工业内外部结构调整优化,严格限制高耗水、高排放、低效率工业企业盲目发展,推进工业节水技术改造,大力推广工业水循环利用、高效冷却等节水工艺和技术,鼓励工业园区实行统一供水、废水集中处理和循环利用。加快城镇供水管网改造,大力推广使用城镇生活节水器具,创建节水型公共机构、节水型企业、节水型居民小区。

(3)加快构建节水技术、节水产品市场准入机制。加强节水技术创新,推广应用节水科技成果,完善节水市场准入标准和强制性认证管理制度,规划节水产品市场,强化节水产品认证,提高节水产品质量。

3.1.2 切实提高水资源供给能力

按照" 高效利用黄河水、积极引用长江水、重点依靠当地水、科学利用雨洪水、控制开采地下水、鼓励采用非常规水、扩大利用土壤水"的思路,因地制宜,切实提高水资源供给能力。

(1)加强雨洪资源利用。重点实施大中型水库增容、新建山丘区水库、新建平原水库、新建地下水库、新建河道拦蓄、跨流域雨洪资源调配等工程建设,以流域为单元,建立水库群调度机制,并在流域上游建设"五小"水利工程,在为上游山丘区提供补充水源的同时,分散利用雨洪水。

(2)加大再生水、微咸水、海水等非常规水利用力度。加强城镇污水处理回用,鼓励工业、环卫、景观使用再生水,促进社会、区域、局域水循环。开发利用微咸水、矿坑水,协调推进城市雨水利用,因地制宜建设城镇雨水综合利用工程,实施雨污分流。

(3)着力推进地下水超采治理。充分利用胶东调水外调水置换超采的地下水和被挤占的生态用水,以胶东地区为重点,综合采取水源置换、调整种植结构等措施,加快推进地下水超采综合治理。

3.2　工程运行维护措施

3.2.1　全面完成胶东调水工程管理范围划定

完成渠道管理范围现场勘定,设立界碑、界桩及各类管理和保护标志,并形成勘测划界数字成果。依法由政府对划定渠道管理范围予以公告,划界成果进入河长制管理平台和国土资源管理数据库,实现土地利用统一管理。为水域岸线管理工作提供便利,保障河道生态健康和水利工程的安全运行。

修订《山东省胶东调水条例》,将调水工程划界确权作为重点修订内容进行了明确规范。同时明确胶东调水工程水库、渠道、堤防、水闸等根据安全管理的需要和国家有关规定,以及工程类型、规模划定管理范围和保护范围。将胶东调水工程划界确权工作纳入河长制工作目标、问题、任务、责任"四张清单",全面构筑胶东调水工程"保护圈",让任何影响工程安全的行为都不能越界一步。

3.2.2　清理整治水域岸线突出问题

按照山东省委办公厅、省政府办公厅印发《环境保护突出问题综合整治攻坚方案》和山东省河长制办公室印发《山东省"清河行动"实施方案》的要求,结合河长制河道问题排查,组织对渠道岸线管理和保护范围内的违章建筑以及河道内种植林木、高秆作物,倾倒垃圾、渣土,违法修建鱼塘、养殖场,非法取土,破坏堤防等各类违法违规行为逐一登记造册,建立问题清单,按照轻重缓急、分期分批开展清理整治。

3.2.3　实施引黄济青泵站改造工程

宋庄泵站、王耨泵站、亭口泵站和棘洪滩泵站作为调水工程的重要建筑物,已运行30年,机组效率明显下降,主机组电机、变压器等电气设备技术已显著落后,经济指标、安全指标和技术性能等已不符合要求。为确保泵站运行的安全、可靠、稳定高效,实施水泵、电机、变压器、开关柜、自动化等泵站主要设备改造工程。工程改扩建后各泵站设计指标如表1所示。

表1　引黄济青工程改扩建后各泵站设计指标

泵站名称	流量(m^3/s)		水位(m)			设计净扬程(m)	最大/最小净扬程(m)
	设计	加大	设计	加大	控制		
宋庄泵站	34.5	38	1.80/10.51	1.93/10.81	2.3/10.71	8.71	8.88/8.41
王耨泵站	31.1	34.2	2.0/12.05	2.15/12.36	2.95/12.25	10.05	10.21/9.30
亭口泵站	29.2	32.1	6.26/13.04	6.41/13.33	6.64/13.24	6.78	6.92/6.60
棘洪滩泵站	28.0	34.1	4.02/12.0	4.42/14.2	4.23/14.2	7.98	10.18/7.58

3.3 工程管理措施

3.3.1 核定管理人员数量、经费

根据工程任务、特点和需要核定管理人员的数量及经费,调整各部门之间分配不合理的现象,采取定量与定性相结合的办法建立相对统一、公开的核算标准。根据核算标准,做到进人有计划、有依据,培养人员有目的,彻底解决各级各类人员结构比例不合理,梯队断层严重的问题。

3.3.2 加快推进工程标准化建设

结合工程实际情况,从长效机制出发,优化推进工程标准化建设,选取部分泵站、闸(阀)站开展制度标准化、安全管理标准化、调度业务标准化建设工作。按照"物、事、岗"全覆盖的原则,以制定工程标准为突破口,逐步实现一物一标准、一事一标准、一岗一标准,以技术标准、管理标准和工作标准"三大标准"为支柱,其他规章制度为保障,构建试点单位标准化体系,加快实现工程规范化、制度化管理。

3.4 水质保护与执法监管措施

3.4.1 加密设置监控监测设施,强化水质监管水平

在工程沿线设置必要的监控视频设备,及时掌握水污染事故情况,随时掌握渠道现状,为开展水质保护提供技术支撑。在输水渠重要节点上建立在线监测系统,定时上报监测数据,开发建设输水工程的水质预警预报系统。

3.4.2 规范监管,有偿有序"取水"

直接从渠道取用水资源的单位和个人,应当按照国家取水许可制度和水资源有偿使用制度的规定,向水利主管部门申请领取取水许可证,并缴纳水资源费,取得取水权。村民取水灌溉应该集体化,设置专门的取水通道,实行最严格水资源管理制度管理。

3.4.3 建立健全多部门联合执法机制

加强各部门沟通联系,落实各部门责任,在河长制办公室的统一协调下,充分发挥各部门涉水行政执法职能,完善执法监管工作协调机制,定期组织开展联合督导和执法检查,保障调水秩序。

参考文献

[1] 左其亭,胡德胜,等.基于人水和谐理念的最严格水资源管理制度研究框架及核心体系[J].资源科学,2014,36(5):906-912.

[2] 赵刚,徐宗学,等.不同管理措施对密云水库流域水量水质变化的影响[J].南水北调与水利科技,2017(2):80-88.

基于实测数据的渠道控制模型参数辨识及验证

贾梦浩　管光华

（武汉大学 水资源与水电工程科学国家重点实验室　武汉　430072）

摘要：渠道控制模型是描述渠道—闸门—水流动态关系的数学表达，其准确程度决定了控制器的设计效果。本文采用小型渠道监控系统进行模型实验，通过实测数据用参数辨识的方法进行控制模型参数在线获取。在控制模型上采用了积分延迟（ID）模型和 IDZ 模型，在辨识方法上采用最小二乘法和递推最小二乘法对实测数据进行辨识分析。结果表明，参数辨识方法可以简单、有效地获取渠道系统的控制模型，且 IDZ 模型更适用于大型渠道工程的控制建模。本文的主要结论对于渠道控制建模理论及控制器设计方法具有一定的参考价值，可应用于灌区或调水工程的输配水渠道系统建模。

关键词：渠道控制模型（ID、IDZ）　参数辨识　模型实验　最小二乘法

1　引　言

渠道自动化控制系统的目标是改善渠系输配水管理和运行的服务水平，提高水资源利用率和简化人工操作。多年以来，科学家们致力于研究渠道系统控制模型，以便将其与人工算法相结合，从而开发出先进的自动化设备。传统的渠道控制模型均是根据圣维南方程组推导建立的，但是由于圣维南方程组是一个双曲型偏微分方程，其求解复杂，难以用于控制器的设计。因此，科学家们提出运用更简单的微分方程或差分方程来描述渠道内水流的运动规律，从而建立更适用于一般控制器设计的简单模型；为此，Schuurmans 和 Litrico 等提出了一种适用于回水条件下的渠道积分延迟（ID）模型以及其积分延迟零（IDZ）模型。但是目前对于这两种控制模型参数的估计方法仍然过于粗糙或者复杂，不便用于实际工程或者控制器的设计。因此，本文研究的主要内容是：针对两种渠道控制模型（ID、IDZ），采用不同的辨识方法对模型参数进行辨识，从而验证系统辨识理论在渠系控制建模工作中的有效性。

2　数据与方法

本文利用系统辨识技术，基于模型实验数据和原型工程数据，采用一般最小二乘法（LS）和递推最小二乘法（RLS）对两种渠系控制模型（ID、IDZ）进行了参数辨识研究。其中，模型实验数据是利用武汉大学农田水利与水环境实验室的灌排渠系水量实时测控系统获取的，原型工程数据是采用南水北调中线京石段的实际观测值。

作者简介：贾梦浩（1996—），男，河南人，硕士研究生，主要从事渠系运行调度及渠道控制模型参数辨识研究。

2.1 实验设计

实验设计了两种流量工况，分别为正向阶跃工况和反向阶跃工况（见图1、图2），流量大小的变化通过调节取水泵转速来实现。实验场内取水泵的设计流量为0.12 m³/s，额定转速为1 500 r/min，最小启动转速为800 r/min。当实验渠池内上游流量产生阶跃变化后，下游水位在经过一段滞后时间后开始产生波动。

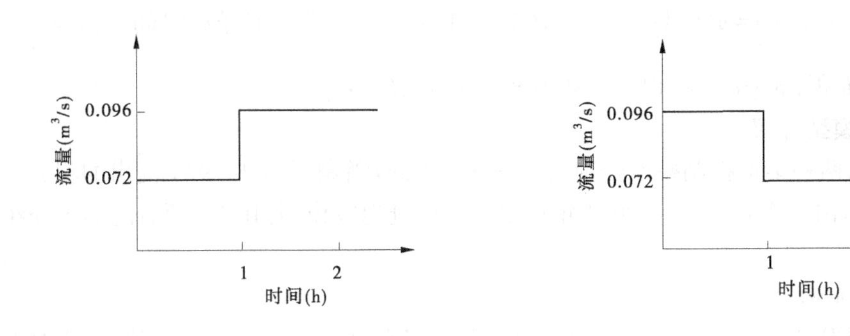

图1 正向阶跃工况

图2 反向阶跃工况

2.2 实验数据获取

本文进行实验的小型渠道系统位于武汉大学农田水利与水环境实验室，主要利用的是灌排渠系水量实时测控系统。该测控系统由众多模块组成，可以实现对输水渠道系统的实时信息采集、闸门自动调节和中央集中监控等多种功能。实验渠道全长约130 m，沿程设有22个水位计、2个流量计、3座节制闸以及其他建筑物等。实验获取的数据信息主要是指水位和流量，水位信息通过压阻式水位计进行实时监测获取，流量信息通过电磁流量计和SFM-200固体流量计获取。其中，水位数据的最小精度为0.01 m，流量数据的最小精度为0.001 m³/s。

2.3 辨识方法介绍

根据辨识的模型不同，常见的辨识方法分为参数模型辨识和非参数模型辨识。本文研究的两种渠道控制模型（ID、IDZ）都是进行离散过的线性参数模型，故选用最为成熟且计算量较小的方程误差辨识法，本文中选择一般最小二乘法（LS）和递推最小二乘法（RLS）进行参数辨识计算。根据最小二乘法的原理，利用Matlab软件对其进行编程求解，具体推导过程参照“系统辨识及其MATLAB仿真”一文。在本文中，两种控制模型的最小二乘表达形式如下：

ID模型表达式

$$(k+1) = [-h(k), q(k)] \begin{bmatrix} a_1 \\ b_1 \end{bmatrix} \tag{1}$$

式中：$k=1,2,\cdots,L$；$b_1=\frac{1}{A_s}$，A_s 为回水面积，m²；$q(k)=q_{in}(k-\tau)-q_{out}(k)$，$\tau$ 为滞后时间，s；a_1、b_1 为待辨识的参数。

IDZ 模型表达式

$$y(X,k)=[-y(X,k-1),q(k),q(o,k-\hat{\tau}_d),q(X,k)]\begin{bmatrix}a_1\\b_1\\b_2\\b_3\end{bmatrix} \tag{2}$$

式中：$k=1,2,\cdots,L$；$q(k)=q(0,k-\hat{\tau}_d-1)-q(X,k-1)$；$\hat{\tau}_d$ 为下游近似滞后时间，s；$b_1=\frac{1}{A_{sd}}$，A_{sd} 为下游回水面积，m^2；需要辨识的参数为 $\theta=[a_1,b_1,b_2,b_3]^T$。

2.4　渠道控制模型介绍

本文研究的两种渠道控制模型分别为 J. Schuurmans 等科学家于 1995 提出的积分延迟模型(ID)和 Litrico 等科学家于 2004 年提出的积分延迟零模型(IDZ)，两者的简单介绍如下。

2.4.1　ID 模型介绍

渠道积分延迟模型(ID)将渠池分为均匀流段和回水段，主要研究的是下游水位对上游入流变化的响应情况，适用于回水条件下的渠池；ID 模型中有两个未知参数，分别是滞后时间 τ 和回水面积 A_s。

由于圣维南方程组求解复杂，不利于控制器的设计，所以 J. Schuurmans 等对圣维南方程组进行了适当的线性转化和拉普拉斯变换，推导出了更简单、实用的渠道积分延迟模型(ID)，其时域表达式如下：

$$\frac{dh(x,t)}{dt}=\frac{1}{A_s}[q_{in}(t-\tau)-q_{out}(t)] \tag{3}$$

式中：h 为下游水位相对于其稳态水位的偏差值，m；x 表示回水区域的位置；A_s 为渠池回水面积，m^2；q_{in} 为渠池上游入流流量变化量(相对于稳态值)，m^3/s；q_{out} 为渠池下游出流流量变化量(相对于稳态值)，m^3/s；t 为时间，s；τ 为滞后时间，s。

2.4.2　IDZ 模型介绍

相比于经典的 ID 模型，IDZ 模型能更好地描述渠道在低频和高频水流下的运动特性，它不仅适用于回水条件下的渠道控制，也适用于任何流量条件下的渠道控制系统建模。IDZ 模型描述的是渠池内下游水位对渠池内上下游流量变化的响应情况，其频域表达式如下：

$$y(X,s)=(\frac{1}{\hat{A}_{ds}}+\hat{p}_{21\infty})e^{-\hat{\tau}_d s}q(0,s)-\left(\frac{1}{\hat{A}_{ds}}+\hat{p}_{22\infty}\right)q(X,s) \tag{4}$$

本文研究的是水位随时间的变化，故需要将其转化为时域方程，形式如下：

$$\left.\begin{aligned}\hat{A}_d\frac{dh(t)}{dt}&=q(0,t-\hat{\tau}_d)-q(X,t)\\y(X,t)&=h(t)+\hat{p}_{21\infty}q(0,t-\hat{\tau}_d)-\hat{p}_{22\infty}q(X,t)\end{aligned}\right\} \tag{5}$$

式中：下标 s 表示拉普拉斯变量；$\hat{A}_d$ 为近似下游回水面积，m^2；$\hat{\tau}_d$ 为近似下游延迟时间，s；

$\hat{p}_{21\infty}$ 和 $\hat{p}_{22\infty}$ 分别为 $\hat{p}_{21}(s)$ 和 $\hat{p}_{22}(s)$ 在高频传递函数中的积分增益值;$h(t)$ 为水深随时间的变化值,初始值为 $h(0)$;$q(0,t)$、$q(X,t)$ 为输入变量;$y(X,t)$ 为输出变量。

关于 IDZ 模型的详细推导过程及原理可以参见 X. Litrico 和 V. Fromion 于 2004 年发表的“用于灌溉渠道控制器设计的简化模型”一文。

3 辨识结果分析

3.1 实验数据辨识

3.1.1 参数辨识结果

根据最小二乘法的计算原理,分别将 ID、IDZ 模型进行转换,用最小二乘的形式表示,然后利用 Matlab 的编程对实验数据进行参数辨识,可得两种流量工况下的辨识结果如表 1、表 2 所示。

表 1 ID 模型参数辨识结果

算法	滞后时间 τ(s)	正向阶跃	反向阶跃
LS 法	120	(−0.918 2,0.271 5)	(−0.912 1,0.211 8)
RLS 法	120	(−0.924 0,0.253 1)	(−0.916 8,0.200 4)

表 2 IDZ 模型参数辨识结果

算法	滞后时间 τ(s)	正向阶跃	反向阶跃
LS 法	120	(−0.919 4,0.263 7,0.005 0,0)	(−0.918 5,0.186 7,0.012 6,0)
RLS 法	120	(−0.905 5,0.253 4,0.059 3,0)	(−0.895 3,0.192 8,0.059 0,0)

3.1.2 模型验证

前文中,利用实验数据已经计算出了 ID、IDZ 模型的参数,下文将对 ID、IDZ 模型的精度进行验证。具体方法是:将实验观测的数据输入到辨识模型中,计算出辨识结果,然后将此辨识结果与实验观测结果进行对比,从而利用相关指标对模型精度做出判断。

(1) ID 模型精度分析。

①正向阶跃工况。根据表 1 的结果,将辨识参数分别代入到 ID 模型的表达式中,利用实验观测数据进行计算,可绘制辨识结果与实测结果的下游水位变化曲线图以及误差分布图,分别见图 3、图 4 及表 3。

②反向阶跃工况。根据表 1 的结果,将辨识参数分别代入到 ID 模型的表达式中,利用实验观测数据进行计算,可绘制辨识结果与实测结果的下游水位变化曲线图以及误差分布图,分别见图 5、图 6 及表 4。

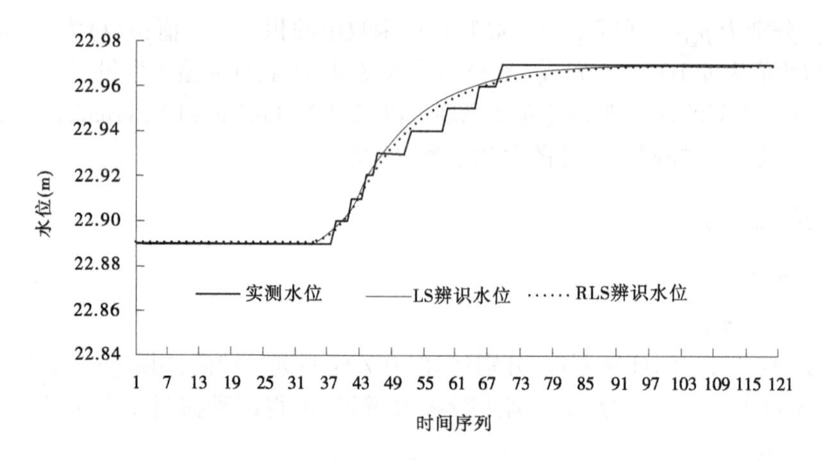

图 3　ID 模型辨识水位(一)

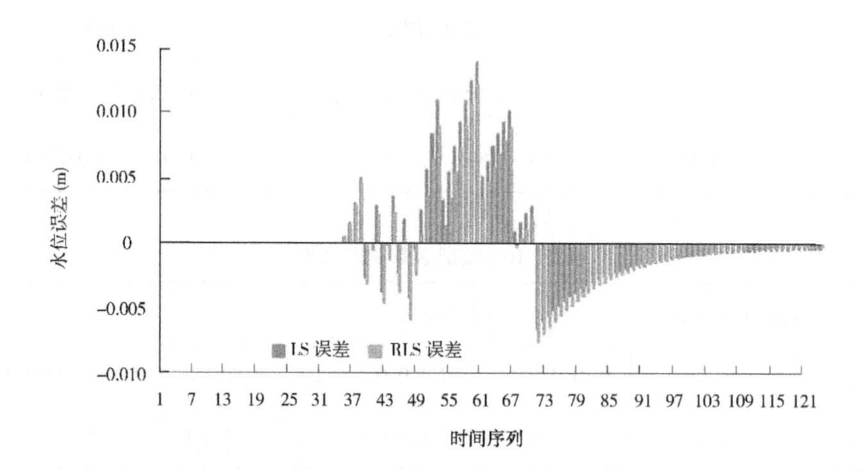

图 4　ID 模型辨识误差分布(一)

表 3　ID 模型辨识误差(一)

判别指标	LS 辨识结果	RLS 辨识结果
最大绝对误差(m)	0.013 911	0.012 171
平均误差(m)	0.000 49	3.22×10^{-5}

(2)IDZ 模型精度分析。

IDZ 模型精度的分析思路与 ID 模型类似,根据参数辨识结果,分析结果如下:

①正向阶跃工况。根据表 2 的结果,将辨识参数分别代入到 IDZ 模型的表达式中,利用实验观测数据进行计算,可绘制辨识结果与实测结果的下游水位变化曲线图以及误差分布图,分别见图 7、图 8 及表 5。

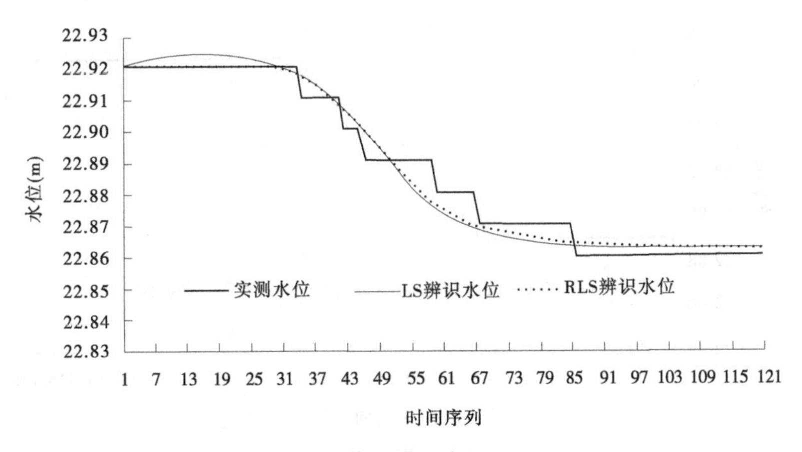

图5 ID模型辨识水位(二)

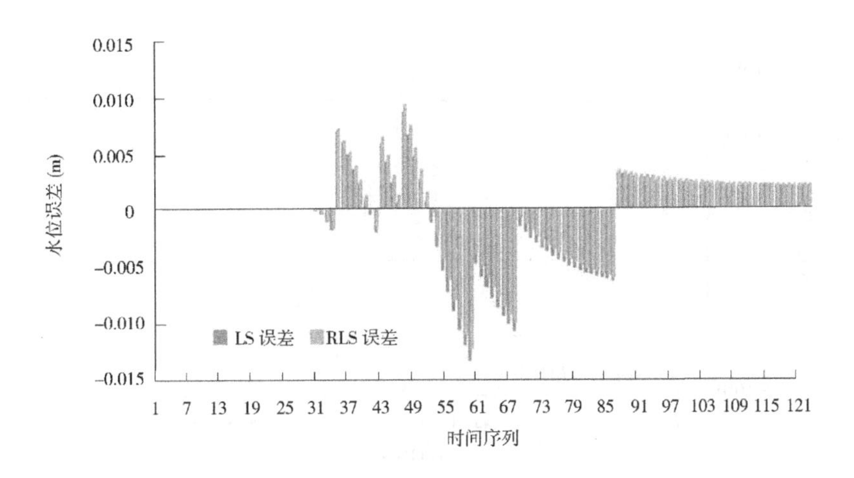

图6 ID模型辨识误差分布(二)

表4 ID模型辨识误差(二)

判别指标	LS 辨识结果	RLS 辨识结果
最大绝对误差(m)	0.011 162	0.011 806
平均误差(m)	0.000 156	0.000 475

②反向阶跃工况。根据表2的结果,将辨识参数分别代入到IDZ模型的表达式中,利用实验观测数据进行计算,可绘制辨识结果与实测结果的下游水位变化曲线图以及误差分布图,分别见图9、图10及表6。

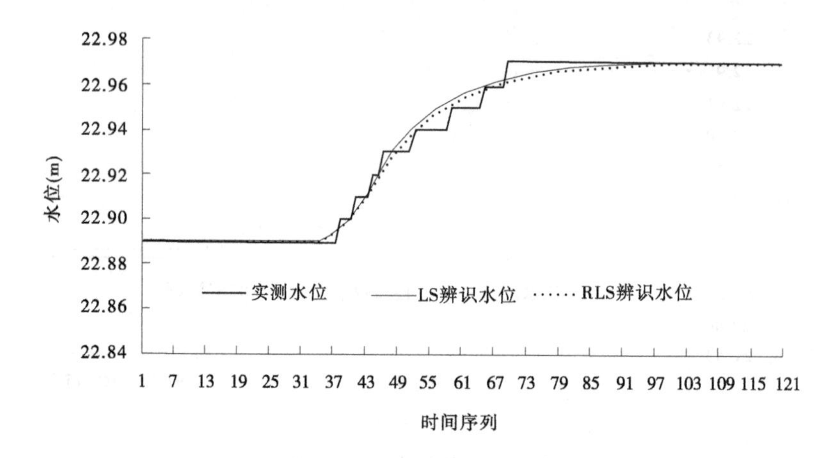

图 7 IDZ 模型辨识水位(一)

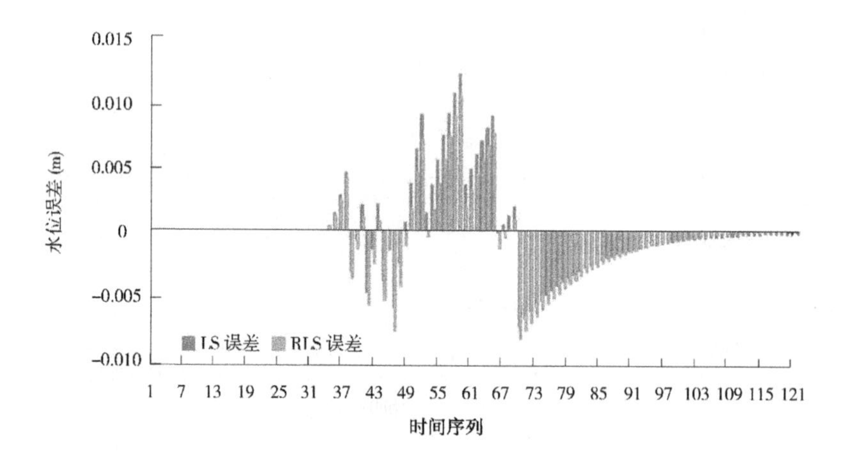

图 8 IDZ 模型辨识误差分布(一)

表 5 IDZ 模型辨识误差(一)

判别指标	LS 辨识结果	RLS 辨识结果
最大绝对误差(m)	0.013 780	0.017 029
平均误差(m)	0.000 563 851	0.001 305 18

3.2 原型工程数据辨识结果

本文根据南水北调中线京石段的原型观测数据,利用一般最小二乘法和递推最小二乘法对其第五渠池进行了参数辨识,进而验证 ID 模型和 IDZ 模型在实际工程中的应用效果。

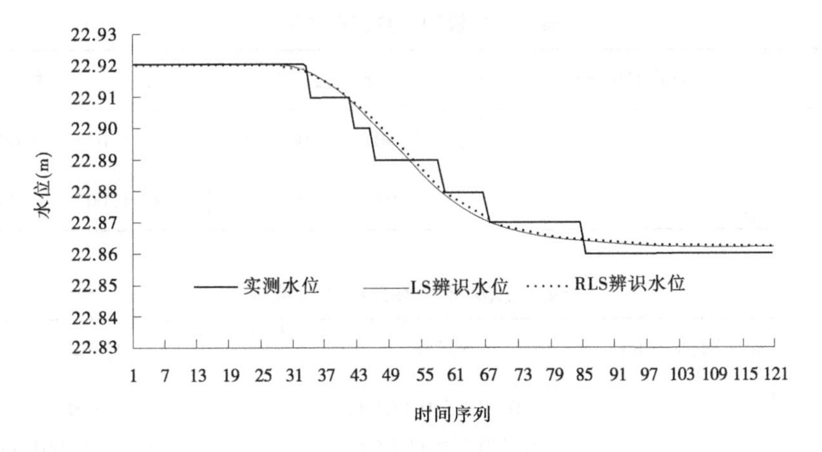

图9 IDZ 模型辨识水位(二)

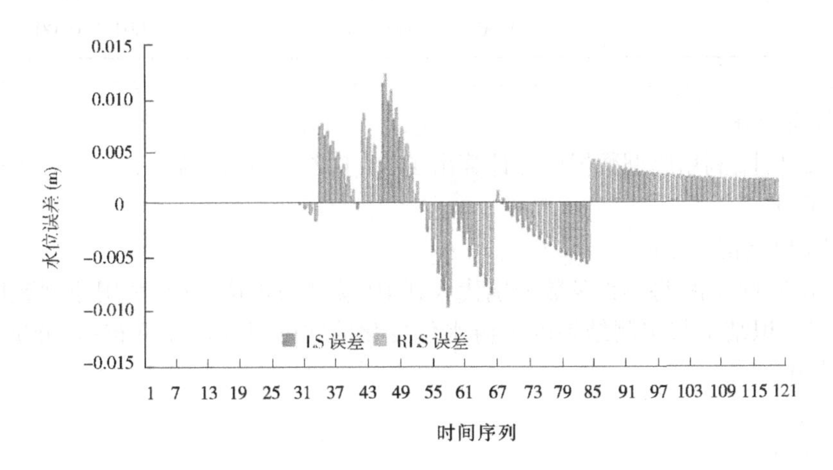

图10 IDZ 模型辨识误差分布(二)

表6 IDZ 模型辨识误差(二)

判别指标	LS 辨识结果	RLS 辨识结果
最大绝对误差(m)	0.011 875	0.009 573
平均误差(m)	0.000 135 5	-0.000 542

3.2.1 参数辨识结果

为了对京石段第五渠池进行 ID、IDZ 模型参数辨识,本文选取了该渠池在 2018 年 4 月 3 日 14 时到 2018 年 4 月 9 日 12 时的水位、流量数据进行分析计算,在此时间段内,水位的变化分为两个过程:一是水位下降段,二是水位上升段,根据原型观测数据,参数辨识结果如表 7、表 8 所示。

表 7　ID 模型参数辨识结果

算法	滞后时间 τ(h)	下降段	上升段
LS 法	2	(−0.907 2,0.002 3)	(−1.022 2,0.002 3)
RLS 法	2	(−0.914 9,0.002 5)	(−1.002 1,0.002 3)

表 8　IDZ 模型参数辨识结果

算法	滞后时间 τ(h)	下降段	上升段
LS 法	2	(−0.813 5,0.002 1, 0.000 1,0.002 6)	(−0.981 3,0.001 9, −0.001 0,0.001 8)
RLS 法	2	(−0.823 5,0.002 0, −0.000 3,0.000 6)	(−1.007 2,0.001 7, −0.001 1,0.001 6)

3.2.2　模型验证

在 3.2.1 中,利用原型数据已经计算出了 ID、IDZ 模型的参数,下文将对两种模型的精度进行验证。

(1)ID 模型精度分析。

根据表 7 的结果,将辨识参数分别代入到 ID 模型的表达式中,利用原型数据进行计算,可绘制辨识结果与实测结果的下游水位变化曲线图以及误差分布图,分别见图 11、图 12 及表 9。

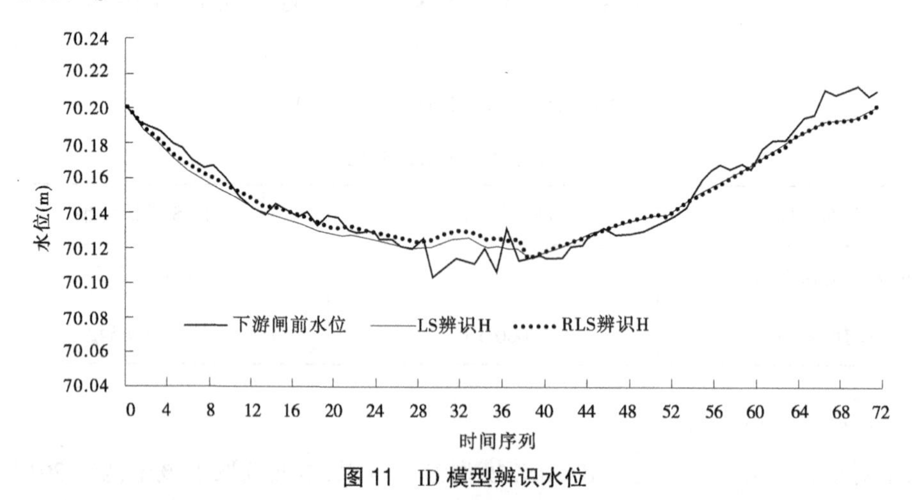

图 11　ID 模型辨识水位

(2)IDZ 模型精度分析。

根据表 8 的结果,将辨识参数分别代入到 IDZ 模型的表达式中,利用原型数据进行计算,可绘制辨识结果与实测结果的下游水位变化曲线图以及误差分布图,分别见图 13、图 14 及表 10。

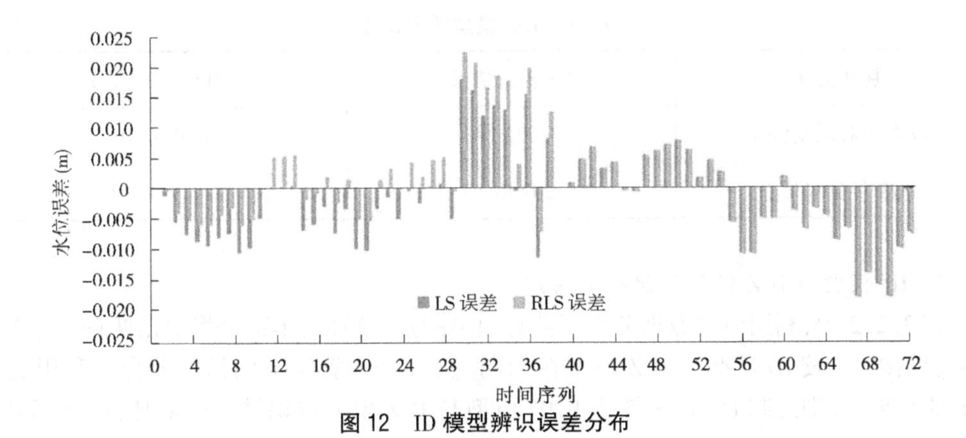

图 12 ID 模型辨识误差分布

表 9 ID 模型辨识误差

判别指标	LS 辨识结果	RLS 辨识结果
最大绝对误差(m)	0.017 951	0.022 327
均方差 *MSE*	$6.538\ 3\times10^{-5}$	$7.095\ 5\times10^{-5}$

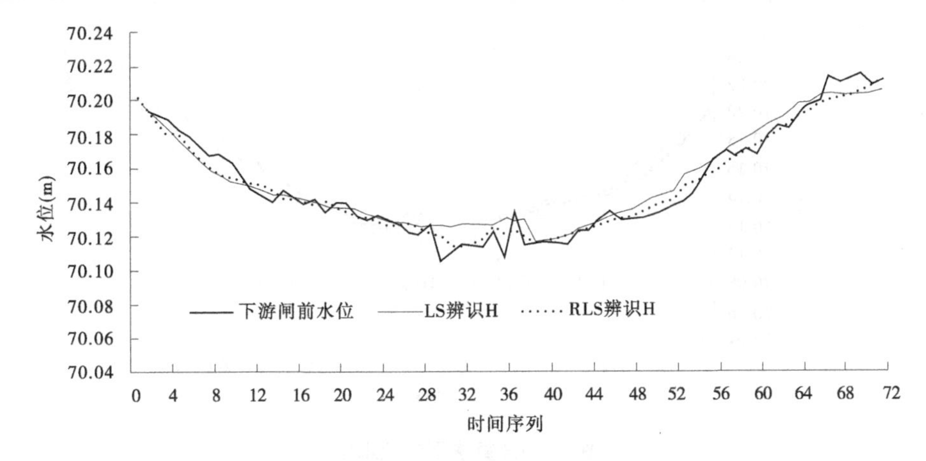

图 13 IDZ 模型辨识水位

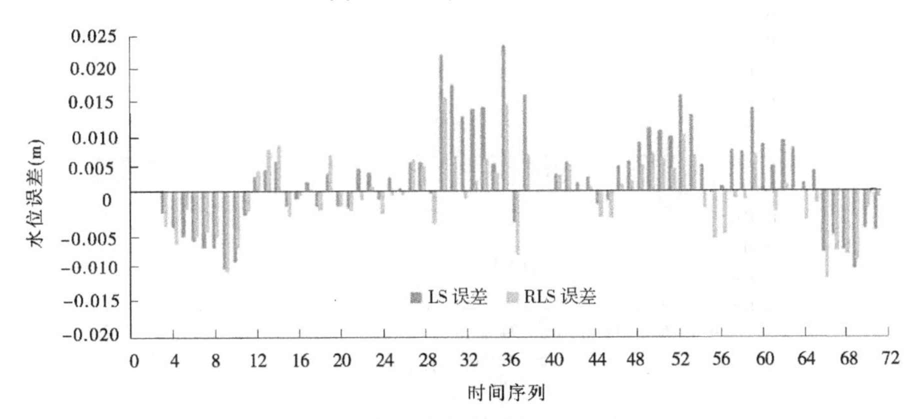

图 14 IDZ 模型辨识误差分布

表 10　IDZ 模型辨识误差

判别指标	LS 辨识结果	RLS 辨识结果
最大绝对误差(m)	0.022 847	0.014 801
均方差 *MSE*	6.2028×10^{-5}	3.2193×10^{-5}

3.2.3　ID 模型与 IDZ 模型辨识结果对比

在 3.2.2 中,利用原型数据分析了两种模型的辨识精度,本部分将根据两种模型参数的辨识结果,比较 ID 模型与 IDZ 模型在 LS 算法与 RLS 算法下的精度差异。利用表 7、表 8 的结果,分别绘制 LS、RLS 算法下 ID 模型与 IDZ 模型辨识结果的对比图;然后比较两者辨识精度的差异。

图 15、图 16 是在 LS 算法下,利用两种模型参数的辨识结果绘制的水位变化曲线图和误差分布图,为了比较两种模型辨识精度的差异,本文选用均方差指标进行对比,比较结果如表 11 所示。

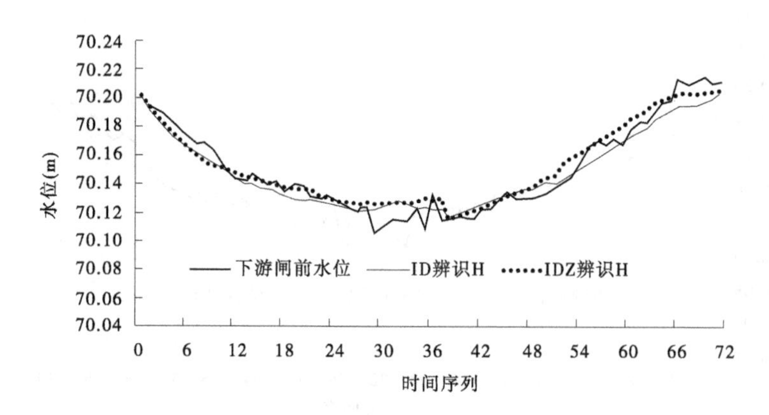

图 15　LS 算法下辨识水位

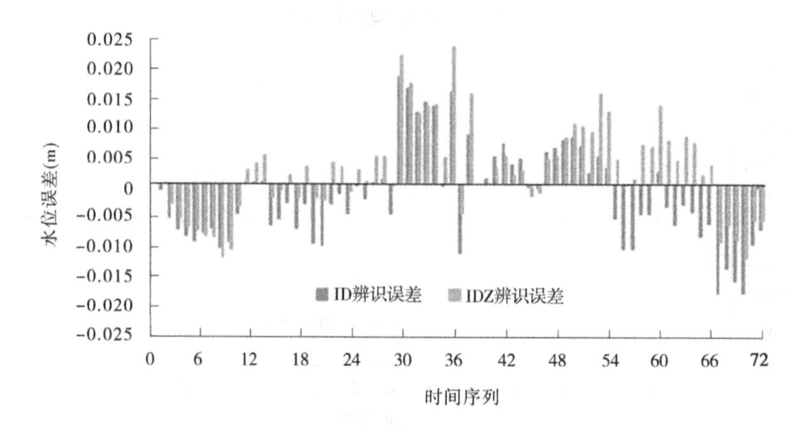

图 16　LS 算法下辨识误差分布

表 11　LS 算法下模型辨识误差

判别指标	ID 辨识结果(LS)	IDZ 辨识结果(LS)
均方差 *MSE*	6.5384×10^{-5}	6.2028×10^{-5}

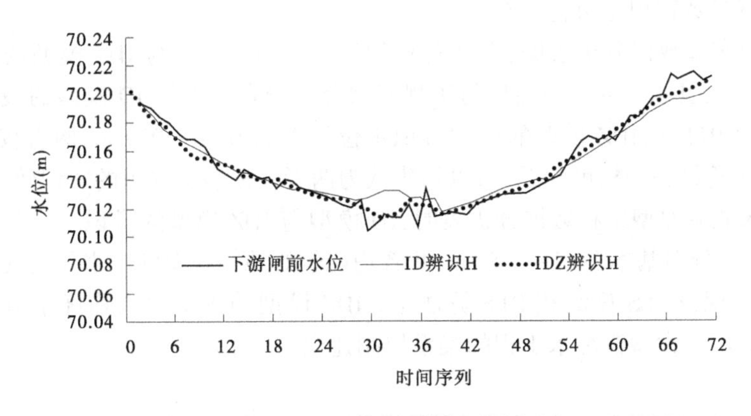

图 17　RLS 算法下辨识水位

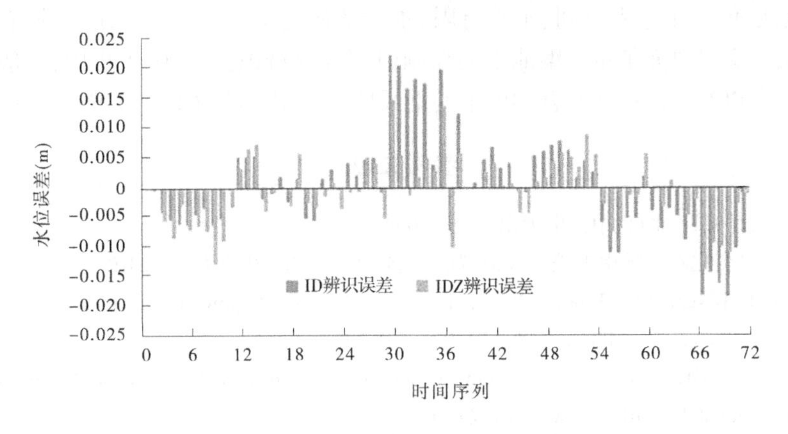

图 18　RLS 算法下辨识误差分布

图 17、图 18 是在 RLS 算法下，利用两种模型参数的辨识结果绘制的水位变化曲线图和误差分布图，为了比较两种模型辨识精度的差异，本文选用均方差指标进行对比，比较结果如表 12 所示。

表 12　RLS 算法下模型辨识误差

判别指标	ID 辨识结果(RLS)	IDZ 辨识结果(RLS)
均方差 *MSE*	7.0955×10^{-5}	3.2193×10^{-5}

4　结论与展望

4.1　结论

本文利用系统辨识技术，基于实测数据，采用一般最小二乘法(LS)和递推最小二乘法

(RLS)对两种渠系控制模型(ID、IDZ)进行了参数辨识研究。本文先是通过模型实验数据验证了参数辨识这一方法在渠系建模中的有效性,进而将其推广到南水北调原型工程上,结果再一次证实了参数辨识方法的可靠性。通过本文中的参数辨识结果,可以得到如下结论:

(1)采用系统辨识技术,利用一般最小二乘法(LS)和递推最小二乘法(RLS)对ID、IDZ模型进行参数辨识是可行且有效的。

(2)模型实验数据分析表明,在两种辨识算法下,ID模型与IDZ模型的辨识结果相近,无显著差异,且两者的辨识结果与实测值吻合度较高。其中,ID模型的最大辨识水位误差为0.013 911 m,IDZ模型的最大辨识水位误差为0.017 029 m,两者仅相差了约3 mm,考虑到实验设备的精度问题,可以初步认为两者在模型实验中的辨识效果相近。

(3)南水北调原型工程数据分析表明,ID模型与IDZ模型的辨识结果与实际测量值吻合度高,误差分布基本在-1~1.5 cm,两者均能较好地描述渠池中水位的变化过程。同时经过对比发现,在LS算法和RLS算法下,IDZ模型的辨识效果均优于ID模型,因此IDZ模型更适用于大型输配水工程的渠系控制建模。

4.2 展望

本文通过模型实验数据和原型工程数据初步验证了系统辨识技术在渠系控制建模工作中的有效性,但由于笔者时间、水平有限,本文的研究仍存在许多不足之处,有待进一步改进。比如,本文只研究了单一渠池下的控制模型参数辨识,而实际工程中,一般均为多渠池联合调度,所以对于多渠池联合调度下的渠系控制模型参数辨识有待进一步深入研究。

参考文献

[1] 赵昕. 水力学[M]. 北京:中国电力出版社, 2009.

[2] 蒋晶晶. 糙率变化对圣维南方程组数值解的影响[D]. 郑州: 郑州大学, 2010.

[3] Schuurmans J, Bosgra O H, Brouwer R. Open-channel flow model approximation for controller design[J]. Applied Mathematical Modelling, 1995, 19(9): 525-530.

[4] LITRICO X, FROMION V. Analytical approximation of open-channel flow for controller design[J]. Applied Mathematical Modelling, 2004, 28(7): 677-695.

[5] ERIKWEYER. System-identification-of-an-open-water-chann_2001_Control-Engineering-Practi. pdf[J]. Control Engineering Practice, 2001.

[6] NASIR H A, WEYER E. System identification of the upper part of Murray River[J]. Control Engineering Practice, 2016, 52:70-92.

[7] FOO M, OOI S K, WEYER E. System identification and control of the broken river[J]. IEEE Transactions on Control Systems Technology, 2014, 22(2): 618-634.

[8] 武汉大学. 武汉大学水资源与水电工程科学国家重点实验室简介[J]. 自然杂志, 2016,38(3):154.

[9] Litrico X, Fromion V. Simplified modeling of lrrigation Canals for controller design[J]. Journal of Irrigation and Drainage Engineering, 2004, 130(5): 373-383.

[10] 伊泽曼. 动态系统辨识: 导论与应用: an introduction with applications[M]. 北京: 机械工业出版社, 2016.

[11] 侯媛彬,等. 系统辨识及其MATLAB仿真[M]. 北京:科学出版社, 2004.

长距离输水工程水锤防护仿真计算软件开发及其应用

李高会　周天驰　顾子龙

（华东勘测设计研究院　杭州　310014）

摘要：水锤防护计算是长距离输水工程的重点和难点，本文从计算原理、开发平台、软件构架等方面出发，详细介绍了长距离输水工程水锤防护仿真软件系统 HysimCity，并与国内外同类型软件进行对比，指出其在适用范围、仿真精度、可视化程度等方面的先进性。基于该仿真软件，以台州市南部湾区引水工程为依托，开展了水锤防护分析工作，主要有恒定流工况复核，无防护措施情况下的水泵抽水断电工况计算分析，空气阀防护方案下的水泵抽水断电工况计算分析。最终验证该软件仿真具有较高的计算精度和较好的适用性，能够满足目前长距离输水工程水锤数值模拟计算要求。

关键词：长距离输水系统　水锤防护　仿真软件　工程应用

水锤也称水击，是压力管道内流体运行速度骤然发生变化而引起的水压力的瞬变过程，是流体的一种不稳定运行。由于阀门突然开启或关闭，水泵突然停止、开启等原因，水（或其他液体）输送过程中流速发生突然变化，同时压力产生大幅度波动的现象，如果防护不当将产生严重事故，因此在工程设计中应采取相应的工程措施降低水锤压力的变化幅度。由于供水管道较长，除日常检修维护困难外，事故响应速度也相对迟缓，一旦管道发生破坏，将产生严重后果，故供水管道一般需采取多重水锤防护措施，确保管道安全。因此，水锤防护对长距离输水起着至关重要的作用。

我国长距离供水工程快速开发，尤其是20世纪以来，我国兴建了许多大型泵站工程，向几十千米甚至更远的地方输水，相关业务蓬勃发展。华东勘测设计研究院历经多年的发展，近年来承接了众多长距离输水工程设计工作，如重庆铜梁安居提水工程、白鹤滩电站附属供水系统、鄂北引水工程等。对长距离压力输水系统的水锤进行正确的预测和防护，是优化工程设计和确保工程安全运行的关键。而且国内外尚未见到使用范围广、功能全面、成熟方便的计算软件，故开发先进的长距离输水水锤防护分析软件系统、培育该领域国际领先技术水平迫在眉睫。在此背景下，为满足生产实践需求，华东勘测设计研究院在诸多工程实践的验证基础上开发出了长距离输水工程水锤防护仿真计算软件系统（简称 ysimCity）。

1　软件的开发

1.1　计算原理

用于建立复杂水道系统计算模型最为常见的方法，为以环路压力方程及节点流量方

作者简介：李高会，男，高级工程师，硕士研究生。

程为基础的方程组解法。HysimCity 软件系统采用的基本方法是结构矩阵法,该方法是利用有压水网系统与结构梁架的某些相同特征(如图 1 所示),借用结构分析中所使用的刚性矩阵模型建立方法来建立复杂有压水道系统的数学模型。该方法的优点是在编程时更为便捷且模块化更容易实现,大大降低了系统数学模型的阶数,不存在节点逐个处理的问题,特别有利于复杂系统的数学模型软件实现。如图 2 所示,结构矩阵法可将复杂系统分解为简单问题,并建立起表达元素数学模型的全系统矩阵。

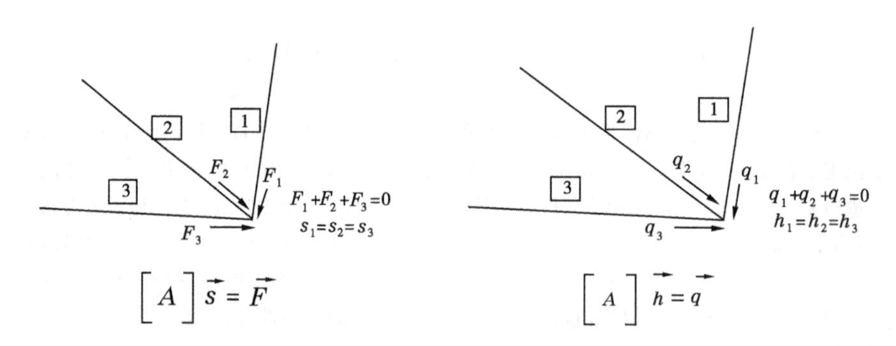

图 1　结构矩阵法原理

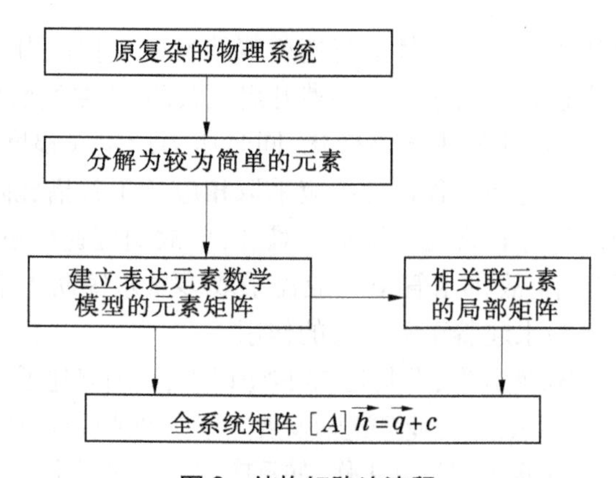

图 2　结构矩阵法流程

1.2　软件开发平台及主要架构

该软件采用了 Microsoft Visual studio 2008 软件开发系统作为开发的平台,综合 ADO 数据库技术、OLE Automation 技术来管理计算结果数据、图形输出以及 HTML 文件帮助系统服务于整个软件系统的开发。其特点为程序编译执行软件后,可以脱离开发环境独立运行。该软件主要结构如图 3 所示。

1.3　软件主要功能简介及主界面

HysimCity 根据长距离供水工程的特点和需求,共开发出变频泵、空气阀、压力波动预止阀及多功能水力控制阀等共计 18 个模块,几乎涵盖长距离供水工程领域常用的各种水力和机械元素,主要包括:水池形式分为上水池、下水池;管道模拟形式分为弹性管(隧)

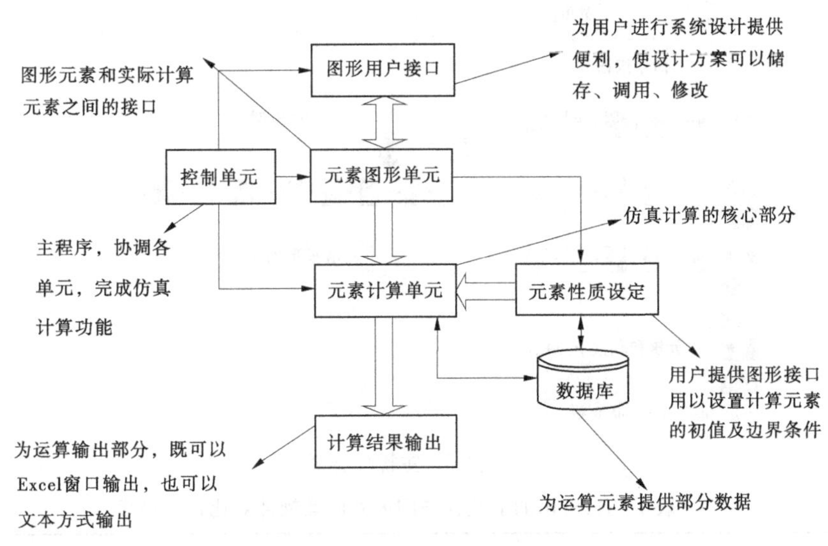

图3 软件结构简图

道、刚性管(隧)道;输水工程中的加压设备分为定速泵、变频泵;水锤防护设备有传统水锤防护设备和新型水锤防护设备,其中传统水锤防护设备分为单向调压塔、双向调压塔,新型水锤防护设备分为空气罐、空气阀、逆止阀、安全阀、压力波动预止阀;功能阀门(调度预留)分为调流阀、减压阀、保压液控阀、多功能水力控制阀;还有一些其他元素,爆管点等。

该软件系统采用目前最为通用的中文视窗界面,界面友好,使用简洁,易学易用。HysimCity 的主操作界面由模型创建区、元素和连接点控件区、菜单区等几个区域组成。在创建模型的时候,只需要根据实际的线路,将相应的元素用连线和节点联接起来,就可以形成十分直观的水力计算模型。

图4为水力基本元素模块控件,图5为主操作界面。

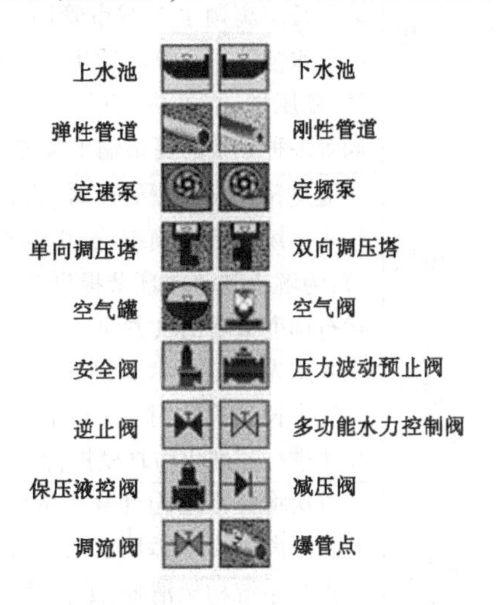

图4 水力基本元素模块控件

1.4 国内外技术对比分析

为进一步说明 Hysimcity 的特点,下面将结合目前国内外其他长距离供水软件与该软件系统进行对比分析,表1为 Hysimcity 软件与国内外同类软件对比优势列表。

综上所述,Hysimcity 较其他同类型软件在多项技术方面有所创新,能够处理目前长距离供水系统及水锤防护中的诸多问题,集成了长距离压力输水系统中常用的各种水锤防护元素,采用结构矩阵法进行数值计算,并实现了操作的可视化界面。该软件填补了国内长距离有压供水系统水锤防护仿真计算软件的空白,且模型创建灵活多样,通用性和专用性有效结合,较好地适应了我国目前的长距离供水发展要求。

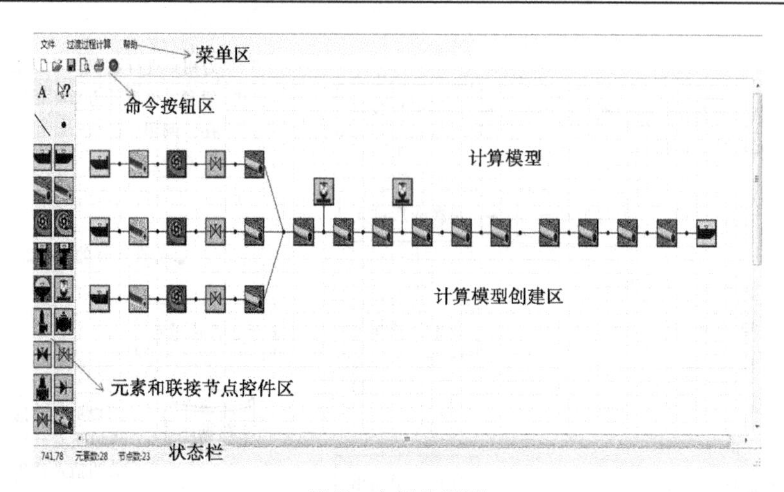

图 5　主操作界面

表 1　HYSIMCITY 软件与国内外同类软件对比优势列表

比较内容	HysimCity	国内外同类水锤防护仿真计算软件
软件适用范围	适用于重力流输水工程、水泵提水输水工程以及长距离调水与城市管网构建复杂管网系统的水锤防护计算。适用于含有变频泵、单向塔、稳压塔、空气罐、空气阀、安全阀以及保压阀等多种元素的复杂输水系统	其他软件一般只适用于一些简单水道系统的供水工程水锤计算,通用性较差
爆管模拟	通过预先设置爆管位置,进行爆管情况下对输水系统运行的模拟,分析输水系统的薄弱环节,为解决其薄弱环节提供技术支撑以及优化运行调度策略提供方向	尚未见到能够对爆管工况进行模拟的软件,此为本软件首创
计算速度和精度	采用先绑定技术及采用降低矩阵维数和自动变步长的算法,提高了计算速度,同时对各模块进行精细化仿真模拟,保证计算精度	一般采用定维数和定步长的算法
软件核心架构	首次将杆系结构计算中的结构矩阵法引入到长距离供水水锤防护计算中。这种方法的优点是系统构架清晰,更容易实现编程模块化方式,将复杂问题简单化,能够处理非常的供水系统	一般逐个节点建立数学模型,针对每个问题取用针对性的处理方法,模块化程度相对较低
可视化程度	基于 Visual Stutio 2008 软件开发平台,软件实现全面的可视化,人机对话界面友好,简洁明确,易学易用,便于商业化推广	一般采用 Fortan、C 等编程语言,可视化程度相对较低
后处理方式	利用 OLE Automation 技术来管理计算结果数据和图形输出(比如,能够进行管线压力的输出,便于工程设计人员针对每段管道进行结构设计,降低工程造价),执行效率高,结果输出简洁清晰,便于工程使用	一般输出数据表,使用时需要对数据进行整理

2 软件应用

该软件系统已经应用于20多个大中型长距离输水等众多工程实践中,为工程建设和设计优化工作提供了重要参考,经多个工程的实际应用,充分证明了该软件系统的可靠性、准确性和通用性。

2.1 工程概况及计算工况选取

2.1.1 工程概况

台州市南部湾区引水工程由原水输水工程、净水厂工程、清水配水工程及附属配套工程组成。引水工程起点位于黄岩区境内院桥镇占堂村,途经温岭市大溪镇、温峤镇和坞根镇,终止于玉环市清港镇。输水线路沿线在大溪镇太湖水库泄洪渠下游太湖河左岸预留DN1 200分流接口。大溪分流接口前输水管道长3.31 km,管道管径DN1 800 mm;大溪分流接口后输水管道长14.35 km,管道管径DN1 600 mm。本次配水干管工程主要建设一条长17.98 km的配水干管,配水干管起点为新建台州南部湾水厂出水管,终点为珠港大道与绕城线交叉口。配水干管规模与新建台州南部湾水厂近期规模配套,最大输送流量为14万 m^3/d。

2.1.2 工况选定

四期配水管线采用水泵加压供水,根据管线的运行特点,拟定计算工况如下:

GK1工况(恒定流):水厂水位10 m,配水管线末端30 m水压,配水管线按照设计流量14万t/d正常运行,用以计算输水系统沿线正常运行内水压力。

GK2工况(水泵断电):水厂水位10 m,配水管线末端30 m水压,输水系统按照设计流量16.5万t/d正常运行时3台水泵突然断电,用以计算输水系统沿线最低运行内水压力。

2.2 计算模型

针对输水系统管线布置情况,建立的计算模型如图6、图7所示。

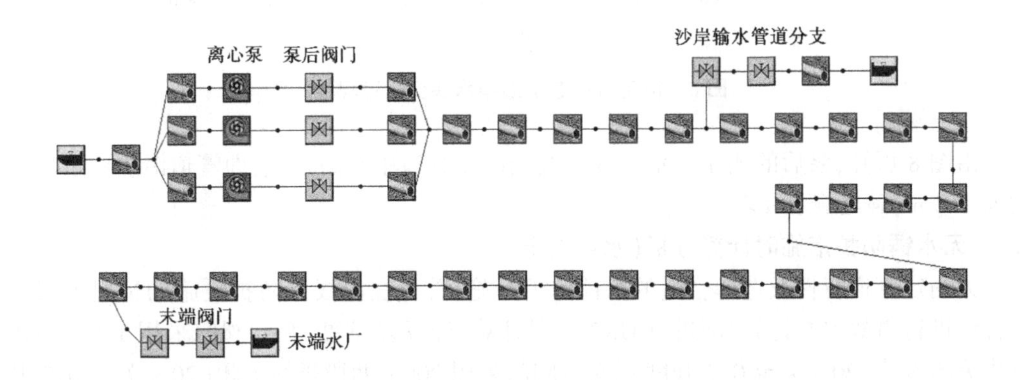

图6 计算模型(未设置水锤防护设施)

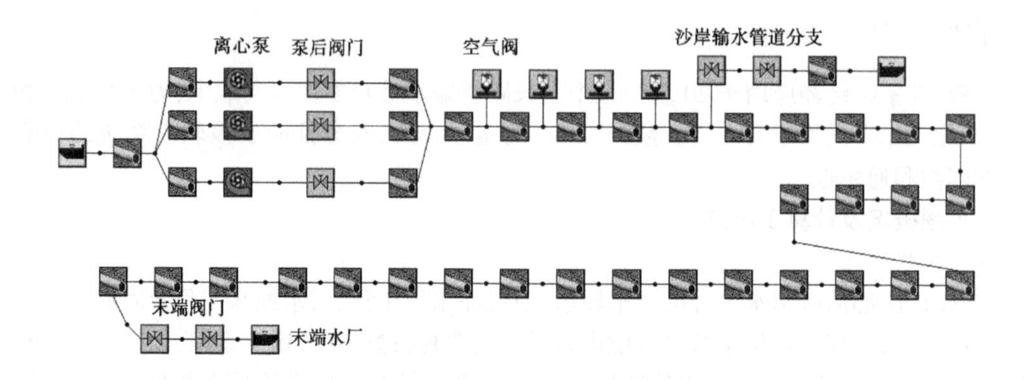

图 7　计算模型(设置水锤防护措施)

2.3　恒定流工况复核

根据配水管线加压输水工程特点,首先对管线正常运行下管道沿线水压进行计算,并绘制相应的沿线压力水头线,对 GK1 工况进行复核,计算结果见图 8。

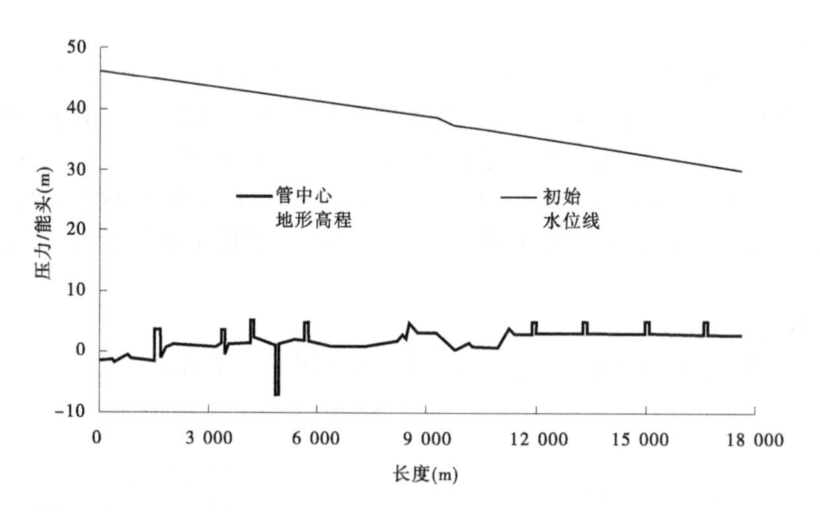

图 8　恒定流状态下沿线水头变化过程线

由图 8 可知,泵后的测压管水头线沿线均高于管道中心高程线,即管道沿线内水压力均大于 2 m,满足输水要求。

2.4　无水锤防护措施时计算分析(水泵断电)

为确定管道特性及选择合适的水锤防护设施,首先在沿线无防护设施的情况下对配水管线进行事故停泵计算,即进行 GK2 工况计算,经反复试算,泵后阀门采用 120 s 两段折线关闭规律(20 s 关至 0.2 开度)、支线阀门采用 300 s 两段折线关闭(20 s 关至 0.2 开度)、末端阀门不关闭。计算结果如图 9~图 11 所示。

根据图 9~图 11,在无水锤防护措施时,水泵断电后,泵后压力迅速下降,水泵转速也迅速降低。随着负压波向下游的传播,远期沿线在较大范围均出现负压,其中最大负压达到-7.24 m,在桩号 9+213.72 附近。如不采取合适的水锤防护措施,将导致管内水体水柱分离,产生弥合水锤,破坏管道,严重威胁管道的安全运行。

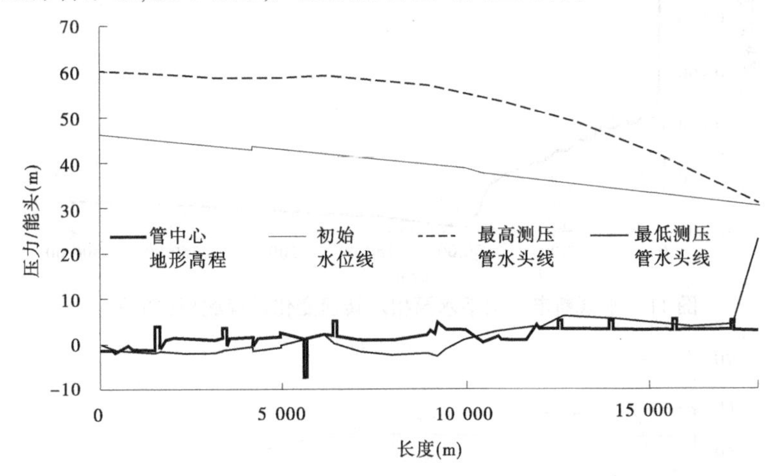

图 9 水泵断电工况下沿线水头变化过程线(无防护)

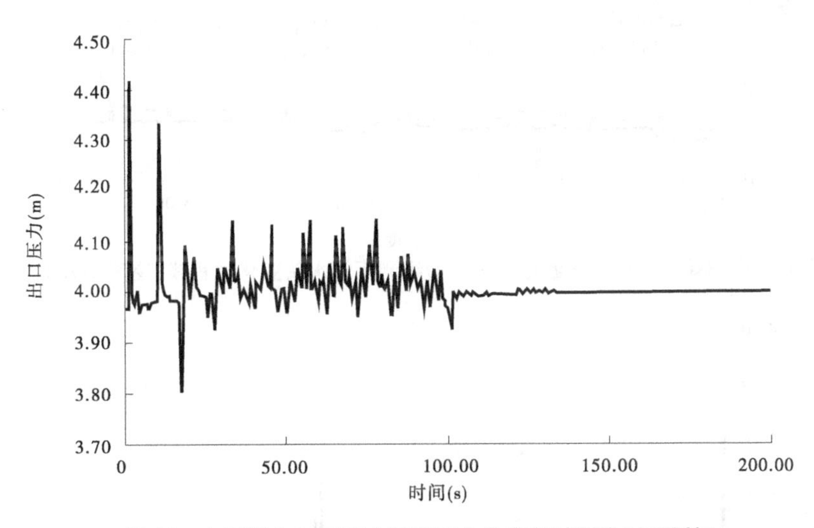

图 10 水泵断电工况下水泵出口水头变化过程线(无防护)

2.5 水锤防护计算分析(空气阀方案)

根据 2.4 节的计算成果可知,在没有水锤防护措施的情况下,管道沿线负压无法满足控制要求,可能造成管线负压破坏。为保证配水管线的运行安全,经反复试算得出:在配水管线桩号 1+499.2、4+176.43、5+652.46、8+532.95、13+243.74 共安装 5 个 DN200 的水锤型空气阀,泵后阀门采用 120 s 两段折线关闭规律(20 s 关至 0.2 开度)、支线阀门采用 300 s 两段折线关闭(20 s 关至 0.2 开度)、末端阀门不关闭,计算结果如图 12~图 14 所示。

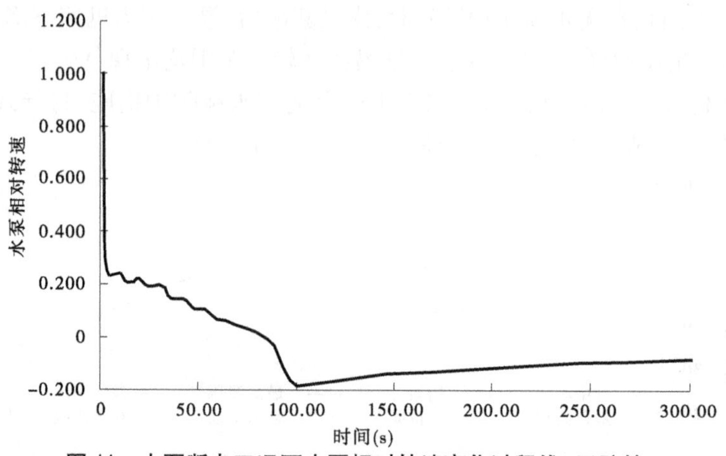

图 11　水泵断电工况下水泵相对转速变化过程线(无防护)

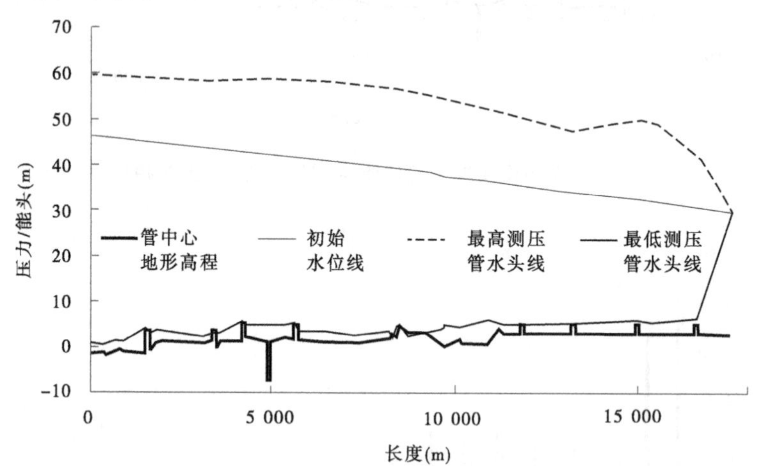

图 12　台州输水工程水泵断电工况下沿线测压管水头变化过程线(空气阀方案)

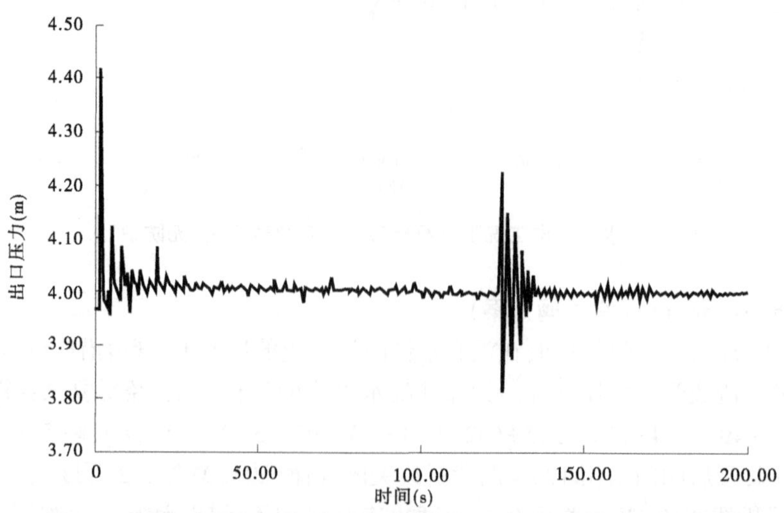

图 13　水泵断电工况下水泵出口测压管水头变化过程线(空气阀方案)

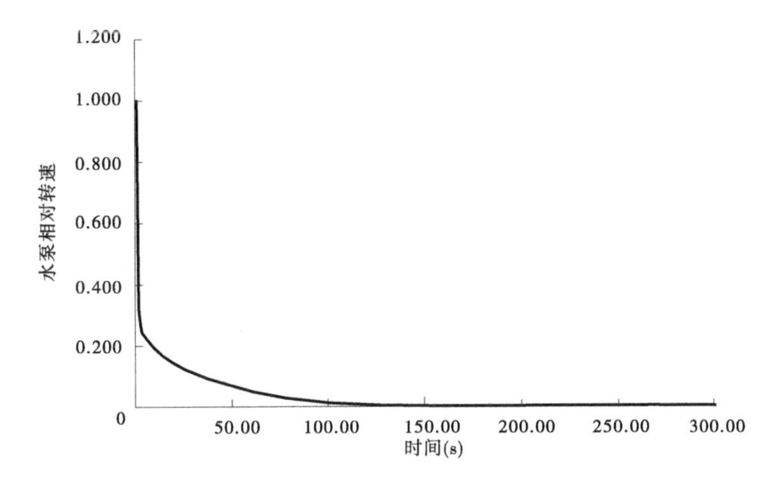

图 14　水泵断电工况下水泵相对转速变化过程线(空气阀方案)

根据图 12~图 14 计算结果,采用空气阀方案后:①配水管线沿线最小压力为-1.29 m,在桩号 5+685.94 附近,满足不小于-5 m 的控制要求,管道沿线除部分高点外基本无负压;②断电后水泵基本无倒转,转速满足控制要求。所以,本空气阀方案对水锤防护是有效的。

2.6　小结

根据本文计算结果,配水管线采用空气阀防护方案后,水泵断电工况下管道沿线最小负压及水泵转速均满足控制标准,故推荐配水管线采用空气阀防护方案。

3　结　语

目前,该软件已用于闲林水库供水工程、天台城乡供水一体化等多项工程。通过对工程实例验证,说明采用水锤仿真计算软件 HysimCity 能够较好地适应长距离压力输水系统分析工作,提出的水锤防护措施是有效的,具备在类似工程中推广应用的条件。该软件系统是国内少数适用于长距离输水系统水锤防护仿真计算分析的通用软件平台之一,多项技术在国内同类软件平台均属首创,具备较大的推广使用价值。

参考文献

[1] 刘竹溪,刘光临.泵站水锤及其防护[M].北京:水力电力出版社,1988.

[2] 胡建永,张健,索丽生.长距离输水工程中空气阀的进排气特性研究[J].水利学报,2007, 38(1):340-345.

[3] 刘梅清,刘光临,刘时芳.空气罐对长距离输水管道水锤的预防效用[J].中国给水排水,2000,16(12):36-38.

[4] Hermod Brekke, Xinxin Li, "New Approach to the Mathematical modeling of Hydropower Governing Systems", International Conference <Control 88>. May 1988, Oxford University England.